弹药目标探测与识别

主　编　周晓东
副主编　李超旺　文　健

北京理工大学出版社
BEIJING INSTITUTE OF TECHNOLOGY PRESS

内容简介

本书主要叙述弹药（引信）作用过程中对目标的非接触探测与识别，首先叙述了弹药目标探测与识别的基本概念、军事需求和发展趋势，阐述了近炸引信的引战配合、抗干扰等总体设计问题。然后叙述了基于各种物理场的目标探测原理与识别方法，包括电磁波探测与识别、激光探测与识别、红外探测与识别、磁探测与识别、电容探测与识别、声波探测与识别、地震波探测与识别和冲击波探测与识别原理。

本书可作为生长军官高等教育弹药技术专业教材，亦可作为探测、制导与控制专业和武器系统工程等专业本科生和研究生的教学参考书，也可供弹药论证与设计、弹药技术保障等相关领域科研技术人员参考。

图书在版编目（CIP）数据

弹药目标探测与识别／周晓东主编. — 北京：北京理工大学出版社，2019. 12
ISBN 978 －7 －5682 －8038 －9

Ⅰ. ①弹…　Ⅱ. ①周…　Ⅲ. ①武器引信　Ⅳ. ①TJ43

中国版本图书馆 CIP 数据核字（2019）第 290820 号

出版发行／北京理工大学出版社有限责任公司
社　　址／北京市海淀区中关村南大街 5 号
邮　　编／100081
电　　话／（010）68914775（总编室）
（010）82562903（教材售后服务热线）
（010）68948351（其他图书服务热线）
网　　址／http：//www. bitpress. com. cn
经　　销／全国各地新华书店
印　　刷／保定市中画美凯印刷有限公司
开　　本／787 毫米 ×1092 毫米　1/16
印　　张／17.75
字　　数／407 千字
版　　次／2019 年 12 月第 1 版　2019 年 12 月第 1 次印刷
定　　价／85. 00 元

责任编辑／孙　澍
文案编辑／孙　澍
责任校对／周瑞红
责任印制／王美丽

图书出现印装质量问题，请拨打售后服务热线，本社负责调换

本书编委会

主　编：周晓东

副主编：李超旺　文　健

编　委：崔　平　杨岩峰　黄富瑜

吕　静　徐敬青　崔　亮

王　毅　甄建伟　刘鹏飞

前言

PREFACE

弹药目标探测与识别是一门综合多学科的应用技术，涉及微电子、人工智能、传感器、雷达、红外激光、毫米波和弹药工程等多学科领域，是弹药实现精确打击和高效毁伤的关键技术，在制导弹药、巡飞弹、末敏弹、智能封锁弹药和近炸引信等弹药装备上得到广泛应用，具备灵巧化和智能化的特征。因此，认识和理解弹药目标探测与识别基本原理和技术方法，是弹药装备专业技术军官及保障分队初级指挥军官必备的专业素养。

本书针对军队院校弹药技术专业学员的专业基础和我军通用弹药技术保障与使用人员的专业背景，在多年教学和科研工作的基础上收集和参考国内外资料文献编写而成。全书突出弹药装备特点，重点介绍已在弹药装备上应用或者潜在应用的技术与方法；强调基础理论，力求在各章节把有关基础理论部分内容介绍清楚，注重理论的完整性和内容的可读性。

本书主要介绍弹药（引信）作用过程中对目标的非接触探测与识别，涉及的学科领域较宽，包括雷达、激光、红外、地磁、声学等，各种探测体制的原理与实现方法相对独立。因此，本书按照工作物理场编排章节和组织内容，全书共14章。第1章主要阐述弹药目标探测与识别的基本概念、分类和系统组成，介绍目标探测与识别在弹药领域的地位、军事需求及对智能化、灵巧化弹药发展的意义。第2章分别介绍地面、空中、水面和水中目标的主要特征。第3章主要阐述近炸引信的基本概念、发展趋势、引战配合、抗干扰技术和探测体制分类。第4章到第6章介绍了无线电近炸引信探测原理，包括连续波多普勒测距原理、连续波调频测距原理和超宽带测距原理。第7章分别介绍了辐射测量原理、毫米波传播特性、毫米波辐射模型和毫米波辐射计的工作原理等。第8章主要阐述了激光测距和定位原理，介绍了激光器件和光学系统。第9章主要介绍了红外辐射的基础知识和常用红外探测器件。第10章主要介绍了地磁场基础知识、常用磁场探测原理及其在引信中的应用。第11章介绍了电容近炸引信的探测原理。第12章到第14章为机械波探测原理，分别介绍了声波探测与定位、地震动传感器及信号分析、硬目标侵彻信号分析和弹载加速度传感器等。

本书由周晓东担任主编，李超旺和文健担任副主编，崔平、杨岩峰、黄富瑜、吕静、徐敬青、崔亮、王毅、甄建伟、刘鹏飞等参加了部分章节内容的编写工作。全书由周晓东统稿，高敏教授和赵晓利教授对全书进行了审阅。本书在编写过程中，得到了陆军工程大学石家庄校区机关以及弹药工程系的大力支持，在此表示衷心感谢。

由于作者水平有限，书中错误和不当之处在所难免，敬请读者批评指正。

编　者

2020 年 5 月

目　录
CONTENTS

第1章
绪　　论

1.1　基本概念

目标探测与识别是一门综合多学科的应用技术，涉及的学科领域有传感器技术、测试技术、激光技术、毫米波技术、红外技术、近代物理学、固态电子学、人工智能技术等。它的主要目的是采用非接触的方法探测固定或移动的目标，通过识别技术，完成对受控对象的控制任务。例如，在公路上行驶的汽车，遇到浓雾天气，在行驶过程中为了避免追尾，汽车工程师在汽车前端设计安装一种定距探测装置，根据探测到的两车距离控制行车速度，从而避免汽车追尾事故的发生。

目标探测是对不能直接观察的事物或现象用仪器（装置）进行考察和测量；或者说，是一个对固定或移动目标进行测量，并对测量信号进行识别，从而获得相关信息的过程。其中目标既可能是实际目标（比如弹药的攻击对象），也可能是参考物，或是测量装置平台本身。

目标识别是利用计算机系统对探测器获取的目标数据进行处理，从而实现目标类别、属性、运动特征等判别的过程。其中识别的具体内涵可根据目标识别的程度分为以下5个层次：

（1）检测。将目标从场景中分离出来。

（2）分类。确定目标的种类，如人员、车辆、舰船、飞机等。

（3）识别。确定目标的类型，如普通车辆、坦克等。

（4）身份确认。确认目标的型号。

（5）特性描述。确认目标类别的变体或支持个体识别中更精细的技术分析。

近十几年，随着光电、通信、计算机和传感器等高新技术的迅猛发展，目标探测与识别技术发生了日新月异的变化，在工业、农业，特别是军事斗争的需求牵引下，毫米波探测、激光定距探测、主被动声探测、磁探测、地震动探测等都有了极大的技术进步，提高了战场信息获取的实时性及其深度和广度，使军队有可能随时掌握战术态势，准确确定目标位置，有效指挥部队和作战平台，迅速实施精确打击，从而大幅提高军队的作战能力和战场生存能力。主要体现在：

（1）红外热成像、微光夜视、电视摄像、激光测距、毫米波、微波和激光雷达、声探测、紫外探测等主被动监视装置，覆盖了从紫外到无线电波的宽广的电磁波谱。这些装置的综合应用，已能昼夜、全天候、大范围监视战场和捕获、跟踪目标，并准确定位，成为未来战场夺取信息优势的物质基础。

（2）通信、计算机、显示以及数字信息处理技术的发展，实现了战场数字化，构成了垂直和水平数字信息网，可以在整个作战空间采集、传送、交换、利用信息，使各级指挥员、作战平台都能获取和利用战场信息，从而确保及时有效地组织和指挥部队，最大限度地发挥部队作战能力。

（3）目标侦察、光电观瞄、自主导航及火力控制等技术装备构成的作战平台综合控制系统，已在坦克、步兵战车、自行火炮、直升机等武器上广泛应用，大幅提高了平台作战能力。

（4）红外、激光、电视、光纤、毫米波、惯性/GPS 等制导技术，红外、毫米波末敏技术以及无线电、激光等引信技术已经成熟，并大量应用，使常规武器可以实施精确打击。

本书中，我们主要讨论弹药对目标的探测与识别问题，尤其是近炸引信目标探测与识别技术。

弹药是指装有火药、炸药或其他装填物，借助枪械、火炮、火箭、飞机、人力等不同方法将其发射、投放或布放到敌方或其他预定位置，能完成摧毁目标或其他作战任务的一种军事装备。根据到达预定位置控制能力不同，弹药可以分为无控弹药和制导弹药。

制导弹药是指外弹道上具有探测、识别、导引能力，能准确攻击目标或大幅提高对目标命中精度的弹药。弹药制导系统是一组能够测量弹药相对于理想弹道或者目标的运动偏差，并按照一定制导规律控制弹药飞行轨迹的部件集合；也可以说是保证弹药在飞行过程中，能够克服各种干扰因素，使弹药按照预先规定的弹道，或者根据目标的运动情况随时修正弹道，从而命中目标的自动控制系统。制导系统必须具有以下几个功能：

（1）探测偏差。不断测量实际弹道与理想弹道之间的偏差。

（2）控制运动轨迹。生成控制指令，控制弹药改变运动状态，消除偏差。

（3）控制运动稳定。克服各种干扰因素，使弹体始终保持所需运动姿态和轨迹。

因此，制导弹药需探测与识别目标和弹药相对位置、目标运动参数以及弹药自身运动参数等。

无控弹药同样存在目标探测与识别问题。战斗部到达预定位置以后，需要引爆战斗部装药，才能有效摧毁目标。起爆战斗部的装置就是引信，引信是利用目标信息和环境信息，在预定条件下起爆或引燃战斗部装药的控制系统或装置。在现代武器中，为了达到最佳作用效能，需要引信实时判断弹体本身或弹目相对位置，甚至对目标进行识别。

引信目标探测与识别是指引信通过对固定或移动目标进行非接触测量，测量的信号包含距离、位置、方位角或高度信息等，测量到的信号经过设计的识别方法能正确地给出相关的信息，为引信的起爆控制策略提供输入参数。以上过程中所采用的技术统称为引信目标探测与识别技术。

1.2 目标探测与识别技术的军事需求

1.2.1 高新技术弹药发展的需求

所谓高新技术弹药，指的就是采用了末端制导技术、末端敏感技术、弹道修正技术等目标探测与识别技术，具有精确打击能力的弹药，此类弹药具备一定的目标探测功能。图1－1给出了常用的目标探测工作方式。其中，末端制导技术根据制导方式不同，可使用激光、红外、毫米波、声、静电等探测技术，通过目标识别，控制弹丸跟踪、命中目标。目前，正在发展和实际采用的制导方式有自主式制导系统、遥控制导系统、寻的制导系统和组合制导系统，其中20世纪80年代装备部队并在战场上使用的主要产品有美国“铜斑蛇”激光制导炮弹和苏联/俄罗斯的“红土地”激光末制导炮弹系统。

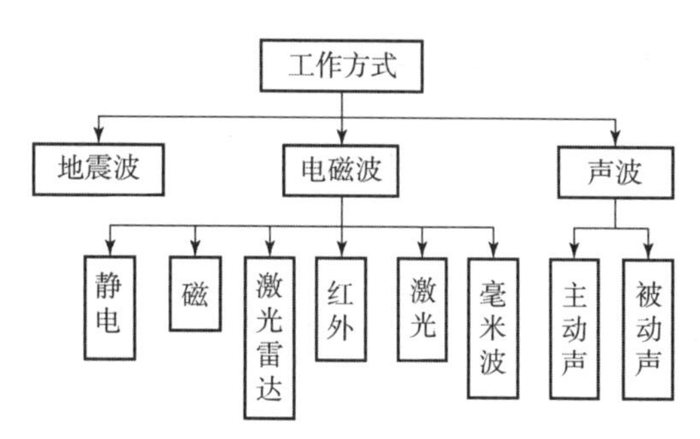

图1－1 常用的目标探测工作方式

末端敏感技术主要用在末端敏感炮弹（简称末敏弹）上。它是用火炮发射的一种“发射后不用管”的子母炮弹，该弹飞抵目标域后，引信开舱抛出敏感子弹，在敏感子弹的整体旋转过程中，依靠弹上的敏感器对地面进行扫描，自动探测目标，在发现目标的同时，识别出子弹与目标之间的相对空间位置，再依靠爆炸成型装药毁伤目标。末敏弹没有制导系统，只探测、识别目标，而不追踪目标，常用的探测器有毫米波探测器、红外探测器、双色红外探测器等。

弹道修正技术用在炮弹上，有两种修正方式：一种是自主修正，采用传感器和卫星定位信息测出实际飞行弹道和理想弹道的差别，并进行修正；另一种是半自主修正，炮弹在飞行中的弹道参数和目标参数通过地面站测定，并向炮弹发射出修正信号，弹上只完成接收信号和控制弹丸运动的工作。除此之外，弹道修正弹还可以把来自弹载的全球定位系统（GPS）接收机或其他类似接收机通过探测系统测得的弹进信息传回给火炮，使射击指挥系统通过弹丸飞行中的实测参数来修订发射火炮的装定诸元，以提高后续炮弹的命中精度。

1.2.2 “三打三防”战术发展的需求

“三打”是指打武装直升机、打巡航导弹、打隐身飞机。“三防”是指防侦察、防电子干扰和防精确打击。

武装直升机是配有机载武器和火控系统，用于空战或对地面、水面或水下目标实施空中攻击的直升机的统称，包括各种攻击直升机、歼击直升机以及装有机载武器和火控系统的其他直升机，如美国的“阿帕奇”攻击直升机、俄罗斯的“蜗牛”反潜直升机、法国的“黑豹”攻击/空战直升机、印度的“印度豹”攻击直升机等。武装直升机具有低空突防、防空雷达难于探测的优点，因而在现代战争中发挥出日益重要的作用。例如，2003年4月20日美英联军对伊拉克战争中，武装直升机起到了对地面控制的关键作用，迫使伊拉克士兵只能分散作战，不能形成大规模的战役决战。为对抗武装直升机对地面设施和人员带来的威胁，智能雷弹突破传统的观念向空中拓展，主要作用是摧毁敌方超低空飞行的直升机，或利用密集智能雷弹迫使敌机高飞，从而使其暴露于其他防空武器的火力之中。智能雷弹如图1－2所示，其声传感器可探测1 000 m左右直升机螺旋桨产生的噪声。一旦分析出这种信号，雷弹锁定其频率，当信号或噪声增加到一定水平时，第二个探测系统（红外或地震动）开始工作，它能探测到直升机的接近距离或敏感到直升机主旋桨下降气流产生的大气压力变化，一旦到达预定的距离或压力变化时，雷弹可被弹射到一定的高度并爆炸，毁伤直升机。声和红外的复合探测技术也可以用于攻击巡航导弹。

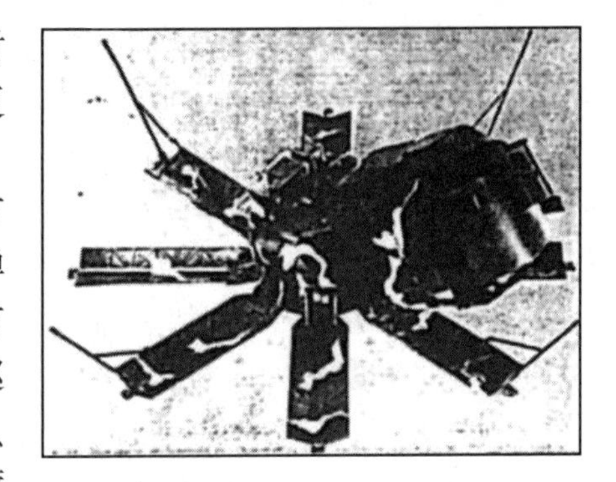

图1-2 智能雷弹

巡航导弹是指以巡航状态在大气层内飞行的有翼导弹，是一种智能型的精确打击武器。巡航导弹能够自动控制导航，利用喷气发动机推进，以最有利的速度和高度飞行，进行超低空突防。典型的巡航导弹包括美国的BGM-109“战斧”式巡航导弹、AGM-86C型空射巡航导弹、俄罗斯的SA-15“萨姆”空射对地巡航导弹及中国的“长剑”-10陆基巡航导弹。对于巡航导弹的主要预警技术包括远程地面雷达预警技术、近程雷达预警技术、光学、夜视和声学技术等。

隐身飞机是广泛采用低可探测技术或目标特征控制技术的飞机，它不易被探测系统发现，具有较强的隐蔽性、生存力和作战能力。典型的隐身飞机包括美国的B-2A战略轰炸机、F-22隐身战斗机，俄罗斯的Su-47“金雕”式战斗机等。对于隐身飞机的主要战术手段之一就是要加强预警，及时发现，包括改进常规雷达探测性能、研制不同波段的新型雷达、利用空中和天基探测系统、采用特殊体制雷达、采用光电探测设备等，实现组网预警、接力开机、空地一体、立体预警的预警系统。

侦察监视是指利用高性能的侦察探测系统进行全时域、大空域，甚至覆盖全球的侦察与监视，从而在战时和平时都可以迅速、准确、全面掌握地方的情况，为实时采取相应的对策提供依据。在防侦察方面，随着传感器的发展和信息革命的到来，侦察信息的获取和处理已进入一个全新的时期，如无人值守传感器系统就是各国正在发展的防侦察、对地面目标探测、对战场监视的手段之一。作为对空中目标探测以及区域入侵报警的装备，它一般设置在地面上，通过多种传感器自动收集远距离目标的信息而无须人工干预，并与控制中心通信，具有极好的抗干扰性和保密特性。多传感器探测与控制网络系统的功能结构如图1-3所示，地震动/声传感器和红外复合探测入侵信息，通过基本模块及处理电路把信息通过天线发向指挥系统。

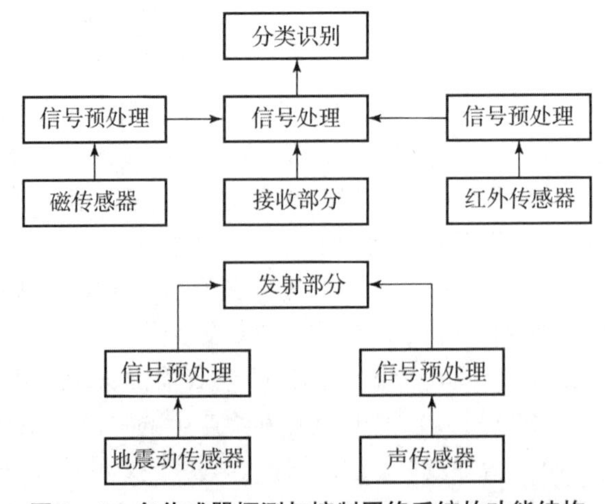

图1-3 多传感器探测与控制网络系统的功能结构

在战场侦察方面，美国正在开展“灵巧灰尘”（Smart Dust）的研究。“灵巧灰尘”是使用 MEMS 技术把大量的传感器与相关电路微型化，而后构成网络。这些“灵巧灰尘”可悬浮在空中，对地面各种活动进行侦察、摄像，如图 1－4 所示，获得的信息经微处理器和微控制器处理后，通过射频发射机传输给网络系统。

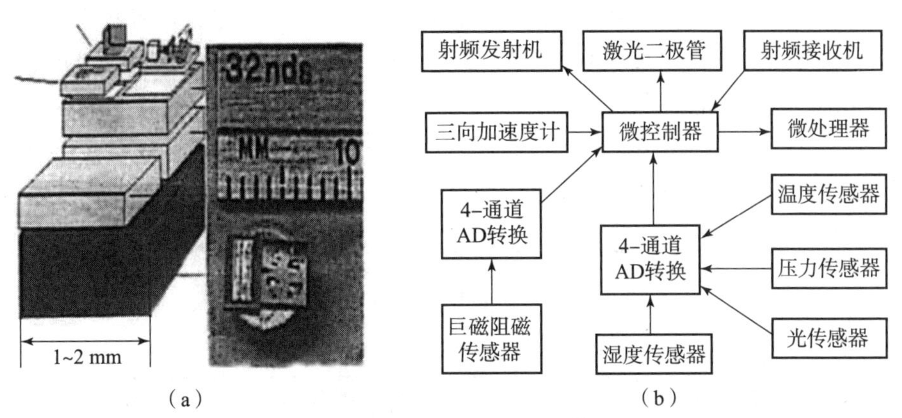

（a） （b）

图 1－4 “灵巧灰尘”结构

（a）结构图；（b）原理框图

电子干扰是指人为地发射或转发某种电磁波，或者使用某些器材反射或吸收电磁波，以扰乱、欺骗敌人的电子设备，降低其效能或使之失效。防电子干扰的方法包括通信反干扰、雷达反干扰、光电反干扰等，如果能准确探测出电子干扰的信号或目标特征，防电子干扰就能做到有的放矢、快速高效。

精确制导武器是采用精确制导系统，具有很高命中精度的导弹和制导弹药的统称。其中，导弹是依靠自身动力装置进行飞行、由制导系统依据所设定的导引规律（如追踪法、平行接近法和比例导引法等）导引和控制其飞行路线并导向目标的武器；精确制导弹药是指自身无动力装置，其弹道的初始段、中段需要借助火炮发射或飞机投掷的精确打击弹药。精确制导弹药分为末制导弹药和末敏弹两种，前者主要有制导炮弹、制导炸弹、制导地雷、制导鱼雷等，后者主要指一些反装甲、反集群目标的精确子弹药。防精确打击的拦截手段包括反导防空系统拦截和近程常规武器拦截，其首要条件都是需要快速、精确地探测与识别目标并预判其运动轨迹。

1.2.3 水下反鱼雷的发展需要

自 19 世纪鱼雷问世到 21 世纪的今天，世界各国在鱼雷的研制方面都有了长足的进展。潜艇作为一种隐蔽的鱼雷运载工具和发射平台，随着其技术的发展及发射的鱼雷越来越先进，对舰船的威胁从某种意义上讲比反舰导弹更严重。例如，早在 1943 年 9 月 16 日，一艘德国潜艇发射了声自导鱼雷，10 min 之内就击沉了 3 艘英国驱逐舰；在 1982 年英阿马岛海战中，英“征服者”号核潜艇对阿根廷海军的“贝尔格拉诺”战斗群发动鱼雷攻击，“征服者”号发射了 3 枚 MK－8 鱼雷，两枚射向“贝尔格拉诺”号巡洋舰，一枚射向一艘老式护卫舰，巡洋舰被击中后当即沉没，由于从护卫舰底穿过的鱼雷引信没有作用才使护卫舰侥幸逃脱。因此，现代海战中，水下反鱼雷技术是迫切需要的。

目前，反鱼雷技术归纳起来分为硬杀伤、软杀伤和非杀伤 3 种类型。其中，硬杀伤是直接探测到来袭鱼雷，采用某种手段将其摧毁；软杀伤是探测到来袭鱼雷后，依靠施放各种假目标，如干扰器、声诱饵等干扰或诱骗来袭鱼雷，使鱼雷偏航或能源耗尽后自沉；非杀伤是指采用消声、隐身等技术，降低目标回波强度，对抗鱼雷自导系统的检测能力，使其丢失目标。在反鱼雷技术方面，无论是硬杀伤还是软杀伤方式，探测到鱼雷来袭的方位、距离是十分重要的。目前，常采用的是声呐、磁探测技术或两者的复合技术。声磁复合诱饵雷弹及其引信如图 1 –5 所示。声呐用来探测鱼雷的来袭方位，磁探测确定来袭鱼雷的距离，在设定距离内起爆反鱼雷的鱼雷，摧毁敌方鱼雷。

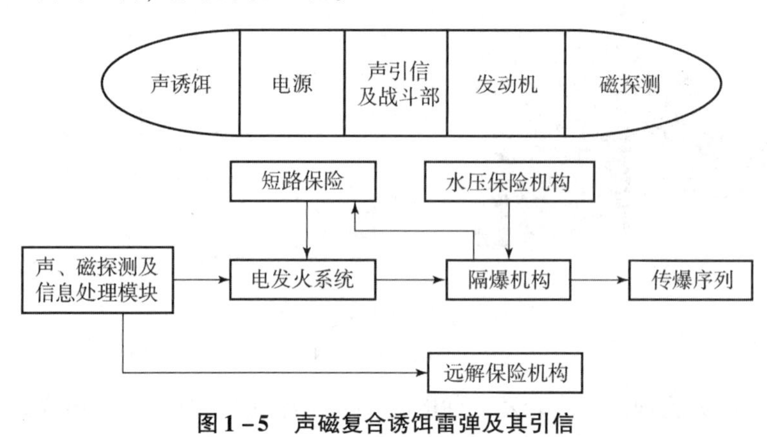

图 1 –5　声磁复合诱饵雷弹及其引信

1.3　目标探测与识别技术对引信发展的意义

引信是利用目标信息和环境信息，在预定条件下引爆或引燃战斗部装药的控制装置或系统。现代引信的主要功能包括起爆控制、安全控制、命中点控制和发动机点火控制。

引信技术的概念在武器装备需求的强力牵引和高新技术发展的推动下有较大的发展，现代引信技术通过先进的传感器和数字技术的引入以提高弹药的整体性能为基础，强调了引信对目标的探测、识别以及抗干扰和起爆控制能力，而目标探测和识别功能的实现则是引信灵巧化和智能化的前提。

现代弹药系统中普遍使用各种近炸引信。近炸引信能够大大提高弹药的毁伤效能，如各种导弹、火箭弹、航空炸弹和中大口径炮弹配用的近炸引信，使用范围甚至有向小口径弹药发展的趋势，如小口径防空弹药、要求空炸的小口径枪榴弹等。随着现代战争的发展和战场环境的复杂化，对各种近炸引信的性能也提出了越来越高的要求，如对目标精确定位并选择最佳起爆位置与起爆方向、对目标的探测识别能力、抗自然和人为干扰能力等。然而由于各种弹药配用的近炸引信的作用环境、作用对象及要求近炸引信提供的目标、环境信息的内容等各不相同，使得单纯使用一种或几种探测手段难以满足不同近炸引信的战术、技术要求，或难以得到较优的性能指标。

近炸引信起源于 20 世纪 30 年代，自 1943 年无线电近炸引信开始装备部队以来，在以后的较长时间内，无线电波成为近炸引信的主要探测手段，得到广泛的应用。随着现代科学技术的发展，各种探测原理的近炸引信使用范围越来越广泛。促使近炸引信采用新探测原理的原因主要有以下 3 点：

（1）随着现代科技的飞速发展，各种探测原理在理论和器件制作技术上的成熟为新探测原理在近炸引信中的实际应用奠定了理论和物质基础。

（2）现代武器系统对近炸引信提出了更加苛刻的要求。首先是探测能力，从简单的定位、定距到目标识别、环境识别；其次是使用条件和使用环境的恶化和复杂化。各种探测手段都具有由其本质属性决定的优势与不足，为满足各种近炸引信的不同技术、战术要求并得到最优的系统性能，发展多种近炸探测原理并加以复合成为必然的发展趋势。

（3）无线电近炸引信发展的同时，针对无线电近炸引信的干扰技术也同步发展，为解决抗干扰问题而提出的新的无线电探测体制（如跳频无线电体制、频率捷变体制、伪随机编码体制等）都是以增加复杂性和成本为代价的。相比之下，其他探测原理的近炸引信或者是由于其本质特性或者是由于缺乏相应的干扰技术，对敌方人为干扰表现出大大优于无线电近炸引信的抵抗能力。

1.3.1 引信灵巧化发展的需要

灵巧弹药是指在适宜阶段上具有修正或控制其位置或姿态能力，或者对目标具有搜索、探测、识别、定向或定位能力的弹药。在弹药灵巧化进程中，制导系统（或弹道修正系统）与引信之间信息互相利用、资源共享、功能互补、互相渗透的趋势越来越明显，部件间的界限越来越模糊，各部件作为自封闭独立物理实体的设计概念日趋淡化，而系统的综合功能越来越强。因此，非制导武器弹药灵巧化赋予了引信更新、更多、更重要的功能，主要体现在以下几个方面：

（1）引信信息交联功能。从引信与火控系统间信息交联发展到与指挥、卫星、网络等平台的信息交联，以及引信系统之间的信息交联、共享与协同。

（2）引信毁伤控制功能。已经从近炸起爆控制发展到最佳炸点精准控制、最佳起爆精准控制阶段，目前正全力向最佳起爆灵巧控制方向加速突破，进一步提升武器弹药毁伤效能。

（3）引信安全控制与安全管理功能。从发射平台安全距离以内的安全性、勤务处理及发射周期各阶段安全性，发展到防区内不敏感特性与作战环境适应性要求，提出了不敏感引信、任务中止等新的要求，将安全性从发射安全拓展到目标区安全，实现了引信的全弹道安全性；增加了弹目交会后自毁、自保险、安全拆除的安全要求，以最大限度降低附带毁伤；提出引信安全授权技术，实现引信全寿命周期的安全性控制和管理。

（4）引信弹道修正功能。弹道修正引信已经成为武器系统实现低成本精确打击的重要途径，装备弹道修正引信的武器弹药效费比大幅提高。引信系统在需要进一步提高探测能力、弹道识别能力和炸点精确控制能力的基础上，发展一维/二维弹道修正技术，实现对炸点的命中误差修正控制功能和最佳引战配合毁伤控制功能，进一步提高引信系统的整体毁伤控制能力。一维弹道修正引信能够实现中大口径火炮榴弹命中密集度1/500～1/1 000，二维弹道修正引信能够实现在全射程内CEP为20～30 m的高精度打击。

灵巧化的精确制导武器有两项关键的核心技术：一是高分辨率、高灵敏度的毫米波或红外探测敏感技术；二是智能化信息处理与识别技术。前者用于尽可能多地获取关于目标与背景的详细信息，后者则用于在恶劣的战场条件下发现、截获、跟踪具有强干扰、隐身能力的军事目标。也就是说，通过对毫米波或红外探测敏感系统所获取的整个搜索区域内的大量信息进行处理，从中准确地获得与感兴趣目标密切相关的少数几维重要信息，从而回答出这样一些所关心的问题：毫米波或红外探测敏感系统所扫掠的区域内是否有目标？如果已经发现了目标，那么是哪一类目标？是敌方目标，还是我方目标？是编队的、集群的目标，还是单个的目标？是种类单一的目标，还是混编的目标？目标以多快的速度运动？领队在哪里？最重要、最具攻击价值的目标在哪里？目标的什么部位最薄弱？所有这些问题都需要信息处理与识别系统实时地、明确地回答并对战斗部实施控制。

毫米波目标探测器是目前最常用的一种电磁设备。它通过发射具有一定波形、向量特征和极化的电磁波信号与四周的环境相互作用，形成了一个多维的测量空间，这个空间带有关于环境与目标的多维时空信息，如何从雷达所获取的大量的非目标信息（如气象杂波、电子干扰、光电干扰、动物、植物、地物杂波、建筑物、其他车辆、其他飞行物、接收机中的噪声等）中获取感兴趣的少数几维信息，消除多维随机变量信息的部分确定性是信息处理与识别技术的内容。

进行多维处理需要产生多功能的最佳雷达信号波形并以适当的方式发送和接收，利用这种编码信号为雷达提供一个包括时间域、频率域、幅度域乃至极化的工作环境。信息处理器则用来对多个域的数据以向量方式进行处理，这样就可以在时间、频率、幅度、到达方向和极化等方面对信号检测和定位。这种方法的主要优点在于可以收集更多能量，可以利用不同信号域之间的交叉信息，降低在所有信号域中同时出现干扰的概率。采用这种设计的毫米波雷达导引头在探测、识别、确定目标位置、轮廓形状等方面的准确度、分辨率、抗干扰能力、自适应能力等都会有所改进。

1.3.2 引信智能化发展的需要

智能是指人工赋予的，对于客观的感知、思维、推理、学习判断、控制决策的能力。智能引信是信息技术、传感器技术和微机电技术等发展的产物，是以软件为核心的信息探测、识别与控制的系统。

智能引信的原理功能框图如图 1－6 所示。其中，探测系统是智能引信的基础，它由各种传感器组成，其功能是感知或探测目标的信息，要完成准确的探测、识别与控制的功能，要探测到目标的多种信息，从多种信息的提取中获得有用信息。因此，复合探测是智能引信发展的需要。另外，对目标、背景、环境信息模式进行分类与研究，是开展引信模式识别的基础，只有建立了这些特征信息的模式，才能为引信技术自动识别研究提供基准。基于神经网络的模式识别技术是引信智能化的基础，目前广泛开展以神经元网络为基础的信息处理技术研究迅速用于引信中，将会对引信智能化的发展起重要作用。

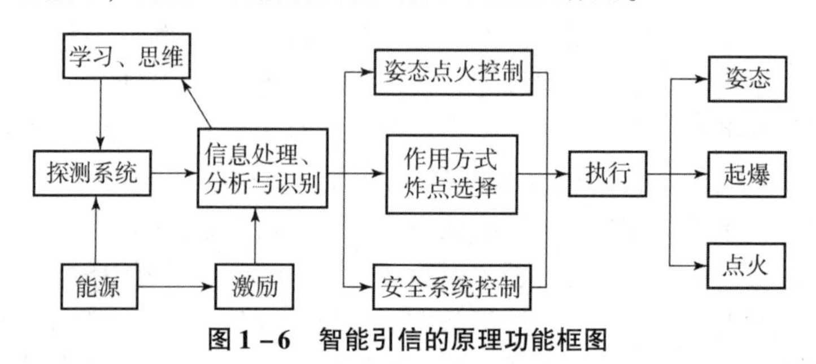

图 1－6　智能引信的原理功能框图

1.3.3 引信起爆控制系统发展的需要

引信的起爆控制内容十分丰富，技术层次可概括为6个层次，如图1-7所示。

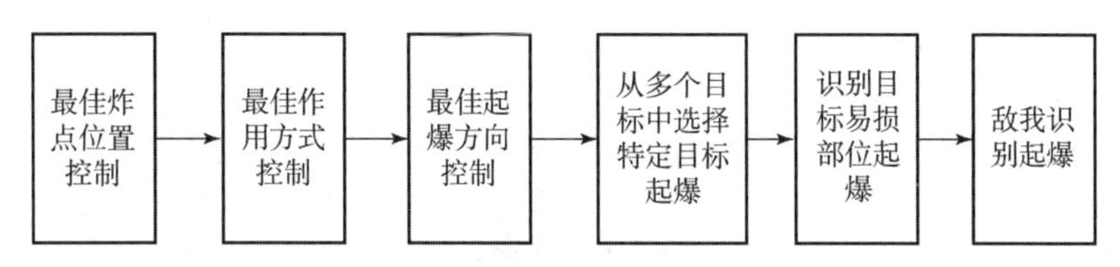

图1-7 引信起爆控制的技术层次

最佳炸点位置控制包括触发引信的高瞬发度控制、触发延期引信的炸点控制、实现引信的时间开舱点自适应控制以及近炸引信启动距离控制。

引信多种作用方式的复合，导致引信最佳作用方式控制问题的出现。例如，对空和反舰导弹触发/近炸复合引信，其最佳作用方式控制应是：当导弹能够直接命中目标时，优先选择触发作用；当导弹未能直接命中目标时，应选择近炸作用；当导弹完全脱靶时，应定时作用自毁。

引信最佳作用方式控制还包括区域封锁弹药的多模引信，它可以有即时起爆、随机延时起爆、不可近起爆、不可动起爆、不可拆起爆、不可运起爆甚至包括不起爆等多种作用方式，达到在封锁和反封锁对抗条件下获得尽量长的封锁时间的目的。

现代战争中会遇到多目标拦截问题，这时要求引信具有从多个目标中识别特定目标的功能，以保证导弹掠过非指定目标时引信不提前作用。此功能也包括区域封锁弹药（如地雷、水雷）引信仅对特定目标起爆的功能。

识别目标易损部位是指引信能够感知目标的结构，识别其易损部位并予以适时起爆，以达到最佳的毁伤效果。例如，通过对飞机的方位及易损部位探测与识别，控制导弹的破片方向主要朝目标易损部位作用，在对空导弹引信中具有较大的应用前景。

从最佳起爆方向控制层次到敌我识别起爆需要对目标的探测与识别，并进行起爆控制，能从敌我双方的坦克、飞机、直升机的空战中，完成敌我目标的探测与识别并起爆战斗部，是未来引信的最高设计层次。

纵观引信的发展可知，探测与识别技术是实现高水平引信的关键技术，除了单一探测体制的发展与完善之外，对复合探测、仿生探测的深入研究，将会大大提高灵巧化、智能化引信的设计水平。

1.3.4 引信智能化目标识别技术发展的需要

在探测获取大体的信息后，传统的信息处理技术在完成目标自动识别时，大都是利用统计模式识别方法。假设一个视觉系统要从一个背景中识别一辆坦克，必须首先利用图像预处理，然后再利用边缘抽取、目标分割等算法把目标从周围的背景中分割出来，最后经特征抽取、统计决策等相当复杂的分析判决来判断分割出的区域是不是坦克。在算法设计、编程以及系统识别等方面必须经过严格的训练、学习。这种方法在目标旋转、遮挡、重叠、姿态发生变化，周围背景杂波复杂多变时，系统就无法正确地识别变化大的和未经训练的目标，必须对系统重新进行训练学习以适应新的要求。

鉴于传统的目标识别方法在识别复杂多变战场环境中的多种军事目标时存在许多无法逾越的障碍，人们先后在信息处理系统中引入逻辑推理与人工智能研究成果，并试图将两者有机地结合起来。

基于逻辑推理的智能识别目标首先对被识别的目标及其周围所关联的物体运用图像分析技术、图像识别技术或人工智能技术，获得待识别目标及其周围可能的景物的符号性表达（如待识别目标的各种抽象特征、与周围景物的几何和物理约束关系及其他关联信息等），即知识性事实后，运用人工智能方法，确定图像分析与处理前端分割出的感兴趣区域的类别，属于符号处理系统，它模拟人脑抽象思维处理来提高目标识别性能。

人工智能神经网络是试图模仿生物神经网络的工作机理而发展起来的一种新型的信息处理系统，它是由大量的类似于神经元的信息处理单元广泛地互联成复杂的网络系统，具有下述 3 个主要特点：

（1）平行性。网络中每个单元都是一个独立的信息处理单元，它们的计算均可独立进行，而整个网络系统是平行计算的。

（2）信息存储是分布式的，局部受损或丢失部分信息不影响全局，具有处理模糊的、随机的、不确定信息的能力，且因信息的存储与计算合为一体，以互联方式存储信息，具有从不完整的信息中联想出全部信息的能力。

（3）具有自适应、自组织、自学习能力。人工神经网络实际上是一种大规模的并行分布式处理系统，以大量非线性处理单元模拟人脑神经元，用各处理单元之间错综复杂而又灵活多变的互联，来模拟人脑神经元之间的密切联系。在神经网络中，每个神经元都有很多输入、输出键，各神经元之间靠键相连，而键则决定了各神经元之间的连接强度，即相互作用的强弱程度，决定着网络的性能。人们可以根据应用环境的变化，对网络进行学习、训练，使网络不仅可以处理各种变化的信息，获得人们所期望的特定功能，而且使网络在处理信息的同时，不断改变参数与结构，这就是自适应、自组织、自学习过程。

由于神经网络具有突出的优点，因此模式识别与分类、信号识别、计算机视觉就成为当前神经网络应用的主要领域。美国休斯公司、霍尼维尔公司、约翰斯·霍普金斯大学等开发了神经网络目标识别系统。试验表明：在目标无遮挡时，神经网络方法比传统的目标识别方法的识别率高出 20%；在有遮挡时，即在有障碍的战场情况下，神经网络的识别率还要高得多。

神经网络目标识别系统，将“智能”置于系统的结构和适应规则中，它的优点不是针对一个问题或一种应用，而是整个问题，它不要求数字化的数据，可将传感器传来的信息以相应的形式直接传送到神经网络，系统则能通过例子训练学习，从而识别在各种背景下的坦克和其他车辆。识别的前提是高质量的探测，识别技术的发展又推动探测技术的发展。

第 2 章

目标特性

目标特性是目标探测与识别的基础，包括目标本身的固有属性（如质量、体积、运动参数等）以及目标、环境、物理场（包括电磁场、声场等）相互作用所表现的特有样式。广义的目标特性还包括目标的易损特性，但并非本书研究的重点。

2.1 地面目标的主要特征

2.1.1 坦克的主要特征

坦克是装有大威力火炮，具有高度越野机动性和装甲防护力的履带式装甲战斗车辆，主要用于同敌方坦克和其他装甲车辆作战，也可以压制和摧毁反坦克武器、野战工事，歼灭敌方有生力量。作为被探测与识别的目标，坦克的主要特性与特征表现在 3 个方面，即红外辐射特征、声传播特征和行驶过程中产生的地面振动特征。

由于红外线在大气中传输时，存在一定的大气窗口，即红外线在大气中传播时，大气对某些波长的红外线产生强烈的吸收，使传播的能量受到损失，而对另外一些波长的红外谱线则吸收较少，透射率较高。大气对红外线吸收比较少的波段，也就是透射率比较高的波段，被形象地称为“大气窗口”。几乎一切与大气有关的光学设备只能去适应这些窗口。

大气的红外透射曲线如图 2－1 所示。

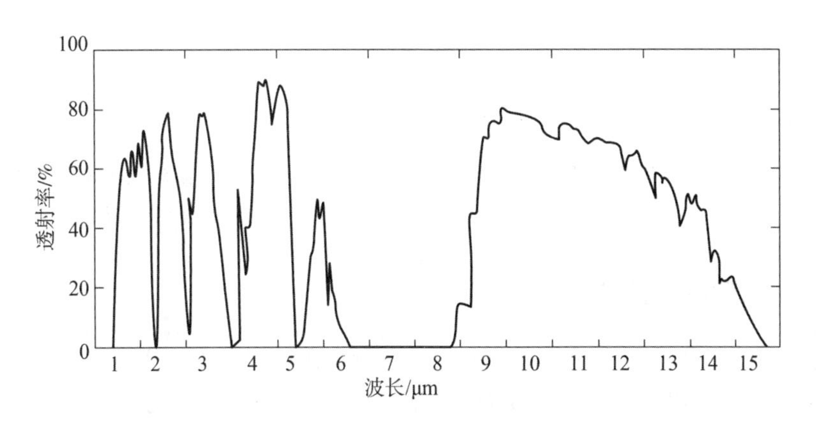

图 2－1　大气红外透射曲线

坦克在行驶过程中产生的声音，通过空气传播，实际是一种噪声信号。它由坦克的结构、发动机类型、行驶速度、地形、地质结构等因素决定。坦克车的噪声主频在 13 Hz 左右，在大约 1 km 的距离，通过多个声音传感器测量坦克产生的噪声，对噪声信号进行频域分析、时域估算，能正确识别出坦克的方位和距离。

坦克车在行驶过程中，对地面的冲击以及声波对地面的激励，对于非刚体的地球介质，这种激励将引起地球介质的变形。变形在地球介质中的传播即形成地震波。通常把坦克车辆作为激励源，采用地震动传感器在一定距离内进行探测，获得信号在分析后可知，信号主频率在 100 Hz 以下。其运动过程中产生的地震动信号如图 2－2 所示。采用高灵敏度的电磁式地震动传感器，能很好地探测坦克的接近距离。通过信号时域、频域的分析，能分辨出坦克的类型及行驶速度等特征。

2.1.2 车辆的主要特征

车辆分军用车辆和民用车辆。军用车辆主要指步兵战车，它是供步兵机动作战时使用的装甲战斗车辆，分为履带式和轮式两种。民用车辆主要指小汽车和货车两大类，主要以轮式车辆为主。装甲人员输送车具有高度的机动性和一定的防护能力，主要用于战场上输送步兵，也可携带车载武器进行战斗。多数装甲人员输送车的战斗部全重为 6 ~ 16 t，乘员 2 ~ 3 人，载员 8 ~ 13 人，履带式装甲人员输送车陆上最大时速为 55 ~ 70 km，最大行程为 300 ~ 500 km，而轮式装甲人员输送车陆上最大时速可达 100 km，最大行程可达 1 000 km。

车辆的特性和特征与坦克的基本类似，不同的是，轮式车辆的主频偏低，一般在 13 ~ 40 Hz，而发动机的噪声无论是通过空气传播还是地震动传播，幅值偏小，定位距离偏短，其运动过程中产生的地震动信号如图 2－3 所示。

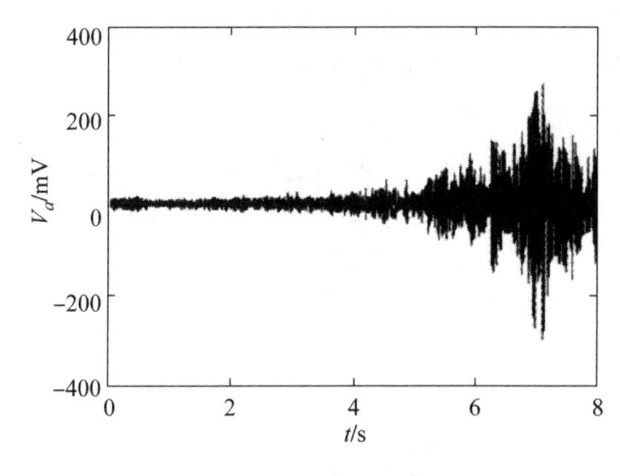

图 2－2　某坦克运动过程中产生的地震动信号

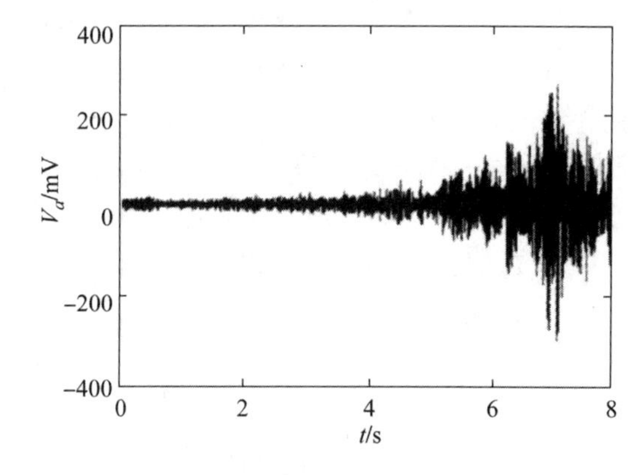

图 2－3　某轮式车辆运动过程中产生的地震动信号

2.1.3 人员的主要特征

地面人员的运动也可以通过地震动传感器进行探测，其脚步信号如图 2－4 所示。由图可知，在人员逐渐接近探测器时信号幅值逐渐增大，由于脚步信号的主频一般小于 6 Hz，成排或成列的士兵通过时，产生的频谱低于 20 Hz，因此通过频域分析或小波分析能很好地区别出人与车的通过情况。

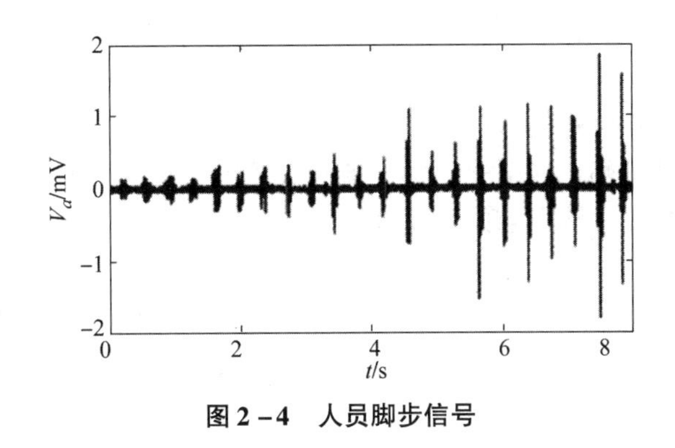

图2－4　人员脚步信号

2.2　空中目标的主要特征

2.2.1　背景辐射

现代战争中，主要对付的空中目标有三类，即固定翼飞机（如隐身飞机）、武装直升机和精确制导弹药（如巡航导弹）。由于三类目标属于有源飞行器，红外特征非常明显，采用红外探测系统能很好地识别和区分。除红外探测系统外，目前还使用毫米波探测系统、声探测系统等。为了更好地了解目标的特性，首先将三类目标的背景辐射叙述如下。

一、导弹类

导弹或火箭能以多种形式作为红外辐射源，如火箭或空气喷气发动机的喷口、喷气流、气动加热的飞行器表面再入大气层时烧蚀形成的尾迹及冲击波层内的热空气等，均可成为强的辐射源。这些类型的辐射源随飞行的方式、阶段、探测的波段与方向的不同而改变其重要性。

对采用火箭发动机的导弹，在动力段最强的辐射源是喷气流，对大多数有效的工作情况，火箭发动机是以富燃烧剂燃烧的，所排物中有相当一部分物质是可连续燃烧的。它们和空气中的氧气混合后产生外燃反应而形成一个后燃区。这是火箭发动机的尾焰在低高度飞行时的一个特点。这种后燃反应会使尾焰温度增加500 K左右。随着飞行高度的增加，空气中氧气减少而使后燃程度减少。

导弹或火箭再入体由于严重的气动加热而成为强的红外辐射源。再入体的辐射主要来自4个部分：

（1）再入体前部被激波加热的空气；

（2）气动加热的再入体表面；

（3）附面层内烧蚀物；

（4）再入体后的尾流。

在红外区，主要的辐射来自（1）和（2），在可见光和紫外区则（1）会起主要作用。

二、飞机和直升机

飞机是目前对空战术导弹的主要攻击目标。喷气式飞机有4种红外辐射源，即作为发动机燃烧室的热金属空腔、排出的热燃气、飞机壳体表面的自身辐射和飞机表面反射的环境辐射（包括阳光、大气与地球的辐射）。

1. 喷口辐射

在研究以 2.7 μm 和 4.3 μm 为中心的两个波段的辐射时，对马赫数小于 2 的飞机，其主要的红外源是燃烧室的热金属空腔辐射（或简称喷口辐射）及喷气流辐射。图 2－5 所示为一涡轮喷气式发动机原理图，它由压缩机、燃烧室、涡轮、尾喷管等组成。

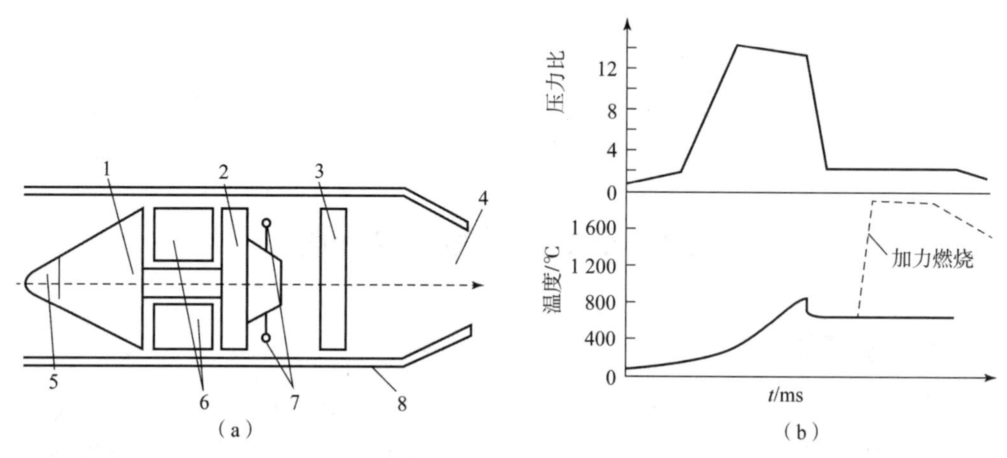

图 2－5　涡轮喷气式发动机原理图

（a）结构示意图；（b）发动机工作温度曲线及压力比

1—压缩机；2—涡轮；3—加力燃烧室；4—喷口；5—扩压器；6—燃烧室；7—热电偶；8—尾喷管

对侧向和前半球攻击的红外导弹来说，目标飞机的喷气流辐射是重要的红外源。测量和计算表明，喷气流辐射在与喷流轴线垂直的正侧向为最大。由于飞机机体的遮挡作用，它在飞机前半球内的角分布，要比余弦定律描述的衰减得快，尤其是当角（飞行方向与喷气流的正侧向之间的夹角）大于60°时，则衰减得更快。

喷流辐射的光谱分布是一个值得注意的问题。大气的吸收不仅会使喷流辐射值衰减，而且光谱分布也会改变。测试数据表明，在 3～5 μm 波段内和额定工作状态下，喷气流在其正侧向的辐射强度大约为发动机正后向辐射强度的 1/10；在加力状态下，这个比值为 0.80～0.90，有的飞机还可能大于 1。

2. 蒙皮辐射

过去往往认为，只有在 $Ma>2$、飞机蒙皮承受相当程度的气动加热的条件下才需要考虑蒙皮的红外辐射，这是一种片面的理解。未产生较严重气动加热的蒙皮会在 8～14 μm 波段内产生重要影响。在 8～14 μm 波段，蒙皮辐射占有压倒性的比例，其原因在于：

（1）以 300 K 为例，蒙皮辐射的峰值波长约为 10 μm，正好处在 8～14 μm 波段范围内；

（2）上述波段的宽度较宽；

（3）飞机蒙皮的面积非常大，它的辐射面积比喷口面积大许多倍。

3. 背景辐射

背景辐射是一个红外系统必然会接收到的辐射。背景辐射在探测器上形成的辐照度有时会比目标形成的辐照度高几个数量级，且其变化复杂，因而开展背景的研究对正确设计和使用红外系统具有十分重要的意义。导弹红外系统面对的背景有天空、地面和海洋等，下面分别对天空和地面背景辐射进行一些讨论。

1）天空背景

天空背景可分为晴空和有云两种情况。在晴空条件下，天空向下的辐射主要由两部分组成，即天空中的气体分子及气溶胶粒子对太阳的散射和大气分子的辐射；在有云的条件下，要考虑云对阳光的散射和云本身的辐射。

试验和理论计算表明，对阳光的散射和大气的辐射在光谱分布上是有差别的。对阳光的散射主要分布在波长小于 3 μm 的范围内；大气辐射由于大气本身温度较低，其有效温度在 200～300 K，因此在小于 4 μm 的波长范围内的辐射很小。天空辐射可以认为是上述两种辐射的叠加。这种辐射在 3～4 μm 波段内出现极小值，在 3 μm 以下的短波部分以散射为主，而在 4 μm 以上以大气辐射为主。

大气分子和气溶胶粒子对阳光的散射，均随波长而变。不管是瑞利散射区或是米氏散射区，散射效率因素均随波长的增大而降低。在做粗略估算时，把太阳看作一个温度近似为 6 000 K 的黑体，并假设入射到大气层上的阳光被大气层均匀地向各个方向散射。大气外层与阳光垂直的面上的辐照度 E 为

$$E=\frac{M}{\left(\frac{r}{r_s}\right)^2} \tag{2-1}$$

式中，M 为太阳表面的辐出度；r 为大气外层至太阳的平均距离；r_s 为太阳的半径。

若入射到大气层上的阳光被均匀地散射到 2π 立体角内，则天空的亮度 L 为

$$L=\frac{E}{2\pi}=\frac{M}{2\pi\left(\frac{r}{r_s}\right)^2} \tag{2-2}$$

太阳表面的亮度 L_s 与天空亮度 L 之比为

$$\frac{L_s}{L}=2\left(\frac{r}{r_s}\right)^2 \tag{2-3}$$

若取 r 与 r_s 比值的平均值为 215，则

$$\frac{L_s}{L}=9.245\times10^4 \tag{2-4}$$

上述数据与实际数据相比，散射形成的天空亮度显然偏高，一般认为取其 1/10 较为实际。

在地平方向，晴空时大气分子辐射可近似地用一个 $T=300$ K 的黑体辐射来代表。因而理想化的天空辐射可用阳光散射的天空亮度与大气辐射的亮度叠加而成。

在晴空条件下，阳光散射形成的天空亮度具有以下一些特点：

（1）在散射区，光谱曲线外不是理想化的黑体曲线，而是一系列的波带状结构。这是由以 0.94 μm、1.1 μm、1.4 μm、1.9 μm 和 2.7 μm 为中心的水汽强吸收带形成的。

（2）散射的亮度随观测的仰角而变化，如图 2－6 所示。这是因为和水平面构成的仰角增加时，光线路径减小，散射阳光的大气分子数也随之减少，因之散射的亮度减小。需要注意，图中短波区的光谱辐射亮度值应为图中坐标所得值乘以 10。

（3）天空的散射亮度也随阳光的高低角而变。图 2－7 即为不同阳光高低角时天顶高度的光谱分布，图中曲线 A 的值应为纵坐标值的 10 倍。

（4）散射与大气辐射不同，它受大气温度的影响很小。

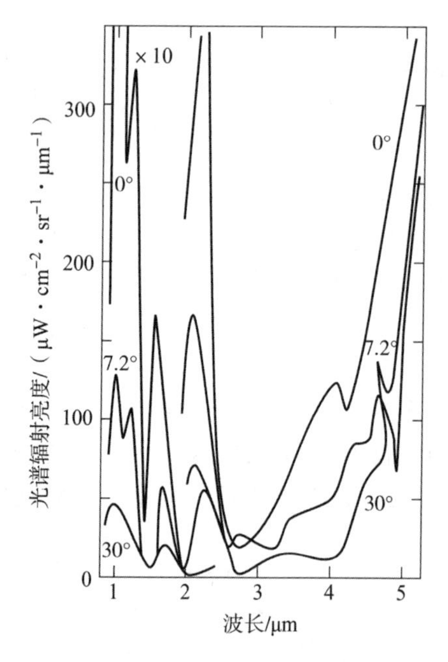

图 2－6　晴空时不同仰角的散射亮度光谱分布

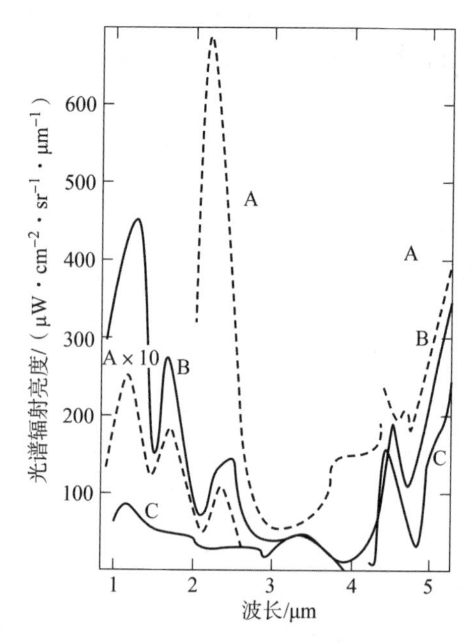

图 2－7　不同阳光高低角时天顶亮度光谱分布

A—太阳高低角 77°，温度 30 ℃；

B—太阳高低角 41°，温度 25. 5 ℃；

C—太阳高低角 15°，温度 26. 5 ℃

在波长大于 4 μm 的范围内，天空背景辐射主要由大气辐射形成。大气散射在夜间自然消失，而大气辐射不管在白天或夜间均存在。

大气的辐射受气象条件的影响很大，云团的遮盖对大气的辐射有着重要的影响。在晴朗天空的条件下，大气温度对大气辐射亮度有着明显的影响。图 2－8 所示是天顶的辐射亮度与温度的关系曲线。可以把晴空大气辐射粗略地看成黑体辐射，因而温度也就成为决定性的因素。由于在 8～13 μm 内大气分子的吸收率很低，因而在这个波段内出现了谷底区域。图中虚线是相应温度的黑体辐射亮度曲线；较高温度的曲线是在海拔 1 830 m 的山顶上测得的，较低温度曲线是在海拔 4 300 m 的山顶上测得的。

观测线的仰角对天空光谱辐射亮度也像散射一样有重要影响。图 2－9 是夜间晴空光谱辐射亮度与观测仰角的关系曲线。图中波长 6. 3 μm 处的 H_2O 吸收带和 15 μm 处的 CO_2 吸收带，它们的分子吸收系数很大，因而即使仰角为 90°时，发射率也已近似于 1 了，从而使该波长处的各种观测角的曲线均已接近于黑体的曲线。

但是，在 8～13 μm 波段内则不然，在此波段内大气吸收率很低。不同仰角所代表的不同路径有不同的分子数，吸收率也就不同。从图 2－9 也可看到，在 9. 6 μm 处有个明显的峰值，这是由 O_3 的发射造成的。

需要提到的是，此组曲线是在高度为 3 352 m 的高山站上测得的，即使仰角为 0°。在 3～8 μm 内的发射率尚未达到 1，因而它和黑体曲线仍有些差别。低高度测量站的结果表明，在仰角为 0°时的曲线在 8～13 μm 内已和黑体曲线重合了。

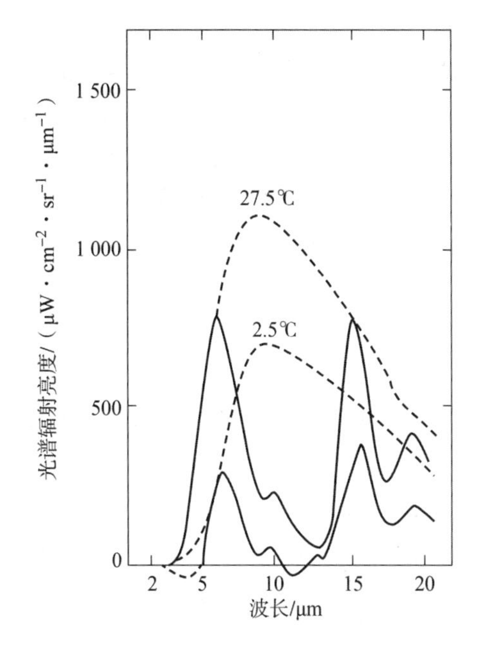

图2-8　天顶的辐射亮度与温度的关系曲线

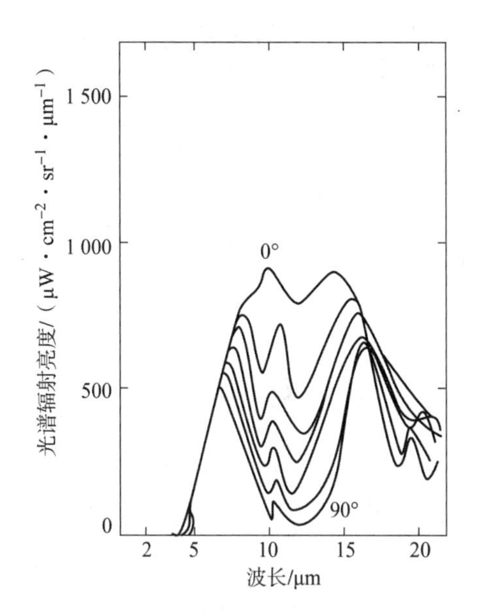

图2-9　夜间晴空光谱辐射亮度与观测仰角关系曲线

观测高度为3 352 m，环境温度为8 ℃，仰角分别为0°、1.8°、3.6°、7.2°、14.5°、30°和90°

在有云的情况下，形成云团的水汽一般来说对红外辐射是很好的吸收体。具有相当厚度的云团，对红外线的吸收率很高。当然，在可见光范围内的太阳辐射的吸收不高。

对分散的云团，云团下测量到的辐射可把云团作为近似黑体的辐射及云团晴面大气（通常温度比云团温度高）的波带状结构的组合。图2-10所示为白天典型地面物质的光谱辐射亮度。此曲线可理解为-10 ℃的云作为黑体辐射和在云团下的大气（+10 ℃）的辐射的组合。

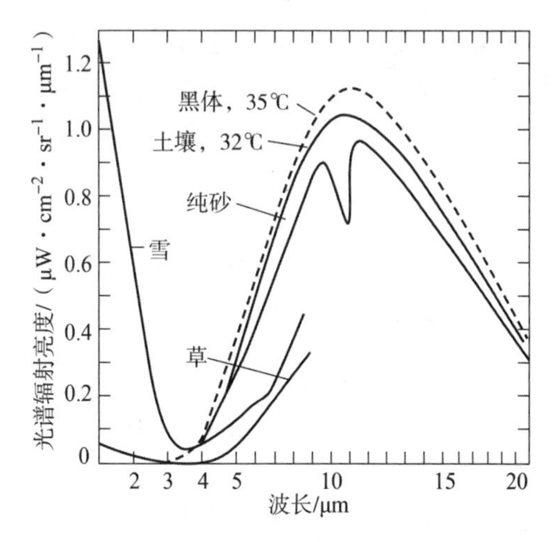

图2-10　白天典型地面物质的光谱辐射亮度曲线

对低空多云的天空的测量表明，此种辐射可近似用相当于环境温度正负几摄氏度的温度的黑体辐射来表示，但也可能在5～8 μm范围内有某种波带状结构。这可能是靠近地面的大气温度略高于云层温度而引起的。

对大气的辐射也能用理论计算的方法进行估算。大气的温度、压力、密度通常随高度而变，因此可将大气沿高度方向分成n层。可以假定在每一层的大气是均匀的并且处于热平衡状态，若知道了各层大气的温度、压力、密度分布及透过率，就可求出大气辐射形成的天空辐射亮度的分布。

2）地面背景

与形成天空背景辐射的机理相似，地面背景辐射由两种机理产生：一是反射的阳光辐射，其中包括天空散射的阳光辐射，这部分辐射主要在近红外区，即小于3 μm的区域；二是地球本身的辐射，它的辐射主要在4 μm以上的区域。正如天空辐射一样，在3～4 μm出现了地面背景辐射的极小值，如图2－10所示。

地面各种物质如岩石、草地、雪、植物、房屋建筑物等对天空辐射的反射率相差很大，《红外手册》对各类物质均列出了详细的曲线，设计时可以参考。地面本身的辐射可粗略地考虑为一个温度为280 K的黑体辐射，但是它显然受各地区地面温度的影响。

2.2.2 空中目标及特性

一、固定翼飞机

固定翼飞机包括战斗机、攻击机、轰炸机、运输机、无人驾驶军用飞机、隐身战斗机、空中加油机、预警机、空中侦察机等。

现代固定翼飞机无论飞行速度、飞行高度、攻击能力还是防御能力都有提高，通常飞机的蒙皮90%是由1.5～2.5 mm厚的轻质金属材料制成，10%是由3～5 mm厚的钢板或钛合金构成的。有的飞机在驾驶舱室还安装有约10 mm厚的防护钢板，其油箱则采用自封闭材料或阻燃材料。中、高空对固定翼飞机的攻击采用地空导弹或空空导弹，其探测部分采用红外、激光或毫米波探测技术；中、低空对固定翼飞机的攻击可采用高炮、单兵肩射防空导弹。例如，美制“毒刺”导弹是采用红外探测寻的的，攻击距离4 km，在苏联入侵阿富汗时期，阿富汗游击队利用“毒刺”导弹击毁了多架苏联直升机和军用飞机。

二、武装直升机

武装直升机是近期发展较快的空中目标，它的主要优点是机动性和防护能力都较强，起降场地要求低，战场运用能力强，因而被广泛用于反坦克作战以及空中支援、反舰反潜、侦察、运输、指挥通信，尤其对地面步兵及重要设施有巨大的威慑力。

武装直升机的主要部位都有装甲防护，如在驾驶室、发动机、油箱外均有4～6 mm钛合金板防护，在驾驶室前方用50 mm厚的钢化防弹有机玻璃防护，一般能防御12.7 mm机枪弹的攻击。由于武装直升机强大的动力装置，一般有2台1 kW以上的发动机，其动力噪声是主要能量波探测的环境信息之一。直升机的红外辐射信息相当丰富，经空气传播在几百米内也可采用被动红外探测方法。

三、精确制导弹药

现代战场上大量涌现的各类精确制导弹药，主要包括各类导弹、精确制导炸弹和末制导炮弹等，其中尤以导弹种类繁多，应用广泛，发射平台多样，是来自空中的主要威胁。地面防空反导系统重点要对付的是空地导弹、巡航导弹、反辐射导弹和战术地地导弹等目标。这些导弹的速度和飞机差不多（巡航导弹较小），雷达反射面积较小，飞行高度也比较低，飞行中空气噪声小，因此反导比反机有更大的难度。

导弹结构一般分为控制系统、战斗系统和动力系统，除有一层外表蒙皮外，各系统均有较厚的壳体。由于导弹体积相对其他飞行体小，发动机功率也较小，空间特征表现为点目标，利用红外特性进行探测十分困难。目前，低空进行导弹探测主要采用低空雷达、红外、声探测等手段。

2.3　水面与水中目标的主要特征

21 世纪是海洋的世纪，海洋地位的提升，使海军的作用更加重要。现代高科技飞速的发展，给海军舰船装备带来了日新月异的变化。作为矛与盾的另一方，水中武器技术也得到了飞速发展。下面分别描述其主要特性与特征。

2.3.1　潜艇

潜艇在第一次世界大战中登上海战的舞台后，其灵活机动的作战能力可以使一艘艘巨大的水面舰船沉入海底。在第二次世界大战中，交战双方的潜艇共击沉 300 余艘大、中型水面舰船和 5 000 余艘运输船只，使人们对潜艇有了新的认识。

现代潜艇具有隐蔽性好、突击威力强、水下续航力大和自给力强等特点。潜艇按照其动力装备的不同，可分为常规动力潜艇和核动力潜艇；按照所装备武器的不同，可分为鱼雷潜艇和导弹潜艇；按照担负任务的不同，可分为攻击潜艇和弹道导弹潜艇。

潜艇在水下运行时，对其周围环境产生扰动的物理量可供探测的有异常磁信号、声信号、红外信号。对磁扰动采用定期消磁技术，使舰体的磁性降到最低。对声信号，采用舰体表面敷贴消声瓦，各种升降装置敷有雷达波吸收涂层，对产生噪声的设备采用先进的隔振降噪，使噪声水平尽可能降低，这些措施给被动探测技术带来了很大的难度。例如，导弹核潜艇采用隐身措施后，使辐射噪声大幅度降低，达到 100 dB 以下，已低于海洋本身噪声，同时又采取降低红外、磁、尾流特性，加大下潜深度至 400 ~ 600 m，以及使用迷惑或欺骗对方探测的各种手段，使潜艇的生存概率达到 90% 以上。

潜艇辐射噪声和舷侧阵自噪声的产生是由多种复杂且相关的物理现象组成的。虽然这两种噪声涉及非常宽的频带，但从潜艇本身来说，它们的主要激励源是潜艇内部的机械设备。

机械噪声是由旋转装置失去平衡引起振动、接触振动（如齿轮啮合）及机械设备内部液体紊流产生的噪声。一般来说，前两种方式产生的噪声的频率相当低，而后一种方式产生的噪声的频率很宽。机械噪声本身不会直接辐射到远场，而是振动能量在潜艇的主结构和次结构中传播，传到壳体后激励壳体才辐射到远场，这一系列物理现象是相互联系的。机械激励壳体的声辐射机理是施加到壳体的任何局部机械激励产生一种局部形变，这种形变可形成一种活塞式的、类似于声的有效辐射体，无方向性。

流体动力噪声是由不规则或起伏的水流流过运动着的潜艇而产生的，当不规则的水流流过舰体时，其压力脉动作为声波直接辐射出去。更重要的是，不规则或起伏的水流还可激起舰体上某些空腔、板和附件的共振，从而辐射声波。

流体诱发噪声机理包括流噪声、弯曲噪声、尾流噪声和空腔噪声等。

一、流噪声

由于海水是一种黏性流体。当这种流体流经壳体表面时，便形成一种边界层，边界层中的流速从壳体表面的零值可增加到约为潜艇航行的速度。这种边界层在舰首部非常薄，但发展到尾部时，其厚度已达几十厘米。边界层在首部时形成层流，层流是规则而安静的。离首部较远处，边界层渐渐形成小涡流，开始出现不稳定性，并慢慢地变为湍流。湍流边界层的速度脉动会直接辐射出去，其辐射功率随潜艇航速的变化而变化。这种宽带噪声是潜艇高速航行时的主要噪声源。

湍流边界层的波动压力场激发壳体的结构发生共振，即流体弹性耦合而产生噪声。如果压力脉动波数和结构模数之间有重合，那么这部分结构可能以一种自激方式振动，产生噪声。这是一种窄带噪声，是非常重要的噪声源。

二、弯曲噪声

在壳体与流体界面上传播的一些机械波沿流体诱发的次噪声源，传统上把它们分为弯曲波（即亚速机械波）、切变和纵向波（即超声速机械波）。弯曲波会产生径向大位移，与水有相当的耦合，但其位移速度比水下声速慢，因此不发声，是一种伪声。切变和纵向波只产生小径向位移，与水不太耦合，其位移速度比水下声速快，然而与水的耦合的特性限制了它们的有效辐射。显然，弯曲波在完全空的无限长的圆柱体中是不传播的，但在装有各种机械设备和武器等具有结构复杂的潜艇中，弯曲波是传播的。

三、尾流噪声

流体诱发的另一种噪声是潜艇尾流产生的噪声。这种噪声不仅与壳体表面的边界层有关，而且与大涡流结构有关。大涡流结构是在壳体周围的流体流过附件或者几何不连续体时产生的，大涡流之类的流体扰动形成尾流，尾流在螺旋桨叶片上引起的速度扰动产生起落扰动，桨叶随之产生推力和扭转力的扰动。这些扰动由桨轴输送到潜艇的耐压壳体上，形成了新的低频噪声源，由螺旋桨本身和艇壳体辐射，其频率数与尾流的谐波含量有关。

四、空腔噪声

湍流边界层流过一个空腔时（如压载水舱孔），产生交变或涡流。在发生空腔共振时，产生辐射噪声和自噪声。

2.3.2 鱼雷

鱼雷是一种自主推进、自动控制、按预定设计弹进搜索、自动导向、攻击敌舰艇的水中航行体。鱼雷按其雷体直径可分为大型鱼雷（533 ~ 555 mm）、中型鱼雷（400 ~ 482 mm）和小型鱼雷（254 ~ 324 mm），另外20世纪90年代还出现了微型鱼雷（大约140 mm）。鱼雷按动力可分为电动力鱼雷（其动力主要是电机、电池）和热动力鱼雷（其主机有摆盘发动机、旋转发动机、涡轮发动机等，燃料有煤油、过氧化氢等）；按制导方式可分为直航鱼雷、自导鱼雷、线导鱼雷和复合制导鱼雷；按携带平台可分为管装鱼雷、空投鱼雷和火箭鱼雷。

20世纪80年代以来，由于计算机、微处理器在鱼雷中得到广泛的应用，如美国MK48 - 5线导鱼雷、英国的“虎鱼”线导鱼雷和俄罗斯65型尾流自导鱼雷等通过首侧声呐对目标有尺度分辨能力，可发射杂波形以提高对诱饵的欺骗能力，因而具有智能化的明显优点，迫使各主要海军国家研究鱼雷对抗的新技术和新装备，进而在软杀伤技术（如施放干扰器、声诱饵等干扰和诱骗鱼雷）、硬杀伤技术（如采用深弹、水雷、反鱼雷鱼雷等对抗鱼雷）等方面均取得了很大的发展。例如，英美合作的水面舰艇鱼雷防御计划中已开发出传感器鱼雷识别和报警处理器，系统基于数字处理技术，采用专门研制的算法实现对鱼雷的自动探测、识别和定位。

未来水声对抗技术发展的一个重要趋势是，为了争夺水下声、磁、电优势，适应水下复杂的战斗环境，提高对抗反应速度和对抗效果，要求软、硬杀伤器材和武器均摆脱单一功能与状态，向一体化通用系统方向发展。目前随着计算机技术的飞速发展，已出现新一代智能式鱼雷，因此在水下对抗中，人工智能是发展的必然趋势，如采用单片机进行智能控制，可设计出自动识别智能鱼雷的探测系统以及模拟舰船航行特征“回答”对方的诱饵。

2.3.3 舰船

目前，各军事强国主要发展的舰船有航空母舰、驱逐舰、护卫舰等。航空母舰是一种以舰载机为主要作战武器的大型水面舰只，它攻防兼备，作战能力强，能完成多种战役战术任务，具有很强的威慑力，因而备受世界海军的器重，使用导弹或导弹子母弹反航母的任务很重。驱逐舰是一种以导弹、火炮、鱼雷等为主要武器，具有多种较强作战能力的中型水面舰艇，按用途可分为导弹驱逐舰、反潜驱逐舰和防空驱逐舰 3 种。护卫舰是以导弹、火炮和反潜装备为主要武器的中型水面战斗舰艇，是处于快艇与驱逐舰之间的水面舰艇。从水下攻击舰船可被探测到的信号主要是尾流和噪声。

一、尾流

尾流在舰船水声对抗中起着一定的作用。尾流指的是舰船体及螺旋桨在航行时所引起的泡沫区域，也称为航迹。尾流可以比舰体长许多倍，当舰体航速增加时，尾流中泡沫密度将会增加。

尾流对声波的散射与吸收将影响水声设备的工作，另外还可以利用它来探测舰船的航迹。

回声探测设备工作时，经常会碰到舰船尾流所产生的假回声，这往往会使反舰、潜艇声呐兵做出错误的判断。尾流中会产生密集的气泡群，由于它的散射和吸收，一方面可以构成鱼雷攻击的有利屏障；另一方面，它产生的假回声也可能被反舰、反潜声呐兵误作鱼雷或潜艇，从而失去对真目标的回声接触。

对传播的声波产生散射和吸收的主要因素是尾流中具有大小不同的密度较大的小气泡层。这种小气泡由两部分组成：一部分是空气在外力作用下从海面渗入水中，并以气泡形式扩散开来，如航行中的舰船在吃水线上下可将大量空气携带水中。另一部分是由螺旋桨高速旋转时产生空化现象。所谓空化现象，就是由于螺旋桨的高速运转，形成了水中空腔，而溶解于水中的气体进入空腔之内，当空腔破裂之后，空气就以气泡的形式出现在水中，大量的气泡形成了气泡幕。

尾流中的气泡具有不同大小的直径，并以一定速度上浮到水面，在上浮过程中，有些大气泡将变成小气泡，以至被溶解于水中。一般来讲，尾流的声学效应可延长 20 ~ 40 min。

声学效应是指声波入射到气泡上时将产生压力的周期性变化。它迫使气泡内部的空气做强迫振动，这种振动导致气泡向周围发散声能，形成声波的散射。同时，在气泡做强迫振动的情况下，部分声能消耗在气体分子之间的摩擦上，在气泡与周围介质中形成了热的交换，这一部分由声能转换的热能从水中散发掉或者说被海水吸收了。这就是尾流对声波传播的散射和吸收。

尾流对声波的反射，可从两方面来理解：一方面，尾流内有许多大小不一的微小散射体（如气泡），它们对声波产生散射的部分能量构成了反射声能（指散射方向和入射方向相反）；另一方面，尾流和周围海水介质有着明显的界限，形成了声波不同的两种介质，当声波进入两种介质界面时，也会发生反射。

一般目标离声源较远时，其反射本领与距离远近关系不大，但对尾流而言就不一样了，因为随着时间的增加，它所包含的散射体的数量和稠密度将会随之减少。因此，它对声波的散射能力随着距离的增加（即时间的增加）而减弱。

二、噪声

舰船和鱼雷的噪声通常包含两部分内容：一是舰船和鱼雷的自噪声；二是舰船和鱼雷的辐射噪声。舰船和鱼雷的自噪声会影响舰船和鱼雷的水声探测性能，舰船和鱼雷的辐射噪声是在被动检测面前暴露自己的重要因素。从作战角度来讲，应该使舰船和鱼雷自噪声和辐射噪声得到控制，以便使舰船和鱼雷自身的水声探测器材更好地发挥效用且减少自己在被动检测面前的暴露机会。舰船和鱼雷自噪声的研究与控制是长期以来被普遍重视的课题。在舰船和鱼雷自噪声的实际研究与控制过程中，最关心的是方法、途径、效果。由于作战需求不同，配载的水声装备不同，舰船和鱼雷自噪声略有不同，在舰船和鱼雷的噪声的实际研究与控制中也允许采用不同的方法、途径，但不管用什么方法和途径，都应该使舰船和鱼雷的噪声指标要求满足基本的使用要求。舰船和鱼雷的噪声特性应该符合统计规律。因此，在测量研究中应该用科学、合理的办法，在舰船和鱼雷的工作状态不稳定的情况下，少量的测量研究数据不足以说明噪声的统计规律。

降低舰船和鱼雷辐射噪声的措施可根据不同的需要而选取，如选取抑制噪声源、切断噪声的传播途径及限制噪声的辐射等。尽管舰船和鱼雷的降噪措施不断完善，但由于舰船和鱼雷都是金属壳体所制，并且都要依赖于螺旋桨推进，所以舰船和鱼雷的线谱辐射是难以避免的，这就为探测提供了条件，这也是发展被动声呐的理由，同时也给被动声呐的发展提出了更严格和更高的要求。

2.4 集中目标的反射特性

目标对电磁波的反射特性可分为集中目标反射特性和分布目标反射特性两大类。本节介绍无线电近炸引信的集中目标反射特性。

2.4.1 目标雷达截面积

所谓集中目标指的是在局部空间具有一定形状的独立目标，如飞机和各类飞行器等。

无线电引信是通过目标的二次散射功率来发现和测定目标的。外形复杂的目标的二次散射特性和许多因素有关，包括无线电引信工作波长、目标的几何尺寸和形状、目标的姿态和目标材料反射特性以及电磁波的极化特性等。

为了描述目标在一定入射功率照射下的二次散射功率，引入目标雷达截面积（也称为目标有效散射面积），用 σ 表示。它正比于目标的等效散射功率与入射功率密度之比。

设在目标处雷达入射功率密度（单位面积上的功率）为 Π_1，在入射功率作用下，目标产生二次散射，其在引信接收方向上单位立体角内的散射功率密度为 Π_2，则

$$\Pi_2 = \sigma_1 \Pi_1 \tag{2-5}$$

式中，σ_1 为目标的转移函数，它把一定的入射功率密度 Π_1 转换为散射功率密度。σ_1 与入射波长、极化方向、入射角、目标形状尺寸和目标的材料性质等有关，能够反映目标的二次

散特性。

$$\sigma = 4\pi\sigma_1 = 4\pi \frac{\Pi_2}{\Pi_1} \tag{2-6}$$

式（2-6）的物理意义是：Π_2 为接收方向上单位立体角内的目标二次散射功率密度，而 4π 是球体的立体角，那么 $4\pi\Pi_2$ 等效为一个均匀反射体在所有方向都按 Π_2 散射时的总散射功率。这里等效的意思是指实际目标与等效球体在接收机方向的散射功率是相等的。这样处理对研究解决具体问题是很方便的。但是必须注意，实际目标的总散射功率并不等于等效球体的总散射功率 $4\pi\Pi_2$，所以不能用上述的 $4\pi\Pi_2$ 来计算实际目标的总散射功率。

目标雷达截面积 σ 是研究目标检测性能的重要参数，在已知目标雷达截面积的情况下，很容易计算出无线电引信的接收功率。

2.4.2　目标雷达截面积的求法和特性

目标雷达截面积可以用理论计算方法和实际测试方法求出。理论计算方法特别适用于形状简单而有规则的目标，对形状复杂的目标也可以计算。其基本思路是将目标分成若干个典型形状的单元，用电磁绕射和散射理论计算每个单元的散射面积，再将各计算单元不同的散射面积合成为总的散射面积。

常用的规则形状的典型形体及其散射面积的计算公式介绍如下。

在一般情况下目标的几何尺寸都大于引信的工作波长，故只讨论光学区。在光学区，目标的有效散射面积和引信工作波长、目标的几何形状、极化方向及入射角等有关。

（1）半径为 a 的金属球的有效散射面积为

$$\sigma = \pi a^2 \tag{2-7}$$

（2）任意形状、面积为 A 的大平板，在入射角为零（与平面法向重合）时的有效散射面积为

$$\sigma = \frac{4\pi A^2}{\lambda^2} \tag{2-8}$$

式中，λ 为电磁波波长。

（3）半径为 a 的圆板，在入射角（与法线的夹角）为 θ 时的有效散射面积为

$$\sigma = \pi a^2 \cot^2\theta J_1^2\left(\frac{4\pi a}{\lambda}\sin\theta\right) \tag{2-9}$$

式中，$J_1^2\left(\frac{4\pi a}{\lambda}\sin\theta\right)$为一阶贝塞尔函数。

（4）如图2-11所示，锥体半角 α 的无限圆锥，在入射角与轴向夹角为 θ 时的有效散射面积为

$$\sigma = \frac{\lambda^2 \mathrm{tg}^4\alpha}{16\pi\ (\cos^2\theta - \sin^2\theta\sin^2\alpha)^2} \tag{2-10}$$

当 $\theta = 0$ 时

$$\sigma = \frac{\lambda^2 \mathrm{tg}^4\alpha}{16\pi} \tag{2-11}$$

（5）底半径为 a、锥体半角为 α 的截锥，在入射线与母线垂直（图2-12）时的有效散射面积为

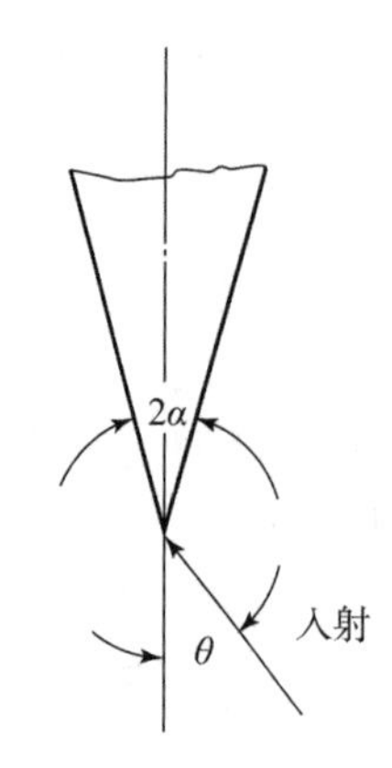

图 2-11　无限圆锥反射体

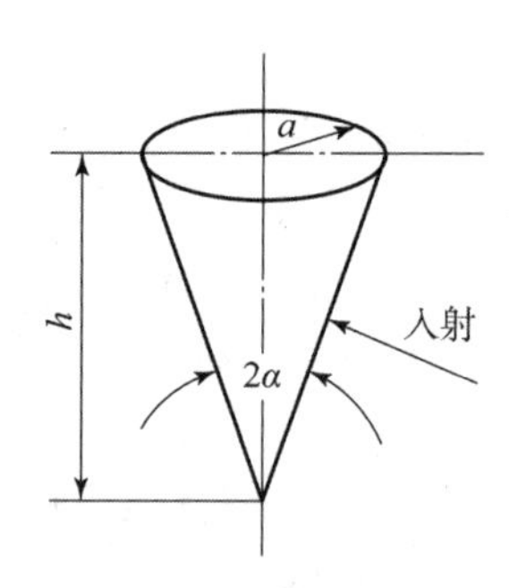

图 2-12　截锥反射体

$$\sigma=\frac{8\pi a^3}{9\lambda\cos\alpha\sin^2\alpha} \tag{2-12}$$

（6）顶部曲率半径为 a 的抛物体，在入射线为轴向顶视时的有效散射面积为

$$\sigma=\pi a^2 \tag{2-13}$$

（7）半径为 a、高为 h 的圆柱体，在入射线与轴垂直线的夹角为 θ 时的有效散射面积为

$$\sigma=\frac{2\pi ah^2}{\lambda}-\cos\theta\left[\frac{\sin(Kh\sin\theta)}{Kh\sin\theta}\right]^2 \tag{2-14}$$

式中，$K=\frac{2\pi}{\lambda}$为相位常数。在 $\theta\to0$ 时

$$\sigma=\frac{2\pi ah^2}{\lambda} \tag{2-15}$$

（8）半长轴为 a、半短轴为 b 的椭球，在轴向入射时有效散射面积为

$$\sigma=\frac{\pi b^4}{a^2} \tag{2-16}$$

尺寸大的复杂反射体，如飞机等，常常根据相似形状将其分解成若干个规则形状的独立反射体单元。这些单元反射体的尺寸与波长比仍处于光学区，各部分没有相互作用。在这样的条件下，总的有效散射面积就是各部分散射面积的向量和：

$$\sigma=\left|\sum_{k=1}^{n}\sqrt{\sigma_k}\exp\left(\frac{\mathrm{j}4\pi d_k}{\lambda}\right)\right|^2 \tag{2-17}$$

式中，n 为划分的单元数；σ_k 为第 k 个散射单元的散射面积；d_k 为第 k 散射单元与引信接收天线间的距离。

复杂目标的雷达截面积主要用实测的方法求出，包括实物测量和模拟测量两种方式。

实物测量，如绕飞法，比较接近真实情况，但试验时要花费大量的人力和物力，试验的次数不能太多，试验条件比较特定，难以获得大量数据。

模拟测量可以在实验室内进行，可以随意模拟各种交会条件进行精确测量，必要时可以多次重复，能测出大量数据，又经济又实惠。

一般来说，无线电引信测得的目标雷达截面积和一般雷达测得的目标雷达截面积有许多不同之处。这是由于无线电引信的下述工作特点决定的：

（1）由于无线电引信接收机收到的信号是大小不等的反射面逐次作用的结果，故当目标越过无线电引信天线方向图时，观测角不断改变，变化范围显然等于方向图的宽度。

（2）当脱靶量较小时，一旦目标进入引信天线方向图范围内，这时的弹目交会距离可能和引信工作波长处于同一数量级，此时天线的尺寸和形状将起作用，目标的各部分出现在辐射源和接收天线的不同距离上。

（3）当引信天线方向图很窄时，将出现局部照射现象。所谓局部照射是指引信天线波束没能覆盖目标的全体，而只覆盖局部。如果收发天线是公用的或虽然分开设置但相距很近，通常认为同一部分目标表面被收发天线方向图照射情况相同。当收发天线分开设置，而且有一定距离，天线方向图又很窄时，目标被发射天线方向图照射的部分也可能与接收天线主瓣最大值方向不重合。

2.5 分布目标的电磁波反射特性

分布目标是指地面和水面（海水、湖水等）。

对地攻击弹药，如地面火炮杀伤榴弹、野战火箭弹、杀伤航空炸弹，以及各种配用杀伤战斗部的地对地导弹、空对地导弹等，攻击的目标主要是分布在局部战场上的有生力量，各种兵器和器材以及压制敌火力，开辟通路等。这些弹所配用的无线电引信只要保证一定的炸高，就能达到最佳战术效果。因此，这些引信借以工作的有益信号是利用地面或水面对电波的反射作用。另外，对于打击集中目标的无线电引信，特别是对付低空目标的无线电引信，地面或水面的反射波，对无线电引信构成严重的杂波干扰，必须从接收号中抑制掉干扰信号，检测出目标的有益信号。因此，无线电近炸引信必须考虑分布目标对电磁波的反射特性。

2.5.1 镜面反射与漫反射

任何地面或水面对电磁波的反射都有两种情况，即镜面反射与漫反射。对光滑平面是镜面反射，对粗糙平面是漫反射。镜面反射服从几何光学的反射定理，即入射角等于反射角。对引信来讲，不考虑损耗时，接收的反射信号相当于以反射面为镜在镜像位置发射出来的信号。

为了鉴别是否满足镜面反射的条件，设粗糙表面的突出部分的高度为 h，如图2-13所示。由光学原理可知，反射表面的起伏程度小于一定范围时，即其突出部分的高度 h 小于某个限度，就可认为是镜面反射。根据瑞利条件，当射线 ABC 和 $A'B'C'$ 的光程差小于 $\lambda_0/8$ 时，就可认为反射是镜面反射。由图可见，光程差等于 $2h\sin\theta$，其中 θ 为入射余角（与入射角共余），则镜面的反射条件为

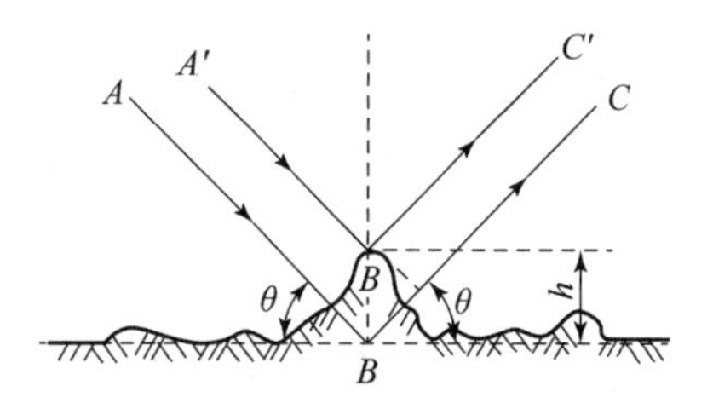

图2-13 起伏表面的光程差

$$2h\sin\theta\leqslant\frac{\lambda_0}{8} \tag{2-18}$$

即满足镜面反射的条件为

$$h \leqslant \frac{\lambda_0}{16\sin\theta} \tag{2-19}$$

这个公式就是反射面粗糙度的瑞利准则。由这个公式可以看出，对镜面反射所容许的粗糙度突出部分不仅取决于波长 λ，还和入射余角 θ 有关。入射余角 θ 越小，容许的粗糙度的高度越大。从这个观点看来，镜面反射条件随 θ 的减小而降低，因此所容许的粗糙度突出部分就可以比较大。

对于大多数米波段无线电引信，一般地面和水面均可视为镜面反射。例如，当 $\lambda_0 = 2$ m，$\theta = 30°$时，$h < 0.25$ m；当 $\lambda_0 = 2$ m，$\theta = 10°$时，$h < 0.72$ m 时，都可以认为是镜面反射。只有非常粗糙的地表面和大风大浪的水面，才不可以认为是镜面反射。

不同理论研究和实验研究指出，凡是不满足式（2-19）的粗糙地面和水面，其反射均可以认为是两个分量之和，即镜面反射分量和漫反射分量之和，或者分别称为相干分量和非相干分量。随着反射面粗糙程度的增加，漫反射分量越来越大。反射场的这两种分量是客观存在，但理论分析相当复杂，只能借助实验方法来观察。

在垂直入射时，粗糙表面将总入射功率（P_0）镜面反射出去部分为 P_m，有

$$\frac{P_m}{P_0} = e^{-2\left(\frac{2\pi\sigma_h}{\lambda}\right)^2} \tag{2-20}$$

式中，σ_h 为粗糙表面高度散布均方差。

当 $\sigma_h = \frac{\lambda}{2\pi}$时，$P_m$ 只占 P_0 的 13.5%；当 $\sigma_h = \frac{\lambda}{2\pi\sqrt{2}}$时，只占 36.8%。因此，大多数微波引信对一般地面和水面，很难出现有意义的镜面反射。为简单计，此种情况都可以认为是完全漫反射。

如图 2-14 所示，在漫反射条件下，对任何入射角，反射能量的强度 I 为

$$I = I_0\cos\varphi \tag{2-21}$$

式中，φ 是反射方向和反射面法向形成的夹角；I_0 是垂直方向的反射强度。

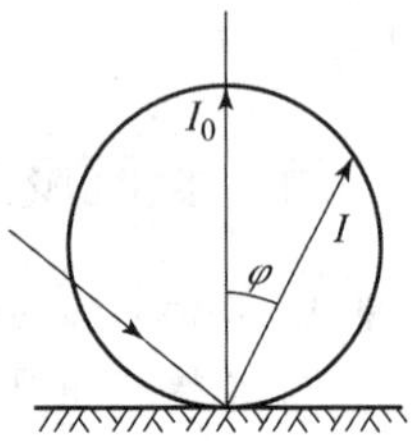

I_0 I φ

图 2-14　余弦定律反射图形

2.5.2　镜面反射系数

大部分光波无线电引信对地面或水面射击时，都可以认为地面或水面的不平度比波长小得多，属于镜面反射的情况。这时可以引用镜面反射系数 N 来表征地面（水面）的反射性能。

镜面反射系数 N 是实际地面（水面）反射电场强度与理想导体平面反射电场强度之比。显然，理想导体平面的反射系数等于 1，而绝缘体平面的反射系数等于零。引入反射系数 N 之后，反射场可以用镜像反射法求得。当无线电引信位于 A 点时（图 2-15），设该引信是自差式，收发天线共用，引信接收到的反射信号功率通量密度等于由位于 A'点（A 点的镜像）的假想反射机辐射的功率通量密度。假想发射机的功率等于实际引信天线方向图的镜像。

此时，对理想导电平面，在 A 点接收到的反射场功率密度为

$$\Pi_r = \frac{P_\Sigma D F^2(\varphi)}{4\pi(2H)^2} \tag{2-22}$$

式中，P_Σ 为引信的辐射功率；D 为引信天线的方向性系数；$F(\varphi)$ 为引信天线方向性函数。

实际地面不是理想导体。考虑到地面反射时的损耗，因此在式（2－23）中引入地面反射系数 N。由于 N 是表示反射时场强的损耗，在功率表达式中以平方关系出现，故式（2－22）变为

$$\Pi_r = \frac{P_\Sigma D F^2(\varphi) N^2}{4\pi(2H)^2} \tag{2-23}$$

理论和实验都表明，地面反射系数 N 和地面导电性能、入射波的极化和入射波的频率等有关。根据实测所得的镜面反射系数 N 值的大致范围，如表 2－1 所示。

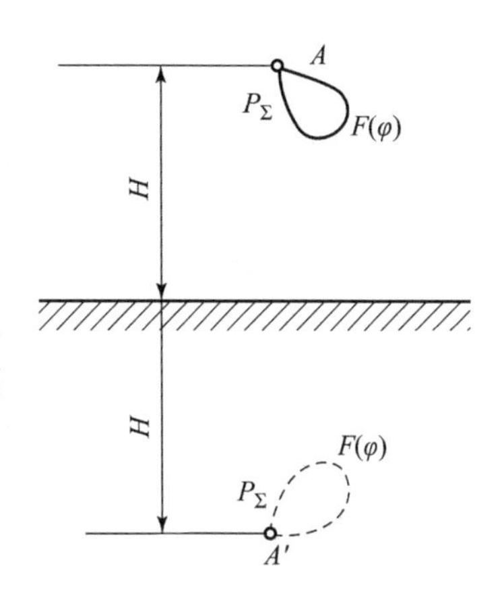

图 2－15　镜像法原理

表 2－1　不同反射面的镜面反射系数 N 值

反射面类型	干砂土	中等湿度土壤	水	良导体
镜面反射系数 N	0.2～0.3	0.4～0.6	0.9	1.0

2.5.3　漫反射散射系数

对大部分微波无线电引信来说，地面或水面的不平度可以与引信波长相比拟，甚至大于波长，这时属于漫反射情况。地面或水面对电波的漫反射性能，引入一个散射系数 σ_0 来表征。其物理意义可理解为单位面积的散射截面。

对于粗糙的地面或水面的回波，可以认为是大量分离的散射单元所产生的散射回波之和。由于各散射单元至引信的距离是相互独立的，因此各散射单元的回波相位彼此也是不相关的。

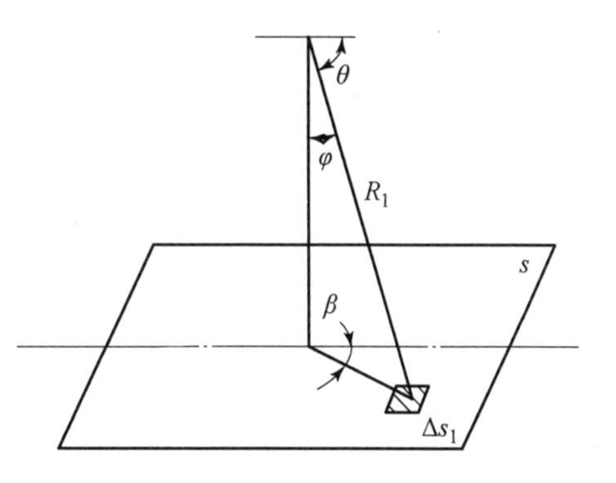

图 2－16　散射单元相对引信的位置

如图 2－16 所示，假定在引信照射区 s 内，有 n 个散射单元，则引信接收到的总回波功率为

$$P_r = \sum_{i=1}^{n} \frac{P_\Sigma G_i A_{ri} \sigma_i}{(4\pi R_i^2)^2} = \sum_{i=1}^{n} \frac{P_\Sigma G_i A_{ri} (\sigma_i / \Delta s_i) \Delta s_i}{(4\pi R_i^2)^2} \tag{2-24}$$

式中，Δs_i 为第 i 个单元面积；G_i 和 A_{ri} 是引信天线在 Δs_i 方向上的增益系数和有效截面积。

令 $\sigma_0 = \dfrac{\sigma_i}{\Delta s_i}$，则

$$P_r = \sum_{i=1}^{n} \frac{P_\Sigma \cdot G_i \cdot A_{ri} \cdot \sigma_0}{(4\pi R_i^2)^2} \Delta s_i \tag{2-25}$$

写成积分形式，则

$$P_r = \frac{P_\Sigma}{(4\pi)^2}\int_s \frac{G \cdot A_r \cdot \sigma_0}{R^4}\mathrm{d}s \tag{2-26}$$

天线增益 G 与有效截面积 A，是入射角和方位角的函数，即

$$G = G(\varphi, \beta), \ A_r = A_r(\varphi, \beta) \tag{2-27}$$

我们知道天线有效截面积为

$$A_r = \frac{G\lambda^2}{4\pi} \tag{2-28}$$

代入式（2-26），并认为在照射区 s 内 σ_0 为一常数，则

$$P_r = \frac{\sigma_0 P_\Sigma \lambda^2}{(4\pi)^s}\int_s \frac{G^2}{R^4}\mathrm{d}s \tag{2-29}$$

故有

$$\sigma_0 = \frac{P_r(4\pi)^s}{P_\Sigma \cdot \lambda^2 \int_s \frac{G^2}{R^4}\mathrm{d}s} \tag{2-30}$$

利用式（2-30）就能求出散射系数 σ_0，常用分贝数表示。例如 $\sigma_0 = -30$ dB，则表示单位面积（1 m^2）的散射截面积比单位面积（1 m^2）小 30 dB。

第 3 章

近炸引信总体问题

近炸引信是按目标自身特性或环境特性感觉目标的存在、距离和（或）方向而在目标附近作用的引信，能够根据不同的弹目交会条件适时自动地选择起爆时间和空间，从而得到对目标尽可能大的毁伤概率。

对地面的暴露目标而言，如果采用触发起爆，不可避免要形成一定的漏斗坑，一部分破片钻入土壤不能利用，还有一部分破片向天空飞去。试验表明，当 76 mm 口径的火炮榴弹漏斗坑深度为 33 cm 时，毁伤概率就降低到一半左右，如果目标利用简单的掩体，如战壕、弹坑、堑沟等，那么毁伤效率实际上接近于零。对空中目标射击时，弹丸必须直接命中才能摧毁目标。但由于目标体积小，运动速度快，要想直接命中目标是很困难的。时间引信不需要直接命中目标，毁伤概率有所提高。但是时间引信炸点只取决于装定时间，而与弹目相对位置无直接关系。另外，时间引信计时误差和弹飞时间成正比。例如，在对地面目标射击时，炸高的散布随着射程的增加而增大。对空中目标射击时，由于有时间误差，有些弹丸通过目标杀伤区而不炸，而有些弹丸可能在到达目标杀伤区之前就空炸了。配用近炸引信的榴弹对地面目标进行空炸射击时，不需要同时间引信那样进行既繁杂又费时的炸高试射，能够较快地转入效力射。由于近炸引信的作用和弹丸飞行距离无关，所以采用近炸引信可以在不同距离上解决战斗任务。对有战壕、掩体等防护的目标射击时，如果炸高适当，近炸引信对目标的毁伤效果尤为突出。

3.1 近炸引信作用原理

触发引信直接利用弹丸与目标相接触的一瞬间，由目标给引信的反作用力或由于弹丸减速引起引信运动状态发生急剧变化而使引信动作，从而引爆弹丸。引信与目标之间的关系是直接而简单的。近炸引信与目标的关系是既不直接相接触，但又与目标有密切的联系。当有目标存在时，它将通过本身的物理性质、几何形状、运动状态及其周围的环境等，反映出各种信息。近炸引信通过探测目标的各种信息来确定目标的存在与方位，以控制引信适时作用。

如图 3-1 所示，引信与目标之间靠什么“中间媒介”来传递信息呢？一般来说，近炸引信与目标之间的“中间媒介”是各种物理场，如电、磁、声、光等。场是一种特殊形式的物质，但它与实物之间有一个显著的区别：所有实物都占有一定的空间，这一空间是不能与其他实物共同占有的。但在同一空间里却可同时存在着许多场，不仅场

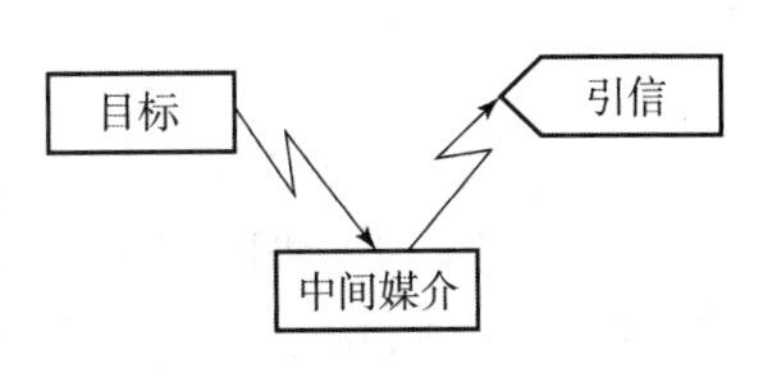

图 3-1　近炸引信与目标作用关系

与场可以共处同一空间，而且实物与场也可彼此渗透占有同一空间。此时，场将改变实物的状态，而实物也将对场有所影响。近炸引信与目标之间的相互作用正是利用了场的这个特点。

当空间存在物理场时，由于目标的出现引起物理场的变化称为对比性。如果在近炸引信中装上对这种对比性有反应的敏感装置，那么场的变化必然会引起该装置的状态发生变化。这样，就通过场的作用将目标的信息传给了引信，引信接收此信息后经过处理，控制引信适时作用。

近炸引信与其他引信的相同之处是具有各种保险机构、隔离装置与爆炸序列等一系列机械与火工装置。不同之处是它们的发火控制系统内部组成有差别，近炸引信有一套实现近炸的近炸敏感装置，称近感探测器。

近感探测器由目标敏感装置、信号处理装置、执行装置和电源等组成，如图 3－2 所示。

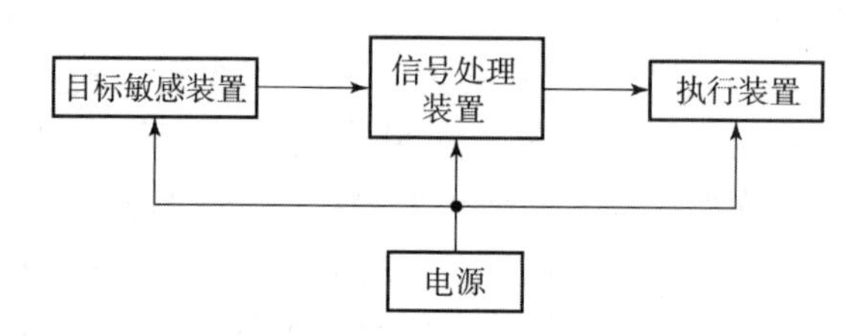

图 3－2　近感探测器组成框图

目标敏感装置：感受外界物理场由于目标存在所发生的变化，并把所获得的目标信息变成电信号。敏感装置是近炸引信的核心。对于主动型的近炸引信来说，目标敏感装置中还包括有辐射能量的装置。

信号处理装置：在一般情况下，目标敏感装置所获取的目标信息能量小，因而输出的初始信号也小，首先需将此初始信号放大。此外，初始信号中除了目标的信息外，还混杂有各种干扰信号（无用的信号），因此必须经过频率、幅度、时间和波形等的选择和处理、去伪存真，提取有用的信号，在确定目标是处在最佳炸点位置时推动执行装置工作。

执行装置：将信号处理装置输出的控制信号转变为火焰能或爆轰能的装置。它由开关、储能器、电点火管（或电雷管）组成，如图 3－3 所示。电点火管所需要的电能是由储能器供给的，利用开关适时地接通使电点火管点火而引爆战斗部，而开关的适时接通是由前一级输出的控制信号来控制的。

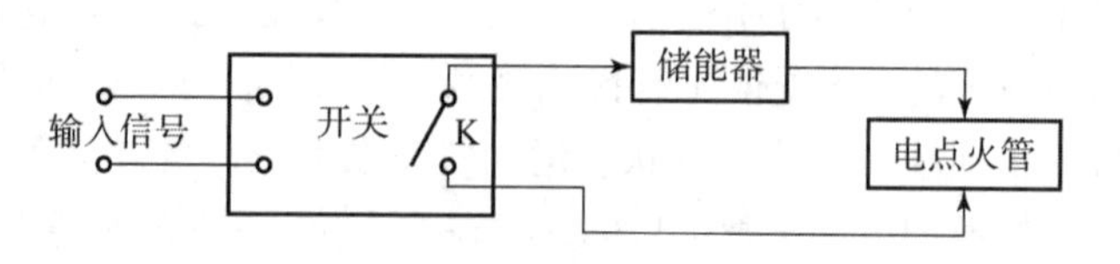

图 3－3　执行装置组成框图

电源：供给上述各部分能量以保证它们能正常工作。

综上所述，近炸引信借以工作的“中间媒介”是各种物理场，根据物理场的变化，目标敏感装置引入目标信号，经信号处理装置进行目标识别和定位，推动执行装置工作，引爆战斗部。

3.2　近炸引信分类

3.2.1　按照物理场来源分类

近炸引信按其借以传递目标信息的物理场的来源，可分为主动式、半主动式和被动式三类。

主动式近炸引信：由引信本身的物理场源（简称场源）辐射能量，利用目标的反射特性获取目标信息而作用的引信，如图 3－4 所示。由于物理场是由引信本身产生的，工作稳定性好。但增加场源会使引信电路复杂，并要求有较大功率的电源来供给物理场工作，增加了引信设计的难度。此外，这种引信易被敌方侦察发现，如抗干扰设计欠佳，可能被干扰。

半主动式近炸引信：由我方（在地面上、飞机上或军舰上）设置的场源辐射能量，利用目标的反射特性并同时接收场源辐射和目标反射信号而获取目标信息进行工作的引信，如图 3－5 所示。这种引信的结构简单，场源特性稳定，而且可以控制。关键在于引信要能鉴别从目标反射的信号和场源辐射的信号，同时需要大功率场源和专门设备，使指挥系统复杂化，且易暴露。目前，这种引信使用较少。

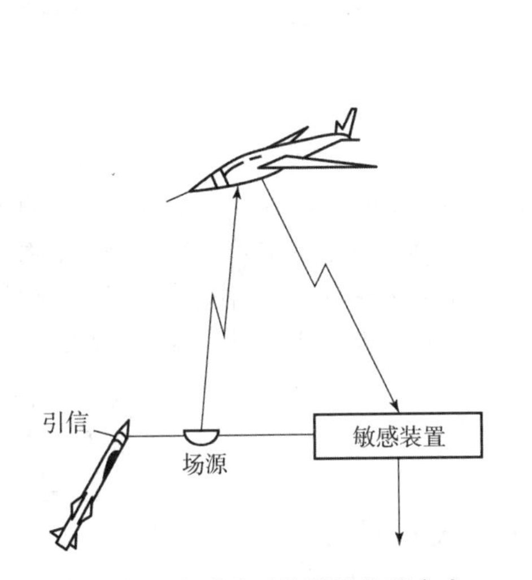

图 3－4　主动式近炸引信作用方式

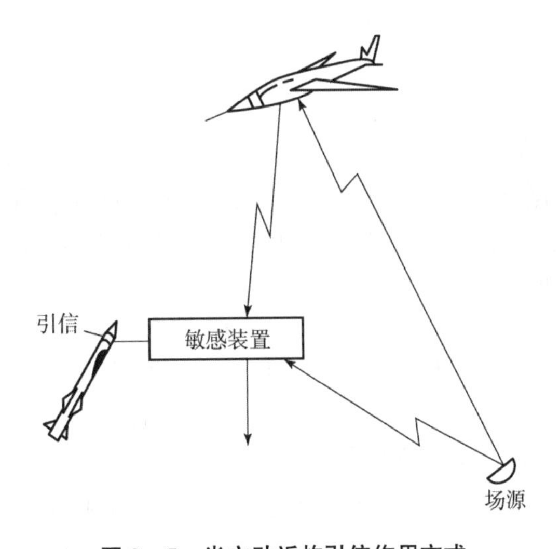

图 3－5　半主动近炸引信作用方式

被动式的近炸引信：利用目标产生的物理场获取目标信息而工作的引信，如图 3－6 所示。对于大多数目标来说都具有某种物理场，如发动机就可以产生红外光辐射场和声波，高速运动的目标因静电效应而存在静电场，使用铁磁物质的目标有磁场等。这种引信不但结构可以简化，能源消耗可以减少，而且不易暴露，但引信获取目标信息完全依赖于目标的物理场，会造成引信工作的不稳定性。因各种目标物理场的强度可能有显著差别，敌方可能采取特殊措施使目标物理场产生变化或减小，甚至可以暂时消失，如喷气发动机将气门关闭或喷气孔后加挡板等。

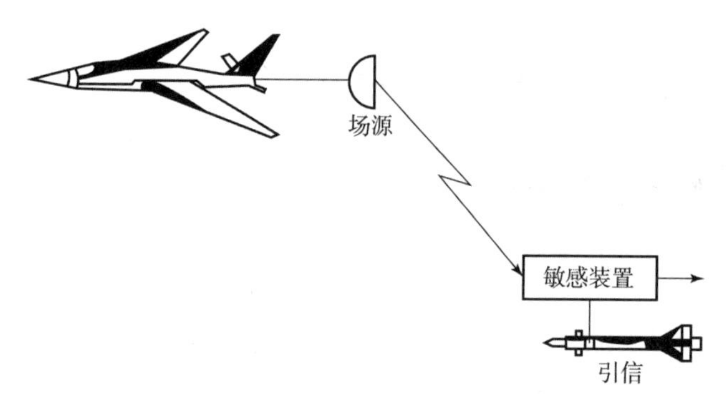

图 3-6　被动式近炸引信作用方式

3.2.2　按照物理场性质分类

根据借以传递目标信息的空间物理场的性质不同，近炸引信可分为无线电引信和非无线电引信两大类。

一、无线电引信

无线电引信借以工作的空间物理场是电磁辐射场，其原理如同雷达，发射特定形式的无线电波并接收由目标反射的回波信号，获取目标信息而作用，因此又称为雷达引信。根据工作波段的不同，无线电引信可分为光波无线电引信、微波无线电引信和毫米波无线电引信等。

根据其工作原理不同，无线电引信可分为以下 6 类。

(1) 连续波多普勒引信。它是利用弹目间相对运动而产生的多普勒效应而工作的引信。当弹目之间有相对运动时，引信发射的信号频率与目标反射回来的信号频率存在一个频率差，利用检测出的多普勒信号频率或幅值信息，可确定目标的方位或高度。连续波多普勒引信是世界上出现最早的一种无线电引信，该引信的优点是结构简单、工作稳定、作用可靠，在近距离原则上没有盲区，通频带较窄有利于抗干扰，在任何距离上多普勒频率无模糊。其缺点是信号特征较少，不利于从噪声干扰中检出有用信号；引信灵敏度低，特别是自差体制灵敏度很低，不能达到较大的作用距离，而当采用外差体制时，又由于泄漏信号相互干扰易使引信产生误动作。因此，多普勒体制只有在较大反射信号情况下才适宜采用。特别适用于要求作用距离近、没有盲区、结构简单、体积小、重量轻、大量消耗的常规弹药引信。

(2) 连续波调频引信。引信发射等幅调频连续波信号，发射信号的频率按调制信号的规律变化，由于发射信号的频率是时间的函数，在无线电波从引信到目标间往返传播的时间内，调频信号频率已经发生变化，于是回波信号与发射信号之间存在频率差，该频差是由于回波信号相对发射信号滞后 $2R/c$ 时间造成的（R 是弹目距离，c 是光速），测定频差的大小就可以得到弹目距离。原则上，引信炸点与目标对电磁波的反射特性无关。相对于连续波多普勒引信而言，连续波调频引信具有良好的距离截止特性，抗干扰能力强，测距精度高等特点。近年来，随着集成电路的发展，尤其是高频功率晶体管——耿氏二极管、雪崩二极管等的出现，用它们来作调频引信的振荡源，可大大减小引信体积和重量，使连续波调频引信在常规弹药中得到广泛应用。

(3) 脉冲多普勒引信。引信按规定的周期和脉冲宽度间歇地发射射频信号的一种多普勒引信。这种引信体制具有相关接收性能，能获得较多目标信息，因而具有良好的抗干扰性能和距离截止特性。

（4）脉冲调制引信，又叫脉冲引信。此种引信对发射信号进行窄脉冲调制。接收机接收由目标反射回来的回波脉冲。通过测量发射脉冲与回波脉冲的时间间隔，得出电磁波往返距离所需时间 $2R/c$（R 是弹目距离，c 是光速），从而获得目标的距离信息。脉冲引信的距离选择性强，有利于选择最佳炸点。这种引信具有较好的距离截止特性，能抑制作用距离外的各种干扰。

（5）噪声调制引信。引信的发射信号是被随机噪声调制的射频信号。它利用发射信号与目标反射信号之间的相关特性来探测目标，并使引信起爆。由于噪声是一种随机信号，敌方要探测出噪声调制的频谱以及有用信号的波形要比其他周期调制信号困难得多，因此这种体制引信具有很强的抗干扰能力。

（6）比相引信。利用两个按收天线，分别接收由目标反射回来的信号，并比较两者的相位差，从中检测出目标的方向角。这是一种测角雷达系统，可使引信在最佳起爆角上起爆主装药。

二、非无线电引信

（1）光引信是指利用光波获取目标信息而作用的近炸引信。根据光的性质不同，可分为红外引信和激光引信。红外引信使用较为广泛，特别是在空空导弹上应用更多。激光引信是一种新发展起来的抗干扰性能好的引信，应用逐渐广泛。

（2）磁引信是指利用磁场获取目标信息而作用的近炸引信。有许多目标如坦克、车辆及军舰等都是由铁磁物质构成的，它们的出现可以改变周围空间的磁场分布。离目标越近，这种变化就越大。目前，此类引信主要配用于航空炸弹、水中兵器和地雷。

（3）声引信是指利用声波获取目标信息而作用的近炸引信。许多目标如飞机、舰艇和坦克等都带有功率很大的发动机，有很大的声响。因此可使用被动式声引信，目前主要配用于水中兵器和反坦克弹药。在反直升机雷上也有较好应用前景。

（4）电容引信是指利用引信电极间电容的变化获取目标信息而作用的近炸引信。此类引信有原理简单、定距精度高、抗干扰性能好等优点，在作用距离要求不大的场合得到广泛应用。

（5）静电引信是指利用目标静电场信息而作用的近炸引信。这是近年来刚刚发展起来的一种引信，具有很好的应用前景。

3.3　单发毁伤概率

单发毁伤概率是确定弹药系统战术技术指标的主要依据，也是武器系统效率评定的重要因素，主要取决于下列因素：目标易伤特性、弹丸特性、引信特性、射击误差和弹目交会条件等。

3.3.1　单发毁伤概率表达式

一次射击杀伤单个目标，是一个复杂的随机事件，由随时间变化的两个独立随机事件组成。第一个随机事件是弹丸爆炸发生在相对于目标具有坐标（o，x，y，z）的空间给定点

(x, y, z)。这一事件由炸点散布误差的分布密度函数 $S_d(x, y, z)$ 确定。第二个随机事件是弹丸在给定炸点 (x, y, z) 爆炸时，杀伤单个目标的概率，用目标坐标毁伤概率 $p_d(x, y, z)$ 确定。严格地说，在空间某一点爆炸的概率实际上等于零。因此我们用接近 (x, y, z) 点处单元体积 $\mathrm{d}x\mathrm{d}y\mathrm{d}z$ 内弹丸爆炸的概率表示，即用 $S_d(x, y, z)\mathrm{d}x\mathrm{d}y\mathrm{d}z$ 表示。

根据概率乘法定理，单发弹丸在给定点 (x, y, z) 附近的单元体积 $\mathrm{d}x\mathrm{d}y\mathrm{d}z$ 内爆炸时，毁伤目标的概率为

$$\mathrm{d}p_1 = p_d(x, y, z)S_d(x, y, z)\mathrm{d}x\mathrm{d}y\mathrm{d}z \tag{3-1}$$

由于炸点 (x, y, z) 是随机的，可能散布在很大的空间里，故一次射击毁伤单个目标的全概率 p_1（即单发毁伤概率）用一个区间由 $-\infty$ 到 $+\infty$ 的三重积分表示：

$$p_1 = \int_{-\infty}^{\infty}\int_{-\infty}^{\infty}\int_{-\infty}^{\infty} p_d(x,y,z)S_d(x,y,z)\mathrm{d}x\mathrm{d}y\mathrm{d}z \tag{3-2}$$

将式（3-2）的坐标系转换为相对速度坐标系，如图 3-7 所示，这样在遭遇段战斗部相对目标做平行于 x_r 轴的直线运动，战斗部的脱靶量 ρ 及脱靶方位 θ 在相对运动时保持不变，则单发毁伤概率可用相对速度坐标系中的圆柱坐标 (ρ, θ, x_r) 来表示，此时，

$$S_d(x_r, y_r, z_r) = f_d(\rho, \theta)\, f_f(x_r/\rho, \theta)p_f(\rho, \theta) \tag{3-3}$$

式中，$f_d(\rho, \theta)$ 为引导误差随 (ρ, θ) 二维分布的分布密度函数；$f_f(x_r/\rho, \theta)$ 为脱靶条件为 (ρ, θ) 时，引信启动点沿 x_r 轴的分布密度函数；$p_f(\rho, \theta)$ 为脱靶条件为 (ρ, θ) 时，引信的启动概率。

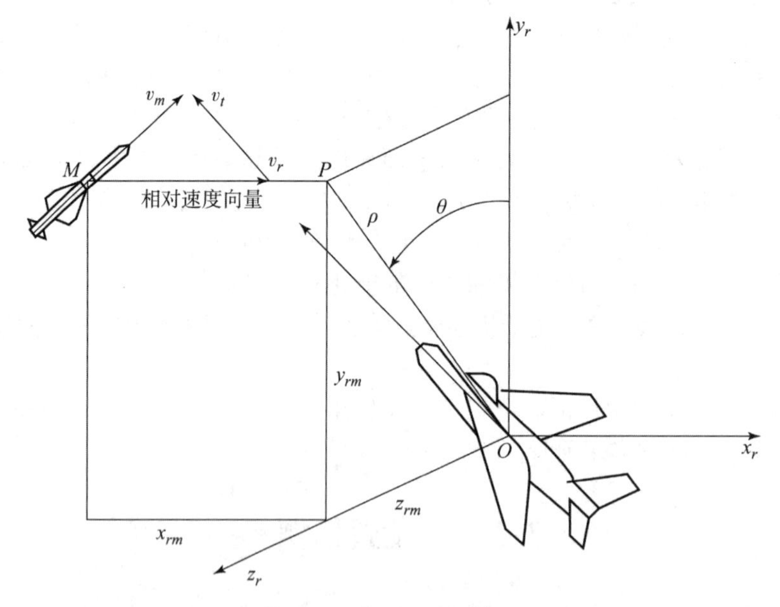

图 3-7 相对速度坐标系

于是，

$$p_1 = \int_{-\infty}^{\infty}\int_{-\infty}^{\infty} f_f(\rho,\theta)p_f(\rho,\theta)\int_{-\infty}^{\infty} f_f(x_r/\rho,\theta)\,\mathrm{d}\rho\mathrm{d}\theta \tag{3-4}$$

令

$$p_{df}(\rho,\theta) = p_f(\rho,\theta)\int_{-\infty}^{\infty} f_f(x_r/\rho,\theta)p_d(x_r/\rho,\theta)\,\mathrm{d}x_r \tag{3-5}$$

式中，$p_d(x_r/\rho,\ \theta)$ 为炸点在 $(x_r/\rho,\ \theta)$ 条件下战斗部爆炸时对目标的毁伤概率，即三维坐标毁伤概率。

则有

$$p_1 = \int_{-\infty}^{\infty}\int_{-\infty}^{\infty} f_d(\rho,\theta)p_{df}(\rho,\theta)\,\mathrm{d}\rho\mathrm{d}\theta \tag{3-6}$$

其中，$p_{df}(\rho,\ \theta)$ 仅与 ρ、θ 坐标有关，称为二维目标毁伤概率，即通过脱靶平面上某一点 $(\rho,\ \theta)$ 的一条弹道上，对应引信起爆点的散布 $f_f(x_r/\rho,\ \theta)$ 所获得的条件坐标毁伤概率。它与 ρ、θ 的散布无关，故可作为评定引信与战斗部自身配合效率的指标。

由式（3-6）可看出，决定 p_1 大小的主要是 $f_d(\rho,\ \theta)$ 和 $p_{df}(\rho,\ \theta)$。$f_d(\rho,\ \theta)$ 由弹道散布误差决定，不是设计引信所能改变的，只能尽量实现获得最大 $p_{df}(\rho,\ \theta)$ 来加大 p_1。从式（3-5）又可看出，$p_{df}(\rho,\ \theta)$ 的大小取决于 $f_f(x_r/\rho,\ \theta)$、$p_f(\rho,\ \theta)$ 和 $p_d(x_r/\rho,\ \theta)$；$p_d(x_r/\rho,\ \theta)$ 和弹丸的性质以及弹目交会条件等有关，而与引信无直接关系；$f_f(x_r/\rho,\ \theta)$ 和 $p_f(\rho,\ \theta)$ 主要取决于引信本身的特性及引信起爆点散布的不同。

根据上述讨论可知，为了计算单发毁伤概率，必须：

（1）求获得最大 $p_{df}(\rho,\ \theta)$ 的分布函数 $f_f(x_r/\rho,\ \theta)$ 的散布中心；

（2）求坐标毁伤概率 $p_d(x_r/\rho,\ \theta)$。

3.3.2　引信启动区

引信启动区是指在遭遇段引信接收到目标信号后，引爆战斗部时，目标中心所在点相对战斗部中心的所有可能位置的分布空域。引信启动区是对特定的遭遇条件而言，不同的遭遇条件下，即使同一引信，启动区也有很大差别。另外，引信启动区是一个随机统计的概念，即启动位置是一个三维空间的随机变量，只能用分布函数来表示。

图3-8所示为弹体坐标系 Ox_my_m 平面的引信启动区分布范围。启动区内每一个启动点代表引信引爆战斗部时目标中心所在位置，用弹体坐标系中的球坐标（R，β，φ）来表示。R 表示启动距离，β 表示启动方位角，φ 表示相对战斗部纵轴 Ox_my_m 的启动角。

引信启动区在战斗部弹体坐标系内的表示法往往直接与引信天线波束或光学视场方向图相联系，它突出表示启动区与引信天线主瓣倾角、宽度或光学引信主轴倾角以及视场宽度的关系。引信启动区与以下因素有关：

（1）引信探测方向图；

（2）目标局部照射的等效散射面积，或对红外引信目标红外辐射的分布；

（3）引信灵敏度或对给定目标的最大作用距离 $r_{\max}$；

（4）引信延迟时间 τ，它与信号的处理方法和逻辑有关；

（5）目标战斗部相对姿态和相对运动速度。

在考虑上述因素时，还需考虑这些参数的随机散布范围。由于精确计算引信启动区非常复杂，通常采用“触发线法”，就是根据引信地面绕飞试验、仿真试验及射击试验的结果，将引信对目标的启动角随启动距离的变化规律进行统计处理，引入“引信触发线”的概念。如图3-8所示，引信触发线是在引信探测方向圈中所作的一条角度随距离变化的虚拟曲线。当目标机身上具有一定无线电波散射面积的构件，如机身头部、尾部、机翼或尾翼端部等部位碰及触发线时，引信就开始反应，即开始积累信号，经过一段延迟就发出引爆战斗部的信号。

$$\Omega_i = \Omega_f(R) \tag{3-7}$$

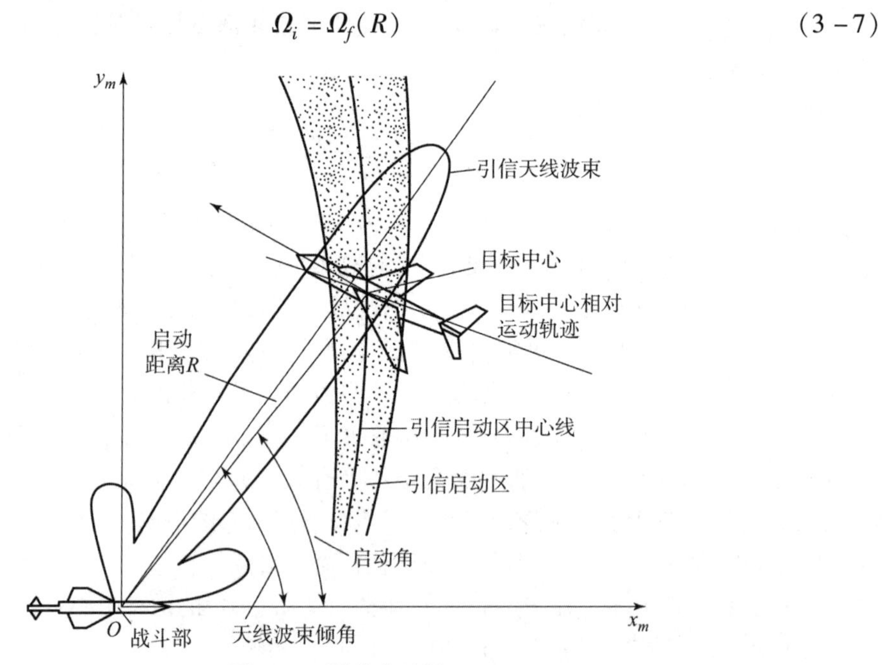

图 3-8　引信启动区

由于引信探测方向图通常绕战斗部纵轴具有一定的对称性，故引信触发线绕弹纵轴旋转形成一个触发面，称为“引信反应面”，即引信开始对目标信号做出反应的一个起始面。此面绕 Ox_m 轴具有对称性，可用一根平面内的触发线来表示，如图 3-9 所示。

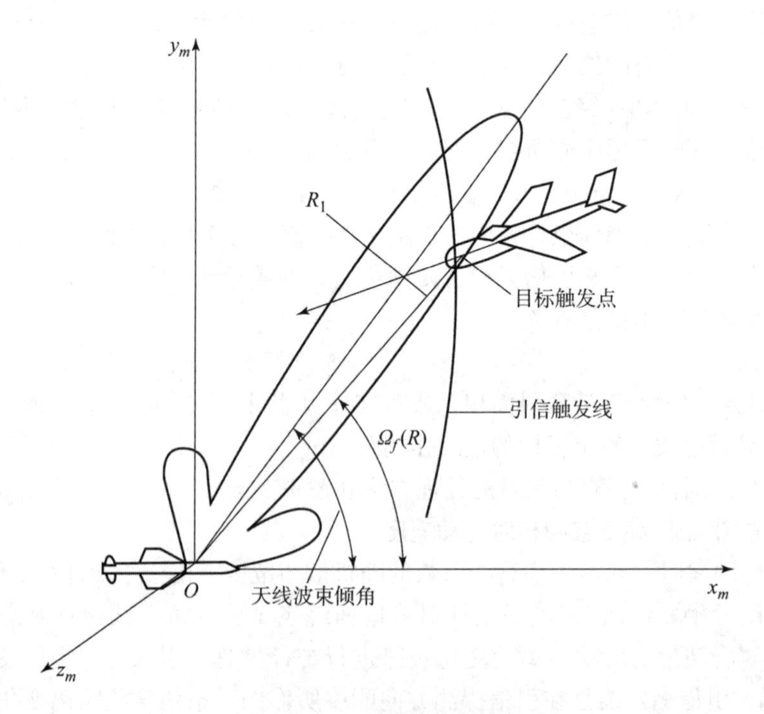

图 3-9　无线电引信触发线

另外，引信触发线也可用下式表示：

$$\Omega_f(R_i) = \Omega_{fo} + \Delta\Omega_f(R_i/R_{\max}) \tag{3-8}$$

式中，Ω_{fo}为无线电引信天线主瓣倾角或光学引信主光轴倾角；R_i 为第 i 个触发点离引信天线或光学窗口中心的距离；$R_{\max}$为引信对给定目标的最大作用距离；$\Delta\Omega_f(R_i/R_{\max})$ 为与触发线相对的 Ω_{fo}的修正。

当距离 R_i 小时，引信起反应的角度要比主瓣倾角 Ω_{fo}提前，故 $\Delta\Omega_f$ 为负值。当距离 R_i 较大时，引信起反应的角度要比主瓣倾角 Ω_{fo}迟后，故 $\Delta\Omega_f$ 为正值。前者是因为 R_i 小，目标反射功率大，无须达到引信的最大辐射方向，其回波信号强度就足以推动引信工作。距离 R_i 大时，信号弱，在天线最大辐射方向附近，信号强度刚达到启动电平，通过延迟电路送到执行级引爆弹丸（战斗部）时炸点的位置已在方向图最大值之后。

引信启动区是一个分布函数。采用“触发线法”，可近似认为引信启动区沿相对速度坐标系中 Ox_r 轴的分布服从一维正态分布规律，其分布函数为

$$f_f(x_r/\rho,\ \theta) = \frac{1}{\sqrt{2\pi}\sigma_x}\exp\left(-\frac{(x_r - m_x)^2}{2\sigma_x^2}\right) \tag{3-9}$$

式中，m_x 为引信启动区散布的数学期望；σ_x 为引信启动区散布的均方根偏差值。m_x、σ_x 均为脱靶量 ρ 和脱靶方位 θ 的函数，因此上述分布密度为给定 ρ、θ 条件下的条件概率密度函数。

应该注意的是，由于从目标最先接触触发线产生积累信号到引信启动还有一段延迟时间，在该延迟时间内，弹目之间还要缩短一段相对距离，所以上式中的 m_x 数学期望与触发线之间还有一段距离差，即

$$m_x(\rho,\ \theta) = \min_{i=1}^{i_{\max}} X_r(i) + v_r\tau \tag{3-10}$$

式中，$m_x(\rho,\ \theta)$ 为启动区的数学期望；$\min_{i=1}^{i_{\max}} X_r(i)$ 为目标机身各部分中最先接触触发线时，战斗部中心在相对坐标系中沿 X 轴的坐标；τ 为引信延时；v_r 为弹目相对速度。

式（3-9）中 σ_x 散布是由引信本身和目标多种随机变化的因素造成的。这里主要考虑下列几种因素：

（1）延迟时间散布。如当接收信号比灵敏度值大时，延时散布因引信信号电路的限幅作用就要小一些；当信号接近灵敏度时，即目标接近引信最大作用距离 $R_{\max}$时，延时及其散布迅速增大。

（2）天线主瓣倾角或主光轴倾角散布所造成的启动点散布。

（3）引信灵敏度变化引起的启动点散布。

（4）目标反射信号起伏所造成的启动点的散布。

3.3.3　引信启动概率

引信对给定目标启动概率可通过绕飞试验及各种模拟试验获得，启动概率通常与交会条件有关，试验中可统计出引信对给定目标的平均作用距离 $R_{\max}$及作用距离散布 σ_R。$R_{\max}$为启动概率为 50% 时的斜距（按目标落入天线波束中心时的斜距计算）。计算时认为引信的启动概率随距离的变化服从正态积分分布规律，如图 3-10 所示。

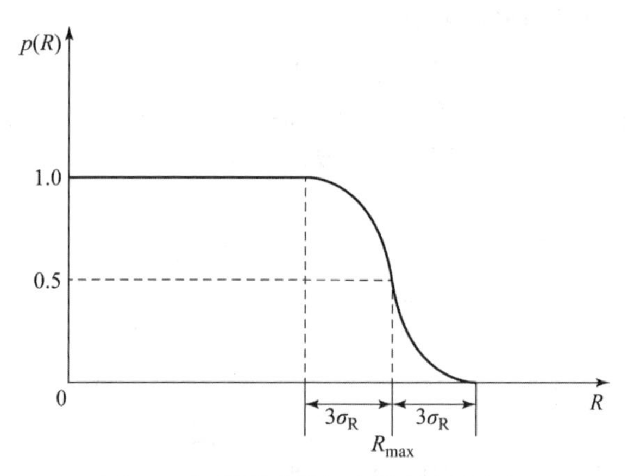

图 3-10　引信启动概率随距离的变化

当 $R=R_{max}-3\sigma_R$ 时，称为引信绝对启动距离，在此距离内引信启动概率近似认为 1。当 $R=R_{max}+3\sigma_R$ 时为引信对该目标的最大启动距离，在此距离以外启动概率接近 0。

引信作用距离 R_{max} 与引信灵敏度和目标等效散射截面有关，按无线电引信距离公式

$$R_{max}=\sqrt[4]{\frac{(P_t/P_{r\min})G_tG_r\sigma_t\lambda^2}{(4\pi)^3}} \tag{3-11}$$

$$S_{f_0}=10\lg(P_t/P_{r\min}) \tag{3-12}$$

式中，σ_t 为目标等效散射面积；S_{f_0} 为引信相对灵敏度；P_t 为引信发射功率；$P_{r\min}$ 为引信启动最小功率；G_t 为引信发射天线增益；G_r 为引信接收天线增益；λ 为引信工作波长。

引信作用距离散布 σ_R 主要由灵敏度散布 σ_s 及目标散射截面散布 σ_t 所造成，散布分量分别表示为 σ_{R_1}、σ_{R_2}，且有

$$\sigma_R=\sqrt{\sigma_{R_1}^2+\sigma_{R_2}^2} \tag{3-13}$$

采用变量小增益法可求得由于灵敏度散布 σ_s 及目标散射截面散布 σ_t 所产生的作用距离散布分量 σ_{R_1} 和 σ_{R_2}，即

$$\sigma_{R_1}=|R_{max}(S_f+\sigma_S)-R_{max}(S_f)| \tag{3-14}$$

$$\sigma_{R_2}=|R_{max}(\sigma_{t_0}+\sigma_{t_1})-R_{max}(\sigma_{t_0})| \tag{3-15}$$

引信启动概率随距离 R 的变化在给定脱靶参数 ρ、θ 的条件下可表示为

$$p_f(\rho,\theta)=1-F[(R-R_{max})/\sigma_R] \tag{3-16}$$

式（3-16）中函数 $F(x)$ 为归一化正态积分分布函数，即

$$F(x)=1/\sqrt{2\pi}\int_{-\infty}^{x}\exp(-t^2/2)\mathrm{d}t \tag{3-17}$$

其中自变量

$$x=(R-R_{max})/\sigma_R \tag{3-18}$$

3.3.4　战斗部破片飞散特性

配用近炸引信的弹药主要是杀伤榴弹或导弹破片型战斗部。杀伤目标主要利用的是爆炸产生的破片杀伤作用。决定杀伤榴弹或破片型战斗部杀伤作用效率的因素有弹丸（战斗部）爆炸形成的破片数、破片质量、破片飞散角、破片速度和破片在飞散角内的分布密度。

一、破片静态飞散特性

弹丸（战斗部）静止爆炸时，其破片在空间的飞散区称为破片静态飞散区，通常战斗部破片静态飞散区具有轴向对称性，即破片静态飞散随飞散角度的密度分布绕弹轴 Ox_m 是对称的，因此破片飞散密度只是破片飞散方向与战斗部纵轴的夹角 φ 的函数，即

$$\frac{\mathrm{d}N}{\mathrm{d}\varphi}=K(\varphi)\left[\frac{\text{破片百分数}}{\text{弧度}}\right] \tag{3-19}$$

其中，$K(\varphi)$ 分布曲线一般由地面多发静态爆炸试验统计获得，通常具有类似图 3－11 所示形式；φ_0 为静态飞散中心方向角，即破片平均飞散方向与弹轴之夹角；$\Delta\varphi$ 为静态飞散角，通常指 90% 破片所占的飞散角宽度。

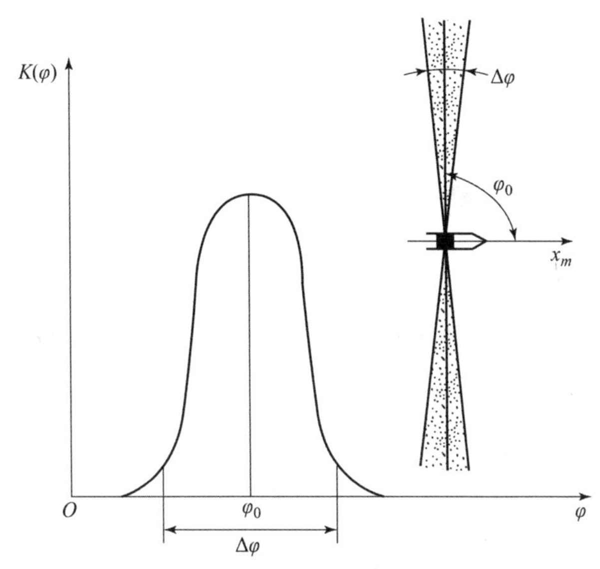

图 3－11　战斗部破片静态飞散随角度的密度分布

破片静态飞散初速 v_0 具有一定的变化范围，并随飞散方向角 φ 而变化，v_0 随 φ 变化一般由静态试验确定，通常具有图 3－12 所示形式。在实际计算过程中，通常不考虑初速度随角度变化，而取其平均值。如 v_0 变化太大，则必须考虑其变化对动态飞散的影响。

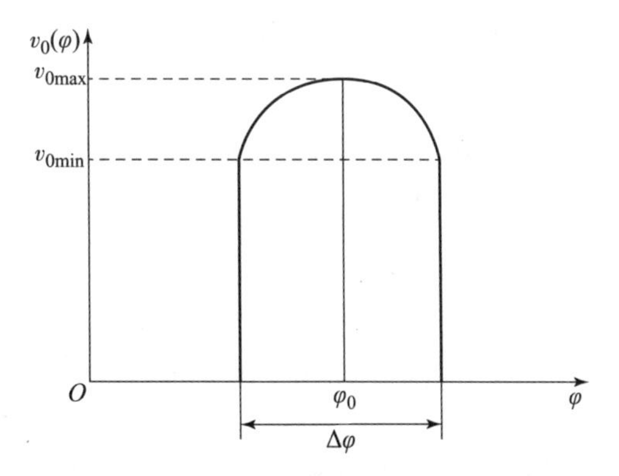

图 3－12　破片静态飞散初速度随角度的变化

二、破片动态飞散区

战斗部破片动态飞散区是指在遭遇点爆炸时破片相对运动的飞散区域。破片相对运动速度是破片本身的静态飞散速度和弹目相对运动速度的合成速度。由于破片有效杀伤距离相对不大，故在分析破片动态飞散区时通常忽略破片在空气中的速度衰减。

战斗部破片动态飞散速度向量 v_{0r} 的合成图如图 3－13 所示，v_r 为弹丸与目标的相对速度，v_{rxm}、v_{rym}、v_{rzm} 为相对速度在弹体坐标系中的 3 个分量。

设在弹体坐标系内某一方位β上的一个破片，其相对运动速度为向量$\boldsymbol{v}_{0r}$，则

$$\boldsymbol{v}_{0r}=\boldsymbol{v}_0(\beta_0)+\boldsymbol{v}_r \tag{3-20}$$

式中，$\boldsymbol{v}_0$为静态飞散角为β_0的破片初速向量；β为$\boldsymbol{v}_{0r}$向量在$y_m z_m$平面上动态飞散方位角；$\boldsymbol{v}_0(\beta)$为在$y_m z_m$平面上的分量，其速度向量合成如图3－14所示。

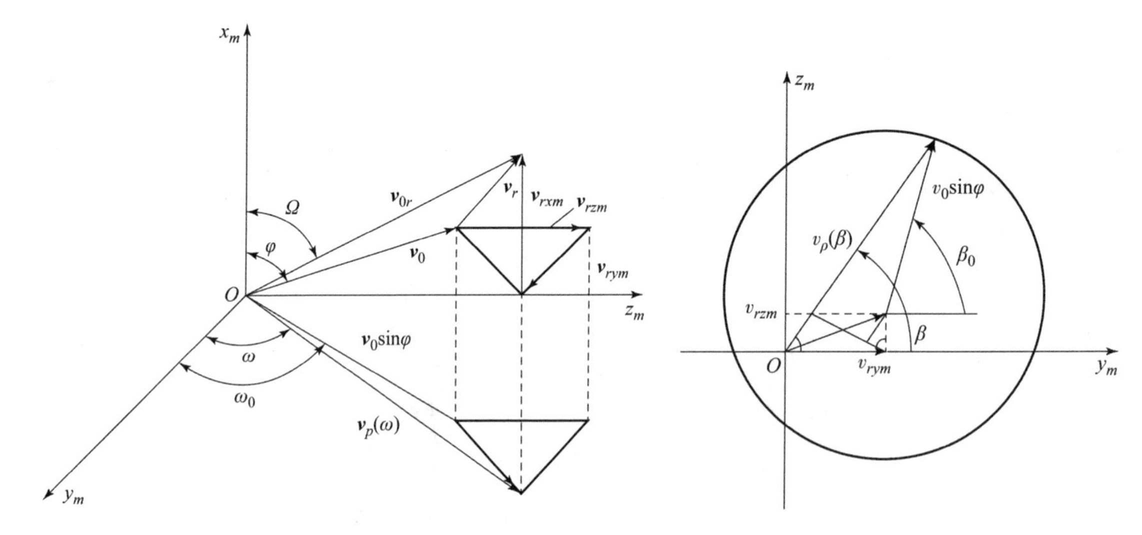

图3－13　战斗部破片静态、动态飞散角及飞散速度

图3－14　$\boldsymbol{v}_0(\beta)$ 速度合成

从图3－14可看出：

$$v_\rho(\beta)=v_{rym}\cos\beta=v_{ram}\sin\beta+\sqrt{v_0^2\sin^2\varphi-(v_{ram}\cos\beta-v_{rym}\sin\beta)^2} \tag{3-21}$$

v_{0r}在x_m轴上的投影为

$$v_{0rxm}=v_{rxm}+v_0\cos\varphi \tag{3-22}$$

破片的动态飞散方向角Ω在弹体坐标系内为

$$\tan(\pi/2-\Omega)=v_{0rm}/v_\rho(\beta),\quad 0<\Omega<\pi \tag{3-23}$$

在β方向上破片动态飞散初速$v_{0r}(\beta)$为

$$v_{0r}(\beta)=\sqrt{v_\rho^2(\beta)+v_{0rxm}^2} \tag{3-24}$$

由于相对速度向量$\boldsymbol{v}_r$相对弹轴Ox_m不对称，故战斗部破片动态飞散方向角Ω及动态飞散速度$\boldsymbol{v}_{0r}$相对弹轴亦不对称，即Ω和$\boldsymbol{v}_{0r}$均为飞散方位角β的函数。

三、动态飞散密度分布

破片动态飞散密度分布函数是单位动态飞散角中破片的百分数，已知静态密度分布函数就可以求出相应的动态密度分布函数。本书介绍破片动态飞散密度分布在弹体坐标系中的表示法。

设φ、Ω分别为破片静态和动态飞散方向角，则动态密度分布为破片百分数对Ω的导数：

$$\frac{\mathrm{d}N}{\mathrm{d}\Omega}=\frac{\mathrm{d}N}{\mathrm{d}\varphi}\cdot\frac{\mathrm{d}\varphi}{\mathrm{d}\Omega}=K(\varphi)\Big/\frac{\mathrm{d}\Omega}{\mathrm{d}\varphi} \tag{3-25}$$

$K(\varphi)$为式（3－19）所定义的破片静态飞散密度分布函数。先假设破片初速为常数v_0，然后对式（3－23）两边微分得

$$-\cos^2\Omega\mathrm{d}\Omega=[-(\mathrm{d}v_\rho/\mathrm{d}\varphi)v_{rm}-v_\rho v_0\sin\varphi]\mathrm{d}\varphi/v_\rho^2 \tag{3-26}$$

由此得

$$\frac{\mathrm{d}\Omega}{\mathrm{d}\varphi}=\frac{\sin^2\Omega}{v_\rho^2}[v_\rho v_0\sin\varphi+v_{0xm}\mathrm{d}v_\rho/\mathrm{d}\varphi] \tag{3-27}$$

其中，

$$\frac{\mathrm{d}v_\rho}{\mathrm{d}\varphi}=\frac{v_0^2\sin\varphi\cos\varphi}{\sqrt{(v_0\sin\varphi)^2-(v_{rxm}\cos\beta-v_{rxm}\sin\beta)^2}} \tag{3-28}$$

已知动态分散方向角、v_r 的3个分量 v_{rxm}、v_{rym}、v_{rzm} 及静态分散方向角 φ，就可根据上式（3-25）~式(3-28）求出战斗部破片动态飞散密度分布函数 $\mathrm{d}N/\mathrm{d}\Omega$。但在实际计算中，目标要害方向 β、Ω 为已知，而静态分散方向角 φ 为未知，此时首先需根据 β 及 Ω 值求出 φ 角。为此联立式（3-21）~式(3-23）就可解出

$$\cos\varphi=\sin\Omega/v_0(-A_r\sin\Omega+\sqrt{A_r^2\sin^2\Omega-B_r}) \tag{3-29}$$

其中，

$$A_r=v_{rym}-v_y\cot\Omega \tag{3-30}$$

$$B_r=A_r^2-(v_0^2-v_x^2)\cot^2\Omega \tag{3-31}$$

$$v_y=v_{rym}\cos\beta+v_{rzm}\sin\beta \tag{3-32}$$

$$v_x=-v_{rym}\sin\beta+v_{rzm}\cos\beta \tag{3-33}$$

有了 φ 角求得静态飞散密度 $K(\varphi)$ 及 $\mathrm{d}\Omega/\mathrm{d}\varphi$ 值，也就可以求得破片动态飞散密度分布函数 $\mathrm{d}N/\mathrm{d}\Omega$。动态及其相应的静态飞散密度分布函数如图3-15所示，其中 $v_0=3\ 000$ m/s，$v_r=1\ 000$ m/s，$\Omega_r=30°$，$\varphi_0=90°$，$\Delta\varphi=30°$，$K(\varphi)$ 取正态分布。由图可知，动态飞散角要比静态飞散角窄，即 $\mathrm{d}\Omega/\mathrm{d}\varphi<1$，因此，动态飞散密度比相应的静态飞散密度要大。

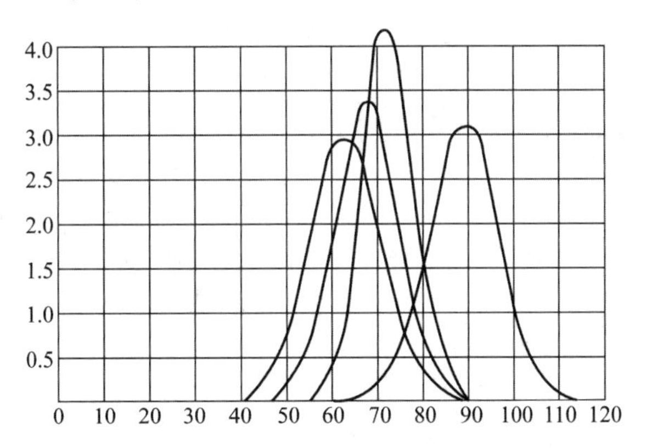

图3-15　破片动态飞散密度分布函数

四、目标要害部位命中破片数

设目标上共有 $j=1,2,\cdots,j_{\max}$ 个要害部位，第 j 个要害部位中心在目标坐标系中的坐标为 X_{tj}、Y_{tj}、Z_{tj}，如变换到弹体坐标系中坐标为 X_{mj}、Y_{mj}、Z_{mj} 就可以确定在战斗部爆炸时，第 j 个要害部位中心在弹体坐标系内的方向角 β_j、要害方向与 X_m 轴夹角 Ω_j 以及要害部位中心离战斗部中心的距离 R_j。

$$\tan\beta_j=Z_{mj}/Y_{nj},\qquad 0\leqslant\beta_j<2\pi \tag{3-34}$$

$$\cos\Omega_j=X_{mj}/R_j,\qquad 0\leqslant\Omega_j<\pi \tag{3-35}$$

$$R_j=\sqrt{x_{mj}^2+y_{mj}^2+z_{mj}^2} \tag{3-36}$$

第 j 个要害部位与战斗部破片飞散的空心圆锥相切的圆环面积上击中的破片数为

$$N_j=U_jS_j \tag{3-37}$$

式中，U_j 面密度；S_j 为圆环面积，如图 3－16 所示。

$$U_j=\frac{\mathrm{d}N}{\mathrm{d}S}=\frac{\mathrm{d}N}{\mathrm{d}\Omega}\cdot\frac{\mathrm{d}\Omega}{\mathrm{d}S} \tag{3-38}$$

$$\mathrm{d}S=2\pi R_j\sin\Omega_j R_j\mathrm{d}\Omega \tag{3-39}$$

将 dS 代入 U_j，可得

$$U_j=\left(\frac{\mathrm{d}N}{\mathrm{d}\Omega}\right)_j\cdot\frac{\mathrm{d}\Omega}{2\pi R_j^2\sin\Omega_j\mathrm{d}\Omega} \tag{3-40}$$

将式（3－25）代入上式得

$$U_j=\frac{K(\varphi_j)}{\left(\frac{\mathrm{d}\Omega}{\mathrm{d}\varphi}\right)_j}\cdot\frac{1}{2\pi R_j^2\sin\Omega_j} \tag{3-41}$$

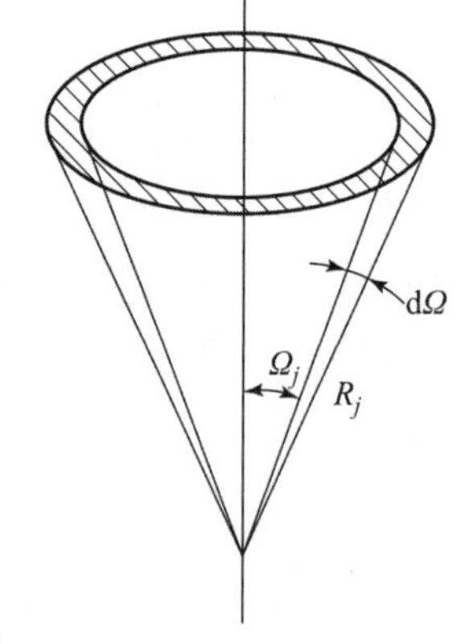

图 3－16　圆环面积

设 N_0 为破片总数，破片飞散空心圆锥所切圆环面积为 S_j，则得到圆环面积上的破片数为

$$N_j=\frac{N_0S_j57.3K(\varphi_j)}{2\pi R_j^2\sin\Omega_j100\left(\frac{\mathrm{d}\Omega}{\mathrm{d}\varphi}\right)_j} \tag{3-42}$$

因为式 $K(\varphi_j)$ 的单位是百分数/弧度，故变为角度求破片数必须乘以 57.3/100。

3.4　引战配合

3.4.1　引战配合的意义

近炸引信与目标接近时，引信本身能自动地在弹道上选择一个最有利炸点，以获得战斗部对目标的最大杀伤效率。确定引信最佳炸点的问题，叫作引信和战斗部的配合问题，简称引战配合问题。引战配合是近炸引信最重要的战术技术指标，是所有近炸引信研究设计时首先要遇到的关键问题，它直接影响作战效果。

战斗部杀伤区是对称于纵轴的空心锥。引信启动区的形状与战斗部杀伤区的形状大致相似，如图 3－17 所示。为了使战斗部爆炸后的破片击中目标，引信的启动区必须与战斗部的杀伤区重合。若这两个区域完全重合，如图 3－18（a）所示，则称引信与战斗部完全配合；它表明引信启动后，战斗部的杀伤区一定穿过目标。若这两个区域部分重合，如图 3－18（b）所示，则称引信与战斗部部分配合；它表明引信启动后，战斗部的杀伤区可能穿过目标也可能不穿过目标。若这两个区域不重合，如图 3－18（c）所示，则称引信与战斗部不配合或失调；它表明引信启动后，战斗部杀伤区一定不穿过目标。

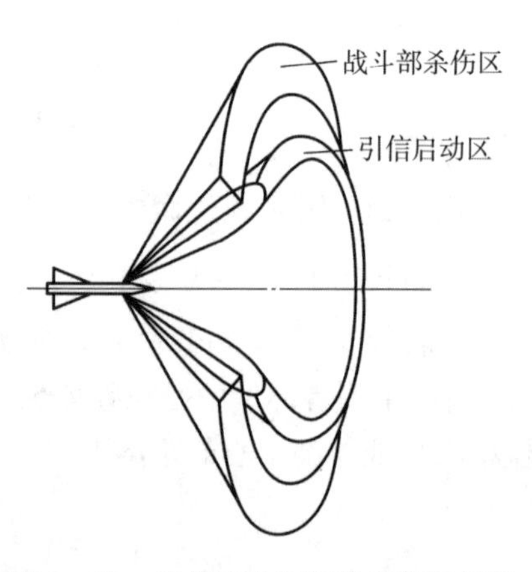

图 3－17　引信启动区与战斗部杀伤区

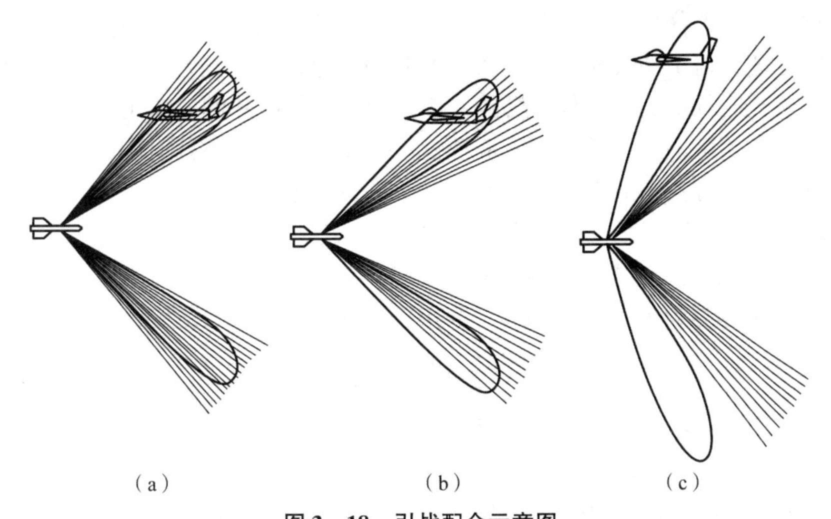

图 3 – 18　引战配合示意图

(a) 完全重合；(b) 部分重合；(c) 不重合

3.4.2　引战配合效率概念

为了评定引信与战斗部的配合程度，引入配合效率的概念。引战配合效率是指在给定的战斗部和目标交会条件下，引信适时起爆战斗部，使战斗部杀伤物质正确地击中目标并尽可能地毁伤目标的程度。

引战配合效率是一种衡量战斗部毁伤目标的统计概念。因为各种条件和影响配合效果的参数，如战斗部破片飞散速度、方向，引信启动点的位置，引导误差等都包含有确定的和随机的因素。引战配合效率是考虑到这些参数在可能散布条件下的加权平均概念，它只能用统计概率来衡量。

有以下两种描述战斗部引战配合效率的定量指标。

一种用给定脱靶量 ρ 及脱靶方位 θ 的条件下战斗部对目标的毁伤概率 $p_{df}(\rho,\ \theta)$ 来衡量，即式（3 – 5）的条件毁伤概率：

$$p_{df}(\rho,\ \theta)\ =p_f(\rho,\ \theta)\int_{x_{\min}}^{x_{\max}} p_d(x/p,\theta)f_f(x/\rho,\theta)\,\mathrm{d}x \tag{3-43}$$

式中，$x_{\max}$、$x_{\min}$为沿相对运动轨迹引信启动点最大及最小坐标值。

从式（3 – 43）可见，用条件毁伤概率来描述战斗部引战配合效率具有下列特点：

（1）可以不考虑引导误差的具体散布规律。特别在导弹系统方案设计阶段可对导引精度和引战配合效率分别进行研究时更为方便，用它可先研究引信与战斗部的参数对配合效果的影响并可进行引信和战斗部参数的初步选择。

（2）$p_{df}(\rho,\ \theta)$ 既反映了引信对给定目标的启动概率随距离和方位的变化、启动沿相对轨迹的散布，又反映了战斗部的威力、目标易损性等因素。因此，它可以充分体现在 ρ、θ 条件下引战配合的综合效果。

另一种描述战斗部引战配合效率的指标是用实际配合条件下的单发毁伤概率值 p_1 与理想配合条件下单发毁伤概率值 p_{10}之比来衡量，即

$$K_{df}=p_1/p_{10} \tag{3-44}$$

实际条件下单发毁伤概率是指对给定空域点、给定目标和误差散布时按实际的引信启动性能计算或打靶统计得到的战斗部单发毁伤概率 p_1，而理想配合条件是指引信在最佳时刻引爆战斗部。最佳时刻定义为引信引爆战斗部时，战斗部破片的动态飞散中心正好对准目标中心，使破片及其他杀伤物质最大限度地覆盖目标要害区。另一种引信最佳起爆时刻定义为在此时刻起爆战斗部可获得最大的单发毁伤概率。通常这两种定义结果是一致的，但有时亦有差别。在不同情况下可以采用两种定义中的一种。

用概率比 K_{df}来描述引战配合效率有以下两个特点：

（1）需要知道制导误差散布，因为计算单发毁伤概率基本公式为

$$p_1 = \int_0^{2\pi} \int_0^{\rho_{\max}} p_{df}(\rho, \theta) f_d(\rho, \theta) \mathrm{d}\rho \mathrm{d}\theta \tag{3-45}$$

式中，$f_d(\rho, \theta)$ 为引导误差分布密度函数，要给出此函数必须给出引导误差的统计量，只有在战斗部系统设计到达一定阶段才能较确切地给出。

（2）概率比 K_{df}突出了引信实际启动区变化时引战配合的影响，而对某些引信战斗部参数如引信作用距离、战斗部威力半径等由于采用相对比值而减少其影响。

因此，用概率比 K_{df}来描述引信战斗部配合效率，一方面更全面考虑了引导误差的加权关系；另一方面由于用相对于最佳起爆时的概率来表示，故突出了引信起爆的适时性。

3.4.3 影响引战配合的基本因素

影响引战配合效率的因素很多，主要有以下几方面。

一、战斗部相对目标的交会参数

交会参数是指战斗部与目标在弹道遭遇段的相对弹道参数。遭遇段可理解为战斗部与目标接近过程中引信能收到目标信号的一段相对运动轨迹。由于遭遇段时间很短，目标和战斗部机动性造成的轨迹弯曲很小，因此在引战配合效率的分析中把遭遇段看成直线等速运动轨迹，而交会参数在遭遇段亦视为不变的常数。这些参数主要是由目标飞行特性和战斗部在杀伤区内的空域点位置所决定。战斗部相对目标的交会参数主要有如下几个。

1. 战斗部与目标相对运动速度向量 v_r

战斗部与目标相对运动速度向量 v_r 的一般表示为

$$v_r = v_m - v_t \tag{3-46}$$

式中，v_m、v_t 分别为战斗部和目标运动速度向量。

相对速度 v_r 及其变化范围的值越大，引信与战斗部的配合就越困难。

2. 战斗部与目标交会角

战斗部与目标交会角 φ_{mt}定义为战斗部速度向量 v_m 与目标速度向量 v_t 的反方向之间的夹角，如图 3－19 所示。交会角为 0°的情况就是战斗部与目标迎面相遇；交会角为 180°的情况就是战斗部对目标的尾追攻击。

3. 目标相对战斗部接近角

目标相对战斗部接近角 Ω_r 定义为战斗部纵轴 Ox_m 与相对运动速度向量 v_r 之间的夹角，它描述相对战斗部的目标来向，如图 3－19 所示。交会角 φ_{mt} 接近 90°时，Ω_r 值就会增大，战斗部破片动态飞散相对弹轴就越不对称，因而引信与战斗部的配合条件就越坏。

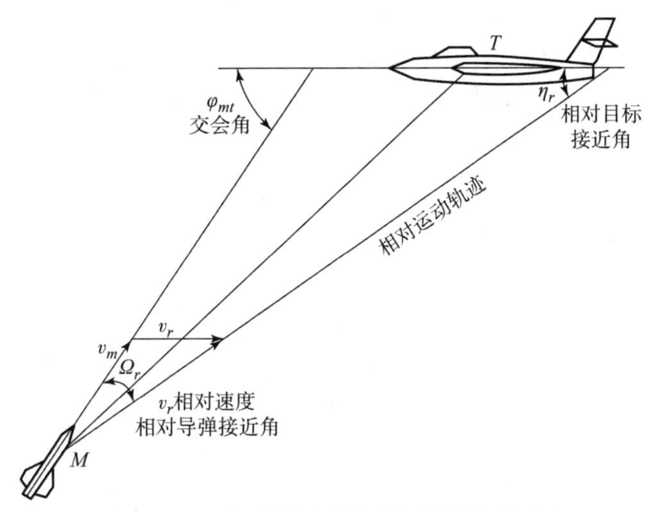

图3－19　战斗部相对运动速度及相对姿态

4. 战斗部相对目标接近角

战斗部相对目标接近角 η_r 定义为目标纵轴 Ox_t 与相对运动速度向量 v_r 反方向之间的夹角。它描述相对于目标的战斗部来向，如图 3－19 所示。战斗部是以 η_r 角接近目标的，$\eta_r=0°$为正面迎攻，此时目标机头首先进入引信视场或天线波束。若 $\eta_r=90°$时，属侧向攻击，目标机身在垂直于相对速度方向投影很短，往往会使引战配合不良。

5. 脱靶参数

脱靶参数包括脱靶量 ρ 和脱靶方位 θ，如图 3－20 所示。

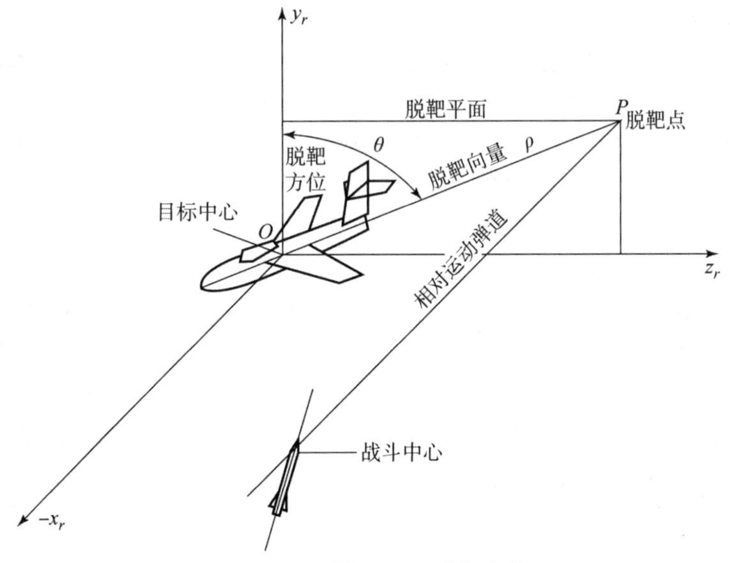

图3－20　脱靶平面及脱靶参数

脱靶平面为通过目标中心所做的垂直于弹目相对运动轨迹的平面，在此平面内定义脱靶量及脱靶方位。相对运动轨迹与脱靶平面交点 P 称为脱靶点，脱靶点 P 与目标中心 O 的连线 OP 称为脱靶量 ρ，即战斗部沿相对运动轨迹运动时，距目标中心的最小距离。OP 线在脱

靶平面上的方位角 θ 称为脱靶方位，即 OP 与 Oy 轴的夹角。一般 ρ 与 θ 服从一定规律分布，在引战配合分析与单发毁伤概率计算中必须给出脱靶参数的分布函数，例如用给定的概率密度分布进行积分或用随机抽样统计法（蒙特卡洛法）进行统计分析。

二、引信的特征参数

1. 近炸引信的探测场

近炸引信的探测区域是与敏感装置有密切联系的一个空间区域，在该区域内敏感装置能够探测出目标的存在及其位置。探测区域的性质取决于引信的类型与体制，如无线电引信探测区域的特性由天线方向图决定，主要参数有主瓣倾角和主瓣宽度。主瓣倾角 Ω_f 为主瓣最大场强方向与战斗部纵轴的夹角，它决定了引信启动区的中心位置。主瓣宽度为半功率点的波瓣宽度，它影响引信启动区散布的大小。

对于不同物理性质的探测区域，其空间位置均可用两个参数来描述：探测区域的倾角与视场角。由于探测区域决定了引信在不同方向上觉察目标存在的能力，因而它是影响引信启动区位置和形状的主要因素。为便于分辨目标是否已进入作用区，要求探测区域尽可能有比较明确的轮廓，只要目标进入探测区域，其参量就有明显的变化。为提高对目标的定位精度，要求探测区域的视场角越小越好。例如，无线电引信的角误差就是与引信的波束宽度成比例的，但是必须保证信号处理系统所需要的信号作用时间。

2. 引信灵敏度和引信动作门限

引信的灵敏度决定了引信的作用距离及启动概率。当探测区域确定后，灵敏度的高低将影响引信启动的位置。敏感装置输入端信号电平一般与该信号的入射方向有关，因此在探测区域范围内它是变化的。这就使得灵敏度对启动区的影响与探测区域有关：探测区域视角越小时，灵敏度的变化对启动区的影响越小；探测区域视角越大时，其影响也越大。

3. 引信距离截止特性

为了提高引信抗地面和海面杂波干扰的性能，通常采用一些启动距离限制措施，如脉冲引信的距离波门和伪码引信的相关处理等技术，使引信接收信号功率在远大于灵敏度的距离上实现距离截止。实际的距离截止特性不可能突跳，它有一个过渡区，可用启动概率为 0 时的最小距离和启动概率为 100% 时的最大距离之间的范围来衡量其截止特性。

4. 引信信号动作积累时间和延迟时间

为使引信动作可靠，减少虚警和假启动概率，需要对引信接收到的信号进行一定的能量积累和信号处理。这不但要求信号有一定的幅度，而且要有一定的信号持续时间或脉冲信号个数。这种使引信能启动的信号最小宽度称为信号动作积累时间或引信固有延迟时间。

此外，为调节启动区的位置，在一些战斗部引信中引入了可调延迟时间，其大小直接影响引战配合效率。目前，改善引战配合的主要技术措施就是设置可调延迟时间，根据弹目交会参数及变化范围，采用分挡延时或自适应延时。

三、战斗部的特征参数

1. 战斗部破片飞散参数

战斗部破片飞散参数主要包括破片静态飞散密度分布、破片飞散初速分布、破片静态飞散角及飞向角。这些参数决定了战斗部静止爆炸后破片在空间的飞散区。

2. 破片的杀伤特性

破片的杀伤特性主要包括战斗部爆炸形成的破片数、破片的质量、材料密度、破片形状特征参数、破片的飞散速度及衰减系数等。这些参数决定了破片命中目标后的杀伤效果。

3. 战斗部的爆轰性能

战斗部的爆轰性能主要指爆轰超压随距离变化及超压的持续时间等，它们决定了战斗部爆炸产生的冲击波对目标的毁伤能力。

4. 战斗部的威力半径

上述特征参数归纳起来可用战斗部对特定目标的威力半径来表示。战斗部威力半径是指对特定目标平均有50%毁伤概率时，目标中心与战斗部中心之间的静态距离。

四、目标特性

目标特性除了散射特性、辐射特性及易损性外，还有运动特性。

3.4.4 引战配合设计与研究的方法

引战配合涉及目标、引信和战斗部三者之间的相互作用，如图3-21所示。

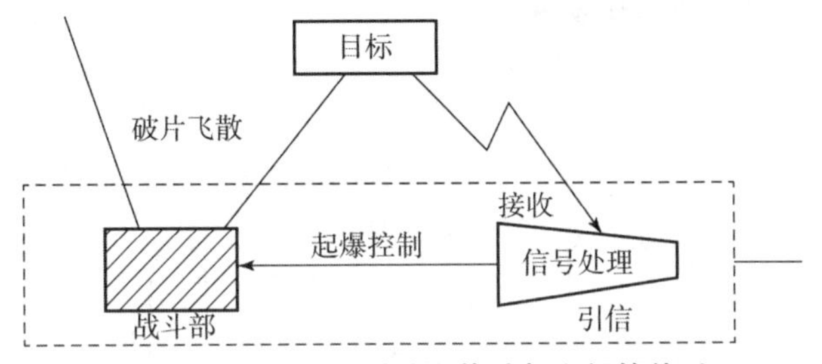

图3-21 目标、引信和战斗部之间的关系

引战配合研究的内容有很强的实践性。例如，引信的启动特性和启动概率的变化规律虽可通过理论分析来求取，但由于引信和目标相互间作用过程较复杂，因而目前实际应用中主要还是通过各种实物试验来获得；又如，战斗部破片的飞散特性及对目标的毁伤作用主要靠地面爆炸试验得到。由此可见，引战配合的设计首先要通过大量试验取得各种数据，然后根据各种经验数据和拟合的曲线建立理论分析的数学模型，用来指导引战配合的设计与研究。

引战配合所研究的内容具有随机性。例如，由于引信目标信息的随机起伏特征而使引信启动区具有一定的散布空域；战斗部破片的飞散也具有很大的随机性。因此，只能给出引信的启动点及破片飞散的统计规律，从而使引战配合的研究有很多非确定性的参数和随机过程。

引战配合的中心问题是起爆的控制，控制起爆的引信信号处理变换是一个动态过程。接收和处理的目标信息持续时间很短，一般为几毫秒到十几毫秒，信号的变化具有很强的非稳态特性。因此，引战配合过程具有瞬态性。

上述分析的几个特点，确定了引战配合设计与研究的几个基本方法。

一、地面实物试验

地面实物试验有滑轨试验、绕飞试验、战斗部静止爆炸试验等，用来测量和统计引信和战斗部对目标的启动性能及毁伤效果。被试验的引信和战斗部可以是研制过程中的样机或定型的产品。

二、射击试验

利用已研制好的引信与战斗部对实靶射击，以鉴定引战配合的效果。此方法真实地给出引信的启动点和战斗部对目标的杀伤性能，但所花费的代价太大，只在必要时才做此试验。

三、仿真试验

1. 物理仿真

所用的引信、战斗部和目标是实际的物理模型。例如，用缩小比例的目标模型和缩短波长的无线电引信模型的相互作用来获得引信的启动区。

在未知引信的启动规律和战斗部的毁伤规律时，往往采用物理仿真来获取引信战斗部和目标作用过程的大量试验数据，找出规律，建立引战配合的数学模型。

2. 数学仿真

利用物理仿真和打靶试验等结果，建立数学模型，包括目标的辐射或散射模型、引信接收和信号处理模型、战斗部破片飞散模型、破片命中目标和杀伤模型等，在计算机上模拟引战配合全过程。

此法优点是可模拟物理仿真难以模拟的某些交会状态，所用代价小。随着现代化技术的发展，数学仿真向图像化、动态化发展，逐步接近实际打靶过程，成为研究引战配合的重要手段。

3. 半实物仿真

一部分用数学模型，一部分用物理模型或直接用实物的引战配合仿真。由于某些部分很难用数学模型来描述，或者能建立数学模型，但很复杂，精度也不高。例如，目标散射特性，由于外形复杂及近场和局部照射等因素，使其模型复杂。因此在引战配合仿真中，常用真实的或缩比的目标代替，而引信的信号处理及战斗部破片的动态飞散通常用数学仿真。

四、统计分析法

首先建立引战配合的数学模型，但不是模拟引信或战斗部的物理过程，而是对这些过程进行统计分析，给出引信启动概率及启动区分布函数、战斗部坐标杀伤规律及条件毁伤概率等，采用概率密度积分法或蒙特卡洛法进行分析和计算，其结果可以高度概括引战配合的效果。

3.4.5 改善引战配合的技术措施及发展趋势

一、选择引信敏感装置的方向性

无线电引信可通过改变接收天线的方向图相对于弹轴的夹角来调整起爆区，红外引信可通过改变敏感装置光轴倾角来调整起爆区。为了在不同射击条件下均能获得最大引战配合效率，引信的方向图倾角应是射击条件的函数，即要求引信方向图随射击条件而变化，目前实现这个要求相当困难。因此在选择引信方向图时，应尽量保证在常用射击条件下引战配合的效率。但随着相控阵天线技术的发展，可研究自适应引信天线，它能根据探测的弹目相对速度，通过电调自适应地改变引信天线方向图的指向。

二、战斗部杀伤物的定向飞散性及分挡起爆

采用减小战斗部破片飞散角的方法，可以提高破片在飞散角内的密度，使杀伤效能增大。通过选择战斗部中起爆点位置来改变破片的飞散方向，可以改善引战配合效能。战斗部内起爆点的选择可以由引信根据探测的弹目相对位置、目标速度等信息来完成。例如，某战斗部引信就是采用前、中、后三挡起爆的方法来提高引战配合效率的：前端起爆时，破片飞散角后倾，适合于对付高速目标；后端起爆时，破片飞散角前倾，适合于对付低速目标；中端起爆时，破片飞散角对称分布，适合于对付中速目标。近年来发展的定向战斗部可以大大提高引战配合效率。

三、引信炸点的调整与控制

目前，对空战斗部引信通常采用延迟时间的方法，调整引信的炸点以协调引战配合。当弹目交会动态范围较小时，可采用固定的延迟时间方案，时间长短根据最常用的交会条件及中等弹目相对速度来确定，但必定会降低高、低相对速度时的引战配合效率。如果能根据相对速度或接近速度信息来选择不同的延迟时间，可以更好地改善引战配合效果。例如，某战斗部引信采用三段分挡延迟时间，有的战斗部甚至改进为六挡延迟时间。最理想的方法是自适应选择炸点，不需要延迟时间，但对探测器的要求较高。

四、采用不同探测体制及信号处理电路

现代引信广泛采用了脉冲多普勒、伪随机码、连续波调频等体制，增强了距离的选择及抗干扰能力，提高了对引信启动区的控制精度。例如，利用多普勒体制或比相体制的测角特性，根据相对速度大小，选择不同的起爆角，实现角度分挡起爆或自适应选择起爆角。

信号处理电路是引信的核心部分，通过它可将接收的信号加工为所需要的控制信号。例如，利用接收的多普勒信息进行频谱分析，可以判别弹接近目标头部、中部或尾部的时刻，从而适时起爆战斗部；又如，利用引信自身探测或制导送来的速度、距离及角度等信息，通过微机或微处理器进行各种运算和处理，可实现自适应控制最佳炸点。

3.5　抗干扰技术

引信是武器系统的重要组成部分，引信的探测装置能否在复杂干扰环境下获得所需要的足够精确的信息，是引信能否保持较高的适时启动概率和引战配合效率的重要前提，也是确保弹药系统具有较高的毁伤效率所必不可缺少的。一旦因引信受到干扰而“瞎火”或“早炸”，将使整个武器系统的作用付之东流，贻误战机，在造成军事上、政治上难以弥补的损失。正因为如此，国内外在引信设计中高度重视引信抗干扰技术的研究工作，尤其是对近炸引信，更要采取有效的抗干扰技术措施。随着科学技术的发展，对引信的干扰水平和引信的抗干扰水平会不断提高，抗干扰能力的提高是引信发展的永恒主题。

3.5.1　近炸引信干扰源分析

广义地说，凡是影响引信正常工作的因素都属于干扰。为了充分发挥引信的作用，应该仔细研究干扰信号特征，从而在引信电路中找出抑制或排除的方法，这就是引信抗干扰。图 3－22 所示为引信的干扰分类方法和描述。

人们习惯于把对引信的干扰分成两大类，即内部干扰和外部干扰。所谓内部干扰，是指干扰源来自引信本身，在引信工作过程中存在的内部噪声，如战斗部或弹丸在飞行中振动、旋转、章动、进动等运动过载所引起的噪声、电子元器件的噪声等。外部干扰是指非引信自身产生的干扰，主要是环境干扰和人工干扰。这些干扰在引信电路中以信号形式出现，如果不能很好地抑制或排除，有可能引起引信早炸或瞎火。

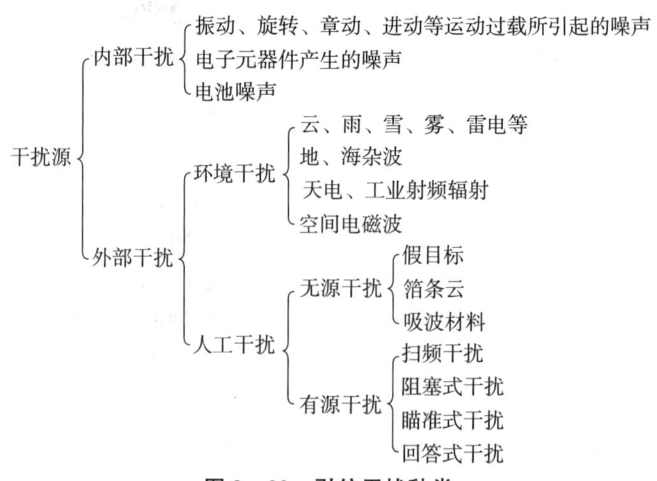

图 3－22　引信干扰种类

现在对引信内部干扰解决得相对好一些，重点分析外部干扰。

在环境干扰中，地面、海浪杂波干扰尤为重要。这是因为有些飞机和导弹为了不让雷达发现，隐蔽地、突然地进行攻击，常常采用超低空或掠海飞行。近炸引信在对付这样的目标时，其辐射会照射到地面或海面，它们产生的反射对引信的工作产生干扰，即地杂波干扰和海杂波干扰。这种干扰对引信危害性极大。

人工干扰分无源干扰和有源干扰。由于这些干扰都是人为制造的，故称为人工干扰。

一、无源干扰

无源干扰是在战斗部/弹丸飞行的空间投放大量能产生二次辐射的金属箔条云或其他金属假目标，也可以利用改变局部空间介质电性能的方法（如局部空气电离），也可以采用减小飞行器有效散射面积的方法使回波大大减小。

二、有源干扰

有源干扰是对近炸引信威胁最为严重的干扰。目前，有源干扰主要针对无线电引信，因此研究无线电引信的干扰和抗干扰问题，重点是对人工有源干扰的研究。

1. 扫频干扰

干扰发射机发射等幅或调制的射频信号，它的载波频率以一定的速率在较宽的频率范围内按一定规律来回摆动。干扰发射机发射未经调制的等幅射频信号时，干扰信号对多普勒引信的作用是在引信中产生牵引振荡。在干扰发射机的频率变化到与引信工作频率相接近时，引信自差收发机被“牵引”。由于干扰发射机的频率是不断连续变化的，因此这样的牵引振荡要持续一定时间，其结果是产生多普勒信号。干扰发射机发射已调信号时，尽管牵引现象仍有可能发生，但这时主要干扰作用不是靠牵引的效果。因为干扰发射机的频率是不断变化的，当频率处在引信接收频带内时，引信就接收到已调信号，引信电路将解调出干扰信号中的调制信号，该信号（一般是低频）可能引起引信误动作。

2. 阻塞式干扰

干扰发射机发射大功率宽频谱的信号（一般采用噪声调制信号），可使处于发射信号频带内的无线电引信受到干扰。一般情况下，不同种无线电引信之间频率会有很大差别，同种引信频率也会有一定散布，因此用一种干扰机干扰多种引信是不现实的。为了解决干扰频带过宽、要求功率过大的问题，可用若干个阻塞式干扰机组成组，将整个无线电引信工作频带覆盖住，或者采用引导式阻塞干扰机（又称窄带阻塞式干扰机），即用侦察机先大致测出引信的工作频率，然后发出一个窄带的阻塞干扰信号。

3. 瞄准式干扰

这种干扰是先接收引信的发射信号，然后使干扰机对准引信的工作频率，发出和引信工作频率几乎相同的窄带信号。

4. 回答式干扰

干扰机先侦收引信的工作信号，对载波放大并调制后发射出去。引信接收到干扰机发射的信号，检出调制信号，生成引起引信误动作信号。

对上述的干扰信号，引信电路如果不能识别出来，将会误认为是目标信号，可能引起引信早炸。引信设计者必须认清干扰信号的特点，针对引信的干扰机理采取有效措施防止引信因干扰而误动作。

3.5.2　近炸引信抗干扰的特点

近炸引信作为一个电子设备，与雷达有很多相一致的地方，多是利用发射和接收电磁波工作的，多数都存在侦察、干扰、反侦察、反干扰的问题。原则上，对雷达能进行干扰，对近炸引信也能进行干扰。但由于近炸引信的战术技术使用和工作的固有特点，使敌人对它进行干扰要比对一般雷达进行干扰困难得多。就无线电近炸引信而言，其特点如下：

（1）占用频带宽。引信工作频率可从米波直到毫米波。这就要求敌方必须具备宽频带、大功率的侦察干扰设备。同时，无线电引信接收通带较窄，而干扰机所需的最小干扰功率和引信接收通带的宽度成反比。因此接收通带越窄，就越不容易被干扰。

（2）工作时间短。引信工作时间很短，常规弹药引信在弹道上的整个飞行时间一般不超过 100 s，且大都采用远距离接电机构，工作时间只有几秒。

某些导弹引信是由制导系统给出指令信号使无线电引信开始工作，其工作时间则更短，有的甚至不到 1s。这样就使敌人难以对引信实施侦察和干扰。

（3）作用距离近。引信属弹药终端控制装置，作用距离只有几十米甚至几米。因而辐射功率小，接收机灵敏度低，这样使得对无线电引信实施干扰所需干扰功率甚至要比对雷达实施干扰还要大。尤其具有距离截止特性的引信，对截止距离外的输入信号要求接收机的输出信号迅速衰减，进一步加强了抗干扰能力。

（4）弹目间高速相对运动使实施侦察干扰的困难增加。弹目间高速地相对运动，引信天线辐射的电磁波照射区随弹一起运动，在距离较远时，天线方向图不易对准目标，给敌人侦察、干扰带来一定困难。

（5）引信电路不可能很复杂。由于引信所占空间小，必须采用简单的电路去实现复杂的功能要求，这给引信抗干扰带来一定困难。

（6）执行级工作的一次性。无线电引信通常设置受门限电路控制的执行级，由于执行级为一次性工作，即不能连续工作或停机再工作，故要求虚警概率特别低。

以上特点，有的对抗干扰有利，有的对抗干扰不利，而这些特点还往往同时起作用。综合考虑，一方面是干扰无线电引信并不那么容易，另一方面必须看到无线电引信和一般雷达设备具有许多共性，也存在着电子对抗问题，必须大力加强引信抗干扰的研究。

3.5.3 引信抗干扰准则

各种抗干扰条件下提取有用信息，实际上就是在含有各种信息的信号中选择有用信号的过程。抗干扰技术措施就是各种选择的方式和方法。根据对信号选择的深入程度，大致分为一次选择和二次选择。所谓一次选择，是指通过引信系统各环节使有用信号从干扰信号中选出来；二次选择是指从对应的信号中检测出信号的有关参数，包括自适应和全面利用信息等内容。目前的引信抗干扰措施多数属于一次选择。

一、一次选择

从引信各个环节中提取有用信号的方法，主要指空间、极化、频率、相位、时间、幅度、信号结构以及某几种方式的综合选择。

1. 空间选择

空间选择是由天线或天线阵及其控制电路实现的。例如，设计窄波束天线和调低天线副瓣电平就是常见的措施，这种选择方式对付多点干扰或定位干扰是有效的。由于不可避免地存在副瓣，又发展了副瓣对消等技术。空间选择还包括距离选择，引信的距离截止特性则是空间抗干扰的重要内容。

2. 极化选择

极化选择以接收引信信号与接收干扰信号的极化不同为基础，用于抗环境干扰和人为干扰。

3. 频率选择

频率选择以有用信号与干扰信号的频谱不同为基础，包括新频段开发、跳频、载频有意偏散、频率分集技术等，是引信抗干扰的重要研究领域。

4. 相位选择

相位选择以接收的有用信号与干扰信号的相频特性之间的差别为基础，一般靠相位自动频率控制系统来实现。

5. 时间选择

时间选择是以尽量靠近目标才使引信通电进入正常工作为主要方法来实现的，造成敌方难于侦察或侦察到也来不及实施干扰。近目标接电可以是发射前人工或自动装定，也可以由制导系统给出指令，还可以是遥控装定。对于脉冲调制的引信还可以利用脉冲信号与干扰信号在持续期间、出现的时间和脉冲重复频率等方面的差别进行分离来实现抗干扰。

6. 幅度选择

幅度选择是以接收到的有用信号与干扰信号强度不同为基础的，如门限电路能抑制低于门限的噪声，大信号闭锁电路能抑制大幅度脉冲信号的干扰等。

7. 信号结构选择

信号结构选择是以有用信号与干扰信号的结构不同为基础的。有用信号的结构取决于所采取的调制类型。例如，随机线性调频体制，不仅解决了测距模糊，而且提高了抗干扰能力。

二、二次选择

二次选择主要是检测对应信号的参数，这些参数通常是在发射信号的编码过程中形成的。原理上二次选择也有频率、相位、时间和信号结构等形式。二次选择的主要内容是信息的编码和解码，这种过程涉及相位、时间和幅度选择，基本上不涉及载波，因此不属于提取载波信号的一次选择，而是更加深化的二次选择。

连续波多普勒引信中对多普勒信号特征量的选择有的也属于二次选择。例如，信号增幅速率选择，虽不是发射机有意设计的调制参量，但它是检波后信号结构的必然因素，利用这种速率的差异可以进行抗干扰。同样，对多普勒频率的变化率进行选择也属于信号结构的二次选择。

3.5.4　引信抗干扰途径

近炸引信抗干扰的出发点是使干扰信号对引信正常工作的影响尽量小，从而达到确保引信可靠作用的目的。干扰与反干扰是引信技术发展的永恒主题，“没有干扰不了的引信，也没有抗不了的干扰”，引信与干扰机就是这样一对在对抗中不断发展的矛盾对立统一体。因此，下面所讨论的抗干扰途径只能是基本原则或在某个时期、某项系统中行之有效的方法，而不可能是绝对可靠一劳永逸的。因此，如何提高引信抗干扰的应变能力也是考核引信抗干扰水平的一项重要指标。

近炸引信抗干扰途径可以归结为物理场和工作原理选择、提高信号处理水平和战术使用3个方面。其中，引信信号处理的基本任务有两项：一是识别目标和干扰；二是识别后，如果是目标，在最佳弹目相对位置给出引爆信号，如果是干扰，对干扰信号给予抑制或排除。因此，信号处理水平的高低直接反映引信抗干扰能力的强弱。战术使用抗干扰主要指作战使用方面采取的抗干扰措施。

一、物理场和工作原理选择

物理场和工作原理选择是最重要、最有效的抗干扰途径。

1. 选择不易被干扰的物理场和工作原理

引信和干扰机发展到今天，对引信的人工有源干扰主要是以米波波段为主，而且以对多普勒、调频原理实施回答式的干扰最为常见。因此，从物理场选择的角度看，可以选择光波波段、微波波段。这些波段具有探测波束窄的特点，因此抗干扰能力强。当选定物理场后，采取的工作原理也很重要。所谓工作原理，实质是在弹目交会过程中利用目标的什么特征来判定目标、判定弹目距离（或方位）。既然目前对多普勒、调频原理的引信实施干扰研究比较深入，不妨选择其他工作原理，如噪声调制、伪码调制等。

2. 选择被动式工作方式

被动式引信探测器不依靠发射电磁波工作，因此它自身隐蔽性好，敌方很难发现，实施干扰亦十分困难。因此，只要利用被动式探测目标的引信能满足战术使用要求，应尽量采用被动式工作的探测器引信，如电容近炸引信、被动式静电引信、被动式声引信、被动式磁引信等。

3. 选择复合探测器

复合探测器是指在一发引信中利用两种或两种以上的物理场或原理探测目标。如果采用磁与激光的串联式复合探测器，磁目标信号和激光目标信号均符合目标判据时，复合探测器才输出启动信号，而同时对激光和磁探测器都能产生干扰信号的难度极大，因此复合探测器的引信抗干扰能力很强。

4. 提高波形设计水平

连续波多普勒原理引信之所以较容易被干扰机干扰，除了因为其使用早、对其工作情况研究较透彻外，更主要的是其发射波形过于简单（等幅正弦），干扰机对其波形分析和模拟较容易。使发射波形尽量具有复杂的特性，即设计自己可以控制的调制波形，而敌方既不易分析又不易模拟，这会大大提高引信抗干扰能力，如采用伪随机码调频或调相，噪声调频或调相。

5. 提高探测器设计水平

可以说探测器是引信抑制干扰的第一道关口。前 4 项实际主要说的是探测器的选择。在探测器选定后，该探测器的具体设计对引信的抗干扰能力也有很大影响。在探测器具体设计中要注意以下问题：

（1）提高引信辐射功率。无线电引信与雷达相比，作用距离近（几米到几十米），接收机灵敏度低（毫伏级），即需要的接收信号能量大。因此，对引信的有源干扰要付出很大功率才能奏效。可利用提高引信本身辐射功率的办法迫使干扰机功率增大以达到抗干扰目的。利用增大引信辐射功率抗干扰也叫功率对抗。这种方法不仅对抗干扰有效，而且对增大引信的作用距离及提高引信工作稳定性等也有好处。因此设计引信时，在保证一定的战术技术要求前提下，应尽可能提高引信辐射功率。为此，一般采用脉冲多普勒或脉冲体制加大峰值功率，或提高引信电源的比功，使其在一定电源体积下有较大功率输出，或提高引信发射天线的效率等技术措施。

（2）选择适当频段。尽量展宽引信工作频段，如选择目前干扰较弱的频段 400 ~ 1 000 MHz、1 ~2.5 GHz、3.5 ~8.5 GHz 等。选用敌方雷达或通信的工作频段，使敌方不易干扰；或避开我方雷达通信频段，以少受敌方干扰。

（3）扩大载频偏散。在保证引信正常工作的前提下，尽量加宽引信载频偏散，有的引信甚至采用两组或多组载频，使干扰机被迫加大带宽，增加功率输出或采用多台干扰机。

（4）应用跳频或频率捷变技术。应用跳频技术的无线电引信，在受到干扰时能大频段跳频或有多个频率按一定规律跳变，使敌人难于侦察和干扰。例如，米波引信可采用如图 3 –23 所示的两个稳定工作频率的跳频方案。干扰信号往往只有一个频率，因此当频率跳变后，并没有连续的多普勒信号进入积分网络。而目标反射信号则不同，不论高频自差机频率如何，均有反射信号进入引信。因此多普勒信号为连续信号，经积分网络可以启动执行级。

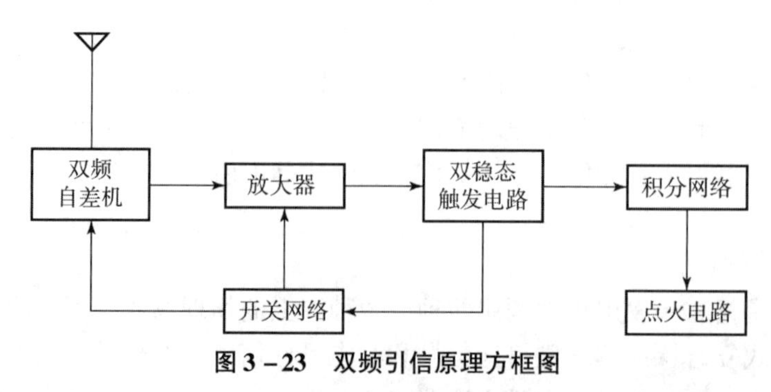

图 3 –23　双频引信原理方框图

（5）提高天线性能。天线设计对引信性能水平有较大影响，无论从引信抗干扰还是其他性能要求出发，都应加大对天线的研究力度。首先要尽量增大天线方向性系数。尖锐的天线方向性不仅可以提高信号的增益，还可以降低通过其他方向来的干扰电平。若实施干扰，则必须增大干扰机功率。还可以采用天线副瓣抑制技术，利用改善天线方向性、降低天线副瓣电平虽然能收到较好的效果，但当干扰机功率相当大时，仍然可以使无线电引信在副瓣区发生早炸。为了解决这个问题，最好的办法是采用副瓣抑制技术，利用极化选择进行抗干扰。极化选择抗干扰是利用干扰信号与目标反射的目标信号在极化上的差异，把目标信号从干扰信号中提取出来。

一种连续波体制的极化对消电路原理方框图如图3－24所示。当发射信号为水平极化时，如果忽略目标反射时的交叉极化调制的影响，目标反射回波仍为水平极化波。干扰信号的极化状态不仅有水平极化分量，而且有垂直极化（正交极化）分量。当天线接收到干扰信号时，由极化分解器分解成水平与垂直两个正交分量，分别送至两个通道，经移相器和幅度调节器使两路不同极化方向的干扰信号在幅度上相等，而相位相反，使之在对消器中抵消。有用信号由于只有一个极化分量而不会被对消，被保留下来的有用信号与来自发射机的基准信号混频，再经低通滤波器取出多普勒信号就可作为启动信号。由于干扰信号的两正交分量的幅度和相位随时间变化而且是未知的，因此，最好能自动调整两个正交分量的幅度比和相位差。

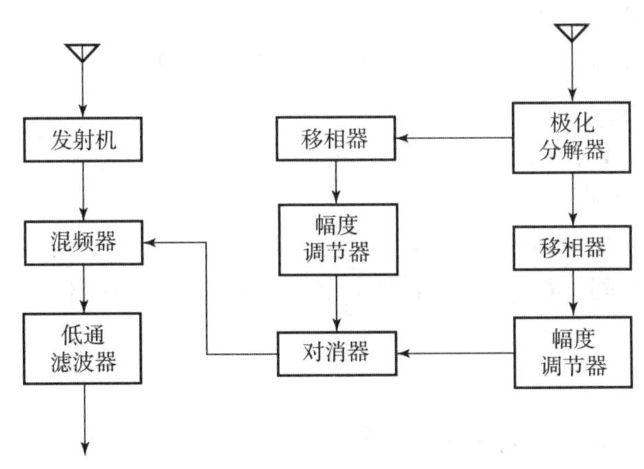

图3－24 干扰极化对消电路方框图

（6）距离选择。距离选择与方位选择同属空间抗干扰措施。提高引信的距离选择性实质上就是要求引信具有不模糊的、尖锐的距离截止特性，即要求无线电引信对规定作用范围内的目标信号能正常工作，对规定作用范围之外存在的即便是大反射面的物体或强干扰信号都不能起作用。这样，引信不仅可以消除在规定动作距离之外的所有干扰信号，而且可以消除在低空作战时海面（或地面）杂波的干扰。

二、提高信号处理水平

1. 尽可能利用多的目标特征

利用目标有用信号和干扰信号在特征数上的差异来检测出有用信号并抑制干扰信号。有用信号和干扰信号的差别一方面可以人为地在信号设计时有意形成，另一方面由于引信工作的特定条件造成了有用信号本身就有别于干扰信号。从信号设计入手，尽量使引信发射的信号特征数多，易于识别及信号处理。发射信号特征数越多，它与干扰信号的差异就越大，就越容易从干扰信号中把有用信号检测出来，将干扰信号抑制掉。

2. 利用目标信号幅度和增幅速率

引信工作的特定条件是在弹目高速接近中，在极近程的距离上启动的，因而有用信号的幅度是迅速增幅信号。有源干扰由于干扰源离引信距离较远，干扰信号在干扰期间可以认为是等幅的或接近于等幅的。利用信号波形在增幅速率上的差异来抗干扰的措施，在连续波多普勒体制的引信中被广泛应用。实践证明，这是一种既简单又行之有效的好办法。例如，采用双支路增幅速率选择电路，方框图如图 3 - 25 所示。当进来的信号 u_{sr} 是等幅或接近等幅时，即增幅速率近于零时，输出信号 $u_{sc}=0$，不会使执行级启动。反之，如进来的信号增幅速率大，此时有输出信号。输出信号 u_{sc} 的大小也和信号的增幅速率密切相关。因此，增幅速率选择可达到抗干扰目的。

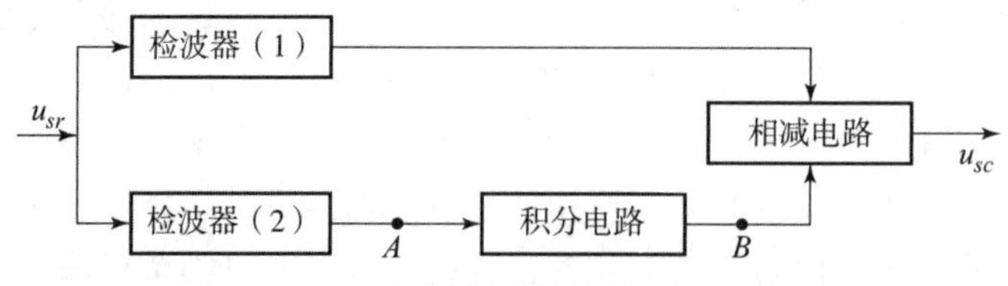

图 3 - 25　双支路增幅速率选择电路方框图

3. 利用目标信号频率特征

这种方法主要用在对空弹药引信中。弹攻击目标时，弹和目标都在高速运动，高速运动的目标反射的引信发射信号在引信接收机里产生的多普勒频率与云、箔条云及人工有源干扰所产生的多普勒频率会有较大差异，可以利用这种差异区分目标和干扰。

4. 利用信号持续时间

无论对何种目标，目标信号的有效作用时间在引信设计时是可以控制的，一般是几毫秒。干扰信号的作用时间往往与目标信号作用的时间不同，利用这一时间差异可以区分目标信号和干扰信号。

三、战术使用

引信除了在设计时采取一切可能的措施提高抗干扰能力，还可以在战术使用中采取一些办法加强其抗干扰能力。

1. 远距离接电

引信在使用时，战斗部/弹丸的飞行时间是已知的。利用这一特性可以设计远距离接电电路和机构，使引信发火控制系统在弹道的绝大部分时间内处于不工作状态，仅在距目标较近距离时接电开始工作，如有的引信在距目标 3 ~ 5 s 才给发火控制系统接电工作。

2. 不同原理引信交叉使用

引信在对同一目标作战使用时，可以采取不同原理的引信交叉使用，使敌方干扰机没办法判断所用引信的工作状态和工作参数，这样可以增大干扰难度。

第 4 章

连续波多普勒测距原理

连续波多普勒体制无线电引信（以下简称连续波多普勒引信）是非调制连续波体制的主动型无线电引信，其作用原理是依据弹目相对运动中存在的电磁波多普勒效应进行测距。连续波多普勒引信目标回波信号可利用的特征量或信息有目标回波信号幅度、增幅速率、多普勒频率和多普勒频率的变化率。目标对电磁波的反射特性对引信炸点控制影响很大，典型的如对地面目标，不同的地面反射系数，其目标回波信号强弱是不一样的。因此，该体制引信存在距离截止特性差、炸点散布大，以及单频等幅波工作易受干扰等问题。连续波多普勒引信是最早出现的一种无线电引信，尽管存在上述缺陷，但由于其结构简单，所使用电子器件少、体积小、价格低，因此仍被广泛应用于常规弹药武器中，如炮弹、迫弹、火箭弹等，早期的导弹上也有应用。

4.1　连续波多普勒体制无线电引信原理

连续波多普勒体制无线电的工作原理框图如图 4－1 所示。

设目标（或反射体）在电磁意义上是一个点，即目标尺寸与其和引信发射天线距离相比可以忽略，或该点的反射与目标的反射相等效。当振荡器通过天线辐射的信号被目标反射时，由于存在相对运动，引信接收天线接收的频率与振荡器频率相差一个多普勒频率。如果目标不能作为电磁意义上的点来看待，而只能看作一个面或体，则引信接收天线接收的频率与振荡器频率相差一个多普勒频谱，该多普勒频谱的形状与目标的大小、形状有关。本书在没有特殊说明的情况下，以后讨论均将目标假设为电磁意义上的一个点进行处理。

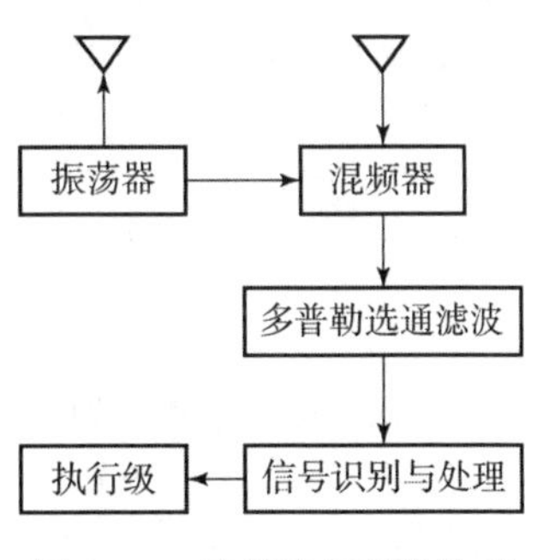

图 4－1　连续波多普勒体制无线电工作原理框图

振荡器信号与引信天线接收信号进入混频器进行混频，混频后信号经多普勒选通滤波，取出多普勒信号，经信号识别与处理，推动执行级输出点火脉冲。

为分析方便，不失一般性，设振荡器初始相位为 $\varphi_0 = 0$，则振荡器信号为

$$u_L(t) = U_{Lm}\cos(\omega_0 t + \varphi_0) = U_{Lm}\cos\omega_0 t \tag{4-1}$$

式中，U_{Lm} 为信号的幅值；ω_0 为角频率。

通过天线向目标方向的发射信号为

$$u_T(t) = U_{Tm}\cos\omega_0 t \tag{4-2}$$

式中，U_{Tm}为发射信号的幅值。

引信接收（或回波）信号为

$$u_R(t)=U_{Rm}\cos[\omega_0(t-\tau)] \tag{4-3}$$

式中，U_{Rm}为回波信号幅度，它与目标的反射能力、方位和目标与引信的距离 R 有关；τ 为回波信号相对发射信号的延迟时间，它仅与引信和目标之间的距离有关，即 $\tau=\frac{2R}{c}$，其中 c 为光速。

设接收天线为线天线，则

$$U_{Rm}=E_r h_e F_r(\varphi) \tag{4-4}$$

$$h_e=\frac{\lambda\sqrt{D_r R_\Sigma}}{\sqrt{\pi\eta}} \tag{4-5}$$

式中，E_r 为引信接收天线处场强；$F_r(\varphi)$为引信接收天线方向性函数；h_e 为引信接收天线有效高度；λ 为引信的工作波长；R_Σ 为引信天线辐射电阻；D_r 为引信接收天线方向性系数；η 为自由空间波阻抗，$\eta=120\pi$。

回波信号的相位为

$$\phi_R=\omega_0(t-\tau) \tag{4-6}$$

回波信号的频率为

$$f_R=\frac{\mathrm{d}\phi_R}{2\pi\mathrm{d}t}=f_0-f_0\frac{\mathrm{d}\tau}{\mathrm{d}t} \tag{4-7}$$

由式（4-7）可见，回波信号频率f_R 比发射信号频率f_0 多了一项：

$$f_d=-f_0\frac{\mathrm{d}\tau}{\mathrm{d}t} \tag{4-8}$$

称f_d 为多普勒频率。

设弹（或引信）与目标相对运动速度为 v_R，并假设是接近运动，即 $v_R=-\frac{\mathrm{d}R}{\mathrm{d}t}$，则

$$f_d=-f_0\frac{\mathrm{d}\tau}{\mathrm{d}t}=-f_0\frac{\mathrm{d}\tau}{\mathrm{d}t}\left(\frac{2R}{c}\right)=\frac{2f_0v_R}{c}=\frac{2v_R}{\lambda} \tag{4-9}$$

由此，回波信号可改写为

$$u_R(t)=U_{Rm}\cos[(\omega_0+\omega_d)t] \tag{4-10}$$

经混频器与本振（振荡器）信号混频，得

$$u_{LR}(t)=ku_L(t)u_R(t)=\frac{1}{2}kU_{Lm}U_{Rm}\{\cos[(2\omega_0+\omega_d)t]+\cos\omega_d t\} \tag{4-11}$$

式中，k 为混频系数。

经多普勒带通滤波，滤除 2 倍频分量，得到目标的多普勒信号：

$$u_{dm}(t)=\frac{1}{2}kU_{Lm}U_{Rm}\cos\omega_d t=U_{dm}\cos\omega_d t \tag{4-12}$$

事实上，由于弹（或引信）与目标之间的相对运动，当这个运动是接近时（$v_R>0$），多普勒信号的幅度是随着距离的减小而增大的；反之，当这个运动是相背离时（$v_R<0$），多普勒信号的幅度是随着距离的增大而下降的。

4.2　对空中目标引信信号分析

设弹速与目标速度共面，弹（或引信）目交会过程某瞬间的相对位置如图4-2所示，由于交会时间短暂，在交会过程中，可认为弹和目标作匀速直线运动，弹目相对速度不变。

目标处的引信辐射信号功率通量密度为

$$\rho_t = \frac{P_t D_t F_t^2(\varphi)}{4\pi R^2} \tag{4-13}$$

式中，P_t 为引信的辐射功率；D_t 为引信发射天线方向性系数；$F_t(\varphi)$ 为引信发射天线方向性函数；φ 为方位角（弹目连线与弹轴夹角）；R 为弹目距离。

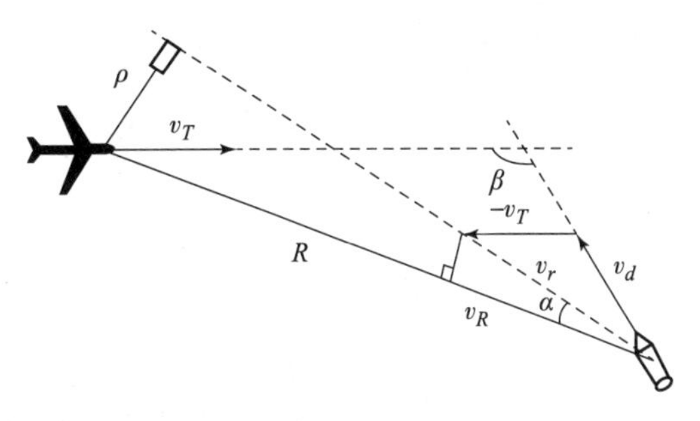

图4-2　弹目交会瞬间相对位置

设目标反射各向均匀，则引信处反射波的功率通量密度为

$$\rho_r = \frac{\rho_t \sigma}{4\pi R^2} \tag{4-14}$$

式中，σ 为目标雷达截面积。

引信处反射波的场强为

$$E_r = \sqrt{\eta \rho_r} \tag{4-15}$$

式中，η 为自由空间波阻抗，$\eta = 120\pi$。

由式（4-13）~式(4-15）和式（4-4）得到目标回波信号幅值（也是天线感应电压幅值）为

$$U_{Rm}(t) = E_r h_e F_r(\varphi) = \frac{\lambda\sqrt{\sigma P_t D_t D_r R_\Sigma}}{4\pi\sqrt{\pi}R^2} F_t(\varphi) F_r(\varphi) \tag{4-16}$$

对给定引信和目标（即 σ 一定）来说，U_{Rm} 与距离 R 有关，且与距离 R^2 成反比。因此，多普勒信号的幅度 U_{dm} 为

$$U_{dm} = \frac{1}{2} k U_{Lm} U_{Rm} = \frac{C}{R^2} \tag{4-17}$$

式中，$C = \frac{1}{2} k U_{Lm} \frac{\lambda \sqrt{\sigma P_t D_t D_r R_\Sigma}}{4\pi \sqrt{\pi} R^2} F_t(\varphi) F_r(\varphi)$ 为常数。

多普勒信号幅度的增幅速率 V_{ZF} 为

$$V_{ZF} = \frac{\mathrm{d}U_{dm}}{\mathrm{d}t} = \frac{2C}{R^3} v_R \tag{4-18}$$

对近炸引信来说，弹目接近时，R 较小，因此具有高的增幅速率。

此外，根据图4-2的几何关系，弹目接近速度 v_R 可表示为

$$v_R = v_r \cos\alpha = \sqrt{v_d^2 + v_T^2 - 2 v_d v_T \cos\beta} \sqrt{1 - \left(\frac{\rho}{R}\right)^2} \tag{4-19}$$

由式（4-8）可得

$$f_d = \frac{2\sqrt{v_d^2 + v_T^2 - 2v_d v_T \cos\beta}}{\lambda}\sqrt{1 - \left(\frac{\rho}{R}\right)^2} = f_{d\max}\sqrt{1 - \left(\frac{\rho}{R}\right)^2} \tag{4-20}$$

多普勒频率 f_d 与准距离 $\frac{R}{\rho}$ 的关系曲线如图 4－3 所示，虚线表示弹目相背离情况。由图 4－3 可见，当 $R=\rho$ 时，$f_d=0$；当 $R\geqslant 3\rho$ 时，f_d 的变化很小，趋于定值 $f_{d\max}$；而 R 在 $\rho \sim 3\rho$ 时，f_d 剧烈变化。

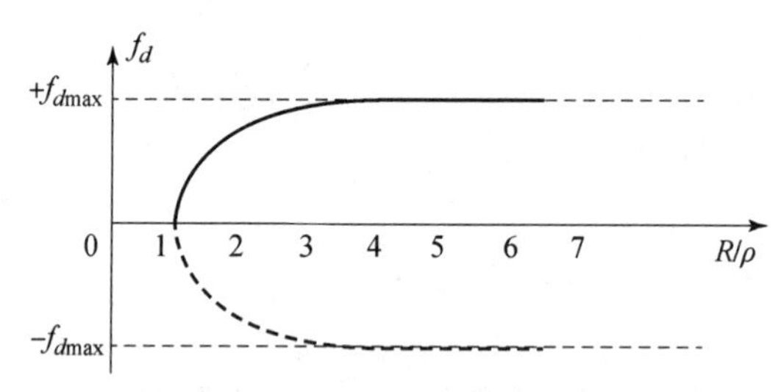

图 4－3　多普勒频率随准距离的变化关系

4.3　对地面目标引信信号分析

设引信的工作波长远大于地面的起伏，根据瑞利准则，可将地面反射看作镜面反射。弹落地前的姿态如图 4－4 所示，H 为引信对地面的垂直距离，A 为引信天线。

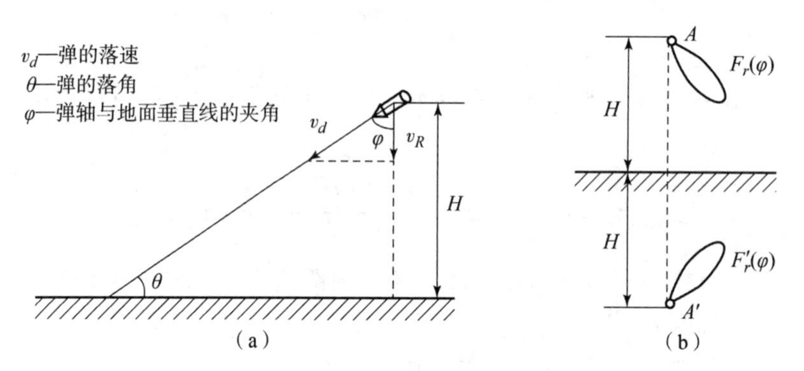

图 4－4　引信与地面目标相互作用

（a）接近地面时弹与地面的交会姿态；（b）镜像法

根据镜像法原理，引信天线处的反射波功率通量密度等于天线 A 的镜像 A' 在 A 点产生的功率通量密度，即

$$\rho_t = \frac{P_t D_t F_t^2(\varphi) N^2}{4\pi\,(2H)^2} \tag{4-21}$$

式中，N 为地面反射系数。

与对空目标分析相同，引信接收信号（天线感应信号）电压幅度为

$$U_{Rm} = \frac{N h_e \sqrt{\eta P_t D_t}}{4\sqrt{\pi} H} F_t(\varphi) F_r(\varphi) = \frac{N\lambda\sqrt{P_t D_t D_r R_\Sigma}}{4\pi H} F_t(\varphi) F_r(\varphi) \tag{4-22}$$

引信接近地面过程中角 φ 基本不变，$F_t(\varphi)$、$F_r(\varphi)$ 是常数，对给定的目标（地面）和

引信，U_{Rm}仅与高度 H 有关，且与距离 H 成反比，因此多普勒信号的幅度 U_{dm}为

$$U_{dm}=\frac{1}{2}kU_{Lm}U_{Rm}=\frac{C}{H} \tag{4-23}$$

式中，$C=\frac{1}{2}kU_{Lm}\frac{N\lambda\sqrt{\sigma P_t D_t D_r R_\Sigma}}{4\pi}F_t(\varphi)F_r(\varphi)$。

多普勒信号幅度的增幅速率 V_{ZF}为

$$V_{ZF}=\frac{\mathrm{d}U_{dm}}{\mathrm{d}t}=\frac{C}{H^2}v_R \tag{4-24}$$

式中，$v_R=-\frac{\mathrm{d}H}{\mathrm{d}t}$。

根据图 4－4 的几何关系，有

$$v_R=v_d\cos\varphi=v_d\sin\theta \tag{4-25}$$

因此，

$$v_{ZF}=\frac{\mathrm{d}U_{dm}}{\mathrm{d}t}=\frac{C}{H^2}v_R=\frac{C}{H^2}v_d\cos\varphi=\frac{C}{H^2}v_d\sin\theta \tag{4-26}$$

由式（4－8）可得多普勒频率为

$$f_d=\frac{2v_R}{\lambda}=\frac{2v_d\sin\theta}{\lambda} \tag{4-27}$$

引信对地面目标作用时，多普勒信号的幅度和增幅速率与高度的变化关系如图 4－5 所示。

综上论述可知，无论是对空目标还是对地目标，其多普勒信号的幅度和频率都包含弹目之间的距离 R（或 H）、弹目相对速度 v_R、弹目交会角 β（或落角 θ）等信息。因此可通过提取目标回波中的多普勒信号来确定引信的最佳作用距离（或炸高），以达到良好的引战配合效果。

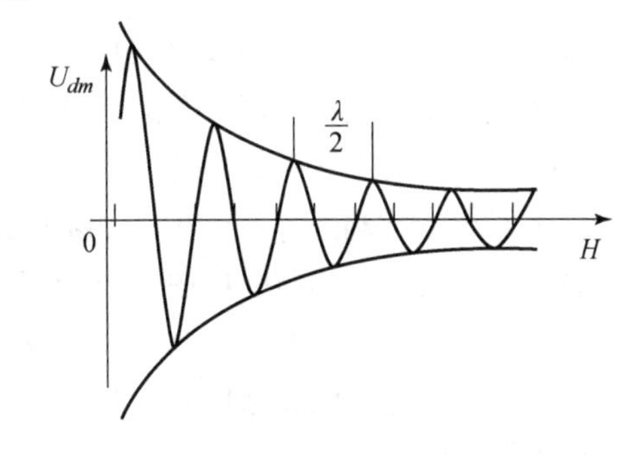

图 4－5　多普勒信号幅度与弹目距离的关系

另外，无论是对空目标还是对地目标，当引信和目标一定时，混频器输出信号振幅仅与弹目距离 R（或 H）有关，而与 R（或 H）的变化速率（弹目相对运动速度）无关，$\omega_d t$ 每变化 2π（一个周期），对应的距离改变量 $\Delta R=\lambda/2$。这个结论成为传统的引信杆试验的理论基础，即不论弹丸下降速度如何，混频器输出信号振幅与弹丸高度有一一对应关系，或者说混频器输出信号振幅随弹丸高度 H 变化规律总是一定的。

4.4　连续波多普勒引信

根据上述分析可知，连续波多普勒体制无线电引信多普勒信号的幅度和频率随弹目距离的变化和不同的目标特征，按一定的规律变化，信号识别与处理模块正是根据这些变化特征来提取目标信息的。对连续波多普勒体制无线电引信来说，实现目标特征信息提取的方法通常有自差式和外差式两种形式。

4.4.1 自差式收发机引信

典型自差式收发机（简称自差机）引信原理框图如图 4－6 所示，引信信号的发射和接收共用一个射频电路和一副天线。

从发射角度来看，自差机是一个振荡器，通过天线向空间辐射无线电波（通常引信设计时，天线也可作为振荡回路的一个部分）；从接收角度来看，它是一个自激式混频检波器，天线接收的目标回波信号与自激振荡产生的信号进行混频、检波，提取含有目标信息的多普勒分量；从自差机电路作用原理来看，它是一个带有收发天线和检波电路的 LC 振荡器，振荡器产生超高频的自激振荡，并通过与其紧密耦合的天线向外部空间发射无线电波，当目标出现在引信的辐射区时，目标将接收到引信辐射的电磁波能量，并将一部分能量反射回来，形成目标的回波信号。当引信与目标以一定的速度相互接近时，它们之间就存在相对运动，产生多普勒效应，造成回波信号的频率比发射信号的频率高出一个多普勒频率。同时，受回波信号的影响，自差机电路中天线的阻抗发生了变化，振荡器的振幅和频率也相应地发生了变化，最终振荡器产生受多普勒效应影响的调频调幅振荡，经自差机的检波电路检波，输出多普勒信号。一般为提高引信信号的信噪比，自差机检波输出必须经过多普勒选通滤波器来滤除带外噪声，信号识别与处理电路需对自差机输出的多普勒信号进行放大（一般电压放大量在 40～80 dB），根据多普勒信号的幅度、幅度变化率（或增幅速率）、频率及频率变化率 4 个特征参量对引信点火脉冲进行控制。实际引信中特别是常规弹药引信中，由于空间结构有限，为使引信电路简单化，大部分引信仅采用前 3 个特征量对引信点火脉冲实施控制。

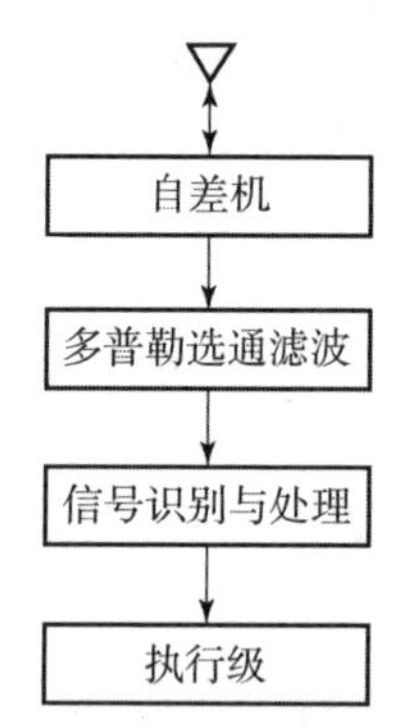

图 4－6 自差式多普勒无线电引信原理框图

另外，由于幅度检波远比频率检波（或鉴频）简单，因此引信中均采用幅度检波方式完成对多普勒信号的提取。一般引信自差机仅用一个晶体管来完成上述功能，因此自差式连续波多普勒体制引信具有结构简单、元器件少、成本低廉等优点。但也正是因为结构简单，使得自差机在实际装配调试过程中，很难同时满足发射和接收的最佳指标要求。

一、主要性能指标

自差机主要性能指标包括发射和接收两部分。

就发射部分而言，主要有天线的辐射功率 P_t、天线的方向性函数 $F(\varphi)$、天线的方向性系数 D、自差机的工作频率 f_0 等。

天线的辐射功率 P_t 反映了自差机通过天线向周围空间辐射功率的情况，在可能的情况下，天线的辐射功率尽可能大些；天线的方向性函数 $F(\varphi)$ 反映了辐射能量在空间的分布规律，其方向图应满足引信定位和有效的能量利用。因此，$F(\varphi)$ 的最大方向应集中在弹丸破片飞散的方向或弹丸落角出现概率比较集中的方向。方向性系数 D 反映了辐射能量的集中情况。由于破片飞散角一般较大，对地射击时的落角散布也很大，因此对 D 这个指标往往不加以强调。对于自差机的工作频率 f_0，在确定 f_0 时应充分考虑与环境的电磁兼容性、器件的可实现性。在天线的结构确定以后，频率的高低影响着天线方向图和目标多普勒信号的频率。

就接收部分而言，主要有接收机探测灵敏度 S_a、接收机的噪声电平 U_N。

接收机探测灵敏度 S_a 反映了自差机的探测能力，在目标及其位置一定时，自差机输出信号的大小与它直接有关。接收机的噪声电平 U_N 是指由外界干扰和自差机自身电路所产生的噪声。

作用距离是引信的另一个重要的综合性能指标。由作用距离公式可以估算综合设计的结果。作用距离相对地面而言就是作用高度，简称炸高。

二、作用距离公式

对自差机引信来说，由于共用一副天线，因此式（4－16）中 $F_t(\varphi)=F_r(\varphi)=F(\varphi)$，$D_t=D_r=D$，因此有

$$U_{Rm}=\frac{\lambda D\sqrt{\sigma P_t R_\Sigma}}{4\pi\sqrt{\pi}R^2}F^2(\varphi) \tag{4-28}$$

已知引信的辐射功率 $P_t=I^2R_\Sigma$，代入式（4－28），有

$$U_{Rm}=\frac{\lambda D R_\Sigma I\sqrt{\sigma}}{4\pi\sqrt{\pi}R^2}F^2(\varphi) \tag{4-29}$$

又知引信天线最大感应电压 $U_{Rm}=I\Delta R_{\Sigma m}$，$\Delta R_{\Sigma m}$ 为辐射电阻改变量的最大值，则有

$$\frac{\Delta R_{\Sigma m}}{R_\Sigma}=\frac{\lambda D R_\Sigma\sqrt{\sigma}}{4\pi\sqrt{\pi}R^2}F^2(\varphi) \tag{4-30}$$

由此可见，辐射电阻的相对改变量 $\frac{\Delta R_{\Sigma m}}{R_\Sigma}$ 与波长、反射信号强弱 σ 及弹目距离有关。$\frac{\Delta R_{\Sigma m}}{R_\Sigma}$ 为引信自差机输入，对应这个输入，自差机的输出为 U_{dm}，它是自差机输出多普勒信号的振幅。这里引入引信自差机的灵敏度概念 S_a，将其定义为

$$S_a=\frac{U_{dm}}{\frac{\Delta R_{\Sigma m}}{R_\Sigma}} \tag{4-31}$$

则有

$$U_{dm}=\frac{S_a\lambda D\sqrt{\sigma P_t R_\Sigma}}{4\pi\sqrt{\pi}R^2}F^2(\varphi) \tag{4-32}$$

令 $U_{dm}=U_{d0}$，称为低频启动灵敏度，则作用距离为

$$R_0=\sqrt{\frac{S_a\lambda D\sqrt{\sigma P_t R_\Sigma}}{4\pi\sqrt{\pi}U_{d0}}F^2(\varphi)} \tag{4-33}$$

式（4－33）说明，提高引信自差机灵敏度及低频启动灵敏度（U_{d0}减小），可以增加引信的作用距离，但引信自差机灵敏度和低频启动灵敏度的提高受制于引信的内部噪声。增加引信工作波长 λ，也可能增加作用距离，但增加 λ，D 会减小，因此增加 λ 并不能改善引信作用距离。

值得注意的是，自差机灵敏度与一般的接收机灵敏度一样，都是表示探测微弱信号的能力，但在获得灵敏度的机理上有着本质的区别。一般接收机是靠低噪声放大取得高灵敏度的，而自差机是靠增加振荡器的不稳定性来取得高的灵敏度。亦即，当振荡器负载改变时，工作状态改变得越大，自差机灵敏度也越高。

三、炸高公式

同理，根据式（4－22），自差机条件下引信天线感应电压幅值改写为

$$U_{Rm}=\frac{N\lambda DR_{\Sigma}I}{4\pi H}F^2(\varphi) \tag{4-34}$$

引入引信天线最大感应电压 $U_{Rm}=I\Delta R_{\Sigma m}$，则有

$$\frac{\Delta R_{\Sigma m}}{R_{\Sigma}}=\frac{N\lambda D}{4\pi H}F^2(\varphi) \tag{4-35}$$

引入自差机灵敏度 S_a，则有

$$U_{Rm}=\frac{S_a N\lambda D}{4\pi H}F^2(\varphi) \tag{4-36}$$

令 $U_{dm}=U_{d0}$，即得炸高公式

$$H_0=\frac{S_a N\lambda D}{4\pi U_{d0}}F^2(\varphi) \tag{4-37}$$

同样，提高引信自差机灵敏度及低频启动灵敏度（减小），可以提高引信的炸高。

4.4.2 外差式收发机引信

典型外差式收发机（简称外差机）引信原理框图如图4－7（a）所示，它由收、发两副天线构成。外差式收发机引信具有工作机理清晰、引信辐射功率和灵敏度可单独设定、电路调试方便、引信性能优越等特点。但在常规弹药中使用时，由于受结构、体积等制约，特别是两副天线在弹上设置相当困难，因此在小型弹上实际应用不多。

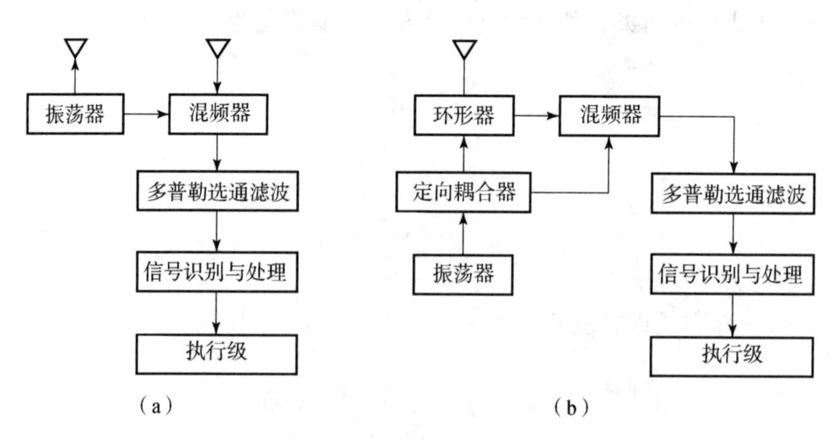

图4－7　外差式连续波多普勒无线电引信原理框图

（a）收发天线独立；（b）收发天线共用

随着电子技术水平的发展，引信工作频率的提高，微波单片集成收发前端在引信中逐渐得到使用，使得外差机同样可以用单一天线结构。图4－7（b）所示为此类引信的原理框

图，该引信具有单天线，但接收回路和发射回路相对独立。图中振荡器信号输出至定向耦合器，定向耦合器将一部分能量耦合到环形器，经天线向空间辐射；同时又将另一部分能量耦合到混频器，作为混频器的本振信号。当通过天线辐射的信号被目标或各种无源反射体反射时，由于存在相对运动，天线接收的回波信号频率与振荡器频率相差一个多普勒频率。回波信号经环形器进入混频器，与本振信号混频，混频后信号经多普勒选通滤波，取出多普勒信号。同样，根据多普勒信号的特征参量，经信号识别与处理，推动执行级输出引信点火脉冲。

一、作用距离

设空中目标为点目标，某瞬时引信与目标的相对位置如图 4－2 所示。由式（4－13）和式（4－14）可得引信天线处反射波功率通量密度：

$$\rho_t = \frac{P_t D_t F_t^2(\varphi)\sigma}{(4\pi R^2)^2} \tag{4-38}$$

接收机（混频器）输入端功率为

$$P_A = \rho_r A_e F_r^2(\varphi) \tag{4-39}$$

式中，A_e 为接收天线的有效面积。

$$A_e = \frac{D_r \lambda^2}{4\pi} \tag{4-40}$$

将式（4－38）和式（4－40）代入式（4－39）得

$$P_A = \frac{P_t \lambda^2 D_t D_r F_t^2(\varphi) F_r^2(\varphi)\sigma}{64\pi^3 R^4} \tag{4-41}$$

设接收机功率灵敏度为 P_S，即引信输出点火脉冲时混频器所需的最小输入功率。令 $P_A = P_S$，即得作用距离公式为

$$R_0 = \sqrt[4]{\frac{P_t \lambda^2 D_t D_r F_t^2(\varphi) F_r^2(\varphi)\sigma}{64\pi^3 R^4}} \tag{4-42}$$

也可以用低频启动灵敏度 U_{d0} 来表示。低频启动灵敏度是使引信执行启动所需的混频器输出的最小电压，它与功率灵敏度之间的关系为

$$U_{d0} = K_{CM}\sqrt{P_S} \tag{4-43}$$

K_{CM} 数值一般在 $\sqrt{10} \sim \sqrt{20}\ \Omega$，由实验确定，因此式（4－42）变为

$$R_0 = \sqrt[4]{\frac{P_t \lambda^2 D_t D_r F_t^2(\varphi) F_r^2(\varphi)\sigma K_{CM}}{64\pi^3 U_{d0}^2}} \tag{4-44}$$

可见，增大引信辐射功率和提高引信接收机的灵敏度，都会使作用距离增加。

二、炸高公式

同理，根据图 4－4 弹丸与地面交会情况，可得到引信接收机（混频器）输入端功率为

$$P_A = \frac{P_t \lambda^2 D_t D_r F_t^2(\varphi) F_r^2(\varphi) N^2}{64\pi^3 H^2} \tag{4-45}$$

令 $P_A = P_S$，即得炸高公式为

$$H_0 = \frac{\lambda F_t(\varphi)F_r(\varphi)N}{8\pi}\sqrt{\frac{P_tD_tD_r}{P_S\pi}} \tag{4-46}$$

同样，也可用低频启动灵敏度 U_{d0} 表示为

$$H_0 = \frac{\lambda F_t(\varphi)F_r(\varphi)NK_{CM}}{8\pi}\sqrt{\frac{P_tD_tD_r}{P_S}} \tag{4-47}$$

可见，增大引信辐射功率和提高引信接收机的灵敏度都会使炸高增加。

观察式（4-41）和式（4-45），引信接收机接收到的反射功率与距离 R（或 H）的关系不同，前者 $P_A \propto \frac{1}{R^4}$，后者 $P_A \propto \frac{1}{H^2}$。这是因为随着分布目标（如地面）高度增加，有效照射面积也在增加，对因高度增加造成反射功率的降低有一定程度的补偿。对点目标（集中目标），当距离增加时，照射面积并不改变。这个结论说明，对集中目标的反射应该有所区分。当弹目距离较远时，引信接收机接收的辐射信号功率与距离的四次方成反比；当弹目距离较近时，集中目标将显示出分布目标特性，引信接收机接收的反射功率，从与距离的四次方成反比逐步向与距离的平方成反比接近。对以目标信号的幅度和增幅速率为主要特征量的引信来说，该结论具有很好的设计指导意义。

综上所述，由式（4-17）和式（4-20）可知，多普勒信号的幅度和频率包含弹目距离 R、交会角 β、弹目接近速度 v_R 等信息；同样由式（4-23）和式（4-27）可知，多普勒信号的幅度和频率含有引信对地之间的高度 H、角度 φ、弹目接近速度 v_R 等信息，但事实上很难准确提取这些参数。因为其中与目标和引信有关的参数，如目标雷达截面积、引信灵敏度、与交会角或落角有关的天线方向性函数、地面反射系数等都是不确定值，这也正是连续波多普勒体制无线电引信作用距离或炸高散布大的主要原因。连续波多普勒体制无线电引信原则上不具备精确的测距能力、测角能力和速度鉴别能力。

4.5 最佳炸高

对地面目标作用的自差式连续波多普勒体制无线电引信的炸高散布一般比较大。同样的射击条件下，由于地面性质不同，反射能力不同，炸高也不同。即使是在同样的地面情况下，炸高也有很大的散布。解决炸高散布、获取最佳炸高有各种不同的方法，其效果也不尽相同。这里介绍一种双支路信号处理获取准最佳炸高的方法。

将自差机检波输出的多普勒信号 U_d 分成两个支路进行处理，原理框图如图 4-8 所示。图 4-8 中 A_1、A_2 为放大器增益，τ 为延时器延时时间，D 为峰值检波器，U_1、U_2 为多普勒信号的包络电压值。当 U_1、U_2 相等时，比较器输出点火脉冲。

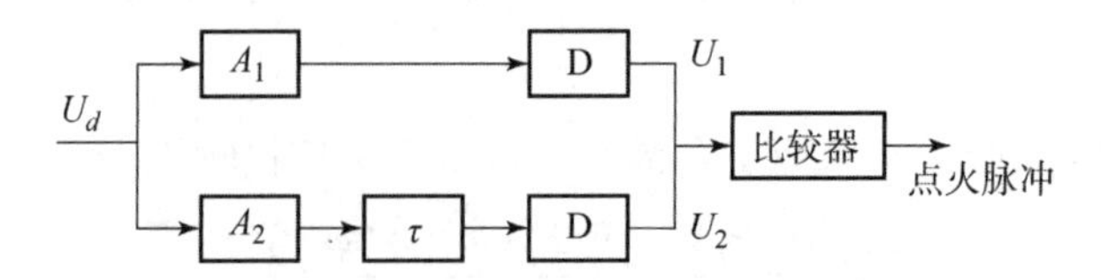

图 4-8　双支路信号处理获取最佳炸高原理框图

根据对地面目标作用时引信自差机检波输出的目标信号振幅随高度变化的关系式（4－36），两路输出分别为

$$U_1(H)=\frac{S_aN\lambda D}{4\pi H}F^2(\varphi)A_1 \tag{4－48}$$

$$U_2(H)=\frac{S_aN\lambda D}{4\pi(H+\tau v_d\sin\theta)}F^2(\varphi)A_2 \tag{4－49}$$

当引信距地面高度为 H 时，第二支路由于延迟了 τ 秒，它的信号幅度对应于 τ 秒前引信所处高度上的振幅，即 $H+\tau v_d\sin\theta$，其中 $\tau v_d\sin\theta$ 是 τ 秒内引信高度的变化量。

当 $U_1=U_2$ 时，比较器输出点火脉冲信号，即可确定炸高 H_0。由式（4－48）和式（4－49）可得

$$H_0=\frac{A_1}{A_2-A_1}\tau v_d\sin\theta \tag{4－50}$$

令 $m=\frac{A_2}{A_1}$，$m>1$，则式（4－50）变为

$$H_0=\frac{1}{m-1}\tau v_d\sin\theta \tag{4－51}$$

式（4－51）为双支路信号处理电路的基本关系式。由此式可见，炸高与地面反射系数 N 无关，也不受引信高频参数及天线参数影响，仅与低频参数，如放大量 A_1、A_2 和延迟时间 τ 有关。

在实际应用时，根据引战配合要求，确定弹丸最佳炸高 H 与落角 θ 之间的函数关系为

$$H=f(\theta) \tag{4－52}$$

将此函数关系代入式（4－51），得到

$$\frac{\tau}{m-1}=\frac{f(\theta)}{\tau v_d\sin\theta} \tag{4－53}$$

式（4－52）说明，当给定落角 θ 时，为获得最佳炸高，τ 与 m 的关系必须满足此式。在具体实现时，可以有两种方法。

1. m 一定，改变 τ

当 m 一定时，延迟时间 τ 由式（4－53）得

$$\tau=(m-1)\frac{f(\theta)}{v_d\sin\theta} \tag{4－54}$$

但直接测量落角 θ 和落速 v_d 比较困难，可以通过多普勒频率与落角 θ 和落速 v_d 的关系，通过测定多普勒频率来确定延迟时间，即将式（4－27）代入式（4－53），有

$$\tau=\frac{2(m-1)f\left(arcsin\frac{f_d\lambda}{2v_d}\right)}{\lambda f_d} \tag{4－55}$$

对榴弹而言，落速 v_d 的变化为10%～20%，故可以取一个落速的平均值。显然，延迟时间 τ 与多普勒频率 f_d 有一一对应关系。只要延迟时间 τ 满足式（4－55），便可在任意落角的情况下得到最佳炸高。

2. τ 一定，改变 m

当 τ 一定时，由式（4－55）得

$$m = 1 + \frac{\tau\lambda f_d}{2f\left(\arcsin\dfrac{f_d\lambda}{2v_d}\right)} \tag{4-56}$$

显然，m 与多普勒频率 f_d 有一一对应关系。只要 m 满足式（4－56），便可在任意落角的情况下得到最佳炸高。

目前，采用单片机或 DSP 处理器技术很容易实现上述低频参数变化要求，由此可实现炸高稳定且不受地面性质影响的准最佳炸高方案。

第5章

连续波调频测距原理

连续波调频体制无线电引信（简称调频引信）发射等幅调频连续波信号，发射信号的频率按调制信号的规律变化。由于发射信号的频率是时间的函数，在无线电波从引信到目标间往返传播的时间内，调频信号频率已经发生变化，于是回波信号和发射信号之间存在频率差，这种差值与引信和目标间的距离有关，测定该频率差，就可以根据一定关系得出引信到目标的距离。原则上，引信炸点与目标对电磁波的反射特性无关。这种调频测距方法，相对于连续波多普勒引信具有定距精度较高、抗干扰性能好等特点，因而目前在常规弹药中已得到广泛应用。

调频引信测距原理与连续波调频雷达及飞机调频高度表等工作原理相近，图5－1是调频引信测距的一般原理性框图，通常由调制器、振荡器、混频器、放大与频率鉴别电路及执行级等部分组成。

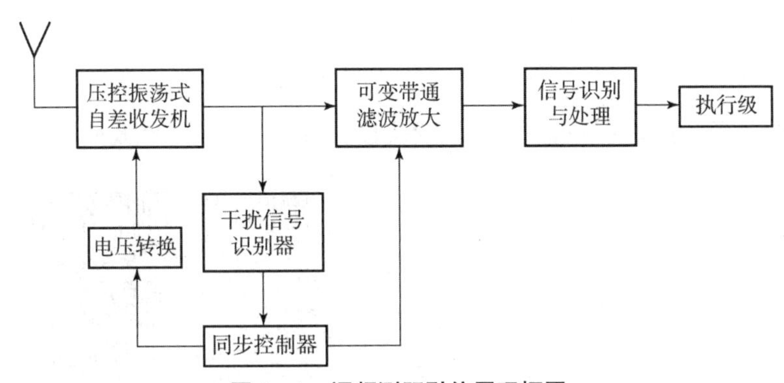

图5－1　调频测距引信原理框图

引信工作时，调制信号发生器产生规定波形的调制信号，对振荡器频率进行调制，形成调频连续波，由发射天线辐射到空间。被辐射的无线电信号遇到目标后，部分能量被反射，并被引信接收天线接收。在无线电波传输到目标并返回到引信接收天线的这段时间内，发射信号的频率较之回波信号的频率已有了较大的变化，将回波信号与来自振荡器的基准信号进行混频，在混频器输出端滤除高频（和频）分量，可得到差频信号。差频信号的频率 f_i 与引信到目标间的距离 R 存在一定的对应关系，测定差频 f_i 频率，就可以确定相应的距离。在弹目接近的过程中，引信和目标间的距离连续地发生变化，差频频率也相应地随之变化。信号处理电路对差频频率进行选择与判别，当对应于给定距离范围的差频信号作用时，电路给出启动信号，执行级工作，保证引信在目标处于有效杀伤范围内时起爆战斗部。

连续波调频体制按照调制信号的不同，可以分为线性调频和非线性调频两类。

5.1 三角波线性调频测距

5.1.1 三角波线性调频信号表达式及其波形

三角波线性调频信号瞬时频率随时间变化曲线如图 5－2 所示。

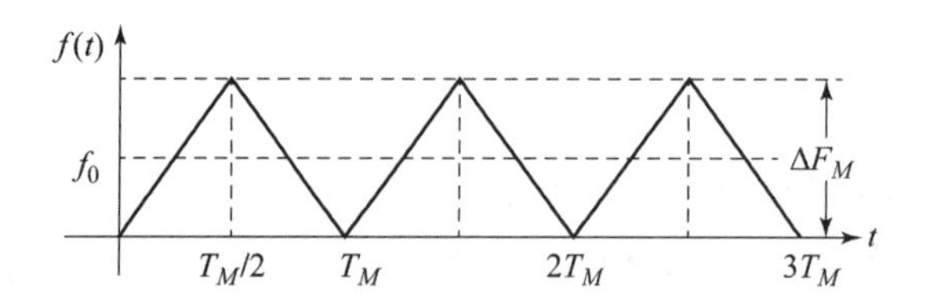

图 5－2 三角波线性调频信号瞬时频率随时间变化曲线

图中，f_0 为载波频率，ΔF_M 为调频频偏。不失一般性，为分析方便，本书在讨论线性调频时，将调频频偏与调制带宽 B 取值相等。T_M 为调制周期，$k=2\Delta F_M/T_M$ 为调频斜率。三角波线性调频信号在（$0\to T_M$）内的复包络 $v(t)$ 为

$$v(t)=\begin{cases}\mathrm{e}^{\mathrm{j}k\pi t^2}, & 0<t\leqslant T_M/2\\ \mathrm{e}^{-\mathrm{j}k\pi(t-T_M)^2}, & T_M/2<t\leqslant T_M\end{cases} \tag{5-1}$$

三角波线性调频信号的复包络为

$$u(t)=\sum_{n=-\infty}^{+\infty}v(t-nT_M) \tag{5-2}$$

图 5－3 展示了两个周期三角波线性调频信号的调制电压、时域波形和频谱。

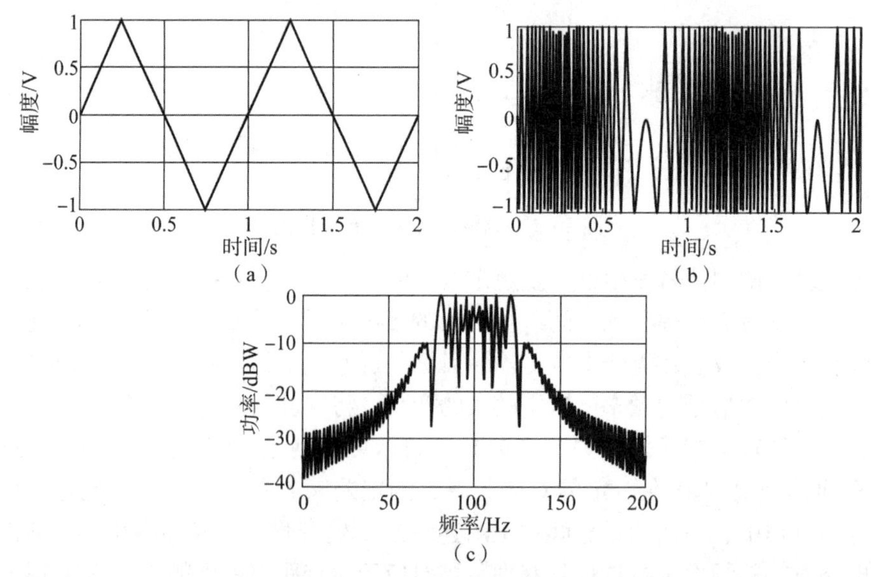

图 5－3 三角波线性调频信号

（a）调制电压波形；（b）调频信号时域波形；（c）调频信号频谱

5.1.2　三角波线性调频测距原理

三角波线性调频测距系统，其发射信号、目标回波信号和差频信号的时频曲线如图5-4所示，其中$f_T(t)$表示发射信号频率，$f_R(t)$表示接收信号频率（其中实线表示静止目标回波信号频率，虚线表示运动目标回波信号频率），f_0表示载波频率，ΔF_M表示调频频偏，T_M表示调制信号周期，$f_i(t)$表示差频频率（$f_{i+}(t)$和$f_{i-}(t)$表示存在多普勒频移情况下的差频频率），$\tau=2R/c$表示电磁波自引信到目标的往返时间，R为引信到目标的距离。

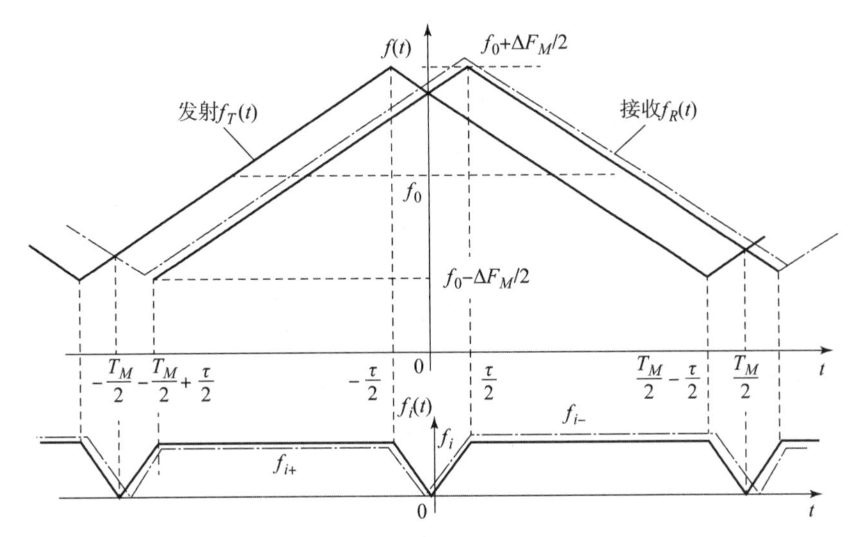

图5-4　三角波调频信号频率随时间变化曲线

假设线性调频波为理想三角波，忽略目标表面及传播媒介对发射、接收信号的影响，认为回波信号是发射信号经时间τ的延迟，则由图5-4可得，发射信号的瞬时频率表达式为

$$f_T(t)=f_0+\frac{\mathrm{d}f(t)}{\mathrm{d}t}t \tag{5-3}$$

一、静止目标

对于静止目标，回波信号（图5-4中实线所示）频率为

$$f_R(t)=f_T(t-\tau)=f_0+\frac{\mathrm{d}f(t)}{\mathrm{d}t}(t-\tau) \tag{5-4}$$

于是差频信号频率为

$$f_i(t)=|f_T(t)-f_R(t)|=\left|\frac{\mathrm{d}f(t)}{\mathrm{d}t}\right|\tau \tag{5-5}$$

从图5-4可知

$$\left|\frac{\mathrm{d}f(t)}{\mathrm{d}t}\right|=\frac{2\Delta F_M}{T_M} \tag{5-6}$$

将$\tau=2R/c$和式（5-6）代入式（5-5），则得到差频频率$f_i(t)$和距离R之间的关系为

$$f_i=\left|\frac{\mathrm{d}f(t)}{\mathrm{d}t}\right|\frac{2R}{c}=\frac{4\Delta F_M R}{T_M c} \tag{5-7}$$

或

$$R = \frac{T_M c f_i}{4\Delta F_M} = \frac{c f_i}{4\Delta F_M f_M} \tag{5-8}$$

对于一定距离 R 的目标回波信号，除去在 t 轴上很小一部分不规则区（对应一个调制周期 T_M 内的极小时间 $\tau = 2R/c$）以外，其他时间差频频率是不变的。若用频率计测量一个周期内的平均差频值 f_{iav}，可以得到

$$f_{\text{iav}} = \frac{4\Delta F_M R}{T_M c} \frac{T_M - 2R/c}{T_M} \tag{5-9}$$

实际工作中，应保证单值测距且满足

$$T_M \gg 2R/c \tag{5-10}$$

因此，

$$f_{\text{iav}} \approx \frac{T_M c}{4\Delta F_M} R = f_i \tag{5-11}$$

由此得

$$R = \frac{T_M c f_{\text{iav}}}{4\Delta F_M} = \frac{c f_{\text{iav}}}{4\Delta F_M f_M} \tag{5-12}$$

二、运动目标

对于运动目标，当目标与引信距离为 R 且径向速度为 v_R 时，回波信号（图 5-4 中虚线所示）频率为

$$f_R = f_0 + f_d + \frac{\mathrm{d}f(t)}{\mathrm{d}t}(t - \tau) \tag{5-13}$$

式中，f_d 为多普勒信号频率。

当 $f_d < f_{\text{iav}}$，即多普勒信号频率小于平均差频值时，得到差频信号频率为

$$f_{i+} = f_T - f_R = \frac{4\Delta F_M}{T_M c} R - f_d \tag{5-14}$$

$$f_{i-} = f_R - f_T = \frac{4\Delta F_M}{T_M c} R + f_d \tag{5-15}$$

可求出引信与目标之间的距离 R 为

$$R = \frac{c}{4\Delta F_M f_M} \frac{f_{i+} + f_{i-}}{2} \tag{5-16}$$

用 $f_{\text{iav}} = \frac{f_{i+} + f_{i-}}{2}$ 表示一个周期内平均差频值，则有

$$R = \frac{T_M c f_{\text{iav}}}{4\Delta F_M f_M} = \frac{c f_{\text{iav}}}{4\Delta F_M f_M} \tag{5-17}$$

式（5-12）和式（5-17）表明，当调制信号周期 T_M 和发射信号的调频频偏 ΔF_M 一定时，平均差频频率 f_{iav} 和距离 R 成对应关系，只要测出平均差频频率 f_{iav}（仅次于 f_i 的值），就可以得到距离 R，这就是调频测距的基本原理。

5.1.3 三角波线性调频差频信号分析

已知混频器输出的差频信号的频率不是单一的，它也不能随距离的变化而连续地变化。

正如图 5 - 4 所示，在 $-\tau/2 \sim \tau/2$ 等时间间隔内，差频频率不能由差频公式求出，它们与距离也无直接关系。这些不规则区的存在，导致差频频率随时间按一定规律周期性变化，下面将在频域里对差频信号进行详细分析。

将图 5 - 4 重新画为图 5 - 5，并将这一个周期分成 5 个区间，分别为区间 1 ~ 区间 5。其中区间 1 和区间 2 为规则区或线性区，区间 3、区间 4 和区间 5 为不规则区，不规则区是由延迟时间 τ 引起的。

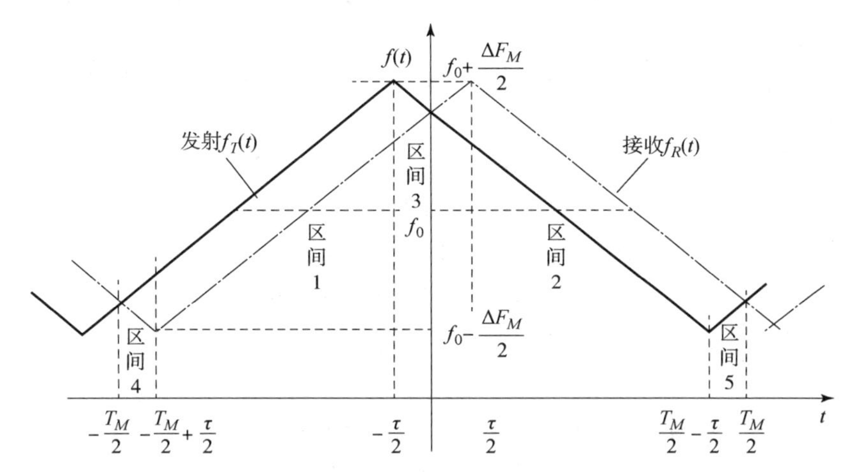

图 5 - 5　三角波调频信号频率随时间变化曲线（简化）

图 5 - 5 中只画了对应一个周期调制信号的波形。从图 5 - 5 可见，三角波上升部分发射信号的瞬时频率为

$$f_{T上} = 2\Delta F_W f_M t + \frac{\Delta F_M}{2}(1 + 2f_M\tau) + f_0 \tag{5-18}$$

三角波下降部分发射信号的瞬时频率为

$$f_{T下} = -2\Delta F_W f_M t + \frac{\Delta F_M}{2}(1 - 2f_M\tau) + f_0 \tag{5-19}$$

对连续波线性调频信号而言，电压和电流均是连续的，因此其相位也是连续的。应用瞬时频率和相位之间的关系式：

$$\phi = 2\pi\int f\mathrm{d}t + C \tag{5-20}$$

式中，C 为常数。

可得到三角波上升部分发射信号的瞬时相位为

$$\phi_{T_上} = 2\pi\Delta F_M f_M t^2 + \pi\Delta F_M(1 + 2f_M\tau)t + 2\pi f_0 t + C \tag{5-21}$$

三角波下降部分发射信号的瞬时相位为

$$\phi_{TF} = -2\pi\Delta F_M f_M t^2 + \pi\Delta F_M(1 - 2f_M\tau)t + 2\pi f_0 t + C \tag{5-22}$$

由图 5 - 5 可见，接收信号的瞬时频率和瞬时相位对应发射信号的瞬时频率和瞬时相位在时间轴上的延时，即在式（5 - 21）和式（5 - 22）中用（$t-\tau$）替换 t 即可。根据式（5 - 21）和式（5 - 22），可以求出图 5 - 5 中 5 个区间发射信号与接收信号的瞬时相位差。用下标数字代表相位差所在区间，得到

$$\Delta\phi_1 = [2\pi\Delta F_M f_M t^2 + \pi\Delta F_M(1 + 2f_M\tau)t + 2\pi f_0 t + C] -$$

$$
\begin{aligned}
&[2\pi\Delta F_W f_M (t-\tau)^2 + \pi\Delta F_H(1+2f_M\tau)(t-\tau) + 2\pi f_0(t-\tau) + C] \\
&= 4\pi\Delta F_W f_M \tau t + \pi\Delta F_M \tau + 2\pi f_0 \tau
\end{aligned}
\tag{5-23}
$$

同理可得

$$\Delta\phi_2 = -4\pi\Delta F_W f_M \tau t + \pi\Delta F_M\tau + 2\pi f_0\tau \tag{5-24}$$

$$\Delta\phi_3 = -4\pi\Delta F_M f_M t^2 + \pi\Delta F_M\tau - \pi\Delta F_M f_M \tau^2 + 2\pi f_0\tau \tag{5-25}$$

$$\Delta\phi_4 = 4\pi\Delta F_M f_M t^2 + 4\pi\Delta F_M t - \pi\Delta F_M\tau + \pi\Delta F_M T_M + \pi\Delta F_W f_M\tau^2 + 2\pi f_0\tau \tag{5-26}$$

$$\Delta\phi_5 = 4\pi\Delta F_M f_M t^2 - 4\pi\Delta F_M t - \pi\Delta F_M\tau + \pi\Delta F_M T_M + \pi\Delta F_M f_M\tau^2 + 2\pi f_0\tau \tag{5-27}$$

已知混频器输出的信号电平与 $\cos\Delta\phi_i$ 成比例。根据三角公式，分别将上述 5 个区间的瞬时相位差代入并展开，得

$$
\begin{aligned}
u_{i1} = &\cos 2\pi f_0\tau \cos 2\pi[\Delta F_u(2f_u\tau t + \tau/2)] - \\
&\sin 2\pi f_0\tau \sin 2\pi[\Delta F_M(2f_u\tau t + \tau/2)]
\end{aligned}
\tag{5-28}
$$

$$
\begin{aligned}
u_{i2} = &\cos 2\pi f_0\tau \cos 2\pi[\Delta F_M(-2f_M\tau t + \tau/2)] - \\
&\sin 2\pi f_0\tau \sin 2\pi[\Delta F_M(-2f_M\tau t + \tau/2)]
\end{aligned}
\tag{5-29}
$$

$$
\begin{aligned}
u_{i3} = &\cos 2\pi f_0\tau \cos 2\pi[\Delta F_M(-2f_M t^2 + \tau/2 - f_M\tau^2/2)] - \\
&\sin 2\pi f_0\tau \sin 2\pi[\Delta F_M(-2f_M t^2 + \tau/2 - f_M\tau^2/2)]
\end{aligned}
\tag{5-30}
$$

$$
\begin{aligned}
u_{i4} = &\cos 2\pi f_0\tau \cos 2\pi[\Delta F_M(2f_M t^2 + 2t - \tau/2 + T_M/2 + f_M\tau^2/2)] - \\
&\sin 2\pi f_0\tau \sin 2\pi[\Delta F_M(2f_M t^2 + 2t - \tau/2 + T_M/2 + f_M\tau^2/2)]
\end{aligned}
\tag{5-31}
$$

$$
\begin{aligned}
u_{i5} = &\cos 2\pi f_0\tau \cos 2\pi[\Delta F_M(2f_u t^2 - 2t - \tau/2 + T_H/2 + f_M\tau^2/2)] - \\
&\sin 2\pi f_0\tau \sin 2\pi[\Delta F_M(2f_M t^2 - 2t - \tau/2 + T_M/2 + f_M\tau^2/2)]
\end{aligned}
\tag{5-32}
$$

在每一部分中都有两项，一项被 $\cos 2\pi f_0\tau$ 相乘，另一项被 $\sin 2\pi f_0\tau$ 相乘。在 $-T_M/2 \sim T_M/2$ 的时间间隔内，差频信号 $f_i(t)$ 是时间 t 的偶函数，因此 $f_i(t)$ 的傅里叶级数展开式中，所有系数 b_n 将为零，也就是说 $f_i(t)$ 的傅里叶级数中只含有余弦项。对于图 5－5 中区间 1 和区间 2，计算对应的傅里叶级数的系数 A'_n 为

$$A'_n = \frac{2}{T_M}\int_{-\frac{T_M}{2}}^{-\frac{\tau}{2}} u_{i1}\cos 2\pi n f_M t \mathrm{d}t + \frac{2}{T_M}\int_{+\frac{\tau}{2}}^{\frac{T_M}{2}-\frac{\tau}{2}} u_{i2}\cos 2\pi n f_M t \mathrm{d}t \tag{5-33}$$

计算这个积分可以得到

$$
\begin{aligned}
A'_n = &\cos 2\pi f_0\tau \times \cos\frac{\pi}{2}n\left\{\frac{\sin\left[\frac{\pi}{2}(X-n)\left(1-\frac{X}{\beta}\right)\right]}{\frac{\pi}{2}(X-n)} + \frac{\sin\left[\frac{\pi}{2}(X+n)\left(1-\frac{X}{\beta}\right)\right]}{\frac{\pi}{2}(X+n)}\right\} - \\
&\sin 2\pi f_0\tau \times \sin\frac{\pi}{2}n\left\{\frac{\sin\left[\frac{\pi}{2}(X-n)\left(1-\frac{X}{\beta}\right)\right]}{\frac{\pi}{2}(X-n)} - \frac{\sin\left[\frac{\pi}{2}(X+n)\left(1-\frac{X}{\beta}\right)\right]}{\frac{\pi}{2}(X+n)}\right\}
\end{aligned}
\tag{5-34}
$$

式中，$X = 2\pi F_M\tau$；$\beta = \Delta F_M T_M$。

同样可以计算得到图 5－5 中区间 3、区间 4 和区间 5 部分的傅里叶级数的系数 A''_n，且如同式（5－33），其傅里叶级数的偶次项系数被 $\cos 2\pi f_0\tau$ 加权，奇次项系数被 $\sin 2\pi f_0\tau$ 加权。因此总的傅里叶级数的系数 $A_n = A'_n + A''_n$ 可以表示成

$$\begin{cases} A_{2n} = a_{2n}\cos 2\pi f_0 \tau \\ A_{2n-1} = a_{2n-1}\sin 2\pi f_0 \tau \end{cases} \tag{5-35}$$

式中，$n=1$，2，…。

由此得到傅里叶级数

$$\begin{aligned} u_i = & \frac{a_0}{2}\cos 2\pi f_0 \tau + \cos 2\pi f_0 \tau \times \sum_{n=1}^{\infty} a_{2n}\cos[2\pi(2n)f_M t - \pi(2n)f_M \tau] + \\ & \sin 2\pi f_0 \tau \times \sum_{n=1}^{\infty} a_{2n-1}\cos[2\pi(2n-1)f_M t - \pi(2n-1)f_M \tau] \end{aligned} \tag{5-36}$$

式（5-36）加入了发射信号作为参考信号时的相位修正。因为延迟 τ 相对于调制周期很小，所以 A_n 可以近似用 A'_n 来表示，这样可以得到

$$a_{2n} \approx \frac{\sin\left[\frac{\pi}{2}(X-n)\left(1-\frac{X}{\beta}\right)\right]}{\frac{\pi}{2}(X-n)} + \frac{\sin\left[\frac{\pi}{2}(X+n)\left(1-\frac{X}{\beta}\right)\right]}{\frac{\pi}{2}(X+n)} \tag{5-37}$$

$$a_{2n-1} \approx -\frac{\sin\left[\frac{\pi}{2}(X-n)\left(1-\frac{X}{\beta}\right)\right]}{\frac{\pi}{2}(X-n)} + \frac{\sin\left[\frac{\pi}{2}(X+n)\left(1-\frac{X}{\beta}\right)\right]}{\frac{\pi}{2}(X+n)} \tag{5-38}$$

由差频信号展开式可以看出，三角波调频混频器输出差频信号的频谱是离散谱，各次谐波分量是调制频率 f_M 的整数倍，各次谐波系数 a_n 由发射频率、频偏、弹目距离和调制周期共同决定。

5.1.4　三角波线性调频引信参数选择原则

在差频公式中，相关的基本参数主要有调频频偏 ΔF_M、调制周期 T_M 以及差频频率 f_i。在调频引信具体参数设计时，这些参数的选择受到多种因素的限制。

一、发射频率的选择

发射频率 f_0 的选择主要根据波段特点，天线形式与性能，部件形式、结构、体积、重量等需求，以及目标特性、系统功能与测距精度等因素来决定。另外，成本和应用场合也是重要因素。

二、调频频偏的选择

调频频偏 ΔF_M 的选择主要考虑以下几个方面。

1. 避免寄生调幅的影响

在通过改变振荡器电路中某元件参数以达到调频时，该变化同时也使振荡器回路负载的频率反馈系数发生了变化，即振荡器的工作状态发生了相应的改变，使得振荡器输出信号幅度受到相应的改变，即寄生调幅，从而导致在无回波信号时，混频器输出端也存在具有调制频率 f_M 的信号输出。

为减小寄生调幅的影响，设计调频系统时常采用一些技术措施，如应用平衡混频器、设置限幅器以及对寄生调幅进行负反馈、选择合适的工作点等，但仍不能完全消除寄生调幅的影响。因此，在选择系统参数时，在定距范围内，要求混频后的差频信号的频率 f_i 与产生

寄生调幅的调制频率 f_M 相差较远，即

$$f_i = mf_M \tag{5-39}$$

式中，$m>1$，为比例系数。

2. 减小固定误差

根据对差频信号的分析可知，其频谱是离散的，只存在频率为调制频率整数倍的调制分量，即差频信号只能为 f_M 的整数倍。因而在大多数情况下，直接用测差频的方法测量距离不是连续的，而是离散的，此离散性会引起与距离无关的误差，常称这种误差为固定误差。

远距离测距时，固定误差相对值一般较小，可以忽略。但随着距离的减小，固定误差的相对值可能达到百分之几十，而在近炸引信条件下，测量距离的离散性就可与弹目相互作用距离本身相比拟了，这样就有可能在给定距离内无法测定而漏过目标。由式（5-7）知

$$f_i = \frac{4\Delta T_M R}{T_M c} = \frac{4\Delta F_M R}{c} f_M \tag{5-40}$$

固定误差 ΔR 与调频频偏 nf_M 和 $(n+1)f_M$ 所对应的距离之差，令 $n=4\Delta F_M R/c$，则 $(n+1)=4\Delta F_M(R+\Delta R)/c$，由此可得三角波调频固定误差为

$$\Delta R = \frac{c}{4\Delta F_M} \tag{5-41}$$

可以看出，固定误差 ΔR 与调频频偏 ΔF_M 成反比。要减少固定误差，就要增大调频频偏。在设计引信时，对于给定测距误差 ΔR，调频频偏 ΔF_M 应满足

$$\Delta F_M \geqslant \frac{c}{4\Delta R} \tag{5-42}$$

3. 考虑工程可实现性

由上述计算可知，为减小固定误差，希望增大系统频偏。对于实际的调频探测系统，增大频偏将受到多方面因素的限制。在工程实现时，一般取 $\Delta F_M < 5\% f_0$，否则非线性等问题将非常突出，将严重影响测距精度。另外，天线、混频器等主要部件的带宽也将限制 ΔF_M 的提高。

三、调制频率的选择

调制频率 f_M 的选择主要考虑以下几个方面。

1. 尽量减小差频不规则区

由于存在不规则区，导致差频信号具有许多谐波分量和离散的频谱，从而影响利用差频公式测距的精确度。只有选择适当的调制规律，并使 $T_M \to \infty$ 时，才可使差频信号对于任何距离均为单一频率，而且此频率可随距离连续地变化。从这方面出发，希望调制频率 f_M 越小越好。因此在选择调制频率时应尽量使不规则区在一个调制周期内占较小的比例，即

$$T_M = k\tau_{\max} = k\frac{2R_{\max}}{c} \tag{5-43}$$

式中，k 为常数且 $k \gg 10$。

调频频率表示为

$$f_M = \frac{c}{2kR_{\max}} \ll \frac{c}{2R_{\max}} \tag{5-44}$$

2. 消除距离模糊

在周期性调制的情况下，三角波线性调频信号在一个调制周期内出现距离模糊，其最大

不模糊距离对应于 $T_M/2$。也就是说，在相差距离为 $\Delta R = c(T_M/2)/2 = cT_M/4$ 值和其倍数 $n\Delta R$ 时，所对应的差频 f_i 值都是相同的。

为了消除距离模糊，在选择调制频率时，应使调制周期足够大，半个调制周期所对应的距离应大于可能测得的距离变化范围。设 $R_{\max} - R_{\min}$ 为系统能够测出的距离变化范围，则

$$T_M > \frac{4(R_{\max} - R_{\min})}{c} \tag{5-45}$$

$$f_M < \frac{c}{4(R_{\max} - R_{\min})} \tag{5-46}$$

对比式（5-44）和式（5-46）可知，二者是基本一致的，满足式（5-46）基本能满足式（5-44）。因此减小差频不规则区与消除非单值所产生的距离模糊考虑一种情况即可。

四、差频频率的选择

弹目间有相对运动时存在多普勒效应，使差频信号的频谱发生变化，特别是多普勒频率的出现，将给信号处理造成困难或引起距离误差。因此，应该使差频频率 f_i 尽量与多普勒频率 f_d 相差较远，即

$$f_i \gg f_d \tag{5-47}$$

对于三角波调频信号，有

$$f_i = \frac{4\Delta F_M f_M}{c} R \tag{5-48}$$

而

$$f_d = \frac{2v}{\lambda_0} \tag{5-49}$$

5.2　锯齿波线性调频测距

5.2.1　锯齿波线性调频测距原理

已知锯齿波线性调频信号可表示为

$$v(t) = e^{j\pi k t^2}, \quad 0 < t \leqslant T_M \tag{5-50}$$

则锯齿波线性调频信号复包络 $u(t)$ 为

$$u(t) = \sum_{n=-\infty}^{\infty} v(t - nT_M) \tag{5-51}$$

式中，$k = \Delta F_M / T_M$，为调频斜率；ΔF_M 为调频频偏；T_M 为调制周期。

图 5-6 展示了两个周期锯齿波线性调频信号的调制电压、时域波形和频谱。图 5-7 所示为锯齿波线性调频测距系统发射信号、目标回波信号和差频信号随时间变化关系曲线。

发射信号频率可表示为

$$f_T(t) = f_0 + \frac{\Delta F_M}{T_M}[t - (n-1)T_M], \quad (n-1)T_M \leqslant t < nT_M \tag{5-52}$$

式中，$n = 1, 2, \cdots$。

接收信号频率可表示为

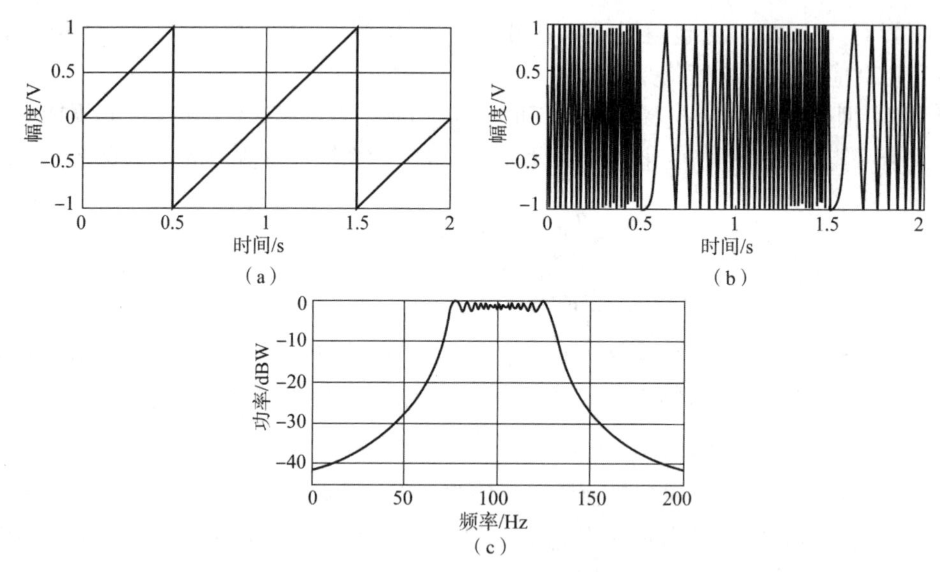

图 5－6 锯齿波线性调频信号

(a) 调制电压波形；(b) 调频信号时域波形；(c) 调频信号频谱

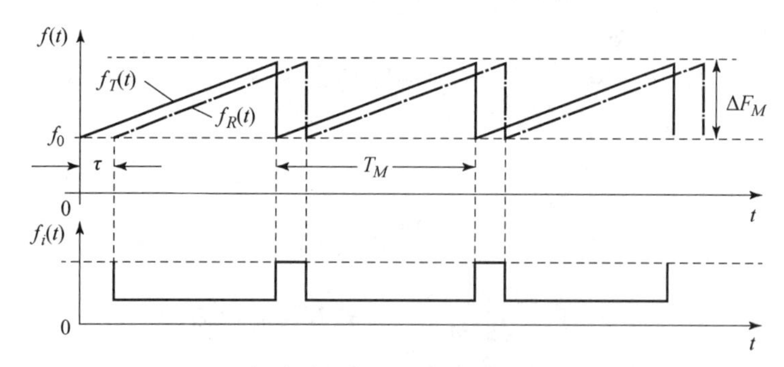

图 5－7 锯齿波调频信号频率随时间变化曲线

$$f_R(t)=f_0+\frac{\Delta F_M}{T_M}[t-\tau-(n-1)T_M],\quad (n-1)T_M+\tau\leqslant t<nT_M+\tau \tag{5-53}$$

混频器输出的差频信号频率为

$$f_i(t)=|f_T(t)-f_R(t)|=\begin{cases}\dfrac{\Delta F_M}{T_M}\tau, & (n-1)T_M+\tau\leqslant t<nT_M\\ \dfrac{\Delta F_M}{T_M}(T_M-\tau), & nT_M\leqslant t<nT_M+\tau\end{cases} \tag{5-54}$$

当距离 R 一定时，混频器输出的差频按图 5－7 所示的高低周期变化，两个差频的关系为

$$\frac{\Delta F_M}{T_M}\tau+\frac{\Delta F_M}{T_M}(T_M-\tau)=\Delta F_M \tag{5-55}$$

从时频（图 5－7）中观测，接收信号的频率与传播时间的关系曲线同发射信号的频率与传播时间的关系曲线变化规律完全相同，由于观测时刻的随机性，同一距离会产生两个差频，两个差频的和为 ΔF_M。

平均频率为

$$f_{ip}=\frac{\dfrac{\Delta F_M}{T_M}\tau(T_M-\tau)+\dfrac{\Delta F_M}{T_M}(T_M-\tau)\tau}{T_M}=2(T_M-\tau)\tau\frac{\Delta F_M}{T_M^2} \tag{5-56}$$

可解出

$$\tau=T_M/2\left[1\pm\sqrt{1-\frac{2f_{ip}}{\Delta F_M}}\right] \tag{5-57}$$

式（5－57）中 τ 有两个解，通常 $T_M \gg 2\tau$，因此式（5－57）中取得负号，得到

$$\tau=T_M/2\left[1-\sqrt{1-\frac{2f_{ip}}{\Delta F_M}}\right] \tag{5-58}$$

代入距离公式，有

$$R=\frac{cT_M}{4}\left[1-\sqrt{1-\frac{2f_{ip}}{\Delta F_M}}\right] \tag{5-59}$$

由于实际应用中 $T_M \gg 2\tau$，所以由式（5－56）知

$$f_{ip}\approx\frac{2\Delta F_M}{T_M}\tau=\frac{2\Delta F_M}{T_M}\cdot\frac{2R}{c} \tag{5-60}$$

因此有

$$R\approx\frac{c}{4}\frac{T_M}{\Delta F_M}f_{ip} \tag{5-61}$$

5.2.2　锯齿波线性调频差频信号分析

为分析方便，将锯齿波调频频率－时间曲线（图 5－7）重新设置坐标，如图 5－8 所示，并将一个周期分成 2 个区间，区间 1 为规则区，区间 2 为不规则区。

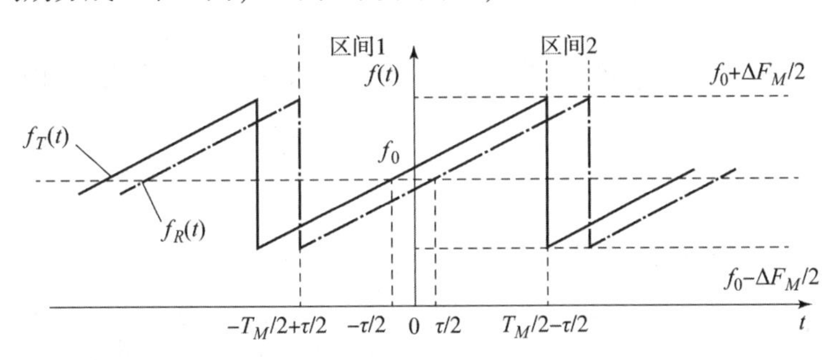

图 5－8　锯齿波调频信号频率随时间变化曲线（简化）

图 5－8 中发射信号 $f_T(t)$ 被提前了 $\tau/2$，接收信号 $f_R(t)$ 被延迟了 $\tau/2$。

发射信号的频率表示式为

$$f_T(t)=\Delta F_M f_M t+\frac{1}{2}\Delta F_M f_M \tau+f_0 \tag{5-62}$$

接收信号的频率表示式为

$$f_R(t)=\Delta F_M f_M t-\frac{1}{2}\Delta F_M f_M \tau+f_0 \tag{5-63}$$

已知 $\varphi=2\pi\int f\mathrm{d}t$，可以得到上述两式对应的瞬时相位差。分析如下：以一个周期作为讨

论对象，分别先求出发射信号 φ_F 和接收信号 φ_R 的瞬时相位。

对发射信号，当 $-\frac{T_M}{2}-\frac{\tau}{2}<t<\frac{T_M}{2}-\frac{\tau}{2}$ 时，

$$\begin{aligned}\varphi_{T1} &= 2\pi\int_{-\frac{T_M}{2}-\frac{\tau}{2}}^{t}\left(\Delta F_M f_M t+\frac{1}{2}\Delta F_M f_M\tau+f_0\right)\mathrm{d}t\\&=2\pi\left[\frac{1}{2}\Delta F_M f_M t^2+\frac{1}{2}\Delta F_M f_M\tau t+f_0 t\right]-\\&\quad 2\pi\left[\frac{1}{2}\Delta F_M f_M\left(-\frac{T_M}{2}-\frac{\tau}{2}\right)^2+\frac{1}{2}\Delta F_M f_M\tau\left(-\frac{T_M}{2}-\frac{\tau}{2}\right)+f_0\left(-\frac{T_M}{2}-\frac{\tau}{2}\right)\right]\end{aligned} \tag{5-64}$$

当 $\frac{T_M}{2}-\frac{\tau}{2}<t<\frac{3T_M}{2}-\frac{\tau}{2}$ 时，

$$\begin{aligned}\varphi_{T2} &= 2\pi\int_{\frac{T_M}{2}-\frac{\tau}{2}}^{t}\left[\Delta F_M f_M(t-T_M)+\frac{1}{2}\Delta F_M f_M\tau+f_0\right)\mathrm{d}t\\&=2\pi\left\{\left[\frac{1}{2}\Delta F_M f_M t^2-\Delta F_M t+\frac{1}{2}\Delta F_M f_M\tau t+f_0 t\right]-\left[\frac{1}{2}\Delta F_M f_M\left(\frac{T_M}{2}-\frac{\tau}{2}\right)^2-\right.\right.\\&\quad\left.\left.\Delta F_M\left(\frac{T_M}{2}-\frac{\tau}{2}\right)+\frac{1}{2}\Delta F_M f_M\tau\left(\frac{T_M}{2}-\frac{\tau}{2}\right)+f_0\left(\frac{T_M}{2}-\frac{\tau}{2}\right)\right]+C\right\}\end{aligned} \tag{5-65}$$

式中，C 为常数。

因为锯齿波调频的相位是连续的，即在 $t=\left(\frac{T_M}{2}-\frac{\tau}{2}\right)$ 时，有 $\varphi_{T1}=\varphi_{T2}$。由此可得

$$C=2\pi\frac{f_0}{f_M} \tag{5-66}$$

对接收信号，当 $-\frac{T_M}{2}+\frac{\tau}{2}<t<\frac{T_M}{2}+\frac{\tau}{2}$ 时，则接收信号与发射信号的相位差为

$$\begin{aligned}\varphi_R &= 2\pi\int_{-\frac{T_M}{2}+\frac{\tau}{2}}^{t}\left(\Delta F_M f_M t-\frac{1}{2}\Delta F_M f_M\tau+f_0\right)\mathrm{d}t\\&=2\pi\left[\frac{1}{2}\Delta F_M f_M t^2-\frac{1}{2}\Delta F_M f_M\tau t+f_0 t\right]-\\&\quad 2\pi\left[\frac{1}{2}\Delta F_M f_M\left(-\frac{T_u}{2}+\frac{\tau}{2}\right)^2-\frac{1}{2}\Delta F_M f_M\tau\left(-\frac{T_M}{2}+\frac{\tau}{2}\right)+f_0\left(-\frac{T_M}{2}+\frac{\tau}{2}\right)\right]\end{aligned} \tag{5-67}$$

当 $-\frac{T_M}{2}+\frac{\tau}{2}<t<\frac{T_M}{2}-\frac{\tau}{2}$ 时，

$$\Delta\varphi_1=|\varphi_R-\varphi_{T1}|=2\pi(\Delta F_M f_M\tau t+f_0\tau) \tag{5-68}$$

当 $\frac{T_M}{2}-\frac{\tau}{2}<t<\frac{T_M}{2}+\frac{\tau}{2}$ 时，

$$\Delta\varphi_2=|\varphi_R-\varphi_{T2}|=2\pi\left[\Delta F_M f_M(T_M-\tau)t-\Delta F_M\left(\frac{T_M}{2}-\frac{\tau}{2}\right)-f_0\tau\right] \tag{5-69}$$

遇到目标后，返回的回波信号与发射信号（本振）相混频，得到的信号形式是 $\cos\Delta\varphi_n$，

其展开形式为

$$\cos\Delta\varphi_1=\cos2\pi f_0\tau\cos2\pi\Delta F_Mf_M\tau t-\sin2\pi f_0\tau\sin2\pi\Delta F_Mf_M\tau t \tag{5-70}$$

$$\begin{aligned}\cos\Delta\varphi_2=&\cos2\pi f_0\tau\cos[2\pi\Delta F_M(T_M-\tau)t-\pi\Delta F_Mf_M(T_M-\tau)]+\\&\sin2\pi f_0\tau\sin[2\pi\Delta F_{W_M}(T_M-\tau)t-\pi\Delta F_Mf_M(T_M-\tau)]\end{aligned} \tag{5-71}$$

计算傅里叶级数的系数，由于 τ 很小，不规则区部分对傅里叶级数系数的影响可以忽略，因此仅对规则区部分进行分析。

由式（5－70）可见，规则区部分两项分别被 $\cos2\pi f_0\tau$ 和 $\sin2\pi f_0\tau$ 加权，前半部分是偶函数，其傅里叶级数系数 B_n 为零；后半部分是奇函数，其傅里叶级数系数 A_n 为零。因此有

$$\begin{aligned}A_n&=\frac{2}{T_M}\int_{-\frac{T_M}{2}+\frac{\tau}{2}}^{\frac{T_M}{2}-\frac{\tau}{2}}\cos2\pi f_0\tau\cos2\pi\Delta F_Mf_M\tau t\cos2\pi nf_Mt\mathrm{d}t\\&=\cos2\pi f_0\tau\left[\frac{\sin\pi(\Delta F_M\tau+n)(1-f_M\tau)}{\pi(\Delta F_M\tau+n)}+\frac{\sin\pi(\Delta F_M\tau-n)(1-f_M\tau)}{\pi(\Delta F_M\tau-n)}\right]\end{aligned} \tag{5-72}$$

$$\begin{aligned}B_n&=\frac{2}{T_M}\int_{-\frac{T_M}{2}+\frac{\tau}{2}}^{\frac{T_M}{2}-\frac{\tau}{2}}\sin2\pi f_0\tau\sin2\pi\Delta F_Mf_M\tau t\sin2\pi nf_Mt\mathrm{d}t\\&=-\sin2\pi f_0\tau\left[\frac{\sin\pi(\Delta F_M\tau+n)(1-f_M\tau)}{\pi(\Delta F_M\tau+n)}-\frac{\sin\pi(\Delta F_M\tau-n)(1-f_M\tau)}{\pi(\Delta F_M\tau-n)}\right]\end{aligned} \tag{5-73}$$

$$A_0=\cos2\pi f_0\tau\frac{2\sin\pi\Delta F_M\tau(1-f_M\tau)}{\pi\Delta F_M\tau} \tag{5-74}$$

令

$$a_n=\frac{\sin\pi(\Delta F_M\tau+n)(1-f_M\tau)}{\pi(\Delta F_M\tau+n)}+\frac{\sin\pi(\Delta F_M\tau-n)(1-f_M\tau)}{\pi(\Delta F_M\tau-n)} \tag{5-75}$$

$$b_n=-\frac{\sin\pi(\Delta F_M\tau+n)(1-f_M\tau)}{\pi(\Delta F_M\tau+n)}+\frac{\sin\pi(\Delta F_M\tau-n)(1-f_M\tau)}{\pi(\Delta F_M\tau-n)} \tag{5-76}$$

$$a_0=\frac{2\sin\pi\Delta F_M\tau(1-f_M\tau)}{\pi\Delta F_M\tau} \tag{5-77}$$

则 $A_n=a_n\cos2\pi f_0\tau$，$B_n=b_n\sin2\pi f_0\tau$，$A_0=a_0\cos2\pi f_0\tau$，可得到规则区的傅里叶级数系数表达式为

$$\begin{aligned}e=&\frac{a_0}{2}\cos2\pi f_0\tau+\cos2\pi f_0\tau\sum_{n=1}^{\infty}a_n\cos(2\pi nf_Mt-\pi nf_M\tau)+\\&\sin2\pi f_0\tau\sum_{n=1}^{\infty}b_n\sin2\pi nf_Mt-\pi nf_M\tau\end{aligned} \tag{5-78}$$

式（5－78）加入了发射信号作为参考信号时的相位修正。因为延迟 τ 相对于调制周期很小，由差频展开式 e 可以看出，差频是离散的，差频的各次谐波系数是由发射频率、频偏、目标距离和调制频率共同决定的。

以上讨论的目标是静止的，当目标运动时，延迟 τ 不再是常量，此时，

$$\tau=\frac{2R}{c}=\frac{2}{c}(R_0-vt) \tag{5-79}$$

$$\alpha=2\pi f_0\tau=2\pi f_0\left(\frac{2R_0}{c}-\frac{2vt}{c}\right)=2\pi f_0\tau_0-2\pi f_dt \tag{5-80}$$

不失一般性，令 $2\pi f_0\tau_0=2k\pi$，则

$$\begin{cases}\cos 2\pi f_0\tau=\cos 2\pi f_d t\\ \sin 2\pi f_0\tau=\sin 2\pi f_d t\end{cases} \tag{5-81}$$

相对运动时，差频的傅里叶级数转换为

$$\begin{aligned} e=&\frac{a_0}{2}\cos 2\pi f_d t+\sum_{n=1}^{\infty}\left\{\frac{a_n}{2}\cos[2\pi f_a-\pi n f_M\tau]+\frac{a_n}{2}\cos[2\pi f_b-\pi n f_M\tau]\right\}+\\ &\sum_{n=1}^{\infty}\left\{\frac{b_n}{2}\sin[2\pi f_b-\pi n f_M\tau]-\frac{b_n}{2}\sin[2\pi f_a-\pi n f_M\tau]\right\}\end{aligned} \tag{5-82}$$

其中，$f_a=(nf_M+f_d)$，$f_b=(nf_M-f_d)$。

与三角波线性调频类似，此时各次谐波处的谱线消失，取而代之的是与原来谐波相差 $\pm f_d$ 的两个谱线，相当于抑制载波的调幅。

5.3 正弦波调频测距

5.3.1 正弦波调频的差频与弹目距离的关系

正弦波调频测距是典型的非线性调频测距系统，其基本原理与线性调频测距系统相似，原理框图如图 5-1 所示。但由于调制信号为非线性正弦信号，其信号处理方式会有很大的不同，分析如下。

图 5-9 展示了两个周期正弦波调频信号的调制电压、时域波形和频谱。图 5-10 为正弦波调频时，发射信号、目标回波信号和差频信号的频率随时间变化的关系。发射信号频率为

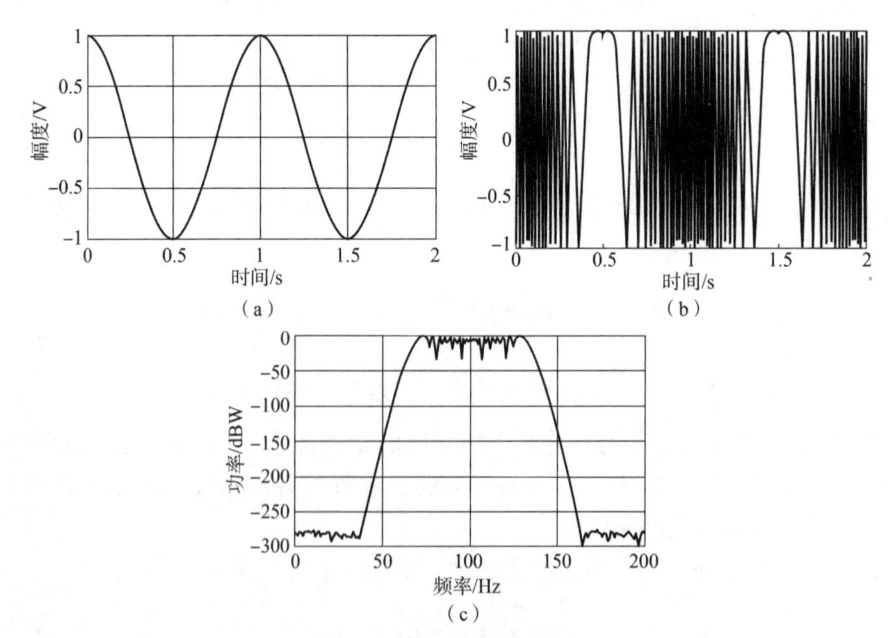

图 5-9 正弦波调频信号

(a) 调制电压波形；(b) 调频信号时域波形；(c) 调频信号频谱

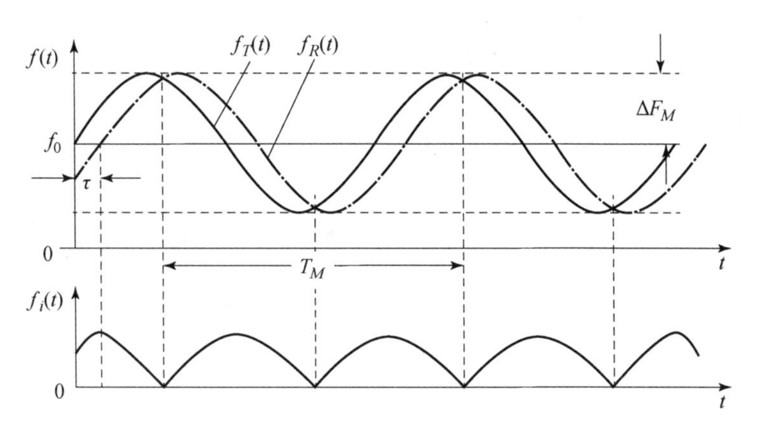

图5-10 正弦波调频信号频率随时间变化曲线

$$f_T(t)=f_0+\Delta F_M\cos\Omega_M t \tag{5-83}$$

式中，f_0 为载波频率；ΔF_M 为最大频偏；Ω_M 为调制角频率。

目标回波信号频率为

$$f_R(t)=f_0+\Delta F_M\cos[\Omega_M(t-\tau)] \tag{5-84}$$

混频器输出差频信号频率为

$$\begin{aligned} f_i(t) &= |f_T(t)-f_R(t)| \\ &=2\Delta F_M\left|\sin\left[\Omega_M\left(t-\frac{\tau}{2}\right)\right]\sin\Omega_M\frac{\tau}{2}\right| \end{aligned} \tag{5-85}$$

通常，引信作用距离较近，弹目之间电磁波传输延时 τ（几十纳秒）很小，而调频信号周期一般在几微秒，因此有 $\Omega_M\frac{\tau}{2}\ll1$，则 $\sin\Omega_M\frac{\tau}{2}\approx\Omega_M\frac{\tau}{2}$，所以式（5-85）变为

$$f_i(t)=\frac{2R\Delta F_M\Omega_M}{c}\left|\sin\left[\Omega_M\left(t-\frac{\tau}{2}\right)\right]\right| \tag{5-86}$$

差频最大值为

$$f_{im}=\frac{2R\Delta F_M\Omega_M}{c}=\frac{4\pi\Delta F_M}{T_M c}R \tag{5-87}$$

其中，$T_M=2\pi/\Omega_M$。

由式（5-87）可知 f_{im} 与距离 R 有单值关系。因此，在正弦波调频情况下，若能测出差频信号中的最大差频值 f_{im}，即可获得引信作用距离 R，且

$$R=\frac{T_M c}{4\pi\Delta F_M}f_{im} \tag{5-88}$$

5.3.2 正弦波调频的差频信号分析

正弦波调频时，引信发射信号为

$$u_T(t)=U_{Tm}\sin\left(\omega_0 t+\frac{\Delta\omega_M}{\Omega_M}\sin\Omega_M t\right) \tag{5-89}$$

式中，$\Delta\omega_M=2\pi\Delta F_M$。

目标回波信号为

$$u_R(t)=U_{Rm}\sin\left[\omega_0(t-\tau)+\frac{\Delta\omega_M}{\Omega_M}\sin\Omega_M(t-\tau)\right] \tag{5-90}$$

混频器输出差频信号为

$$\begin{aligned}u_i'(t)&=Ku_T(t)\times u_R(t)\\&=U_{im}\cos\left\{\left(\omega_0t+\frac{\Delta\omega_M}{\Omega_M}\sin\Omega_Mt\right)-\left[\omega_0(t-\tau)+\frac{\Delta\omega_M}{\Omega_M}\sin\Omega_M(t-\tau)\right]\right\}-\\&\quad U_{im}\cos\left\{\left(\omega_0t+\frac{\Delta\omega_M}{\Omega_M}\sin\Omega_Mt\right)+\left[\omega_0(t-\tau)+\frac{\Delta\omega_M}{\Omega_M}\sin\Omega_M(t-\tau)\right]\right\}\end{aligned} \tag{5-91}$$

滤除 $2\omega_0$ 高频分量后，有

$$\begin{aligned}u_i(t)&=U_{im}\cos\left\{\left(\omega_0t+\frac{\Delta\omega_M}{\Omega_M}\sin\Omega_Mt\right)-\left[\omega_0(t-\tau)+\frac{\Delta\omega_M}{\Omega_M}\sin\Omega_M(t-\tau)\right]\right\}\\&=U_{im}\cos\left\{\omega_0\tau+\frac{\Delta\omega_M}{\Omega_M}[\sin\Omega_Mt-\sin\Omega_M(t-\tau)]\right\}\\&=U_{im}\cos\left[\omega_0\tau+\frac{2\Delta\omega_M}{\Omega_M}\sin\frac{\Omega_M\tau}{2}\cos\Omega_M\left(t-\frac{\tau}{2}\right)\right]\\&=U_{im}\left\{\cos\omega_0\tau\cos\left[A\cos\Omega_M\left(t-\frac{\tau}{2}\right)\right]-\sin\omega_0\tau\sin\left[A\cos\Omega_M\left(t-\frac{\tau}{2}\right)\right]\right\}\end{aligned} \tag{5-92}$$

$$A=\frac{2\Delta\omega_M}{\Omega_M}\sin\frac{\Omega_M\tau}{2}=\frac{2\Delta\omega_M}{\Omega_M}\sin\frac{\Omega_W R}{c} \tag{5-93}$$

式中，$U_{im}=\frac{KU_{Tm}U_{Rm}}{2}$为差频信号幅值；$K$ 为混频器非线性偶次项系数。

应用关系为

$$\begin{cases}\cos y\cos x=J_0(y)+2\sum\limits_{n=1}^{\infty}J_{2n}(y)(-1)^n\cos 2nx\\ \sin y\cos x=-2\sum\limits_{n=1}^{\infty}J_{2n-1}(y)(-1)^n\cos(2n-1)x\end{cases} \tag{5-94}$$

式中，J_n 为第一类 n 阶贝塞尔函数。

将式（5-92）展开，得到

$$\begin{aligned}u_i(t)&=U_{im}\left\{\cos\omega_0\tau J_0(A)+2\cos\omega_0\tau\sum_{n=1}^{\infty}J_{2n}(A)(-1)^n\cos\left[2n\Omega_M\left(t-\frac{\tau}{2}\right)\right]+\right.\\&\quad\left.2\sin\omega_0\tau\sum_{n=1}^{\infty}J_{2n-1}(A)(-1)^n\cos\left[(2n-1)\Omega_M\left(t-\frac{\tau}{2}\right)\right]\right\}\\&=U_{im}\left\{J_0(A)\cos\omega_0\tau-2J_1(A)\sin\omega_0\tau\cos\left[\Omega_M\left(t-\frac{\tau}{2}\right)\right]-\right.\\&\quad 2J_2(A)\cos\omega_0\tau\cos\left[2\Omega_M\left(t-\frac{\tau}{2}\right)\right]+2J_3(A)\sin\omega_0\tau\cos\left[3\Omega_M\left(t-\frac{\tau}{2}\right)\right]+\\&\quad\left.2J_4(A)\cos\omega_0\tau\cos\left[4\Omega_M\left(t-\frac{\tau}{2}\right)\right]-\cdots\right\}\end{aligned} \tag{5-95}$$

式中各项最后一个括号内的 $\tau/2$ 值决定了所有谐波分量的初始相位，可以忽略。

由式（5 -95）可见，混频器输出的差频信号的频谱与三角波线性调频差频信号的频谱相同，也是离散谱，且各次谐波是调制频率的整数倍，其 n 次谐波振幅为

$$U_n = 2U_{im}J_n(A)\,{}^{\sin}_{\cos}\,\omega_0\tau = 2U_{\mathrm{im}}J_n\left(\frac{2\Delta\omega_M}{\Omega_M}\sin\frac{\Omega_M R}{c}\right){}^{\sin}_{\cos}\left(4\pi\frac{R}{\lambda}\right) \tag{5-96}$$

式中，λ 为载波波长。

考虑到实际应用中，选择 Ω_M 时，一般满足 $\frac{\Omega_M R}{c} \ll 1$ 或 $\tau \ll T_M$，于是近似有

$$U_n = 2U_{im}J_n(2\Delta\omega_M R/c)\,{}^{\sin}_{\cos}(4\pi R/\lambda) \tag{5-97}$$

定义调制波长 λ_M 为

$$\lambda_M = \frac{c}{\Delta F_M} \tag{5-98}$$

则式（5 -97）可写为

$$U_n = 2U_{im}J_n(4\pi R/\lambda_M)\,{}^{\sin}_{\cos}(4\pi R/\lambda) \tag{5-99}$$

由式（5 -99）可见，n 次谐波振幅 U_n 与距离 R 的关系具有被 n 阶贝塞尔函数调制的正弦波形式。各次谐波振幅在距离 R 上的变化周期均等于 $\lambda/2$，且各次谐波振幅受对应阶次的贝塞尔函数的幅度调制：

（1）各次谐波幅值的大小取决于弹目之间的距离，并且各次谐波振幅的最大值产生在各个不同的距离上。例如，一次谐波最大值对应的距离 $R \approx 0.17\lambda_M$，二次谐波最大值对应的距离 $R \approx 0.26\lambda_M$，三次谐波最大值对应的距离 $R \approx 0.34\lambda_M$，四次谐波最大值对应的距离 $R \approx 0.44\lambda_M$，15 次谐波的最大值对应的距离 $R \approx 1.37\lambda_M$，……。

（2）随着谐波次数的增大，各次谐波幅值（或最大值）也随之减小，即谐波次数越低，其信号能量（主要指信号幅度）越强。但各次谐波信号强度的变化不显著，因此单单依靠谐波能量大小区分各次谐波比较难以实现。

（3）就单次谐波而言，其幅值随距离 R 的减小而增大，但变化不剧烈，即正弦波调频的距离截止特性不太好。

（4）当距离 R 一定时，必然存在某一高次谐波 n，高于此谐波的各次谐波在小于 R 的距离范围内其频谱均为零。例如，当 $R \leqslant 0.8\lambda_M$ 时，15 次及以上的谐波频谱强度都为零。

5.3.3　多普勒效应对差频信号的影响

当弹目存在相对运动时，将产生多普勒效应。设弹目相对运动速度为 v_R，则弹目接近时，有

$$R = R_0 - v_R t \tag{5-100}$$

式中，R_0 为开始观察时的弹目距离。

因此有

$$\tau = \frac{2R}{c} = \frac{2R_0}{c} - \frac{2v_R}{c} = \tau_0 - \frac{2v_R}{c}t \tag{5-101}$$

而多普勒角频率为

$$\omega_d = 2\pi\frac{2v_R}{\lambda} = 2\pi\frac{2v_R f_0}{c} = \frac{2v_R\omega_0}{c} \tag{5-102}$$

将 τ 代入式（5－95），并整理得

$$
\begin{aligned}
u_i(t) = U_{im}\Big\{ & J_0(A)\cos(\omega_d t - \omega_0\tau_0) + \\
& \sum_{n=1}^{\infty} J_{2n}(A)(-1)^n\Big\{\cos\Big[2n\Omega_M\Big(t-\frac{\tau}{2}\Big)+\omega_d t-\omega_0\tau_0\Big]+ \\
& \cos\Big[2n\Omega_M\Big(t-\frac{\tau}{2}\Big)-\omega_d t+\omega_0\tau_0\Big]\Big\}+ \\
& \sum_{n=1}^{\infty} J_{2n-1}(A)(-1)^n\Big\{\sin\Big[(2n-1)\Omega_M\Big(t-\frac{\tau}{2}\Big)-\omega_d t+\omega_0\tau_0\Big]- \\
& \sin\Big[(2n-1)\Omega_M\Big(t-\frac{\tau}{2}\Big)+\omega_d t-\omega_0\tau_0\Big]\Big\}\Big\}
\end{aligned}
\tag{5－103}
$$

通常 $\omega_0 \gg \Omega_M$，因此式中各 $n\Omega_M\tau/2$ 项可以忽略，则有

$$
\begin{aligned}
u_i(t) = U_{\mathrm{im}}\{ & J_0(A)\cos(\omega_d t - \omega_0\tau_0) + \\
& \sum_{n=1}^{\infty} J_{2n}(A)(-1)^n[\cos(2n\Omega_M t+\omega_d t-\omega_0\tau_0)+ \\
& \cos(2n\Omega_M t-\omega_d t+\omega_0\tau_0)]+ \\
& \sum_{n=1}^{\infty} J_{2n-1}(A)(-1)^n\{\sin[(2n-1)\Omega_M t-\omega_d t+\omega_0\tau_0]- \\
& \sin[(2n-1)\Omega_M t+\omega_d t-\omega_0\tau_0]\}\}
\end{aligned}
\tag{5－104}
$$

由式（5－104）可见，在弹目之间存在相对运动时，差频信号中的 n 次谐波分量的频谱具有以 $nf_M \pm f_d$ 为边带的频谱特性，其各次谐波振幅除与反射信号强度有关的 U_{im} 外，还被第一类对应各阶贝塞尔函数加权。当距离 $R\approx0$ 时，$A\approx0$，$J_n(A)\approx0(n\neq0)$，因此发射机对接收机的泄漏被抑制掉。

混频器输出的频信号频谱如图 5－11 所示。

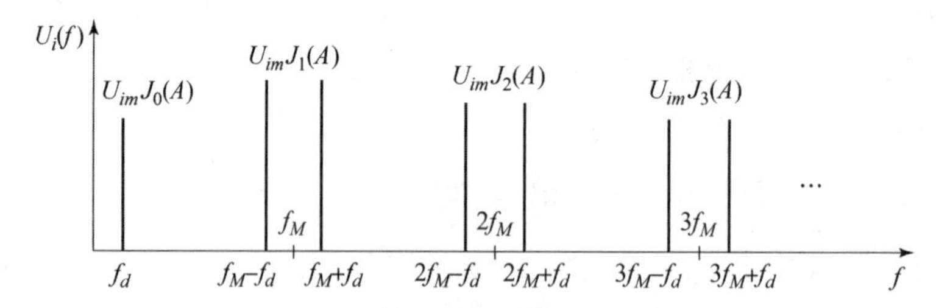

图 5－11　混频器输出差频信号频谱

由于多普勒效应的存在，引信测出的最大差频为 $f_{imd}=f_{im}+f_d$。根据式（5－88）可得存在多普勒效应时的距离公式为

$$
R_d=\frac{T_M c}{4\pi\Delta F_M}f_{imd}=\frac{T_M c}{4\pi\Delta F_M}f_{im}\left(1+\frac{f_d}{f_{im}}\right)
\tag{5－105}
$$

而实际距离 $R=\dfrac{T_M c}{4\pi\Delta F_M}f_{im}$，由此可见，存在多普勒效应时的测距相对误差为

$$
\left|\frac{R-R_d}{R}\right|=\frac{f_d}{f_{im}}
\tag{5－106}
$$

为减小测距相对误差，应选择差频最大值 f_{im} 远远大于多普勒频率值 f_d。

5.3.4　正弦波调频多普勒引信参数选择

一、最大频偏

由上述分析可知，正弦波调频差频信号包含调制频率的高次谐波分量，为使差频信号失真小，通常选择带宽为 10 ~ 12 倍的调制频率 f_M，对应的最大作用距离 $R_{\max}$ 满足 $R_{\max}/\lambda \approx 1$，根据调制波长定义可得到最大频偏 ΔF_M：

$$\Delta F_M = \frac{c}{\lambda_M} \approx \frac{c}{R_{\max}} \tag{5-107}$$

二、调制周期

在选择调制周期时，应从两方面考虑。

一方面为防止出现测距模糊，一般要求 T_M 满足条件

$$T_M > \frac{2R_{\max}}{c} \tag{5-108}$$

另一方面，为了能滤除相邻谐波，调制周期 T_M（或频率 f_M）应满足条件

$$f_M \gg f_d \tag{5-109}$$

三、最大值差频和平均值差频

一般应满足

$$\begin{cases} f_{im} \gg f_d \\ f_{ip} \gg f_d \end{cases} \tag{5-110}$$

式中，f_d 为多普勒频率，以尽量减小多普勒效应对测距的影响。

四、谐波次数选择

从能量损失大小的角度考虑，由贝塞尔函数特性可知，n 越大，$J_n(A)$ 的最大值越小，因而能量损耗越大。从此观点出发，要求选择低的谐波分量。

从提高中频数值，降低接收机噪声系数的角度考虑，由于噪声的影响将随谐波次数的增高而减小，因此要求选择高的谐波分量。

从取合适的边带频率考虑，一般边带频率取得较高，可以避开大量的低频振动噪声的影响，而受 T_M 的限制，$f_M = 1/T_M$ 不能取得过高。因此，为使中频频率不过低，希望 nT_M 值取大些，即要求较高的谐波分量。

此外，从差频信号的振幅调制类型和大小、发射机泄漏信号噪声影响等综合考虑，一般选取 3 次或 3 次以上谐波较为合适。

5.4　恒定差频测距引信

本章前面各节中介绍的调频测距系统中，最大频偏 ΔF_M、调制周期 T_M 都是固定的，而差频频率的最大值或平均值随距离的变化而变化。在恒定差频测距引信中，差频频率的最大值或平均值是固定不变的，而调制周期却随距离的变化而变化。以锯齿波线性调频引信为

例，根据距离与平均差频频率关系式（5－61），可知

$$R=\frac{c}{4}\frac{f_{ip}}{\Delta F_M}T_M \tag{5-111}$$

其中，当 ΔF_M 和 f_{ip} 为恒定值时，距离 R 与调制周期 T_M 成正比，只要测出 T_M 就可以测出距离 R。

恒定差频测距引信简单原理框图如图 5－12 所示。发射机是一种可变调制周期的线性调频发射机，所发射的线性调频信号遇目标后，部分信号被反射，并被接收机天线接收送入平衡检波器。平衡检波器输出差频信号 f_{ip}，经滤波放大到足够大的幅度后送入跟踪电路，跟踪电路的频率特性如图 5－13 所示。当引信与目标距离发生变化时，如果距离增大了 ΔR，差频频率也会增加 Δf_{ip}，跟踪电路将输出一个正电压 Δu，再经逻辑电路加到发射机中，使发射机的调制周期 T_M 也增大。T_M 的增大使差频 f_{ip} 减小，形成负反馈效应，直到 f_{ip} 恢复到原先的差频 f_{ip0} 为止，此时跟踪电路输出为零，电路达到平衡状态。于是距离的增加就通过 T_M 的变化体现出来，再通过周期计算电路给出发射机的调制周期，就可以测出引信与目标之间的距离。同理，当距离减小时，跟踪电路输出负电压，使 T_M 减小，f_{ip} 恢复到原先的差频 f_{ip0}。这样，引信中的差频频率始终保持为 f_{ip0}，从而通过测定调制周期 T_M 进行测距。

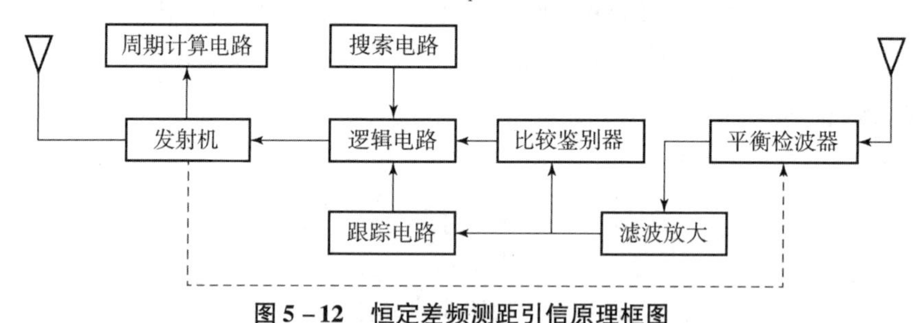

图 5－12　恒定差频测距引信原理框图

原理框图 5－12 中，有一个搜索电路，在引信刚接通电源时，或由于某种原因使差频 f_{ip} 偏离初始值较远而超出跟踪电路的跟踪范围时，引信自动转为搜索状态。

在搜索状态，逻辑电路接通搜索电路，搜索电路输出如图 5－14 所示的调制周期从小到大的变化信号，其对应的模拟距离也在从近到远地变化，用此变锯齿波信号对发射机载频进行线性调频。当搜索电路输出信号变化到某一调制周期时，正好对应于实际距离 R，平衡检波器输出的差频信号频率为 f_{ip0}，搜索电路停止搜索，引信系统转入跟踪状态，进行正常的距离测量。

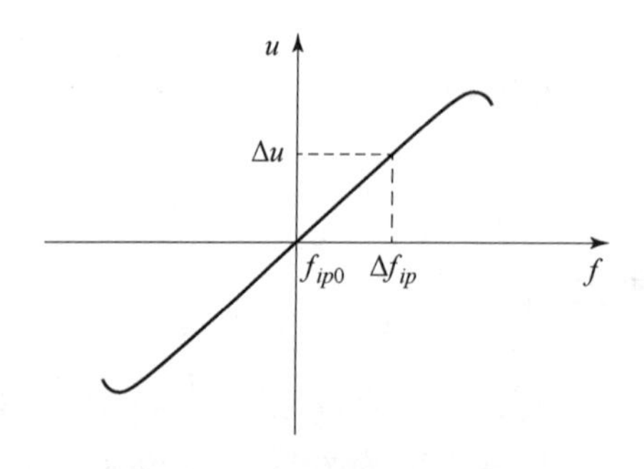

图 5－13　跟踪电路频率特性

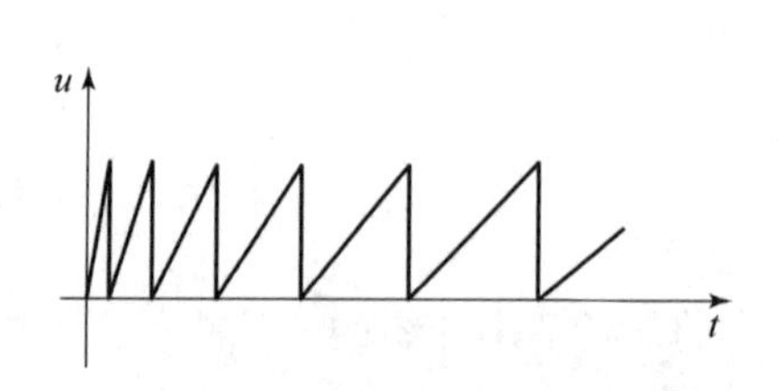

图 5－14　搜索电路输出波形示意图

比较鉴别器控制系统的跟踪状态与搜索状态相互转换，它等价于一个调谐于 f_{ip0} 的检波器，其特性如图 5－15 所示。当差频 f_{ip} 远离 f_{ip0} 时，比较鉴别器输出低电平，跟踪逻辑电路接通搜索电路，使引信处于搜索状态。一旦引信的差频频率变为 f_{ip0}，比较鉴别器就输出高电平，控制逻辑电路断开搜索电路，使引信转入跟踪状态。

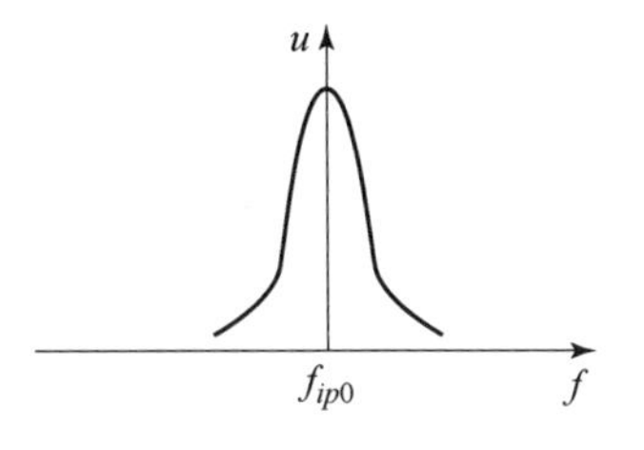

图 5－15　比较鉴别器特性曲线

恒定差频测距体制具有如下优点：

（1）提高了近距离测量精度，距离测量精度可达 0.15 m＋0.01R，R 为待测距离。

（2）由于差频恒定，滤波放大电路的通频带可以做得很窄，Q 值做得很高，这样使放大器工作在最佳状态，同时放大器的噪声可以做得很小。因此在同样的发射功率情况下，引信的测量范围可以大大提高。

（3）由于通频带较窄，它具有较好的抑制干扰能力。

第6章

超宽带测距原理

随着近年来电子技术水平的高速发展，使得超宽带雷达在众多领域，包括军事领域获得了广泛应用。超宽带无线电引信就是近年来发展起来的一种全新的无线电近炸引信，具有测距精度高、抗干扰能力强等特性。

6.1 概述

依据雷达理论，信号带宽是用于衡量信号偏离中心频率的程度，它表明信号能携带信息量的多少，也称为绝对带宽。带宽的另一种表示方法是采用中心频率的百分比。定义百分比带宽，即带宽指数为

$$\mu = \frac{B}{f_0} = \frac{2(f_H - f_L)}{f_H + f_L} \tag{6-1}$$

式中，B 为信号频谱宽度；f_H、f_L 为感应器的最高和最低频率，也称信号上限和下限频率。

需要指出的是，上限和下限频率不是谐振电路和滤波器设计中所用的半功率点（-3 dB）频率。百分比带宽的概念可以定义窄带、宽带和超宽带信号。

目前，广泛应用的超宽带（Ultra - wideband，UWB）信号的定义是瞬时信号带宽（定义为中心频率在 -10 dB 点对应的带宽）大于中心频率 20% 的信号，即 $\mu > 20\%$，或瞬时信号绝对带宽大于 500 MHz 的信号。信号频带宽度满足 $1\% < \mu < 20\%$ 的信号为宽带信号，$\mu < 1\%$ 的信号为窄带信号。对于 UWB 信号，由于通常不存在调制载波，所以式（6-1）一般以频谱中心频率作为参考。

现代雷达信号频带宽度通常不超过中心频率的 10%，而常规无线电和雷达信号的频带宽度通常小于中心频率的 1%。与传统的窄带雷达相比，超宽带雷达具备许多优越的性能。

1. 较高的距离分辨力

理论上，距离分辨力 ΔR 与雷达脉冲宽度 τ（或信号带宽 B）满足如下关系，即

$$\Delta R = \frac{c\tau}{2} = \frac{c}{2B} \tag{6-2}$$

超宽带雷达的脉冲宽度为 0.1 ~1 ns，脉冲上升时间可达到皮秒量级，因此其频谱极宽，其距离分辨力可以达到厘米量级。

超宽带雷达的相对带宽大，可以分辨目标的许多散射点，将这些散射点的回波信号积累，从而改善了信噪比。

2. 良好的目标识别能力

超宽带雷达可以利用被接收的后向散射波与发射信号进行逆卷积，以得到目标的冲击响

应。发射脉冲的短时性，可以使目标不同区域的响应分离，并可得到目标传递函数的极点。对于大多数雷达目标，它们的极点具有不变性，即目标的极点与视角、极化无关，而只与目标的形状结构和材料构成有关，是目标的固有属性，因此可以用来进行目标识别。

3. 强电磁穿透能力

一般电磁波对介质的穿透能力与频率和介质的性质有关。一方面，长波长电磁波（低频）更易穿透遮蔽物，因为其波长长于遮蔽物的厚度，而短波长电磁波（高频）因其波长短于遮蔽物的厚度，而使其反射信号更强。另一方面，超宽带信号能够穿透非导电材料（或非金属材料）。通常，其穿透性能随着物体的导电性能增加而衰减。材料的导电性越好，对超宽带信号的反射（散射）就越强。因此，超宽带信号甚至不能穿透一片薄的金属片，也不能穿透海水，但它能穿透中等导电性能的材料，如人体，也可探测丛林中、植被下、烟、雾、云层、灰尘、雨、雪等遮蔽下的目标。试验证明，200 ns 的窄脉冲能够完全穿透石膏、木材、水泥墙。

4. 强抗干扰能力

超宽带雷达发射的极窄脉冲占有很宽频带，采用脉冲重复频率捷变技术（即脉位编码技术）后其频谱更进一步展宽，使之具有类似热噪声性质，发射信号的功率谱密度很低，极具隐蔽性。普通侦察接收机覆盖的频率范围远小于超宽带雷达的工作频率范围，只能接收到部分雷达信号，无法获取雷达的完整参数，不能有效地检测超宽带雷达信号，从而难以实现截获和引导，难以进行瞄准式和回答式干扰。对于扫频式和阻塞式干扰来说，由于其占有的频带只是超宽带引信的一小部分，事实上也难以进行有效干扰。若要加大干扰带宽并保持一定的干扰功率密度，则必须耗费过大功率，难以实现。同时，由于采用窄波门技术，超宽带引信距离截止特性好，具有很强的抗无源干扰能力。

5. 强反隐身能力

隐身材料和涂料的特殊频率特性，或具有隐身效果的特殊结构，都只在某一特定的频带内有效。在超宽频带内，目标总会在某些频带范围内有较强反射，容易被探测到。此外，窄脉冲冲击信号有可能激起目标谐振，从而产生较强反射，因此具备强的反隐身能力。

6. 良好的电磁兼容性

超宽带雷达信号虽然在频谱上覆盖了窄带雷达信号，但在单个频点和窄带上的功率却很低，且持续的时间极短，窄带雷达系统来不及反应脉冲即已消失，因此不会对其他的窄带设备造成强的干扰。

7. 超近程探测能力

常规窄带雷达在探测超近程目标时存在近程盲区，超宽带雷达的脉冲宽度极窄，其最短探测距离与距离分辨力大致相等，可以实现超近程探测目标，如近炸引信、防撞装置等。

6.2　超宽带雷达信号理论基础

6.2.1　超宽带雷达信号模型

一、超宽带信号模型

设发射信号为 $f(t)$，弹目相对运动速度为 V_R（相向运动时取 $-V_R$，相背离运动时取

$+V_R$)，相对加速度 $a(t)=0$，目标为理想的点目标，$t=0$ 时弹目距离为 R，则目标回波信号为

$$g(t)=kf(t-\tau(t))=kf\left(\frac{c-v_R}{c+v_R}t-\frac{c-v_R}{c+v_R}\tau\right) \tag{6-3}$$

其中，k 为目标回波信号幅度；$\tau=2R/c$；

$$\tau(t)=\tau+\frac{2v_R}{c+v_R}(t-\tau) \tag{6-4}$$

令 $s=\dfrac{c-v_R}{c+v_R}$，称为尺度因子，则

$$g(t)=kf(s(t-\tau)) \tag{6-5}$$

式（6－5）称为信号的宽带模式。

当分辨率远小于目标的尺寸时，回波信号是一组相互独立的目标各散射中心回波信号的叠加，设目标有 N 个散射中心，则目标回波信号可表示为

$$g(t)=\sum_{i=1}^{N}g_i(t)=\sum_{i=1}^{N}k_i f(s_i(t-\tau_i)) \tag{6-6}$$

式中，$g_i(t)$ 为第 i 个散射中心的回波信号；k_i 为对应的回波幅度；s_i、τ_i 为对应的第 i 个散射中心的尺度因子和引起的延时。

如果信号的分辨力足够高，则这些散射中心的回波在时间上是可以分离的，并且不存在角度闪烁等现象。因为通常 N、k_i 和 τ_i 都是未知的，所以叠加后的回波信号也是未知的，从而使得匹配滤波器在多散射中心的情况下无法应用。

二、超宽带信号相关函数

对应于式（6－6）目标回波信号模型，接收机匹配输出相关函数为

$$R(\tau)=k\int_{-\infty}^{\infty}g(t)f^*(s(t-\tau))\mathrm{d}t \tag{6-7}$$

当弹目之间不存在相对运动时，$s=1$，此时接收机输出为

$$R(\tau)=k\int_{-\infty}^{\infty}g(t)f^*(t-\tau)\mathrm{d}t \tag{6-8}$$

三、超宽带信号模糊函数

衡量两个不同距离、不同速度的目标的分辨力的角度出发定义模糊函数。设目标 1 的回波信号为 $g_1(t)=k_1f(s_1(t-\tau_1))$，目标 2 的回波信号为 $g_2(t)=k_2f(s_2(t-\tau_2))$，定义宽带模糊函数为

$$\chi(\tau,s)=\int_{-\infty}^{\infty}k_1f^*(s_1(t-\tau_1))\left[k_2f(s_2(t-\tau_2))\right]\mathrm{d}t \tag{6-9}$$

令 $\tau=s_1(\tau_2-\tau_1)$，$s=\dfrac{s_2}{s_1}$，$k=\sqrt{k_1k_2}$，则

$$\chi(\tau,s)=k\int_{-\infty}^{\infty}f(t)f^*(s(t-\tau))\mathrm{d}t \tag{6-10}$$

其中，以目标 1 为基准，s、τ 为目标 2 相对于目标 1 的尺度及延时。

宽带模糊函数描述了宽带信号的距离、速度和距离速度二维联合分辨力的关系。当 $(s,\tau)=(1,0)$ 时，模糊函数 $\chi(\tau,s)$ 出现峰值。

6.2.2　超宽带雷达距离方程

传统的基于正弦波的窄带信号，经信号变换后，如加、减、微分、积分等，具有保持正弦波波形的特性，其变化之处在于信号的幅度、时移或相位；而超宽带信号为无载波（无正弦波）信号，经信号变换后，其波形将发生变化。假设超宽带信号 $S_1(t)$ 以电流脉冲形式传输至天线进行辐射，一般天线增益随着频率的升高而加大，对天线来说，直流信号不具有辐射能力。根据电磁场理论，天线的传递函数可以认为是导数过程，即辐射信号的场强正比于天线电流的导数，即经天线辐射的信号为 $S_2=\dfrac{\mathrm{d}S_1(t)}{\mathrm{d}t}$。如果假设天线辐射单元尺寸为 L，当超宽带信号的脉冲宽度 τ 满足 $\tau c<L$ 时（c 为光速），单个脉冲经天线辐射单元转变为多个离散的发射脉冲信号 τ_1，τ_2，…，τ_N，即 $S_3=\sum\limits_{k=1}^{N}\dfrac{\mathrm{d}S_1(t+\tau_k)}{\mathrm{d}t}$，且与各离散发射单元辐射方向角有关。

此外，通常对超宽带信号而言，当被照射的目标外形尺寸远大于 τc 时，目标可视为由 M 个散射点构成，可用多散射中心表示。超宽带接收机接收的目标回波信号为各散射点反射信号的合成，即

$$S_4=\sum_{j=1}^{M}\sum_{k=1}^{N}\int\frac{\mathrm{d}S_1(t+\tau_k+\tau_j)}{\mathrm{d}t}\times h_m(t-\tau_j-\tau)\,\mathrm{d}t \tag{6-11}$$

式中，$h_m(t-\tau_j-\tau)$ 为第 j 个散射点的冲激响应。

因此，实际的超宽带目标回波信号的回波脉冲数 M、延时 τ_j、回波信号强度取决于目标形状和目标散射单元的冲激响应 $h_m(t)$。图6－1为超宽带时域信号发射接收链路中的波形转换示意图。

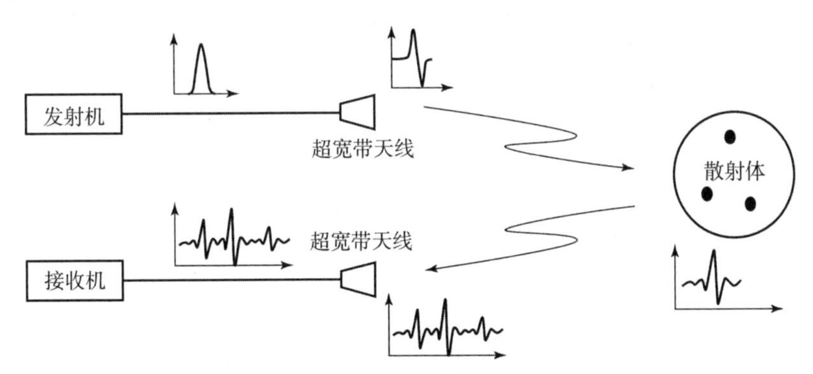

图6－1　超宽带时域信号发射接收链路中的波形转换示意图

由此可见，在超宽带条件下，目标回波信号与发射信号波形、信号的持续时间、发射天线、目标的形状、散射点处目标的冲击响应，甚至信号在大气中传播的衰减（不同频率衰减大小不同）等有关。因此，雷达距离方程在超宽带信号条件下，其所描述的雷达作用距离已不是一个常数。

超宽带雷达距离方程为

$$R(s,t)=\sqrt[4]{\frac{ED(\theta,\varphi,S,t)\sigma_{\mathrm{UWB}}(t)A(\theta,\varphi,S,t)}{(4\pi)^2\rho qN_0}} \tag{6-12}$$

式中，E 为辐射信号的能量；D 为天线方向性系数，它与发射天线方向、发射脉冲波形及时间有关；σ_{UWB} 为目标散射截面积，它是一个时变参数，与各散射点雷达截面积有关；A 为雷达接收天线的有效截面积，同样它与接收天线方向图、接收天线方向性、接收脉冲波形及时间有关；ρ 为雷达系统总的损耗；q 为信噪比门限；N_0 为噪声功率谱密度。

由式（6-12）可见，超宽带雷达距离方程描述的作用距离不是一个常数，它取决于超宽带脉冲信号波形、时间等参数。此外，超宽带信号收发过程的能量损耗远比窄带信号要大，如在超宽带信号的低频段、天线的失配因素影响，使得天线发射效率较低。

6.2.3 超宽带信号波形

常用的无载波超宽带信号主要有冲击脉冲、半余弦脉冲和高斯脉冲 3 种形式，其时域和频域数学表达式介绍如下。

1. 冲击脉冲

时域表达式为

$$p(t)=\begin{cases}1, & -\dfrac{\tau}{2}<t<\dfrac{\tau}{2}\\ 0, & \text{其他}\end{cases} \tag{6-13}$$

频域表达式为

$$P(\omega)=\frac{\tau\sin(\omega\tau/2)}{\omega\tau/2}=\tau S_a\left(\frac{\omega\tau}{2}\right) \tag{6-14}$$

2. 半余弦脉冲

时域表达式为

$$p(t)=\begin{cases}\cos\left(\dfrac{\pi t}{\tau}\right), & -\dfrac{\tau}{2}<t<\dfrac{\tau}{2}\\ 0, & \text{其他}\end{cases} \tag{6-15}$$

频域表达式为

$$P(\omega)=\frac{2\tau\cos\left(\dfrac{\omega\tau}{2}\right)}{\pi-\dfrac{(\omega\tau)^2}{\pi}} \tag{6-16}$$

3. 高斯脉冲

时域表达式为

$$p(t)=\frac{1}{\sqrt{2\pi}\sigma}\mathrm{e}^{-\frac{t^2}{2\sigma^2}} \tag{6-17}$$

频域表达式为

$$P(\omega)=\mathrm{e}^{-\left(\frac{\omega\sigma}{\sqrt{2}}\right)^2} \tag{6-18}$$

图 6-2 所示为这 3 种无载波超宽带信号的时域 $p(t)$ 波形和能量谱 $P^2(\omega)$。3 种能量谱密度波形是在峰值点与下降 -10 dB 点之间 3 种波形的主瓣几乎完全重合的情况下，对应的主旁瓣比。

由图 6-2 可见，冲击脉冲信号的频谱除主瓣外，还有较大的副瓣，主副瓣之比为 13 dB，说明冲击脉冲信号能量集中度较差，能量利用率较低；半余弦脉冲频谱副瓣较小，但仍有一定的副瓣值，其主副瓣之比为 23 dB；高斯脉冲其频谱形状与时域波形相同，对应的副瓣最小，主副瓣比为 34 dB，能量集中度高。高斯脉冲的自相关函数和傅里叶变换仍然是高斯脉冲，这一特点使得通常在选择超宽带信号时优选高斯脉冲信号。

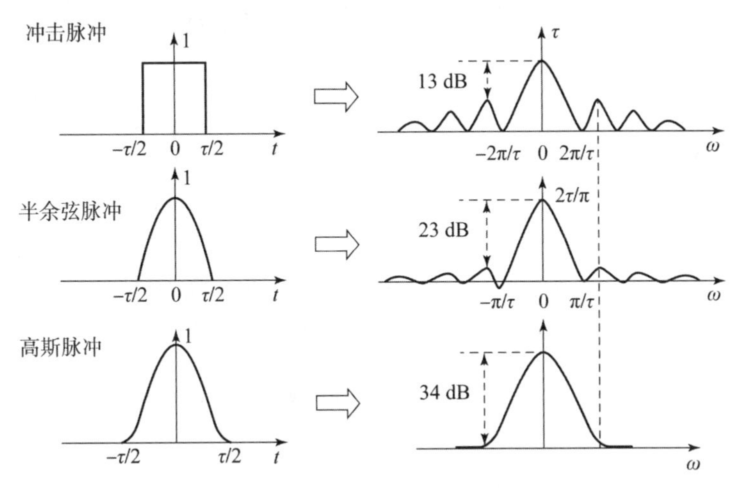

图 6 – 2　3 种无载波超宽带信号的时域和能量谱

已知在式（6 – 17）中，σ 为方差，它是表示脉冲形状的参数，其影响脉冲的宽度和幅度。σ 增大，脉冲幅度减小，脉冲宽度变宽。定义延时分辨常数 $A_\tau = \sigma\sqrt{2\pi}$，则高斯脉冲时域表达式为

$$p(t) = \frac{1}{\sqrt{2\pi}\sigma}\mathrm{e}^{-\frac{2}{2\sigma}} = \frac{1}{A_\tau}\mathrm{e}^{-\frac{2}{2\sigma^2}} \tag{6-19}$$

高斯脉冲的能量谱密度为

$$E(\omega) = \left|\int_{-\infty}^{\infty} p(t)\mathrm{e}^{-\mathrm{j}\omega t}\mathrm{d}t\right|^2 = \frac{1}{A_\tau^2}\mathrm{e}^{-(\sigma\omega)^2}\left|\int_{-\infty}^{\infty}\mathrm{e}^{-\left(\frac{1}{\sqrt{2}\sigma}+j\frac{\omega\sigma}{\sqrt{2}}\right)^2}\mathrm{d}t\right|^2 = \mathrm{e}^{-(\sigma\omega)^2} \tag{6-20}$$

式中，$\int_{-\infty}^{\infty}\mathrm{e}^{-t^2}\mathrm{d}t = \sqrt{\pi}$。

图 6 – 3 对应于不同的延时分辨常数 A_τ、高斯脉冲时域波形和其相应的能量谱密度。从图 6 – 3 可知，高斯脉冲其能量的绝大部分处于低频段且随频率升高呈单调下降趋势。由于天线有效辐射时，辐射脉冲必须满足一个基本条件，即无直流分量，显然高斯脉冲不具备这一条件。即高斯脉冲频谱与一般天线的频率特性不匹配，很大一部分能量不能落入天线的频带内而被损耗掉，而高斯脉冲的导数能够满足上述条件要求。

由式（6 – 17）和式（6 – 18）知，高斯脉冲的傅里叶变换对为

$$p(t) \rightleftharpoons \mathrm{e}^{-\left(\frac{\omega\sigma}{\sqrt{2}}\right)^2} \tag{6-21}$$

k 阶导数高斯脉冲的傅里叶变换对为

$$p^{(k)}(t) \rightleftharpoons (j\omega)^k\mathrm{e}^{-\left(\frac{\omega\sigma}{\sqrt{2}}\right)^2} \tag{6-22}$$

因此 k 阶导数高斯脉冲的频谱为

$$P(\omega) = \omega^k\mathrm{e}^{-\left(\frac{\omega\sigma}{\sqrt{2}}\right)^2} \tag{6-23}$$

显然，当 $k \geqslant 1$ 时，不再有直流分量。

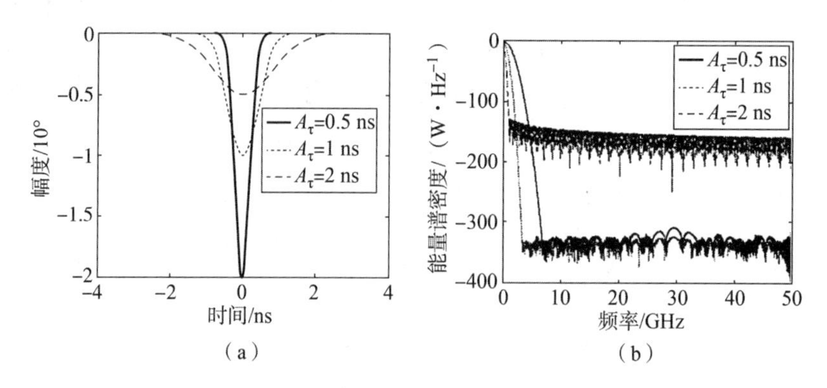

图 6－3　高斯脉冲时域波形（取“－”值）和能量谱密度

（a）高斯脉冲波形；（b）高斯脉冲的能量谱密度

考察频谱的峰值，对式（6－23）两边求导，则 k 阶导数高斯脉冲的频谱函数的导数为

$$\frac{\mathrm{d}P(\omega)}{\mathrm{d}\omega}=k\omega^{k-1}\mathrm{e}^{-\left(\frac{\omega\sigma}{\sqrt{2}}\right)^2}-\omega^k\mathrm{e}^{-\left(\frac{\omega\sigma}{\sqrt{2}}\right)^2}(\omega\sigma^2) \tag{6－24}$$

令$\dfrac{\mathrm{d}P(\omega)}{\mathrm{d}\omega}=0$，可求得幅度谱峰值对应的频率，即峰值频率为

$$f_0=\frac{\omega}{2\pi}=\frac{\sqrt{k}}{2\pi\sigma} \tag{6－25}$$

由式（6－25）可见，当高斯脉冲的方差 σ 一定时，k 阶导数高斯脉冲的峰值频率随着 k 的增大而提高。

由式（6－20）可知，高斯脉冲时域波形 $p(t)$ 的任意阶导数的能量谱为

$$(E(\omega))^{(k)}=(\omega)^{2k}\mathrm{e}^{-(\omega\sigma)^2} \tag{6－26}$$

图 6－4 显示的是高斯脉冲的 1 阶 ~4 阶导数形式的时域波形。图 6－5 显示的是高斯脉冲的 1 阶、3 阶、9 阶导数形式的能量谱密度。从图 6－5 可见，高斯脉冲的导数形式其能量主要集中在中心频率附近，而不是零频处。同时，随着微分次数的增加，其能量谱密度将向频率高端移动，且保持了原高斯脉冲信号的频谱特性。

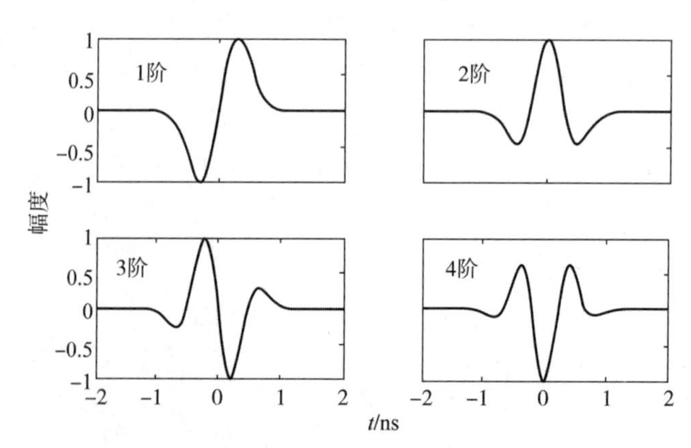

图 6－4　高斯脉冲 1 阶 ~4 阶导数形式的时域波形

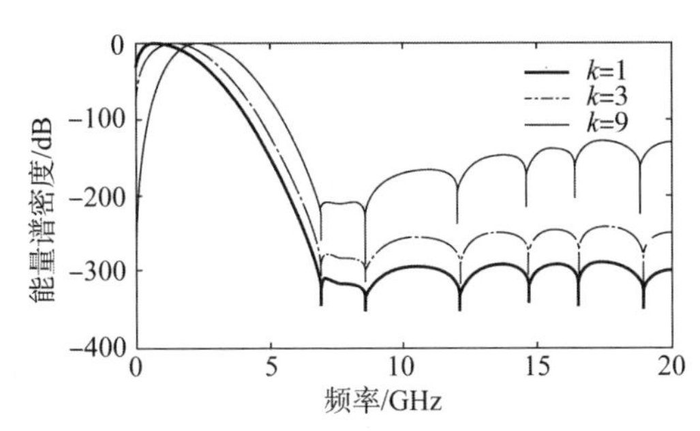

图 6-5　高斯脉冲 1 阶、3 阶、9 阶导数形式的能量谱密度

6.2.4　超宽带信号的调制方式

为提高抗干扰性能，超宽带信号在发射前一般要经过专门的调制，比较常用的编码调制方式有脉冲位置调制（PPM 调制）和二进制相移键控调制（BPSK 调制）。下面以一阶导数高斯脉冲信号作为基本的超宽带信号为例进行讨论。

一、PPM 调制

PPM（Pulse - Position Modulation）调制是根据调制信息来改变超宽带信号脉冲位置的一种调制方式。当调制数据为 0 时，脉冲信号位置保持不变；当调制数据为 1 时，脉冲信号相对于原脉冲位置偏移位置 δ。

当调制信息 $b_k \in \{0, 1\}$ 时，PPM 调制信号的数学表示式为

$$s(t) = \sum_{k=-\infty}^{\infty} p(t - kT_i - b_k\varepsilon) = p(t) \times \sum_{k=-\infty}^{\infty} \delta(t - kT_f - b_k\varepsilon) \tag{6-27}$$

式中，$p(t)$ 为基本的超宽带信号；$\sum\limits_{k=-\infty}^{\infty} p(t - kT_f)$ 为发射的超宽带脉冲序列；T_f 为脉冲周期；ε 为脉冲位置偏移量。

当调制信息 b_k 等概率出现时，经过 PPM 调制后的脉冲信号的频谱函数为

$$S(\omega) = P(\omega) \sum_{k=-\infty}^{\infty} \mathrm{e}^{-\mathrm{j}\omega(kT_f + b_k s)} \tag{6-28}$$

PPM 调制波形如图 6-6 所示。PPM 调制仅仅是根据调制信号来控制超宽带信号的位置，而不需对信号幅度和极性进行控制，因此降低了调制器和解调器的复杂度，易于物理实现。

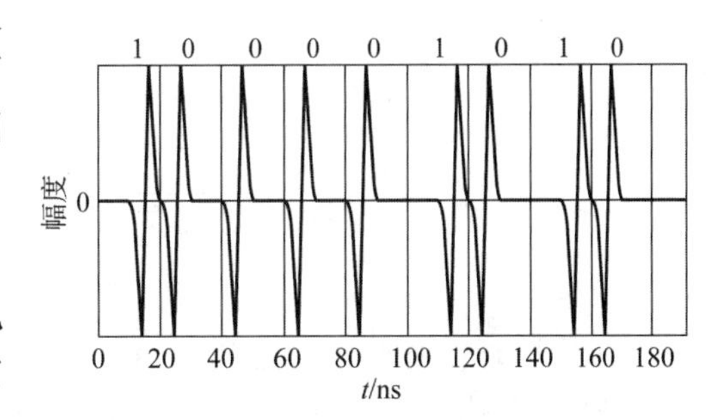

图 6-6　PPM 调制波形

二、BPSK 调制

BPSK（Bi - phase Modulation）调制，有时也称为二进制极性调制（Bi - pole Modulation），它是脉冲幅度调制的一个特例。当调制数据为 1 时，发送一个正极性的脉冲；当调制数据为 -1 时，发送一个负极性的脉冲。

当调制信息 $b_k \in \{+1, -1\}$ 时，BPSK 调制信号的表达式为

$$s(t) = \sum_{k=-\infty}^{\infty} b_k p(t - KT_f) \tag{6-29}$$

式中，$p(t)$ 为基本的超宽带信号；$\sum_{k=-\infty}^{\infty} p(t-KT_f)$ 为发射的超宽带脉冲序列；T_f 为脉冲周期。

当调制信息 b_k 等概率出现时，经过 BPSK 调制后的脉冲信号的功率谱密度为

$$s(f)=\frac{A^2}{T_f}|P(f)|^2 \tag{6-30}$$

式中，$P(f)$ 为 $p(t)$ 的傅里叶变换；A 为调制信号的幅值。

可见，当调制信息等概率出现时，经 BPSK 调制后的功率谱密度只有连续谱，没有离散谱，这是 BPSK 较其他调制方式的一大优点。但是在调制信息 b_k 不等概率出现时，或是在一段短的观察区间内，还是会有离散谱出现的。

BPSK 调制波形如图 6－7 所示。

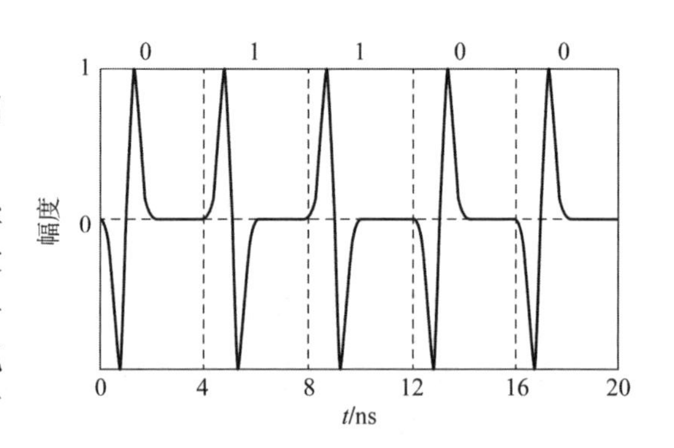

图 6－7　BPSK 调制波形

6.3　超宽带引信工作原理

超宽带无线电（近炸）引信（Ultra－wideband Radio Proximity Fuze）简称超宽带引信，起源于超宽带雷达。超宽带引信信号是指无高频载波的极窄脉冲信号，其脉冲宽度为几百皮秒。接收超宽带信号实际上是一种与已知模板信号进行能量匹配的过程，已知信号波形的形状以及信号到达的时间，便可进行形状和时间上的匹配处理。

超宽带引信的原理性框图如图 6－8 所示，主要由窄脉冲产生器、编码控制器、UWB 发射机、UWB 接收机、信号处理器等组成，可完成超宽带信号的产生、发射、接收、信号处理等功能。

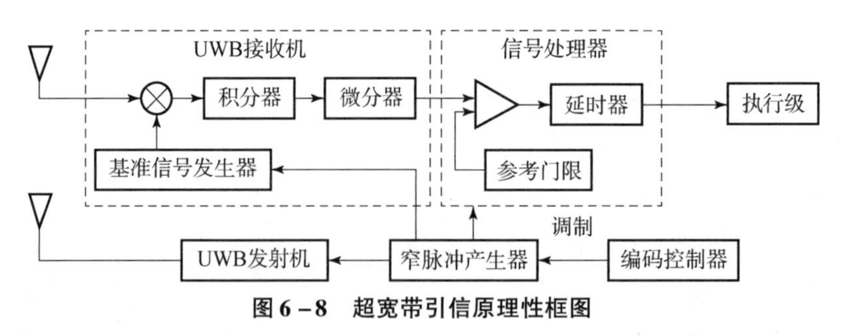

图 6－8　超宽带引信原理性框图

工作原理：编码控制器产生编码信号对窄脉冲产生器产生的超宽带窄脉冲进行调制（编码），已调制超宽带脉冲信号由 UWB 发射机放大，经天线向空间辐射。遇目标后，反射信号被 UWB 接收机接收天线所接收（也可以采用收发共用天线）。UWB 接收机根据引信作用距离要求预先设定距离门延时时间值，触发基准信号发生器产生基准延时信号。通过混频器或距离门电路接收或选通超宽带信号。

基准延时信号与接收的超宽带信号相关处理通常有以下 3 种形式：

（1）点采样。用同步采样脉冲与接收的超宽带信号在乘法器中相乘，同步采样脉冲相

对于超宽带脉冲更窄，其带宽更宽。

(2) 匹配模板采样。接收的超宽带信号与匹配模板信号在乘法器中相乘，匹配模板信号与超宽带信号在形状和脉宽上完全一致。

(3) 同步采样。在通过乘法器进行采样的过程中，保持采样系统与超宽带信号相位同步，采样脉冲可以是单极性的，或是匹配模板信号，或是边沿采样，或是其他形式采样等。

经距离门采样得到的采样信号在一个固定的时间 f 内进行积分（取平均），当目标经过设定的距离门时，其平均值会发生相应的变化。这一变化被微分器感知，微分器对积分器输出的变化信号进行信号提取，将微分器输出信号送比较器，与参考门限（阈值）比较。当满足设定的启动条件时，输出启动信号，推动执行级工作。

事实上，图 6－8 中的积分器和微分器级联，从频域上看，相当于一个带通滤波器，带通滤波器的上下截止频率取决于目标的运动速度。根据有关资料，图 6－9 为人的手掌在 h 时间内经过距离门时，UWB 接收机积分－微分器输出的波形。

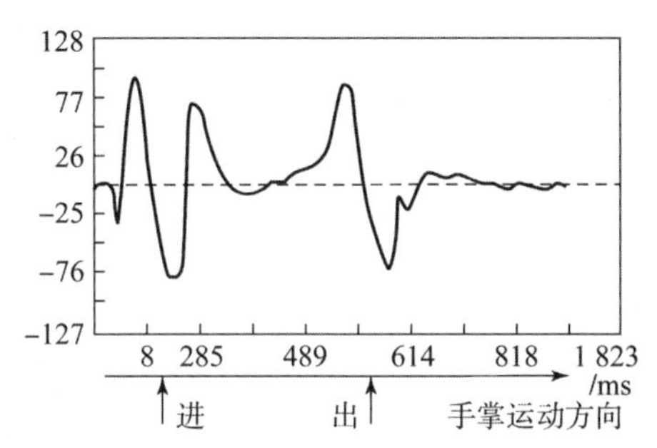

图 6－9 手掌经过距离门时，积分－微分器输出波形

上述距离门（采样脉冲宽度）开启时间要合适，如果开得时间过长，噪声易进入系统，使引信信号信噪比降低。信号处理器中的延时器是根据弹目相对运动速度、交会角、加速度等进行设定的。

需要注意的是，对超宽带信号来说，复杂目标的反射信号可以看作多个局部目标反射点共同作用的结果。因此，目标回波信号在时间轴上会被展宽，匹配滤波器的输出持续时间增加。

另一种典型的超宽带引信原理框图如图 6－10 所示。它是将图 6－8 中的“微分器”模块换成“累加”模块。针对某 UWB 发射机发射的超宽带信号波形图如图 6－11 所示（仿真得到的发射信号），UWB 接收机基准信号发生器产生的信号采用同步采样法，采样脉冲为单极性的同步脉冲，被采集的信号在每个采样周期对应的 1/4 波长（图 6－11 中超宽带中心频率约 4 GHz 对应的波长）时间内积分、累加，累加器输出信号送比较器与参考门限比较，当满足设定的启动门限条件时，输出启动信号，推动执行级工作。

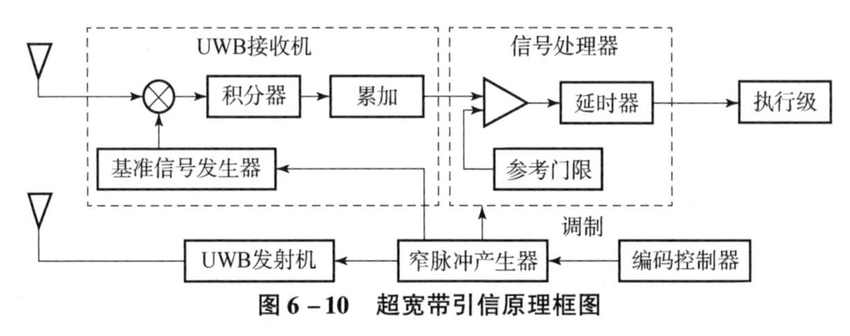

图 6－10 超宽带引信原理框图

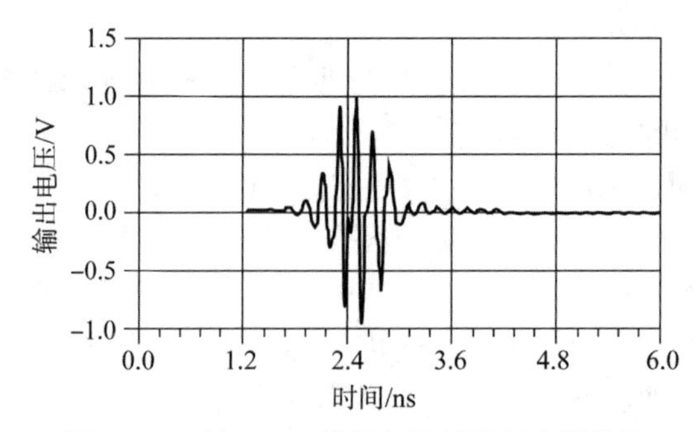

图 6－11　某 UWB 发射机辐射的超宽带信号

第7章

毫米波探测原理

毫米波通常是指波长为 1 ~ 10 mm 的电磁波，其对应的频率范围为 30 ~ 300 GHz。毫米波是介于微波到光波之间的电磁频谱，它位于微波与远红外波相交叠的波长范围，因而兼有两种波谱的特点。毫米波探测理论和技术分别是微波向高频的延伸与光波向低频的发展。

7.1 辐射测量原理

辐射测量学是研究电磁、激光和红外辐射测量的一门学科。电磁、激光和红外探测的背景中的目标都是辐射源，无源探测通过被动接收目标辐射的电磁或红外信号来实现对目标的探测，有源探测则自身带有辐射源。

7.1.1 基本物理量

辐射测量学以及辐射探测应用主要关心点源和展源两类目标对象。点源目标没有面积，因此可利用功率 P 和功率密度 S 来描述点源辐射特征的强弱及其传播的物理过程。假设功率为 P_t 的点源为全向辐射（即立体角为 4π），则传播至距离 R 处的功率密度 S_t 为

$$S_t = \frac{P_t}{4\pi R^2} \tag{7-1}$$

对于在空间上占据一定面积的非相干辐射展源目标，可定义亮度 I 这个物理量，表征单位面积的展源目标在单位立体角内所发射的功率。

以下通过一个简化的例子来说明展源的目标亮度 I 与功率 P 及功率密度 S 等物理量之间的关系，并给出理想条件下接收天线所接收功率的表达式。

如图 7-1 所示，一辐射亮度为 I 的展源目标所辐射的能量被有效面积为 A_r 的无损天线接收，接收天线所在观测点与目标的间距为 R。根据亮度的定义和式（7-1）中功率密度的表达式，面积为 A_t 的展源辐射传播至接收天线口面处，其功率密度 S_t 可以表示为

$$S_t = \frac{IA_t}{R^2} \tag{7-2}$$

根据功率密度与功率之间的关系，天线收到的总功率可以写成

$$P_r = S_t A_r = \frac{IA_t}{R^2} A_r \tag{7-3}$$

用 $\Omega_t = A_t / R^2$ 表示目标面积相对观测点所张成的立体角，则式（7-3）可简化为

$$P_r = I\Omega_t A_r \tag{7-4}$$

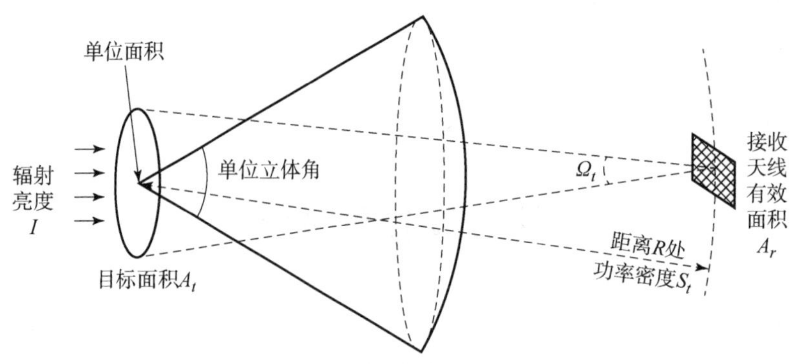

图 7－1　展源目标辐射的基本物理量

由式（7－4）可知，接收功率取决于展源目标亮度、目标立体角和接收天线的有效面积。

如图 7－2 所示，展源目标亮度分布为 $I(\theta,\ \phi)$，θ 和 ϕ 分别表示俯仰角和方位角。令目标表面的一个微小面元所张成的立体角为 $\mathrm{d}\Omega$，相应地，天线在此微分立体角内接收到的微分功率分量为

$$\mathrm{d}P_r = A_r I(\theta,\ \phi) F_n(\theta,\ \phi)\mathrm{d}\Omega \tag{7-5}$$

式中，$F_n(\theta,\ \phi)$ 为接收天线的方向图。

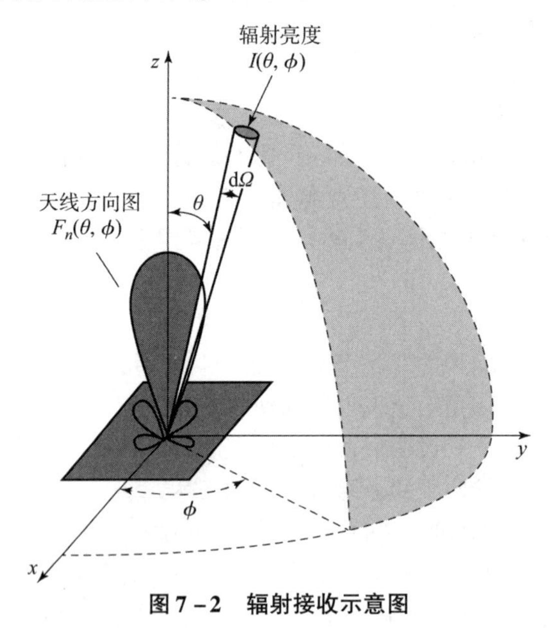

图 7－2　辐射接收示意图

天线口面所接收的总功率为

$$P_r = A_r \iint_{\Omega} I(\theta,\ \phi) F_n(\theta,\ \phi)\mathrm{d}\Omega \tag{7-6}$$

式中，Ω 为天线主瓣、旁瓣所覆盖的球面积。

考虑到极化的影响，天线仅仅能接收到抵达天线表面的总功率的 1/2，因此实际天线表面能接收的功率如下式所示：

$$P_r = \frac{1}{2} A_r \iint_{\Omega} I(\theta,\ \phi) F_n(\theta,\ \phi)\mathrm{d}\Omega \tag{7-7}$$

如果考虑到展源目标辐射的谱特性，则可以定义谱亮度 I_f 来表征单位带宽内的亮度。天线接收功率可以进一步表示为

$$P_r = \frac{1}{2}A_r \int_f^{f+\Delta f} \iint_\Omega I_f(\theta, \phi) F_n(\theta, \phi) \mathrm{d}f\mathrm{d}\Omega \qquad (7-8)$$

式中，$f \sim f+\Delta f$ 表示天线的频率接收范围。

7.1.2　黑体辐射

一、黑体谱亮度

处于热力学温度零度以上的所有物质都会辐射出电磁能量，而且物质辐射能量的强度随其热力学温度的增加而增加。

1901 年，德国物理学家普朗克在量子理论的基础上提出了定量描述黑体辐射特性的普朗克定律。黑体辐射的概念对于了解实际物体的热辐射是十分重要的，因为黑体的辐射谱为研究物体的辐射特性提供了一个标准。所谓黑体，就是在所有频率上吸收所有的入射辐射而没有反射的理想不透明的材料。根据热力学平衡条件可知，因为没有能量的反射，黑体不仅是一个完全的吸收体，也是一个完全的发射体。

普朗克定律表明：黑体在所有方向上都是以同样的谱亮度辐射能量，也就是说，黑体的谱亮度是无方向性的，它只是温度和频率的函数。普朗克定律给出了黑体谱亮度 I_f 的表达式为

$$I_f = \frac{2hf^3}{c^2}\left(\frac{1}{\mathrm{e}^{hf/kT}-1}\right) \qquad (7-9)$$

式中，h 为普朗克常数，$h = 6.636.63 \times 10^{-34}$ J · s；f 为频率，单位 Hz；c 为光速；k 为玻耳兹曼常数，$k = 1.38 \times 10^{-34}$ J/K；T 为热力学温度，单位为 K。

若 $hf/kT \ll 1$，则式（7 - 9）中的普朗克定律可简化为瑞利 - 琼斯近似公式

$$I_f = \frac{2f^2kT}{c^2} = \frac{2kT}{\lambda^2} \qquad (7-10)$$

其中，λ 为波长。对于 300 K 室温下的黑体来说，当 $f < 117$ GHz 时，瑞利 - 琼斯公式与普朗克定律表达式的相对偏差小于 1%，这覆盖了微波和毫米波频段中可用的大部分频率范围。瑞利 - 琼斯近似公式比普朗克定律更为简明直观，表明黑体的谱亮度 I_f 与其热力学温度 T 成正比。

因此为方便起见，在辐射测量学中通常直接用黑体的热力学温度 T 而不是谱亮度来表征黑体辐射的强度。

二、灰体亮度温度

黑体是一种理想化的物体，既是一个理想的吸收体同时也是一个理想的发射体。实际的物质通常是非黑体（或称为灰体），它的发射少于黑体的发射，并且也不一定能够完全吸收入射到它上面的能量。显然，灰体的热力学温度 T 不能直接作为其自身辐射的度量。

在微波和毫米波频段内，接收带宽 B 可认为是窄带，根据式（7 - 10）中的瑞利 - 琼斯近似公式以及谱亮度 I_f 的定义，热力学温度为 T 的黑体辐射亮度为

$$I = I_f B = \frac{2kT}{\lambda^2}B \qquad (7-11)$$

对于同样热力学温度为 T 的灰体，其辐射亮度（辐射的能量）要小于黑体的辐射亮度。

因此，可以定义等效黑体温度 T_B，使得灰体的辐射亮度 I 也可以表示成为与式（7－11）类似的表达式，即

$$I=\frac{2kT_B}{\lambda^2}B \tag{7-12}$$

式中，T_B 为亮度温度，简称亮温，单位为 K。

T_B 只是一个等效黑体温度，而不是物体本身的热力学温度，它只是为了描述实际物体自身的辐射特性。由式（7－11）和式（7－12）可知，物体的亮温 T_B 低于自身的热力学温度 T。由于物体的辐射亮度 $I(\theta,\ \phi)$ 是方向的函数，故其亮温也写为 $T_B(\theta,\ \phi)$。

亮度温度是辐射测量学中一个非常重要的物理量，由于物体亮温与其辐射亮度成正比，因此利用亮温就可以直观地表征所有物体（包括灰体和黑体）的辐射强度。将 $T_B(\theta,\ \phi)$ 与辐射亮度 $I(\theta,\ \phi)$ 的关系式代入式（7－5）和式（7－7），可以得到天线接收功率与目标亮度温度间的关系为

$$\mathrm{d}P_r=\frac{A_rk}{\lambda^2}T_B(\theta,\ \phi)F_n(\theta,\ \phi)\mathrm{d}f\mathrm{d}\Omega \tag{7-13}$$

$$P_r=\frac{A_rkB}{\lambda^2}\iint_{\Omega}T_B(\theta,\ \phi)F_n(\theta,\ \phi)\mathrm{d}\Omega \tag{7-14}$$

式中，P_r 为天线收到的信号功率；$\mathrm{d}P_r$ 为天线在微分立体角内收到的信号功率。

三、发射率

由前面的介绍可知，物体的亮温只是一个等效黑体温度，而不是物体本身的热力学温度。假设材料是均匀且温度一致的，则可定义物体的发射率 e 来描述其亮温 T_B 与其实际热力学温度 T 之间的关系为

$$e=T_B/T \tag{7-15}$$

因为物体的亮温 T_B 小于或等于其实际热力学温度 T，所以 $0\leqslant e\leqslant 1$。物体的发射率与其亮温一样与观测角度有关，故也可写为 $e(\theta,\ \phi)$ 的形式。

一般物体的发射率与其组成材料的介电常数、磁导率和表面粗糙度等电磁和物理参数，以及波长和极化等条件有关。典型物体表面的发射率如表 7－1 所示。

当物体的发射率 e 已知时，根据其热力学温度 T，利用式（7－15）即可计算得到物体自身辐射的亮度温度。

表 7－1　典型物体表面的发射率

典型目标	波长 λ	
	3 mm	8 mm
草　地	1.0	1.0
沥　青	0.98	0.98
混凝土	0.86	0.92
干　沙	0.90	0.86
水　面	0.38	0.63
金属面	0	0

实际环境中的物体除了自身向外辐射能量外，还会受到外来电磁辐射的照射。当外来电磁波能量入射至物体表面时，一部分电磁波辐射被反射或散射，另一部分被吸收，剩下的被透射。因此，根据能量守恒定律，入射功率可表示为

$$P_i = P_r + P_a + P_t \tag{7-16}$$

式中，P_r、P_a、P_t 分别为反射、吸收和透射功率。

对式（7-16）用 P_i 归一化后得

$$\rho + \alpha + \gamma = 1 \tag{7-17}$$

式中，ρ、α、γ 分别为反射率、吸收率和透射率。

对于不透波物体可以忽略透射功率，因此其吸收率和反射率满足

$$\rho + \alpha = 1 \tag{7-18}$$

根据基尔霍夫定律，物体的发射率等于吸收率，即 $e = \alpha$，因此其发射率与反射率的关系为

$$\rho + e = 1 \tag{7-19}$$

由于黑体既是理想的吸收体也是理想的发射体，因此其发射率 $e = 1$，吸收率 $\alpha = 1$，反射率 $\rho = 0$。与黑体相对应的，理想金属板可认为是全发射体，其反射率 $\rho = 1$，发射率 $e = 0$。

四、功率与温度的关系

辐射测量中使用温度作为量纲来描述目标对象的辐射特征，因此有必要研究利用天线进行辐射测量时功率与温度间的对应关系。考虑将一个理想的无损天线置于热力学温度为 T 的黑体闭室内，如图7-3所示。

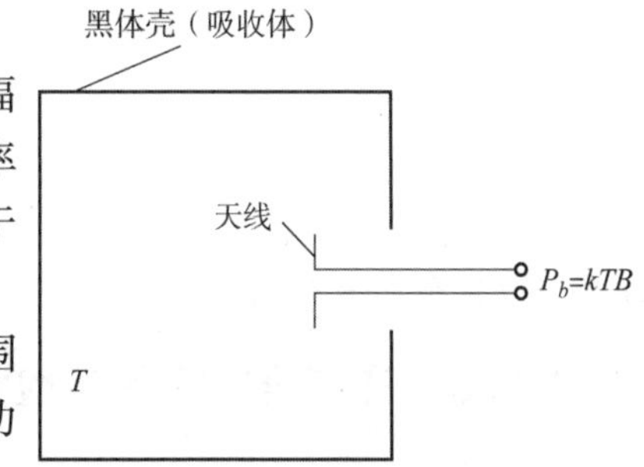

图7-3 接收黑体辐射的天线示意图

当接收天线被亮度温度均匀分布的黑体辐射源包围时，$T_B(\theta, \phi) = T$，代入式（7-14）中可得天线输出功率为

$$P_b = \frac{A_r kTB}{\lambda^2} \iint_{\Omega} F_n(\theta, \phi)\, \mathrm{d}\Omega \tag{7-20}$$

式中，$F_n(\theta, \phi)$ 为接收天线方向图；A_r 为天线有效面积。

根据天线方向图立体角的定义，有

$$\Omega_p = \iint_{\Omega} F_n(\theta, \phi)\, \mathrm{d}\Omega = \frac{\lambda^2}{A_r} \tag{7-21}$$

代入式（7-20），天线输出功率可简写为

$$P_b = kTB \tag{7-22}$$

式中，k 为玻耳兹曼常数；T 为黑体的热力学温度；B 为测量系统的带宽。

从式（7-22）可以看出，热力学温度与天线输出功率之间是线性关系。在辐射测量乃至电子学领域，温度与功率间的线性关系具有十分重要的意义。例如，在电子系统的设计和测试中广泛使用噪声温度来衡量噪声功率大小。

五、视在温度

以对地辐射测量为例，在观测过程中地物本身发射的辐射、大气本身发射的向上辐射，以及被地物反射后进入到天线观测方向的大气辐射，会在接收天线表面前形成一定的亮度分

布，记为$I(\theta,\ \phi)$，则有

$$I(\theta,\ \phi)=\frac{2k}{\lambda^2}T_{AP}(\theta,\ \phi)\ B \tag{7-23}$$

式中，$T_{AP}(\theta,\ \phi)$ 为视在温度。视在温度与被观测物体的亮度温度的区别在于：亮度温度 $T_B(\theta,\ \phi)$ 用来描述被观测物体自身的辐射能量分布情况，而视在温度 $T_{AP}(\theta,\ \phi)$ 则用来描述辐射测量中接收天线表面上的辐射能量分布，包含经过衰减后的被观测物体自身辐射能量以及外部环境辐射等所有因素。一般情况下 $T_{AP}\neq T_B$，只有在不考虑大气吸收损耗等影响的理想情况下 T_{AP}数值才与 T_B 数值近似相等，但仍需注意二者物理含义的区别。

六、天线温度

利用理想无损天线进行辐射测量时，若视在温度为 $T_{AP}(\theta,\ \phi)$，则由式（7-14）可知天线接收功率为

$$P_r=\frac{A_r kB}{\lambda^2}\iint_{\Omega}T_{AP}(\theta,\ \phi)F_n(\theta,\ \phi)\mathrm{d}\Omega \tag{7-24}$$

根据式（7-22）中给出温度与功率的对应关系，式（7-24）可以写为

$$P_r=kT_A B \tag{7-25}$$

其中，T_A 为天线辐射测量温度，简称天线温度，其表达式为

$$T_A=\frac{A_r}{\lambda^2}\iint_{\Omega}T_{AP}(\theta,\ \phi)F_n(\theta,\ \phi)\mathrm{d}\Omega \tag{7-26}$$

天线温度 T_A 并不是天线自身的热力学温度，它只是天线输出噪声功率的一种度量，与天线方向图及视在温度都有关系。

7.1.3 辐射信号接收与检测

辐射计用于对目标微波辐射信号的功率进行测量，而在实际中，大量的微波辐射测量应用中常用“等效温度”来表示功率。

考虑一个理想的辐射计天线指向亮温为 T_B 的目标，如图 7-4 所示，设定接收机输出信号功率为 P_r，对应的天线温度为 T_A。微波辐射测量的目的是建立起天线温度 T_A 与目标亮温 T_B 间的关系。因此，微波辐射计需要以足够高的分辨力和准确度测量出天线温度，从而保证可以正确地反演重建出目标亮温。在这种意义下，微波辐射计可简化认为是一个经过定标的微波接收机。

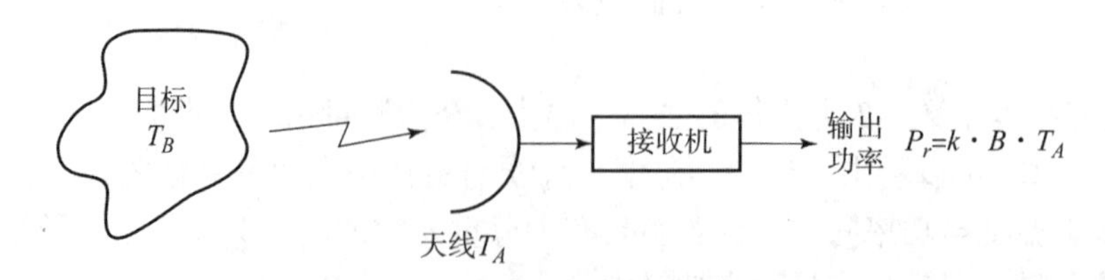

图 7-4 理想辐射计工作原理示意图

实际应用中的辐射计系统，可以用等效输入系统噪声温度 T_{sys}表征辐射计系统自身的噪声基底功率。T_{sys}与等效输入系统噪声功率 P_{sys}相对应，包含接收机、天线损耗和场景辐射

等各项所产生的噪声的总和，由接收机噪声温度 T_R 和天线噪声温度 T'_A 两部分组成，即 $T_{sys}=T_R+T'_A$。其中，T_R 表征辐射计系统接收机内部热噪声功率水平，T'_A 表征辐射计系统天线输出的噪声功率水平，与地面环境辐射、大气传输衰减、天线损耗等因素有关。对于一个辐射效率为 η，热力学温度为 T_p 的天线而言，其噪声温度可以表示为

$$T'_A=\eta T_A+(1-\eta)T_P \tag{7-27}$$

式中，T_A 为由无损天线观测场景时对应的天线（辐射测量）温度。

考虑实际天线的测量输出中除了主瓣的贡献外还应考虑旁瓣的贡献，因此其天线温度可写为

$$T_A=\eta_M T_{ML}+(1-\eta_M)T_{SL} \tag{7-28}$$

式中，η_M 为天线的主波束效率；T_{ML} 为主瓣贡献的有效视在温度；T_{SL} 为旁瓣贡献的视在亮温。

将 T_A 的表达式代入式（7-27），可得实际天线噪声温度的表达式为

$$T'_A=\eta\eta_M T_{ML}+\eta(1-\eta_M)T_{SL}+(1-\eta)T_P \tag{7-29}$$

对于理想无损天线，辐射效率 $\eta=1$，主波束效率 $\eta_M=1$，式（7-29）可以简化为

$$T'_A=T_{ML} \tag{7-30}$$

图7-5所示为基于超外差接收机体制的全功率辐射计，其输出电压与等效输入系统噪声功率 P_{sys}（或系统噪声温度 T_{sys}）成比例。通过对 P_{sys} 产生的输出电压进行测量和定标，即可估计出天线噪声温度 T'_A 以及观测场景对应的天线温度 T_A。

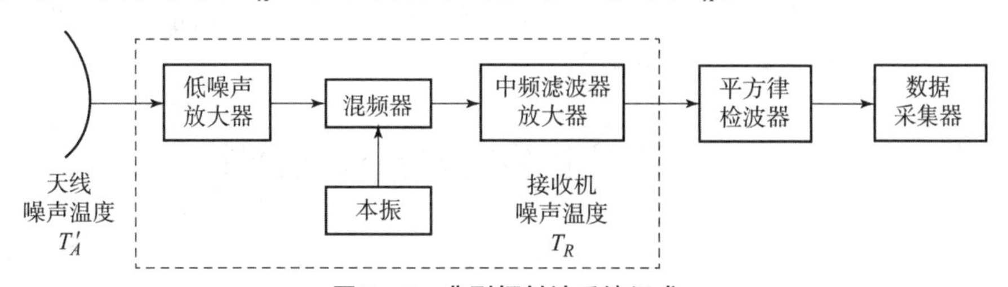

图7-5　典型辐射计系统组成

当辐射计作为一种目标探测传感器时，其基本功能是实现目标检测，因此系统温度灵敏度是衡量辐射计探测性能的重要指标。在辐射测量学中对温度灵敏度 ΔT_{sys} 的定义是辐射计输出端可检测到的天线噪声温度 T'_A 的最小变化值，也常称为系统温度分辨力。

显然，高系统灵敏度意味着需要降低系统输出端信号的波动。通过对噪声信号多次独立样本取平均（时间积累）可以降低其随机波动（输出信号的标准差）。于是，辐射计系统灵敏度的基本公式可以表示为

$$\Delta T_{sys}=\frac{T_{sys}}{\sqrt{B\tau}}=\frac{T'_A+T_R}{\sqrt{B\tau}} \tag{7-31}$$

式中，B 为接收机带宽；τ 为积累时间。

系统空间分辨力（或角度分辨力）用来表示辐射探测系统在空间中（或角度上）分辨相邻两个目标的能力。辐射探测系统的角度分辨力通常取决于所采用天线的波束宽度。一般情况下，天线的波束宽度是指天线的半功率（3 dB）波束宽度。

如图7-6所示，半功率波束宽度表示天线方向图中功率相对于峰值下降一半（相对电压下降为0.707）处所对应的波束宽度。有时也用零点波束宽度来表征系统的角度分辨力，

其定义为天线方向图第一零点处所对应的波束宽度。天线零点波束宽度近似为其半功率波束宽度的 2 倍。

如果相同距离处的两个目标能够通过半功率波束宽度进行区分，就说明这两个目标在角度上是可以分辨的。天线的波束宽度与天线孔径的大小以及天线形式有关。对于给定的天线形式，其半功率波束宽度可以表示为

$$\Delta\theta_{3\mathrm{dB}} = k\frac{\lambda}{D} \qquad (7-32)$$

式中，D 为孔径的尺寸；λ 为波长；k 为波束宽度因子的比例常数，取值与天线表面的照射函数类型有关，其典型的取值范围为 50°~70°。

系统空间分辨力与系统角度分辨力相对应，可以表示为

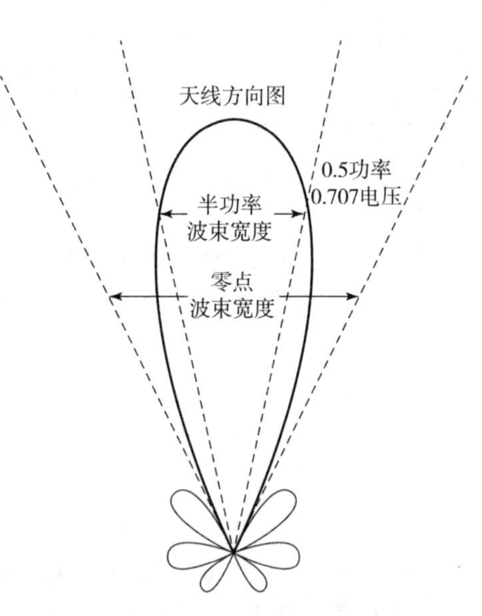

图 7-6　天线波束宽度

$$\Delta W = k\frac{\lambda}{D} \cdot R \qquad (7-33)$$

式中，R 为辐射探测系统与目标间的距离。

显然，辐射探测系统的空间分辨力是由天线孔径、工作波长和探测距离共同决定的，提高系统工作频率可以改善系统的角度和空间分辨力。

7.2　毫米波信号的传输衰减特性

在毫米波探测中，主要利用了目标和背景环境的辐射特性差异来实现对目标的有效探测。除目标和背景环境自身辐射特性外，毫米波信号的传输衰减也是影响实际工程应用中目标探测的重要因素。毫米波信号的传输衰减主要与大气的传输特性有关，而大气的传输特性会随着大气层的温度、密度、气压、湿度、降雨率等因素的变化而变化。

7.2.1　大气物理模型

距地面 90 km 以内，除了水蒸气受天气条件和时间变化影响比较大之外，大气的基本组成是相对稳定的。根据现代的地理学理论，大气的主要成分是氮气和氧气，海平面上两者分别占大气总体积的 20.94% 和 76.08%。大气中还存在着氩、二氧化碳、氖和氦等稀有气体元素，它们加在一起所占大气体积的比例还不到 1%。虽然它们所起的作用相对水和氧气来说同样重要，但由于其含量非常小，所以带来的影响可以忽略不计。

标准大气（通常所说的空气）是能够反映某地区（如中纬度）垂直方向上气温、气压、湿度等近似平均分布的一种大气模式。它能粗略地反映中纬度地区大气多年年平均状况，并得到一国或国际组织承认。现在国际上通用的大气模式是 1976 年美国标准大气，它能代表中等太阳活动期间，中纬度地区由地面到 1 000 km 高度的理想静态大气的平均结构。如果只考虑大气发射和吸收的要求，依据 1976 年美国标准大气模型，在 30 km 高处的大气密度

大约是 1.841×10^{-2} kg/m^3，仅为标准大气密度的 1.5%，可忽略不计，因此通常只需要研究 30 km 以下部分的大气状况。中国国家标准总局将 1976 年美国标准大气的 30 km 以下部分选作中国的大气国家标准（GB1920—80），并自 1980 年 5 月 1 日起实施。这样规定的标准大气压与中国中纬度（北纬 45°）实际大气十分接近，因此 1976 年美国标准大气模型常被用来模拟实际大气分布。

根据 1976 年美国标准大气模型和理想气体状态方程，可以得到温度、大气密度、水汽密度和气压等的分布曲线。

海平面上高度为 z 处的大气温度为

$$T(z)=\begin{cases}T_0-a\cdot z, & 0\leqslant z<11\text{ km}\\ T(11), & 11\text{ km}\leqslant z<20\text{ km}\\ T(11)+(z-20), & 20\text{ km}\leqslant z<32\text{ km}\end{cases}\tag{7-34}$$

式中，T_0 为海平面的大气温度，$T_0=288.15$ K；$T(11)$ 为海拔 11 km 处大气温度，$T_{(11)}=216.77$ K；a 为大气温度的变化系数，$\alpha=6.5$ K/km。

随海拔高度 z 的增加，干燥大气的密度 ρ_a 按指数规律下降为

$$\rho_a(z)=1.225\mathrm{e}^{-z/H_1}\tag{7-35}$$

式中，$\rho_a(z)$ 为海拔高度 z 处的空气密度；H_1 为密度标高，$H_1=0.95$ km。

根据式（7-35）计算得出的 10 km 内的大气密度分布与标准大气较吻合，误差较小；超过 10 km 则误差变大。若需计算海拔 30 km 以内的大气密度，则可以采用下式：

$$\rho_a(z)=1.225\mathrm{e}^{-z/H_2}[1+0.3\sin(z/H_2)]\tag{7-36}$$

式中，密度标高 H_2 等于 7.3 km。

大气中的水汽含量是某些气象参数的函数，与大气温度有密切关系。例如，在海平面上，很冷的干燥天气时水汽密度为 0.01 g/m^3；在热而潮湿的天气时，水汽密度可高达 30 g/m^3。水汽密度 W_V 随高度的增加也按指数规律下降，于是有

$$W_V=W_0\mathrm{e}^{-z/H_3}\tag{7-37}$$

式中，$W_0=7.72$ g/m^3；H_3 为水汽密度标高，一般可在 2~2.5 km 选择适当值。

根据理想气体状态方程导出的下述表达式可计算海拔 30 km 以内的气压分布，即

$$P(z)=2.87\rho_a(z)T(z)\tag{7-38}$$

式中，$T(z)$ 和 $\rho_a(z)$ 分别由式（7-34）和式（7-35）给出。

由于大气气压、密度以及水汽密度强烈地依赖于一天内的时间、季节、地理位置和大气的活动，因此以上给出的大气温度、密度、气压以及水汽密度分布仅具有一定的参考性。在实际探测应用中，获取大气的准确物理模型需要对当时当地的大气气压、密度以及水汽密度进行实际测量。

7.2.2　毫米波大气传输模型

对于大气的辐射传输模型，国内外学者已提出多种不同的计算模型，其中 MPM 模型（即毫米波传播模型）已被普遍接受。MPM 模型是复折射率的宽带模型，能够预测 1 000 GHz 以内大气传输衰减系数和延迟效应，该模型能够对不同天气条件进行更接近实际的计算和模拟，可行性强，因而成为研究毫米波大气辐射传输特性的一种重要参考模型。下面将基于 MPM 模型，分别讨论晴空天气、云雾天气以及雨天天气 3 种典型天气条件下毫米波的大气

辐射传输特性。

一、晴空天气下大气衰减系数

晴空条件下的 MPM 模型的大气衰减（吸收）系数表达式为

$$k_{\mathrm{CLEAR}} = 0.182fN''(f) = 0.182f(N''_L + N''_d + N''_c) \tag{7-39}$$

式中，N''_L 为谱线吸收谱；N''_d 为干燥空气非谐振谱；N''_c 为水蒸气连续吸收谱。

谱线吸收谱 N''_L 由 44 条氧气吸收线和 30 条水蒸气吸收线组成，表达式为

$$N''_L = \sum_{i=1}^{40} S_i F''(f_i) + \sum_{j=1}^{30} S_j F''(f_j) \tag{7-40}$$

其中，氧气谱线吸收谱为

$$S_i = 10^{-6} a_1 p\theta^3 \mathrm{e}^{a_2(1-\theta)} \tag{7-41}$$

$$F''(f_i) = \frac{\gamma/f_0}{(f_0+f)^2+\gamma^2} + \frac{\gamma f/f_0}{(f_0-f)^2+\gamma^2} - 10^{-3}(a_5+a_6\theta)p\theta^{0.8}\frac{f}{f_0}\left[\frac{f_0+f}{(f_0+f)^2+\gamma^2} + \frac{f_0-f}{(f_0-f)^2+\gamma^2}\right] \tag{7-42}$$

式中，

$$\gamma = 10^{-3} a_3 (p\theta^{(0.8-a_4)} + 1.1q\theta) \tag{7-43}$$

水蒸气谱线吸收谱为

$$S_j = b_1 q\theta^{3.5} \mathrm{e}^{b_2(1-\theta)} \tag{7-44}$$

$$F''(f_i) = \frac{\gamma f/f_0}{(f_0+f)^2+\gamma^2} + \frac{\gamma f/f_0}{(f_0-f)^2+\gamma^2} \tag{7-45}$$

式中，

$$\gamma = 10^{-3} b_3 (p\theta^{b_4} + b_5 q\theta^{b_6}) \tag{7-46}$$

其中，f_0 为氧气和水蒸气吸收线的中心频率；θ 为相对反向温度变量，$\theta = 300/(T + 273.15)$；$q$ 为水蒸气的局部压强，$q = 1.0682 \cdot \mathrm{e}^{(-Z/2.25)/\theta}$；$p$ 是干燥空气的局部压强，$p = P - q$，P 为大气压强。

上述式子中，$a_1 \sim a_6$ 和 $b_1 \sim b_6$ 分别是氧气和水蒸气的谱线计算系数，其具体值根据中心频率不同而有所不同。

对于干燥空气的非谐振谱 N''_d，其表达式为

$$N''_d = \frac{S_d f}{\gamma_0}\left[1 + \left(\frac{f}{\gamma_0}\right)^2\right]^{-1} + a_p f p^2 \theta^{3.5} \tag{7-47}$$

其中，

$$S_d = 6.14 \times 10^{-4} p\theta^2 \tag{7-48}$$

$$\gamma_0 = 5.6 \times 10^{-3}(p + 1.1q)\theta \tag{7-49}$$

$$a_p = 1.4 \times 10^{-10}(1 - 1.2 \times 10^{-5} f'^5) \tag{7-50}$$

对于水蒸气的连续谱 N''_c，其表达式为

$$N''_c = 10^{-5}(3.57q\theta^{7.5} + 0.113p)q\theta^3 f \tag{7-51}$$

根据式（7-39）~式（7-51），就可以求出晴空天气下大气的衰减系数，为后续毫米波信号的传输衰减以及大气自身辐射亮温的计算提供基础。

二、云雾天气下大气衰减系数

对于云、雾天气条件，大气的总的衰减系数表达式为

$$k_{CF} = k_{\mathrm{CLEAR}} + k_W \tag{7-52}$$

式中，k_{CLEAR}为式（7－39）中给出的晴空天气下大气的衰减系数；k_W 为云雾天气下悬浮水滴的衰减系数。

云、雾中的水凝物由众多的水滴或冰粒组成，这些悬浮水滴和冰粒是有效的毫米波吸收体，主要通过水滴密度参数 W 对毫米波辐射造成影响。由于这些颗粒与电磁辐射相互作用时既会发生吸收现象，又可能产生散射现象，使云、雨条件下的大气衰减计算很复杂。为了简化计算，通常采用瑞利吸收近似代替米氏散射理论来计算大气中悬浮水滴或冰粒的功率衰减系数。

在云、雾天气条件下，悬浮水滴或冰粒的功率衰减系数表达式为

$$k_W = 0.1820 f N''_W(f) \tag{7-53}$$

其中，悬浮水滴或冰粒的折射率 $N''_W(f)$ 为

$$N''_W(f) = \frac{9W}{2\varepsilon''(1+\eta^2)} \tag{7-54}$$

其中，W 为云、雾中的水滴密度，对于一般云、雾天气，水滴密度约为 0.25 g/m^3；$\eta = (2+\varepsilon')/\varepsilon''$，$\varepsilon'$和 ε''分别是液态水的介电常数的实部和虚部，其具体表达式由德拜模型计算，为

$$\varepsilon'(f) = \frac{(\varepsilon_0 - \varepsilon_1)}{1+(f/f_p)^2} + \frac{(\varepsilon_1 - \varepsilon_2)}{1+(f/f_s)^2} + \varepsilon_2 \tag{7-55}$$

$$\varepsilon''(f) = \frac{(\varepsilon_0 - \varepsilon_1)(f/f_p)}{1+(f/f_p)^2} + \frac{(\varepsilon_1 - \varepsilon_2)(f/f_0)}{1+(f/f)^2} \tag{7-56}$$

式中，$\varepsilon_0(T) = 77.66 + 103.3(\theta - 1)$；$\varepsilon_1 = 5.48$；$\varepsilon_2 = 3.51$。

主次弛豫频率分别为

$$f_p(T) = 20.09 - 142.4(\theta - 1) + 294(\theta - 1)^2 \tag{7-57}$$

$$f_s(T) = 590 - 1\,500(\theta - 1) \tag{7-58}$$

其中，$\theta = 300/(T + 273.15)$。该式最适合温度在 －10 ~ 30 ℃且频率在 1 000 GHz 以内的介电常数数据。

联立式（7－53）~ 式（7－58），可以求得在云雾天气下大气的衰减系数，从而计算云雾大气的辐射亮度。

三、雨天天气下大气衰减系数

对于雨天来说，影响衰减系数的重要因素是雨强。对于雨天天气条件，大气总的衰减系数表达式为

$$k_{\mathrm{RAIN}} = k_{\mathrm{CLEAR}} + k_W + k_R \tag{7-59}$$

式中，k_{CLEAR}为式（7－39）中给出的晴空天气下大气的衰减系数；k_W 为式（7－53）中给出的悬浮水滴的衰减系数；k_R 为雨的衰减系数。

雨滴的折射率 N_R 同时受到吸收和散射作用的影响。当雨滴的直径在 0.1 ~ 5 mm 时，即当雨滴直径和电磁波波长相当时，会发生散射。根据雨滴外形、尺寸和水的介电常数计算雨

的衰减系数的过程相当复杂。为了避免这种复杂的计算，Liebe 提出下面的近似计算方法，即将雨的衰减系数 k_R 表达为

$$k_R = 0.1820 f N''_R(f) \approx c_R R^z = x_1 f^{y_1} R^{x_2/y_2} \tag{7-60}$$

式中，R 为降雨率；系数 x_i，$y_i(i=1, 2)$ 为常数，随 f 不同而有所不同。

7.3 典型场景毫米波辐射特征

7.3.1 天空环境辐射

基于毫米波辐射的对空无源探测应用中，目标对象主要是飞机、导弹等各类空中军事目标，除目标之外的其他辐射来源（主要是大气环境）均认为是环境背景辐射。

在辐射测量领域，常将天线主波束轴线与铅垂线的夹角定义为观测角。对空探测时天空环境的毫米波辐射观测模型如图 7－7 所示。图中设定辐射测量系统天线中心为坐标原点，系统天线指向的天顶角和方位角为（θ，ϕ）。天线测量到的视在辐射亮温 $T_{AP}(\theta, \phi)$ 就是在（θ，ϕ）方向上向下传播的大气辐射亮温 T_{skyDN}。

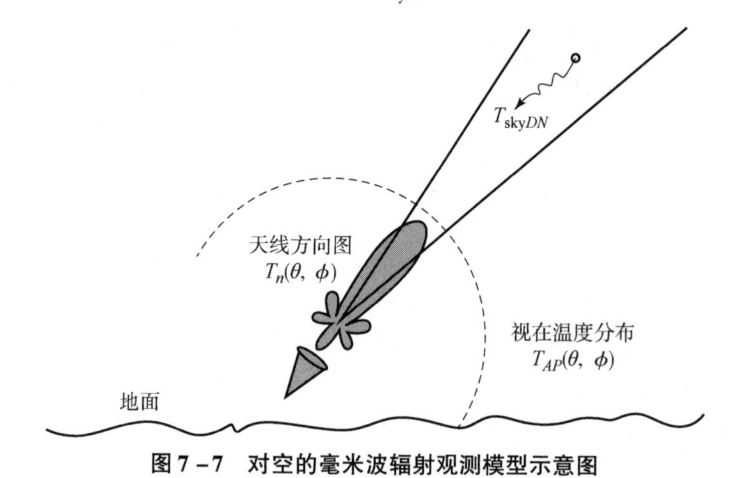

图 7－7 对空的毫米波辐射观测模型示意图

宇宙的微波辐射亮温值很小（7～73 K），一般可以忽略不计。因此，天线接收到的天空环境的视在亮温可表达为

$$T_{AP}(\theta, \phi) = T_{\text{sky}DN}(\theta, \phi) \approx \sec\theta \int_0^{\infty} k_e(z) T(z) e^{-\tau(0,z)\sec\theta} dz \tag{7-61}$$

式中，$k_e(z)$ 为海拔 z 处的大气衰减系数，可根据 7.2.1 节的大气传输模型求得；$T(z)$ 为海拔 z 处的大气热力学温度；$\tau(0, z)$ 表示从海拔高度 0 处到高空 z 之间的大气层铅垂方向上的光学厚度，其具体表达式为 $\tau(0,z) = \int_0^z k_e(z) dz$。

图 7－8 给出了 3 mm 波段晴朗天空亮温的仿真及实测结果，其中实线代表根据式（7－61）仿真得到的不同观测角下晴朗天空亮温结果，虚线代表利用实孔径辐射计测量得到的天空亮温结果。

在观测角 0°～60°范围内，MPM 理论模型与实测值具有很好的一致性。在观测角大于 60°时，MPM 理论模型也能作一定的参考。

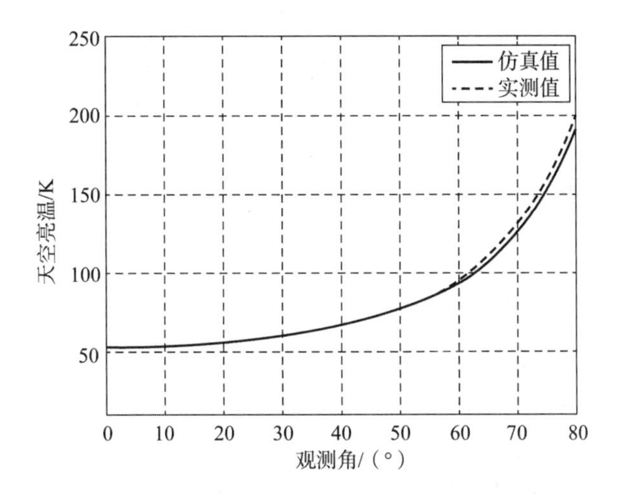

图7－8　3 mm 波段晴朗天空亮温的仿真及实测结果

7.3.2　空中目标辐射

考虑与图7－7所示相同的场景，假设天线波束很窄，空中目标在其观测方向（θ，ϕ）上并且占满了整个波束，则天线测量到的视在辐射亮温包含以下三部分：目标至天线表面间大气的向下辐射亮温 $T_{DN}(\theta, \phi)$、目标自身辐射以及目标对入射到其表面上的环境辐射的反射。

因此，天线接收到的空中目标辐射亮温可表达为

$$\begin{aligned} T_{AP}(\theta, \phi) &= T_{DN}(\theta, \phi) + t[e_t T_t + (1 - e_t) T_R(\theta, \phi)] \\ &= \sec\theta \int_0^h k_e(z) T(z) \mathrm{e}^{-\tau(0,z)\sec\theta} \mathrm{d}z + \mathrm{e}^{-\tau(0,h)\sec\theta} [e_t T_t + (1 - e_t) T_R(\theta, \phi)] \end{aligned} \tag{7-62}$$

式中，h 为空中目标所处的高度；t 为空中目标到微波辐射计天线表面间的大气透射率，即 $t = \mathrm{e}^{-\tau(0,h)\sec\theta}$；$e_t$ 为空中目标的辐射系数；T_t 为空中目标的物理温度；$T_R(\theta, \phi)$ 为环境辐射入射到空中目标表面上的亮温分量。

入射到目标表面的环境辐射 $T_R(\theta, \phi)$ 包含了三部分：从地面向上传播到空中目标下表面的大气向上辐射亮温 $T_{UP}(\theta, \phi)$、地面自身向外辐射的微波辐射亮温以及地面对投射到其表面的大气向下辐射亮温 $T_{\mathrm{sky}DN}(\theta, \phi)$ 的反射，其具体表达式为

$$\begin{aligned} T_R(\theta, \phi) &= T_{up}(\theta, \phi) + t[e_g T_g + (1 - e_g) T_{\mathrm{sky}DN}(\theta, \phi)] \\ &= \sec\theta \int_0^h k_e(z) T(z) \mathrm{e}^{-\tau(z,h)\sec\theta} \mathrm{d}z + \mathrm{e}^{-\tau(0,h)\sec\theta} [e_g T_g + \\ &\quad (1 - e_g) \sec\theta \int_0^\infty k_e(z) T(z) \mathrm{e}^{-\tau(0,z)\sec\theta} \mathrm{d}z] \end{aligned} \tag{7-63}$$

式中，e_g 为地球表面的辐射系数；T_g 为地球表面的物理温度。

以空中隐身目标为例，假设其表面发射率 $e_t = 1$，则式（7－62）可以简化为

$$T_{AP}(\theta, \phi) = T_{DN} + tT_t \tag{7-64}$$

因此，理想条件下空中隐身目标与天空环境的辐射亮温对比度为

$$\Delta T = T_{\text{bkgd}} - T_{\text{target}} = T_{\text{sky}DN} - T_{DN} - tT_t \tag{7-65}$$

式中，T_{bkgd}为环境背景的辐射亮温；T_{target}为目标的辐射亮温。

假设空中隐身目标飞行高度为10 km，距离地面接收天线为100 km，则在3 mm波段晴朗天空下，仿真得到空中隐身目标与天空环境的辐射亮温对比度$\Delta T = 216$ K。显然，空中隐身目标和天空背景之间存在较高的亮温对比度，因此利用这一目标特征可实现对天空背景中隐身目标的探测。

7.3.3 地面环境辐射

为了简化表述，毫米波辐射对地无源探测应用中的地面目标一般是指各种高价值军事目标，如装甲车辆、雷达及其运输平台、导弹发射架等，而地面场景中除目标之外的草地、混凝土、岩石及耕地等各类辐射来源均认为是地面环境。

需要指出的是，目标与环境背景的区分应以实际应用中关注的目标对象为准。例如，当毫米波辐射无源探测系统对地面机场跑道上的飞机进行成像探测时，目标对象是飞机，沥青跑道以及周边的草地和建筑物则为环境背景；当系统对地面机场跑道进行成像探测时，显然沥青跑道就成为对象，而跑道周边的草地和建筑物则为环境背景。

地面环境的毫米波辐射观测模型如图7-9所示。设定辐射测量系统天线的海拔高度为h，指向天线顶角和方位角为(θ, ϕ)。忽略宇宙背景辐射，天线测量到的视在辐射亮温T_{AP}（即地面环境辐射）包含了地面与天线之间大气的向上辐射亮温T_{UP}、地面自身辐射T_G和地面对大气辐射向下辐射的反射T_{SC}。

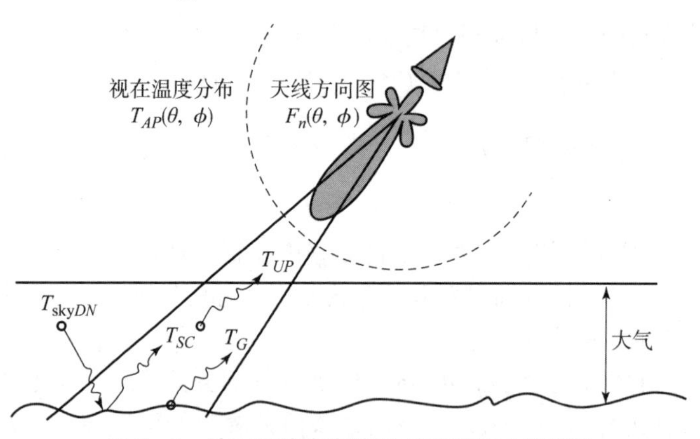

图7-9　地面环境毫米波辐射观测模型示意图

因此，天线接收到的地面环境辐射亮温表达式为

$$\begin{aligned}T_{AP}(\theta, \phi) &= T_{UP}(\theta, \phi) + t(e_g T_G + T_{sc}) \\ &= T_{UP}(\theta, \phi) + t[e_g T_G + (1 - e_g) T_{\text{sky}pN}] \\ &= \sec\theta \int_0^h k_e(z) T(z) \mathrm{e}^{-\tau(z,h)\sec\theta} \mathrm{d}z + \\ &\quad e^{-\tau(0,h)\sec\theta}[e_g T_G + (1 - e_g)\sec\theta \int_0^\infty k_e(z) T(z) \mathrm{e}^{-\tau(0,z)\sec\theta} \mathrm{d}z]\end{aligned} \tag{7-66}$$

式中，$k_e(z)$为海拔z处的大气衰减系数；$T(z)$为海拔z处的大气热力学温度；t为空中目标到微波辐射计天线口面间的大气透射率；$\tau(0, z)$表示从海拔高度0处到高空z之间的大

气层铅垂方向上的光学厚度；e_g 为地球表面的辐射系数；T_G 为地球表面的热力学温度。

不同地面环境，如草地、水泥地、沙土地、水面等发射率各不相同，同时地面环境辐射亮温还受季节变化、天气变化以及观测角度变化等影响。在 3 mm 波段的辐射亮温数据如图 7－10 所示。

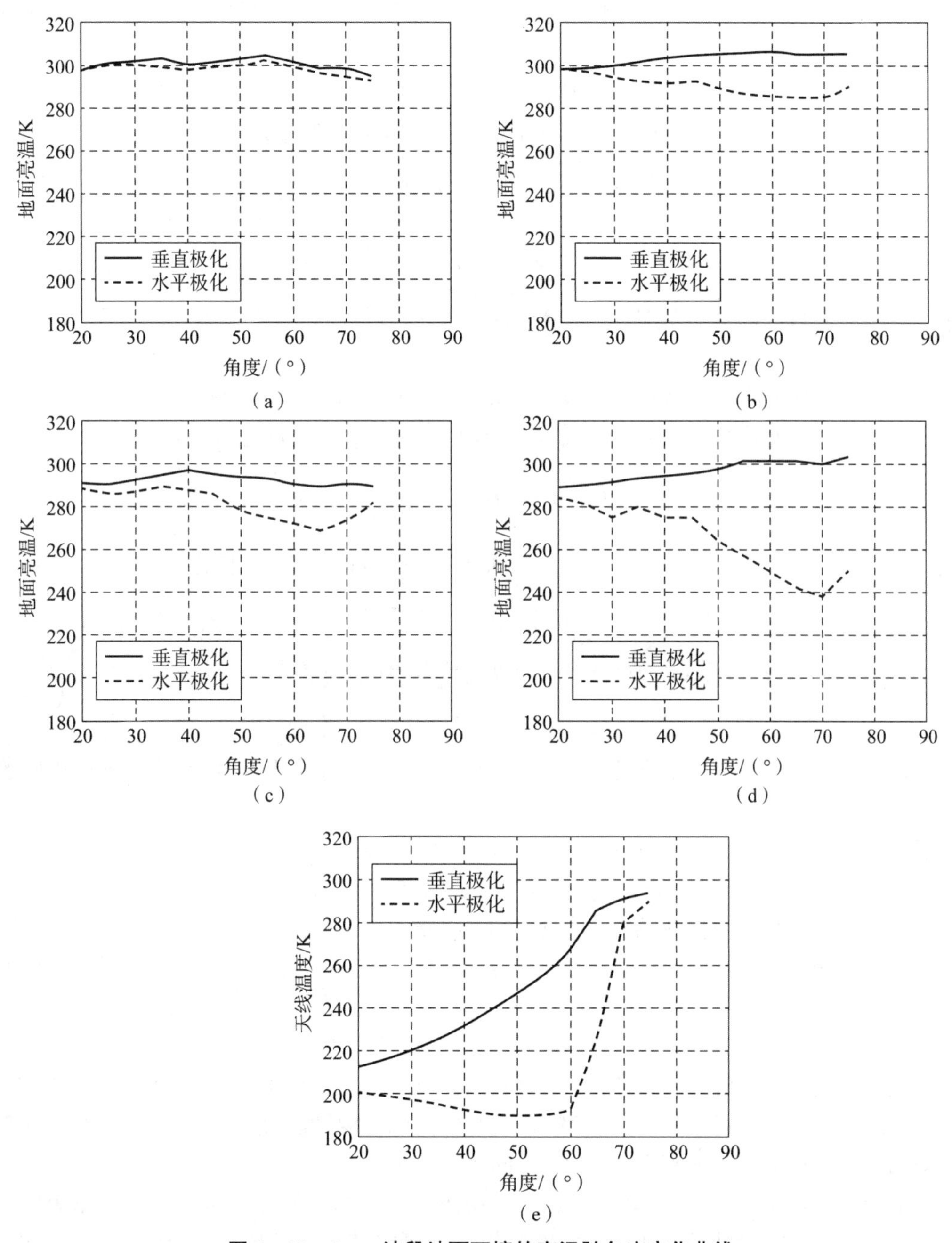

图 7－10　3mm 波段地面环境的亮温随角度变化曲线

（a）草地；（b）黄土；（c）沥青；（d）水泥；（e）水面

7.3.4 地面目标辐射

考虑与图7-9所示相同的场景，假设天线波束很窄，地面目标位于其观测方向（θ，ϕ）上且占满了整个波束，则天线测量到的视在辐射亮温包含以下三部分：地面目标至天线间的大气向上辐射亮温 T_{UP}、地面目标自身辐射以及地面目标对入射到其表面上的大气向下辐射 T_{DN} 的反射。

因此，天线接收到的地面目标的辐射亮温可以表达为

$$\begin{aligned} T_{AP}(\theta, \phi) &= T_{UP}(\theta, \phi) + t[e_t T_t + (1 - e_t) T_{DN}(\theta, \phi)] \\ &= \sec\theta \int_0^h k_e(z) T(z) \mathrm{e}^{-\tau(x,h)\sec\theta} \mathrm{d}z + \\ &\quad \mathrm{e}^{-\tau(0,h)\sec\theta} [e_t T_t + (1 - e_t) \sec\theta \int_0^\infty k_e(z) T(z) \mathrm{e}^{-\tau(0,z)\sec\theta} \mathrm{d}z] \end{aligned} \tag{7-67}$$

式中，e_t 为地面目标的发射系数；T_t 为地面目标的物理温度；其他参数与式（7-66）中定义相同。

对于理想金属目标，其发射率为0，即 $e_t = 0$，则式（7-67）简化为

$$\begin{aligned} T_{AP}(\theta, \phi) &= T_{UP}(\theta, \phi) + t[(1 - e_t) T_{DN}(\theta, \phi)] \\ &= \sec\theta \int_0^h k_e(z) T(z) \mathrm{e}^{-\tau(z,h)\sec\theta} \mathrm{d}z + \\ &\quad \mathrm{e}^{-\tau(0,h)\sec\theta} [\sec\theta \int_0^\infty k_e(z) T(z) \mathrm{e}^{-\tau(0,z)\sec\theta} \mathrm{d}z] \end{aligned} \tag{7-68}$$

当天线顶角 θ 比较小时，式（7-68）中大气向下辐射亮温 $T_{DN}(\theta, \phi)$ 可近似为

$$\begin{aligned} T_{DN}(\theta, \phi) &= \sec\theta \int_0^\infty k_e(z) T(z) \mathrm{e}^{-\tau(0,z)\sec\theta} \mathrm{d}z \\ &\approx (1.12 T_0 - 50)(1 - \mathrm{e}^{-\tau(0,\infty)\sec\theta}) \end{aligned} \tag{7-69}$$

其中，T_0 为地面的物理温度。该公式在当天线顶角 θ 比较小时与实际测量情况有较好的一致性。

于是，地面金属目标和背景的辐射亮温对比度可以表达为

$$\Delta T = T_{\mathrm{bkgd}} - T_{\mathrm{target}} = t(e_g T_g - e_g T_{DN}) \tag{7-70}$$

对地面金属目标辐射探测的一个典型应用就是末敏弹，其主要应用场景是实现对近距离地面装甲车辆的探测，此时大气衰减可以忽略不计，$t = 1$，因此地面和金属目标的对比度可简化为

$$\Delta T = e_g(T_g - T_{DN}) \tag{7-71}$$

假设地面的发射率 $e_g = 0.935$，$T_g = 300$ K，且 T_{DN} 取典型值 50 K，则可以得到 $\Delta T = 233.8$ K，可见地面金属目标和地面背景之间有较高的亮温对比度。因此，末敏弹可以通过检测金属目标与地面背景的亮温差异实现对地面车辆的探测。

以上给出了普遍意义上的地面目标辐射亮温模型。实际中要掌握类似于装甲车辆这样的复杂目标的毫米波辐射特性，还需要针对具体目标研究其结构外形、表面涂层与伪装措施、环境辐射来源以及观测角度和气象条件对其辐射特性的影响。

7.4　毫米波辐射探测距离公式

毫米波辐射探测距离方程适用于评估辐射探测系统的探测距离这一关键能力指标，同时也可用于指导毫米波辐射探测系统设计。辐射测量学中通常使用亮温来描述目标的辐射特征，因此辐射探测距离方程最直观的表达形式就是以亮温来描述。

7.4.1　波束平滑效应

最基本的目标探测场景如图 7 - 11 所示，接收天线面积为 A_r，工作波长为 λ，形成了指向目标的理想天线波束，对应立体角为 $\Omega_p = \lambda^2/A_r$。当天线与目标间距离为 R 时，天线波束在目标处的投影面积为

$$A = \Omega_p \cdot R^2 = \lambda^2 R^2 / A_r \tag{7-72}$$

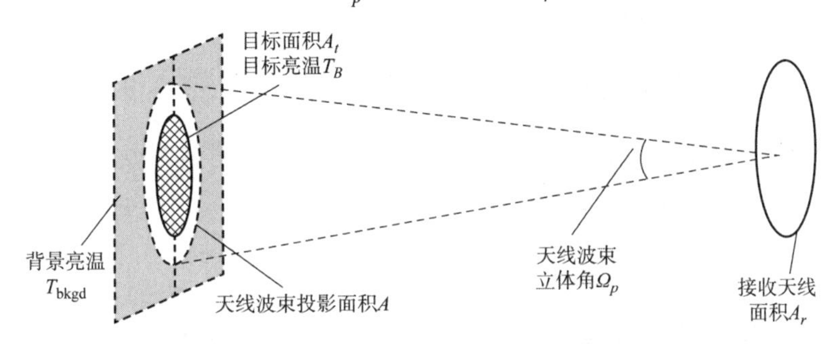

图 7 - 11　毫米波辐射目标探测示意图

假设均匀环境背景辐射亮温为 T_{bkgd}，目标亮温为 T_B，则定义目标与背景亮温差为

$$\Delta T_B = T_B - T_{\text{bkgd}} \tag{7-73}$$

式中，ΔT_B 常称为目标背景亮温差（或亮温对比度），单位为 K。

当目标亮温高于环境背景亮温时，毫米波辐射探测需要在“冷”背景上检测“热”目标；当目标亮温低于环境背景亮温时，毫米波辐射探测的任务则是在“热”背景上检测“冷”目标；若目标与环境背景亮温相同，则无法从亮温差异上区分目标和背景。

毫米波辐射探测系统的作用距离与“波束平滑效应”有关。当接收波束的投影面积 A 大于目标面积 A_t 时，定义目标波束占空比（又称填充因子）为

$$\eta_{\text{fill}} = \frac{A_t}{A} = \frac{A_t}{R^2 \cdot \Omega_p} = \frac{A_t A_r}{R^2 \lambda^2} < 1 \tag{7-74}$$

当目标面积 A_t 大于等于波束投影面积 A 时，目标波束占空比 $\eta_{\text{fill}} = 1$。

因此，波束指向目标区域的接收天线测量到的视在亮温可以表示为

$$T_{AP} = \eta_{\text{fill}} T_B + (1 - \eta_{\text{fill}}) T_{\text{bkgd}} = \eta_{\text{fill}}(T_B - T_{\text{bkgd}}) + T_{\text{bkgd}} \tag{7-75}$$

此时，天线测量输出的目标与环境辐射的视在亮温差为

$$\Delta T_{AP} = T_{AP} - T_{\text{bkgd}} = \eta_{\text{fill}}(T_B - T_{\text{bkgd}}) = \eta_{\text{fill}} \Delta T_B \tag{7-76}$$

当目标能占满整个接收波束时 $\eta_{\text{fill}} = 1$，天线测量输出的目标与环境辐射的视在亮温差 ΔT_{AP} 就等于目标亮温对比度 ΔT_B。当目标较小时，目标波束占空比 $\eta_{\text{fill}} < 1$，ΔT_{AP} 显然小于 ΔT_B。

以图 7 - 12 为例，假设环境背景辐射亮温 $T_{\text{bkgd}} = 100$ K，目标辐射亮温 $T_B = 300$ K，目

标亮温对比度 $\Delta T_B=200$ K。当目标宽度小于波束宽度，目标波束占空比 $\eta_{\text{fill}}=0.6$ 时，根据式（7-75）可知接收天线对目标区域测量后输出的视在亮温 $T_{AP}=220$ K，则与环境背景辐射的视在亮温差 $\Delta T_{AP}=120$ K。换句话说，波束平滑导致观测到的目标与环境背景间的亮温对比度变小了，这就是所谓的“波束平滑效应”，ΔT_{AP}也常被直观地称为波束平滑亮温差。

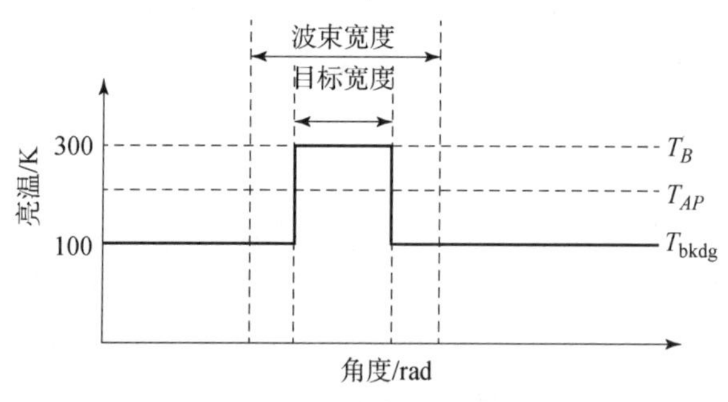

图 7-12　波束平滑效应

7.4.2　采用温度描述的辐射探测距离方程

毫米波辐射无源探测系统通过测量天线输出的波束平滑亮温差 ΔT_{AP}来检测目标。若希望系统能够实现可靠目标检测，则需要求

$$\Delta T_{AP}=\eta_{\text{fill}}\Delta T_B=\frac{A_tA_r}{R^2\lambda^2}\Delta T_B\geqslant N_0\Delta T_{\text{sys}} \tag{7-77}$$

式（7-77）很好地描述了毫米波辐射探测的物理过程。式中，ΔT_{sys}是毫米波辐射探测系统温度灵敏度，与系统噪声温度、带宽、积累时间等系统参数有关。N_0 为检测信噪比（或识别因子），表示要使得目标能够被可靠地检测，目标与环境背景间的波束平滑亮温差必须大于等于系统温度灵敏度 N_0 倍，检测信噪比 N_0 的取值与系统要求的虚警概率和检测概率有关。

将毫米波辐射无源探测系统的最大作用距离 $R_{\max}$定义为波束平滑亮温差 ΔT_{AP}等于系统温度灵敏度 ΔT_{sys}的 N_0 倍时的系统作用距离，则根据式（7-77）可得毫米波辐射无源探测系统的距离方程为

$$R_{\max}^2=\frac{A_tA_r}{\lambda^2}\cdot\frac{\Delta T_B}{N_0\Delta T_{\text{sys}}} \tag{7-78}$$

由辐射探测距离方程可以看出，通过增加接收天线有效面积和提高系统工作频率可以提高探测作用距离；系统温度灵敏度越高，探测作用距离越远；在系统温度灵敏度和检测信噪比确定的情况下，对于具有更大亮温对比度和物理面积的目标，系统探测距离越远。其中，$A_t\Delta T_B$ 描述了目标的毫米波辐射探测特征，与雷达散射截面积相类似，因此将其称为辐射计辐射截面积。

7.4.3　采用功率描述的辐射探测距离方程

式（7-78）给出了以亮温（单位为 K）描述目标特征时的辐射探测距离方程，可以非常直观有效地分析评估系统作用距离，但在进行系统设计和测试时，涉及天线、接收机和数字信号处理等专业的设计人员往往习惯采用功率（单位为 W 或 dBm）来描述系统灵敏度，

因此有必要给出采用功率表达的辐射距离方程形式。

用 ΔP 来表示天线测量目标与环境辐射时输出的功率差，将式（7－10）所给出的温度与功率之间的对应关系代入式（4－46），可得

$$\Delta P = \frac{A_t A_r}{R^2 \lambda^2} k \Delta T_B \Delta f \geqslant N_0 S_{\min} \tag{7-79}$$

式中，k 为玻耳兹曼常数；Δf 为接收机带宽；$S_{\min} = k\Delta T_{\text{sys}} \Delta f$ 为系统功率灵敏度（单位为 W 或 dBm），表征接收系统最小可检测的信号功率。

根据噪声温度与功率间的关系，可以给出辐射测量中广泛使用的系统温度灵敏度 ΔT_{sys} 与电子测量中广泛使用的系统功率灵敏度 $S_{\min}$ 之间的简便换算公式，为

$$S_{\min} = -139 \text{ dB} + 10\lg[\Delta f(\text{MHz})] + 10\lg[\Delta T_{\text{sys}}(\text{K})] \tag{7-80}$$

相对于辐射测量中通过控制黑体定标源的物理温度来模拟特定亮温的目标对象，使用信号源、频谱仪和功率计等仪器可以方便和准确地实现指定功率信号的产生、接收和测量。在式（7－79）的基础上，可以给出采用功率描述系统灵敏度时毫米波辐射无源探测系统的距离方程为

$$R_{\max}^2 = \frac{k\Delta T_B \Delta f}{N_0 S_{\min}} \cdot \frac{A_t A_r}{\lambda^2} \tag{7-81}$$

式（7－81）的意义在于，通过对系统功率灵敏度的测试或计算，可评估出系统的最大作用距离，或根据系统作用距离要求来分析计算系统功率灵敏度指标。

由天线理论可知，接收天线增益 G_r 和天线面积 A_r 之间的关系为 $G_r = 4\pi A_r / \lambda^2$，代入式（7－81）可以得到辐射探测距离方程的另外一种有用的表达形式为

$$R_{\max}^2 = \frac{k\Delta T_B \Delta f}{N_0 S_{\min}} A_t \frac{G_r}{4\pi} \tag{7-82}$$

式（7－82）可用于在接收天线增益 G_r 已知的情况下评估系统作用距离，或根据系统作用距离要求来分析计算接收天线增益指标。

7.5　毫米波辐射计

用被动探测方式检测目标毫米波辐射的探测器称为毫米波辐射计。

7.5.1　辐射计基本类型

一、全功率辐射计

全功率辐射计是最基本的一种辐射测量技术体制。顾名思义，它通过测量天线和接收机的总噪声功率来估计观测场景对应的天线温度。全功率辐射计的组成框图如图 7－13 所示，通常由天线、接收机、检波器和积分器等部件组成。

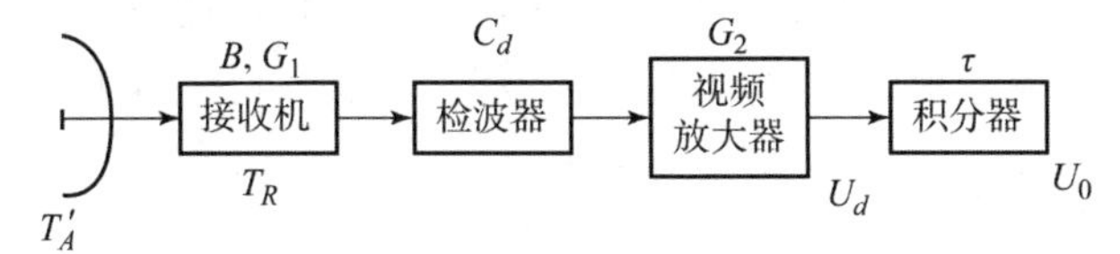

图 7－13　典型全功率辐射计原理框图

辐射探测中对天线的基本设计要求是保证较高的天线效率和主波束效率，具体天线形式可以根据应用需求选用喇叭天线、反射面天线或透镜天线等。与天线相连的接收机的基本功能是完成对输入的宽带噪声信号的放大和滤波，通常使用噪声系数 F_n、带宽 B 和增益 G 等参数来描述接收机的性能。在进行辐射计系统设计时，可以根据工作频段、性能指标和器件水平等因素来确定接收机的工作体制，包括超外差式或直接放大接收体制等。

检波器在电子侦察（如雷达告警）接收机中应用广泛，常用的检波器包括平方律检波器、线性检波器以及对数检波器。由于平方律检波器的输出电压正比于输入功率，进而也正比于系统噪声温度，因此在全功率辐射计中应用广泛。检波器的输出信号通常称为视频信号，通过积分器进行积累平滑后可以降低信号波动，所以增加积累时间可以提高系统灵敏度，改善测量精度。

二、狄克辐射计

全功率辐射计接收机的增益波动同样会引起系统输出电压的波动。因此，在增加积累时间提高系统灵敏度的同时，需要考虑如何避免增益随着时间的漂移造成系统灵敏度的恶化。为了克服全功率辐射计由于增益起伏导致系统温度灵敏度恶化的问题，1964 年 Dicke 提出了狄克辐射计，其基本工作原理如图 7 - 14 所示。

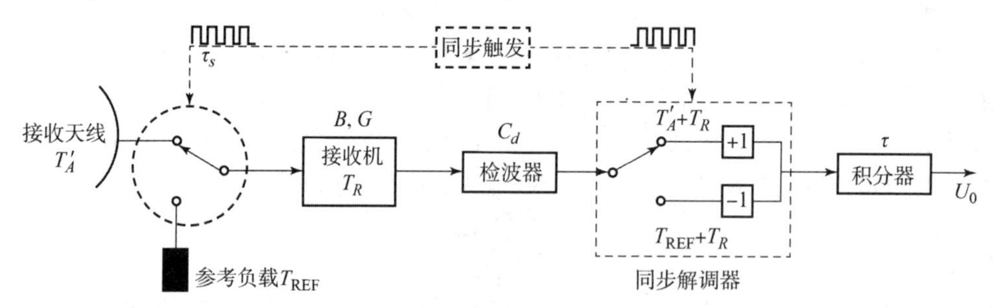

图 7 - 14 狄克辐射计系统原理框图

与全功率辐射计相比，狄克辐射计增加了狄克开关（单刀双掷射频开关）和同步解调器，通过脉冲同步触发射频开关和同步解调器进行切换，使接收机交替接收并处理来自匹配负载和天线的热噪声信号。当开关的切换速率很高，并且保证在一个开关周期内（典型值为 1 ms）系统的增益基本不变时，利用同步解调器可以抵消两路输入中共有的接收机噪声温度分量 T_R。因此，狄克辐射计中积分器输出电压正比于天线噪声温度与参考负载噪声温度之差 $T'_A - T_{REF}$，而与接收机噪声温度无关，从而避免了接收机增益随时间缓慢波动对系统灵敏度的影响。

总之，狄克辐射计通过采用测量天线与参考源之间的温度差异，而非直接测量天线温度的方式，有效提高了长时间情况下的系统稳定度，并保证了系统的温度灵敏度。基于该原理进一步发展出了多种辐射计体制，包括平衡狄克辐射计、噪声注入辐射计等。

全功率辐射计虽然存在增益波动的问题，但由于结构简单，在测量时间较短或定期标校的情况下仍可以保证良好的探测性能，因此在末制导、安检、遥感等领域也广泛应用。

以上介绍的两类基本辐射计均采用实孔径天线，因此又可统称为实孔径辐射计。

7.5.2 毫米波天线

辐射计接收的信号相当于天线温度 T_a，它由主瓣和副瓣的相应分量构成，即

$$T_a = \frac{1}{4\pi}\int_{\Omega_m} T_{ap}(\theta,\ \phi)G(\theta,\ \phi)\mathrm{d}\Omega + \frac{1}{4\pi}\int_{\Omega s} T_{ap}(\theta,\ \phi)G(\theta,\ \phi)\mathrm{d}\Omega \tag{7-83}$$

式中，Ω_m 为主瓣立体角；Ω_s 为副瓣立体角。

为达到忽略副瓣的目的，一般选择透镜类无阻塞的孔径天线。对近距离辐射计，应采用较好的天线，如透镜天线和喇叭天线等。

天线波束的特性对辐射计系统的分瓣起主要作用，当作用距离为几米至几百米时，某些应用所要求的距离很短，不能达到天线所要求分瓣单元的远区场范围。标准远区场的距离为

$$R = 2D^2/\lambda_0 \tag{7-84}$$

式中，D 为天线直径。

通过将天线聚焦至菲涅耳区内，可缩短最小范围而仍保持远区场特性，采用菲涅耳区聚焦的最小距离为

$$R = 0.2D^2/\lambda_0 \tag{7-85}$$

毫米波天线有抛物面天线、喇叭天线、透镜天线，还有尺寸更小的缝隙天线、漏波天线、介质棒天线、微带天线和天线阵。毫米波天线主瓣波束要窄，而工作频带要宽，以提高灵敏度，另外要求副瓣电平在 -20 dB 以下。探测距离为 200 ~ 300 m 的主动式毫米波探测器采用大口径抛物面天线、透镜天线和微带天线阵。探测距离为 30 ~ 200 m 的毫米波探测器采用小口径喇叭天线、透镜天线，以获得目标距离、角度、速度信息。探测距离在 30 m 以内的近程毫米波探测器要用体积小、可靠性好的介质棒天线、缝隙天线、小口径透镜天线，能获得目标距离和速度信息。

1. 喇叭天线

喇叭天线由矩形波导开口扩大而成。它馈电容易，方向图容易控制，副瓣低、频带宽，使用方便。各种毫米波喇叭天线如图 7 - 15 所示。

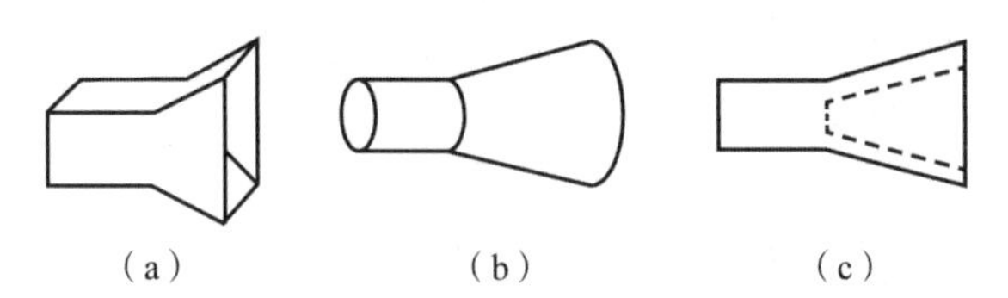

图 7 - 15　各种毫米波喇叭天线

(a) 扇形喇叭天线；(b) 圆锥形喇叭天线；(c) 介质加载喇叭天线

扇形喇叭天线和圆锥形喇叭天线是单模喇叭天线，效率低；介质加载喇叭天线效率高，频带宽。近程探测器上要使用大张角喇叭天线。

2. 抛物面天线

抛物面天线的增益近似为

$$G = \eta\left(\frac{\pi D}{\lambda}\right)^2 \tag{7-86}$$

式中，D 为天线口径；η 为天线效率。

抛物面天线还可分为旋转抛物面、切割抛物面、柱形抛物面、球面等。抛物面毫米波天线如图 7 - 16 所示。

旋转抛物面主瓣窄，副瓣低，增益高，方向图为针状。

3. 透镜天线

透镜天线利用光学透镜原理，在焦点处的点光源经透镜折射后能成为平面波。透镜天线如图 7－17 所示。透镜天线面上相位一致。

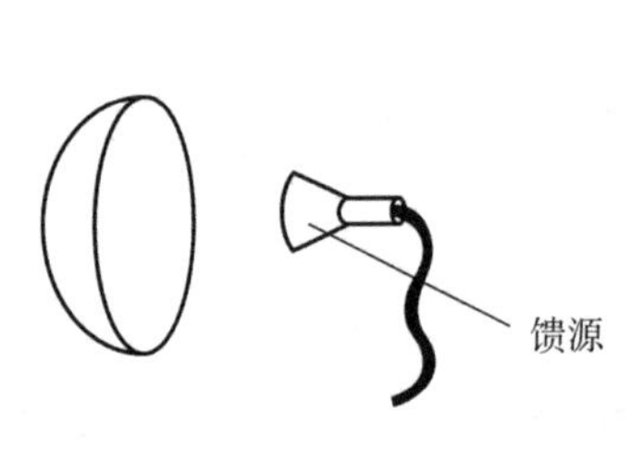

图 7－16　抛物面毫米波天线

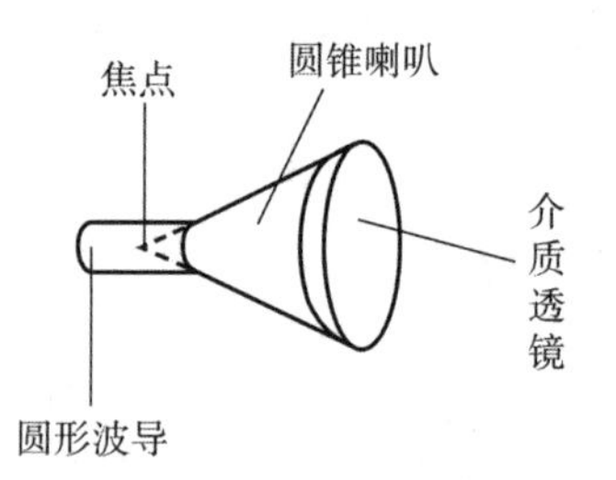

图 7－17　透镜天线

4. 介质棒天线

介质棒天线利用一定形状介质棒作辐射源。该天线的性能取决于介质棒的尺寸（长度和直径）、介电常数、损耗等。

增加棒的直径可以减小波瓣宽度，利用高介电常数的介质棒可以缩短辐射长度。

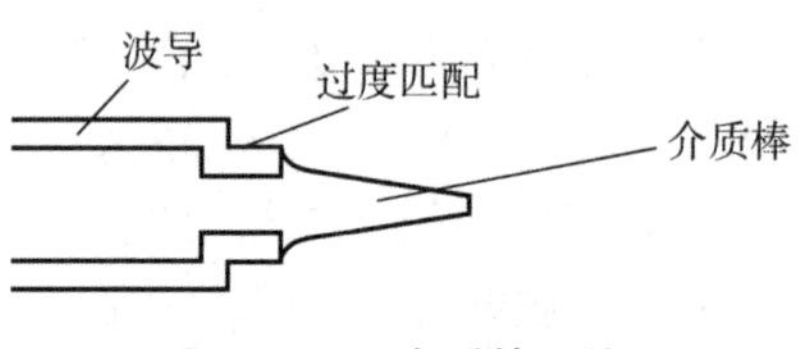

图 7－18　介质棒天线

介质棒天线如图 7－18 所示。一个工作在 81.5 GHz的介质棒天线的 H 面辐射方向图如图 7－19 所示，其介质棒材料为介电系数 $\varepsilon_r = 2.1$ 的聚四氟乙烯，长度为 20 mm。

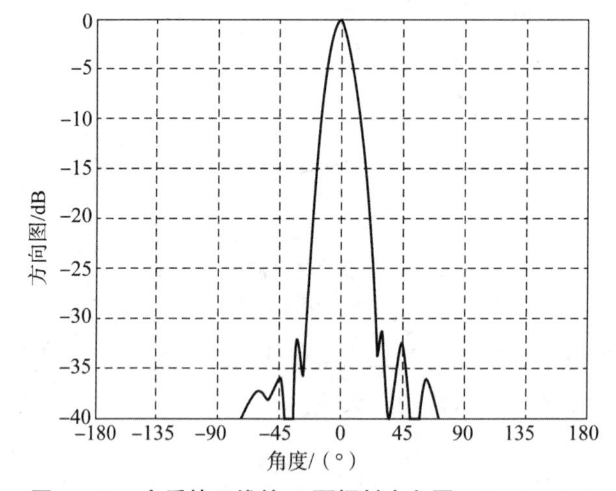

图 7－19　介质棒天线的 H 面辐射方向图（81.5 GHz）

5. 微带天线

微带天线如图 7－20 所示。它是在微带基片上制作一片金属环或线，用来辐射毫米波。该天线截面积小，适合用于与飞行器共形的探测器，如在毫米波引信上使用。微带天线可以设计成各种形状以调整天线方向。

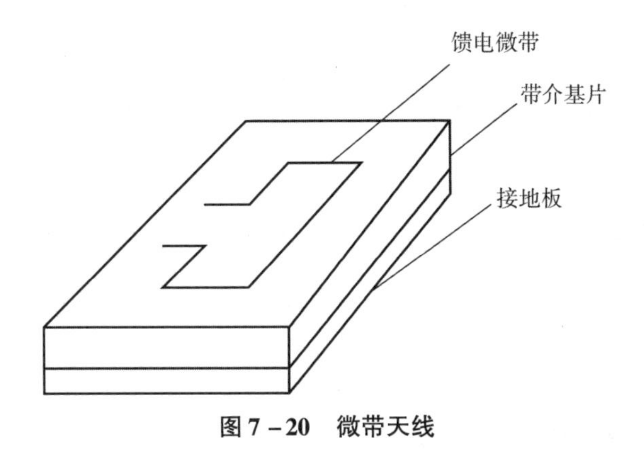

图 7－20　微带天线

7.5.3　中频放大器

进入接收机的毫米波信号经混频器变为中频，以便放大和滤波。由式（7－31）可知，增大 $B\tau$ 可提高辐射计灵敏度，但在平时应用中，有时提高 τ 受到系统总体及其他因素的限制。因此，可增加系统检波器的带宽 B 来提高灵敏度。但在选择检波器系统带宽时，必须考虑频谱分辨率和器件水平等，增加系统带宽等效于降低频谱灵敏度。根据所用的射频和中频器件，当电路的频谱灵敏度降低时，很难获得接近于平直的频率响应曲线。电路的频谱灵敏度为

$$Q = f_0 / B \tag{7-87}$$

式中，f_0 为中心频率；B 为有效带宽。

可见，增加中频带宽是增加系统有效带宽的关键，但是对于工作于双边带的接收机来说，中频频率的上限受到射频带宽的限制。另外，为提高辐射计灵敏度，除要求总损耗电量及噪声系数尽可能低外，中频放大器应具有低的噪声系数。采用新型双极 GaAS 或场效应晶体管作中频放大器可降低中频噪声系数。

中频增益的选择对获得最佳系统特性具有决定性作用。为保证辐射计的输出电压精确地反映场景温度分布，必须有足够的中放增益，包络检波器必须工作于平方律范围，终端各级的噪声必须很低。

为了有足够的中放增益，应保证

$$G_{MF}\Delta T_{\min} \geqslant A\Delta T_{\min} \tag{7-88}$$

式中，A 为常数；G_{MF} 为检波前系统的增益；$\Delta T_{\min}$ 为辐射计的平方律检波和终端放大器的最小可检波温度。

对于晶体检波器，有

$$\Delta T_{\min} = \frac{2}{C_d\sqrt{k}}\sqrt{T_0 R_v F_v}\left(\frac{\sqrt{B_{LF}}}{B'_{RF}}\right) \tag{7-89}$$

式中，k 为玻耳兹曼常数；C_d 为平方律检波器功率灵敏度常数；T_0 为环境温度；R_v 为平方律检波放大系数；F_v 为平方律放大器噪声系数；B_{LF} 为终端放大器带宽；B'_{RF} 为包括上、下中频边带的接收机噪声带宽。

为使包络检波器工作在平方律范围内，可通过在检波曲线上选择适当的工作点来满足。中放净增益取决于

$$G_{HF}=\frac{P_{if}}{kT_{sy}BF_n} \tag{7-90}$$

式中，P_{if}为中放输出功率；T_{sy}为超外差式辐射计的系统温度；B为检波前的系统总带宽；F_n为混频至终端噪声系数。

7.5.4 视频放大器设计

设探测温度的动态范围是$T_{a\min}\sim T_{a\max}$，则加至终端放大器输入端的相应电压由下式决定：

$$U_{\text{in}}=C_d kT_{sy}BF_nG_{HF} \tag{7-91}$$

系统温度的最小值和最大值分别为

$$T_{sy\min}=T_{a\min}+(L-1)T_0+L(F_n-1)T_0 \tag{7-92}$$

$$T_{sy\max}=T_{a\max}+(L-1)T_0+L(F_n-1)T_0 \tag{7-93}$$

通常规定了辐射计的输出电压斜率，视频增益G_v是输出斜率与输入斜率的比值。设计中应注意前端的增益和补偿要求，当射频损耗下降时，则系统灵敏度增高。射频损耗电量减小时，检波前的系统增益应提高，同时视频增益必须降低，直流补偿电压也明显下降。

为设计视频放大器，必须分析检波输出和信号特征。对于一般天文遥感辐射计来说，检波输出为一固定直流电压，根据电压高低来测试环境及目标的温度；对于近程辐射计来说，检波输出为一种矩形脉冲。以对地面金属目标扫描为例分析。图7－21是空对地旋转扫描辐射计运动示意图，图中v_f为辐射计均匀下落的速度。从图可知，扫描速度为

$$v_f=2\pi\Omega_r H\tan\theta_F \tag{7-94}$$

式中，Ω_r为辐射计绕下落轴的转速；θ_F为辐射计天线轴线与下降轴的夹角；H为辐射计起始扫描的高度。

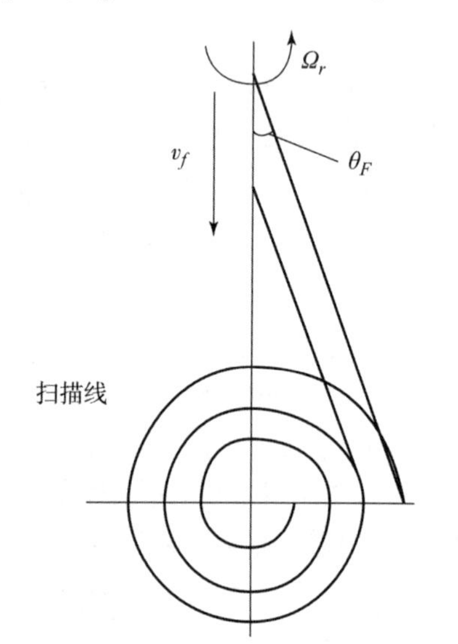

图7－21 空对地旋转扫描辐射计运动示意图

可采用高斯型函数来近似表示，即

$$f(x)=a\mathrm{e}^{-x(bx)^2} \tag{7-95}$$

式中，$x=v_st$。

因此，

$$f(x)=a\mathrm{e}^{-\pi x(bx)^2} \tag{7-96}$$

式中，a和b均为波形常数，可通过计算机逼近来求出。

对式（7－96）进行傅里叶变换得

$$F(\omega)=\int_{-\infty}^{+\infty}f(x)\mathrm{e}^{\mathrm{j}a\omega}\mathrm{d}x=\int_{-\infty}^{+\infty}\mathrm{e}^{-bx^2}\cos\omega x\mathrm{d}x=\frac{a}{bv_s}\mathrm{e}^{\frac{\omega 2}{4\pi b2v_s^2}} \tag{7-97}$$

频谱上限频率

$$f_H=b\Omega_r H\tan\theta_F\sqrt{2\pi\ln 2} \tag{7-98}$$

与b、H、Ω_r及θ_F均有关。

低通滤波器的等效积分时间为

$$\tau = \frac{1}{2f_H} = \frac{1}{2b\Omega_r H\tan\theta_F\sqrt{2\pi\ln 2}} \tag{7-99}$$

设计低通滤波器时，应根据天线温度波形的计算，对温度波形进行波形逼近，用某一函数表示检波输出波形，再根据频谱分析，求出低通滤波器的频谱分布及频率上限。

7.6　毫米波探测技术的应用

毫米波探测技术的应用主要包括 3 个方面，即毫米波雷达、毫米波制导系统和毫米波辐射计，在军用领域和民用领域均得到了较广泛的应用。

7.6.1　毫米波雷达

毫米波雷达简化原理框图如图 7－22 所示。毫米波发射机经环流器和天线发出毫米波射频信号，射频信号遇到目标后反射到天线，经环流器进入混频器。在混频器中，回波毫米波信号与本机振荡器混频，输出差频信号（中频）。差频信号经中频放大器、视频检波器和视频放大器，最后输入信号处理器。在信号处理器中可完成测距、测速、测角、目标识别等功能，最后输出发火控制信号。

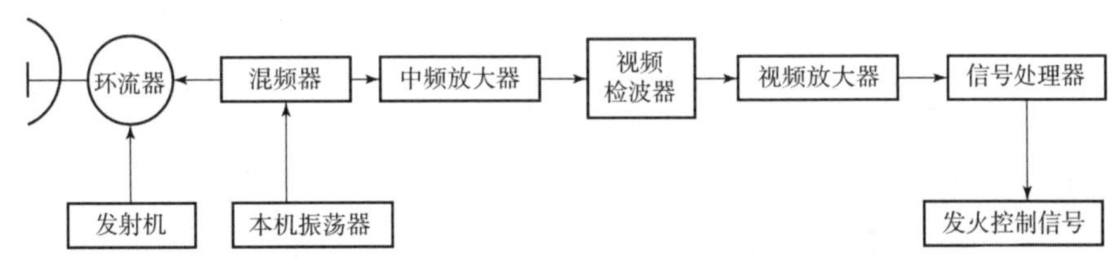

图 7－22　毫米波雷达原理框图

灵巧弹药中应用的毫米波雷达可分为多种体制，包括毫米波多普勒雷达、毫米波调频雷达、毫米波脉间调频雷达、毫米波脉冲雷达、毫米波脉冲压缩雷达、毫米波脉间频半步进雷达、毫米波脉冲调频雷达、毫米波噪声雷达等。雷达可获得的信息为目标的方位信息、目标与灵巧弹药间的距离信息、目标的速度信息、目标的极化信息、目标的外形信息。目前，灵巧弹药雷达的工作频率主要有 35 GHz 和 94 GHz 两个频段。

毫米波雷达的典型应用有以下几个方面。

1. 毫米波近炸引信

毫米波近炸引信是世界各军事强国炮兵近炸引信的主要发展方向，其主要优点是炸高精度高、炸高可选择、抗干扰能力强，可最大限度发挥弹药对目标的毁伤效能，主要采用 8 mm、5 mm、3 mm、2 mm 或太赫兹近炸探测器。与其他波段近炸引信一样，毫米波近炸引信也有诸多不同探测体制，其中调频连续波（FMCW）体制引信以其成熟性和易于实现性而获得大量应用。

2. 空间目标识别雷达

其特点是使用大型天线以得到成像所需的角分辨率和足够高的天线增益，使用大功率发射机以保证作用距离。例如，一部工作于 35 GHz 频率的空间目标识别雷达的天线直径达 36 m，用行波管提供 10 kW 的发射功率，可以拍摄远在 16 000 km 处的卫星照片；一部工作于94 GHz的空间目标识别雷达的天线直径为13.5 m，当用回旋管提供20 kW的发射功率时，可以对14 400 km远处的目标进行高分辨率摄像。

3. 汽车防撞雷达

由于毫米波雷达作用距离不需要很远，故发射机的输出功率不需要很高，但要求有很高的距离分辨率（达到米级），同时要能测速，且雷达的体积要尽可能小，所以采用以固态振荡器作为发射机的毫米波脉冲多普勒雷达。采用脉冲压缩技术将脉宽压缩到纳秒级，大大提高了距离分辨率。利用毫米波多普勒频移的特点可得到精确的速度值。

4. 直升机防空雷达

现代直升机的空难事故中，飞机与高压架空电缆相撞造成的事故占相当高的比率。因此，直升机防空雷达必须能发现线径较细的高压架空电缆，需要采用分辨率较高的短波长雷达，实际多用3 mm雷达。

5. 炮弹弹道测量雷达

这类雷达的用途是精确测定敌方炮弹的轨迹，从而推算出敌方炮兵阵地的位置加以摧毁，多用3 mm波段的雷达，发射机的平均输出功率在20 W。脉冲输出功率应尽可能高一些，以减轻信号处理的压力。

6. 精密跟踪雷达

实际的精密跟踪雷达多是双频系统，即一部雷达可同时工作于微波频段（作用距离远而跟踪精度较差）和毫米波频段（跟踪精度高而作用距离较短），两者互补可取得较好的效果。例如，美国海军研制的双频精密跟踪雷达即有一部9 GHz、300 kW的发射机和一部35 GHz、13 kW的发射机及相应的接收系统，共用2.4 m抛物面天线，已成功地跟踪了距水面30 m高的目标，作用距离可达27 km。双频系统还带来了一个附加的好处，即毫米波频率可作为隐蔽频率使用，提高雷达的抗干扰能力。

7.6.2 毫米波制导系统

由于雷达波的发散性，指令制导和波束制导在目标距离较远时，制导精确度下降，这时，最好选用较高的毫米波频段。应用领域最广、最灵活的毫米波制导方式分主动式和被动式两种，这两种方式不仅可以用于近程导弹的制导系统，而且可以用于各种远程导弹的末制导。主动式毫米波导引头探测距离与天线尺寸、发射功率、频率等因素有关，目前这种导引头探测距离较短，但随着毫米波振荡器功率的提高，噪声抑制以及其他方面技术水平的提高，探测距离是可以增大的。与被动式毫米波导引头相比，主动式毫米波导引头的优点是在相同的波长、相同的天线尺寸下，分辨率高，作用距离远。

如果采用复合制导方式，把主动式寻的制导与被动式寻的制导结合运用，可以达到更好的效果，即用主动寻的模式解决远距离目标捕获问题，避免被动寻的在远距离时易被干扰的弱点，而在接近目标时转换为被动寻的模式，以避免目标对主动寻的雷达波束能量反射呈现有多个散射中心引起的目标闪烁不定问题，从而可以保证系统有较高的制导精度。

由于毫米波制导兼有微波制导和红外制导的优点，同时由于毫米波天线的旁瓣可以做得很低，敌方难于截获，增加了干扰的难度，加之毫米波制导系统受导弹飞行中形成的等离子体的影响较小，国外许多导弹的末制导采用了毫米波制导系统，如美国的“黄蜂”“灰背隼”“STAFF”，英国的“长剑”，苏联的“SA－10”等导弹。

7.6.3　毫米波辐射计

毫米波辐射计实质上是一台高灵敏度接收机，用于接收目标与背景的毫米波辐射能量。简单的弹载毫米波辐射计原理框图如图 7－23 所示。

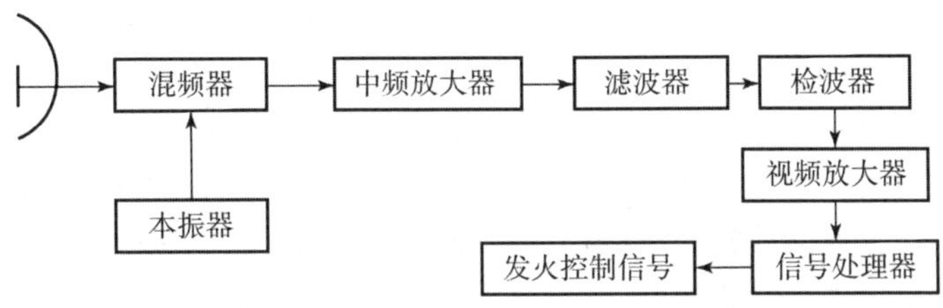

图 7－23　弹载毫米波辐射计原理框图

当辐射计天线波束在地面背景与目标之间扫描时，由于目标与背景（地面）之间的毫米波辐射温度不同，辐射计输出一个钟形脉冲，利用此脉冲的高度、宽度等特征量，可识别地面目标的存在。在采用高分辨或成像辐射计时，辐射计输出信号不但反映目标与背景之间的对比度，而且可获得二维的目标尺寸特征及目标图像。

灵巧弹药中，毫米波辐射计是利用地面目标与背景之间毫米波辐射的差异来探测及识别目标的。末敏弹是在弹道末端能够探测出装甲目标的方位并使战斗部朝着目标方向爆炸的炮弹。

德国智能弹药系统公司研制的 SMART 155 mm 末敏炮弹是当今世界最先进的炮射末敏弹之一。末端敏感器采用 3 个不同的信号通道，包括 94 GHz 毫米波辐射计和毫米波雷达、红外探测器，其中毫米波辐射计与毫米波雷达共用一个天线，且与自锻破片战斗部的药型罩融为一体，不需要增加机械旋转装置，在充分利用空间的同时具备较好的抗干扰能力。末敏子母弹工作过程如图 7－24 所示。母弹在距地面 25 m 高处依靠自身动力装置以向上 50 m/s、水平 10 m/s 的速度抛出制导子弹药。末敏子弹制导辐射计天线口径 50 mm，中心频率 95 GHz，工作带宽 2 GHz。天线波束与弹体轴线的夹角 10°，弹体保持 2 m/s 的自旋速度以完成地面搜索并捕获地面装甲目标，从而引导子弹药实施精确攻击。

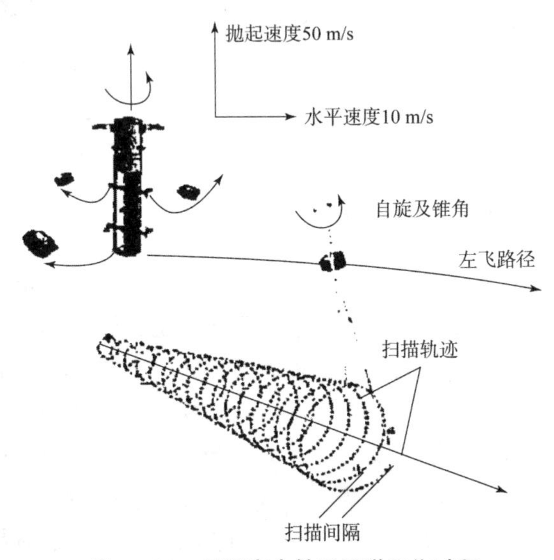

图 7－24　反坦克末敏子母弹工作过程

7.7 太赫兹辐射探测技术

太赫兹波是指频率0.1～10 THz，波长30 μm～3 mm的电磁波，它介于毫米波与红外线之间，处于从电子学向光子学的过渡区。太赫兹频段在无线电物理领域称为亚毫米波，在光学领域则习惯称为远红外辐射。

由于太赫兹波具有大带宽、强穿透性等优越特性，使得太赫兹技术在国土安全和军事领域具有巨大的应用潜力。经过多年的发展，大功率太赫兹波辐射源和高灵敏度探测技术的研究取得了很大的进展，太赫兹技术已开始应用于环境监测、生物医学、天文物理以及安全和军事等领域，并展示出很大的优势。

太赫兹辐射探测技术原理与毫米波辐射无源探测技术原理相似，二者都是仅通过接收物体自身辐射的热辐射信号，根据不同物质目标的辐射特性差异，实现对目标的探测成像。由于太赫兹波可以穿透纸箱、衣物、鞋子等发现藏匿的物体，而且安检重点关注的爆炸物、毒品等在太赫兹波段具有特征指纹谱，可望在探测的基础上识别其成分。另外，太赫兹辐射探测技术不主动发射太赫兹波，对被检查人员和操作人员无电离伤害。因此，太赫兹辐射探测技术在安检领域中具有较好的应用前景。图7－25给出了一种太赫兹辐射探测扫描成像系统原理示意图。

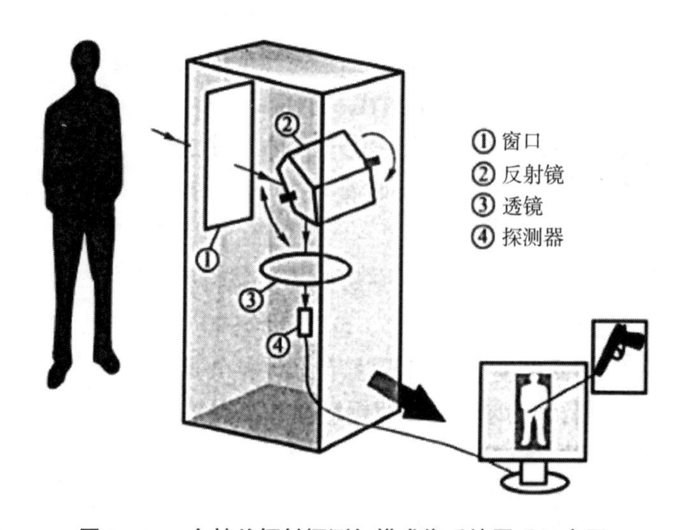

图7－25 太赫兹辐射探测扫描成像系统原理示意图

太赫兹辐射探测的基本过程如下：被检测的人体站在离系统一定距离处，系统的光机扫描器会控制一个多面体转镜，使其绕水平旋转轴高速稳定旋转，同时使其绕竖直摆动轴往复摆动，完成对被测人体的二维快速扫描。聚焦透镜将光机扫描器扫描而来的被测人体所辐射的太赫兹波汇聚到太赫兹探测器的信号输入端口。太赫兹探测器将接收到的太赫兹波转变为电压信号，通过数据处理部分进行采集与处理，并与光机扫描器所生成的同步信号相结合，在计算机中拼接出被测人体或目标的太赫兹图像。太赫兹接收器输出的电压信号与被测目标所辐射的太赫兹波的强弱呈线性变化。当被测人体身上藏有危险物品（如枪支、匕首等物品）时，由于危险物品与被测人体的太赫兹辐射特性不同，因此在系统对人体扫描过程中，太赫兹探测器所接收到的太赫兹信号会存在变化差异。利用这种差异，实现对人体身上隐匿目标的无源探测。

随着太赫兹技术和器件性能的不断提高，对太赫兹辐射探测技术的应用研究也逐渐深入，并取得不错的成果。总的来看，太赫兹辐射探测技术的研究和应用还处于快速发展之中，在基础器件、系统体制和重大典型应用拓展等方面还存在大量的研究工作需要开展。

第 8 章

激光探测原理

随着激光技术、激光器件的快速发展，激光技术在军事及民用的各个领域的应用日趋广泛，特别是在军事技术中，在激光雷达、激光制导、激光测距、激光模拟、强激光武器、激光致盲武器、激光陀螺、激光引信等多个领域得到了广泛的应用。除激光模拟、强激光武器、激光陀螺之外，更多的是把激光作为一种探测手段加以应用的。特别是因为激光具有方向性好、亮度高、单色性好、相干性好，且波长处于光波频段等本质属性，使得应用激光作为探测手段的各种新型探测系统在探测精度、探测距离、角分辨率、抵抗自然和人为干扰能力等方面都比原有系统有较大幅度的提高。现代战场中，电磁环境日益恶化，特别是人为电磁干扰使无线电近炸引信的生存能力和正常作用能力受到极大的威胁。激光探测技术恰恰为无线电探测提供了必要的补充，因其自身的特性，抗干扰抵抗能力较强，所以被大量地用于现代武器系统中。

8.1 概述

激光（Light Amplification by Stimulation Emission of Radiation，LASER）技术出现于20 世纪 60 年代。1900 年，普朗克用辐射量子化假设成功地解释了黑体辐射规律。1913 年，玻尔提出了原子中的电子运动状态的量子化假设并解释了氢原子光谱规律。在此基础上，爱因斯坦提出了光量子概念，他从量子论的观点出发，提出在辐射与物质相互作用的过程中包含以下 3 个过程：粒子的自发辐射跃迁、受激辐射跃迁和受激吸收跃迁。1917 年，爱因斯坦在《关于辐射的量子力学》中预言了原子受激辐射发光的可能性，即存在激光的可能性。40 年后，受激辐射概念在激光技术中得到了应用。

由于产生机理与普通光源的发光不同，激光具有不同于普通光的一系列性质。与普通光相比，激光最突出的特性是它具有高度的单色性、方向性、高亮度和相干性，且均可归结为一个特性，即激光具有很高的光子简并度。也就是说，激光可以在很大的相干体积内具有很高的相干光强。

1. 单色性

单色性是指光强按频率（波长）的分布情况。由于激光本身是一种受激辐射，再加上谐振腔的选模和限制频率宽度的作用，因而发出的是单一频率的光。但是，激光态总是有一定的能级宽度的，加之温度、振动、抽运电源的波动等因素的影响，造成谐振腔腔长的变化和谱线频率的改变，光谱线总有一定的宽度。因此，激光单色性的好坏可以用频谱分布的宽度（线宽）来描述。频谱宽度越窄，说明光源的单色性越好。

激光的单色性远远好于普通光源，即激光的谱线宽度远小于普通光源的线宽。例如，氦氖激光器输出的红色激光谱线宽度可达 10^{-9} nm，比普通光源中单色性最好的氪灯（谱线宽度 4.7×10^{-4} nm）单色性还要好 10^5 倍。激光单色性好，体现了激光能量在频域上的高度集中。一般来说，单模稳频气体激光器的单色性最好；固体激光器的单色性较差，主要因为工作介质的增益曲线很宽，很难在单模下工作；半导体激光器的单色性最差。

2. 方向性

激光不像普通光源那样向四面八方传播，而是几乎在一条直线上传播，即激光方向性好。激光之所以具有方向性好的特点，是由激光器受激辐射的机理和光学谐振腔对激光光束的方向限制所决定。

激光束的方向性通常用光束发散角来衡量。由于激光所能达到的最小光束发散角还要受到衍射效应的限制，因而激光发散角不能小于激光通过输出孔径的衍射角 θ_m，称为衍射极限。设光腔的输出孔径为 D，激光波长为 λ，则 $\theta_m \approx \lambda/D$。激光束立体发散角 Ω_m 是 θ_m 的平方，即 $(\lambda/D)^2$。

不同类型激光器的方向性差别很大，它与工作介质类型和均匀性、光腔类型、腔长、激励方式、激光器工作状态等都有关系。

3. 高亮度

光源的单色亮度 B_v 是表征光源定向发光能力强弱的一个重要参数，定义为单位截面、单位频带宽度和单位立体角内产生的光功率，即

$$B_v = \frac{\Delta P}{\Delta S \Delta \Omega \Delta v} \tag{8-1}$$

式（8-1）表示 ΔP 光源在面积 ΔS 的发光表面上、$\Delta\Omega$ 立体角范围内和频带宽度 Δv 内发出的光功率。对于激光器而言，ΔP 相当于输出激光功率，ΔS 为激光束截面积，$\Delta\Omega$ 为光束立体发散角，Δv 为激光的谱线宽度。由于激光具有极好的方向性和单色性，因此其单色亮度很高。

一般光源发光是在空间的各个方向以及极其宽广的光谱范围内辐射，而激光的辐射范围可以在 0.06°左右，因此当辐射功率相同时，激光亮度是普通光源的上百万倍。

4. 相干性

光的相干性是指在不同时刻、不同空间点上两个光波长的相关程度。相干性又可分为空间（横向）相干性和时间（纵向）相干性。空间相干性用来描述垂直于光束传播方向上各点之间的相位关系，光束的空间相干性和它的方向性是紧密联系的。时间相干性用来描述沿光束传播方向上各点的相位关系，光束的时间相干性和单色性存在紧密的联系，即

$$\tau_c = \frac{1}{\Delta v} \tag{8-2}$$

即单色性越高，相干时间越长。有时还用相干长度 L_c 来表示相干时间，则有

$$L_c = \tau_c \cdot c = \frac{c}{\Delta v} \tag{8-3}$$

式中，c 为光速；L_c 为在相干时间 τ_c 内传播的最大光程，其物理意义是指在小于或等于此值的空间延时范围内被延时的光波和后续的光波应当完全相干。

激光可认为是包括无线电波、毫米波在内的电磁波向光频段上的扩展，因此许多原本应

用于无线电波的大量成熟技术可以以极快的速度向激光技术移植，并在许多原本使用无线电波的技术领域得到迅速的应用。由于激光本质上具有优越的特性，使得应用激光作为新探测手段的系统在性能上得到了较大的提高，或是实现了新的系统功能。

8.2 激光测距原理

8.2.1 经典脉冲激光测距原理及组成

脉冲激光测距机用脉冲法测距，即利用脉冲激光器对目标发射单个或系列的光脉冲（脉冲宽度通常小于50 ns），测量光脉冲到达目标并由目标返回到接收机的时间 t，设光在空气中的传播速度为 c，则可计算出目标距离 $R=ct/2$。

在脉冲激光测距机中，t 是通过计数器计数从光脉冲发射到目标，以及从目标返回到接收机期间进入计数器的钟频脉冲个数来测量的。设在这段时间里，有 n 个钟频脉冲进入计数器，钟频脉冲之间的时间间隔为 τ，钟频脉冲频率为 f，则

$$R=\frac{1}{2}cn\tau=\frac{c}{2f}n=nl \tag{8-4}$$

其中，$l=c/2f$ 表示每一个钟频脉冲所代表的距离增量，计数 n 个钟频脉冲，就得到距离 R。因此 l 的数值确定了计数器的计数精度。

图 8－1 为脉冲激光测距原理图。脉冲激光测距机一般由激光发射机、激光接收机和激光电源组成。激光发射机由 Q 开关脉冲激光器、发射光学系统、取样器及瞄准光学系统组成。激光接收机由接收光学系统、光电探测器、放大器（包括低噪声前置放大器和视频放大器）、接收电路（包括阈值电路、脉冲成形电路、门控电路、逻辑电路、复位电路等）和计数显示器（包括石英晶体振荡器）组成。激光电源由高压电源和低压电源组成。

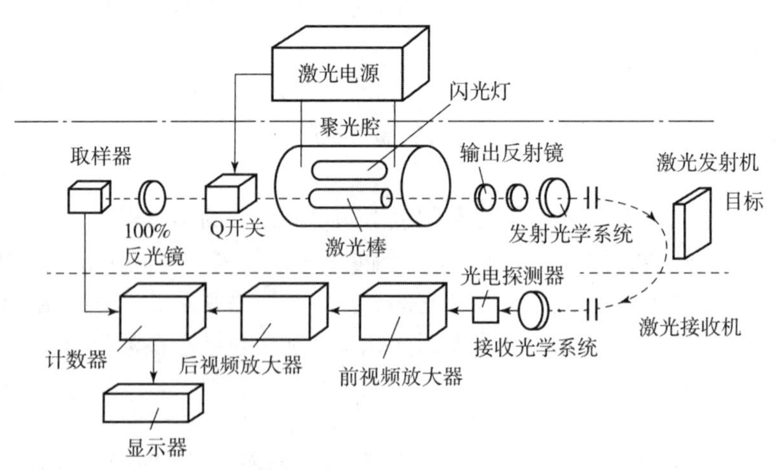

图 8－1　脉冲激光测距原理图

脉冲激光测距机的工作过程如下：首先用瞄准光学系统瞄准目标，然后接通激光电源，储能电容器充电，产生触发闪光灯的触发脉冲，闪光灯点亮，激光器受激辐射，从输出反射镜发射出一个前沿陡峭、峰值功率高的激光脉冲，通过发射光学系统压缩光束发射角后射向目标。同时从激光器全反射镜透射出来的极少量激光能量，作为起始脉冲，通过取样器输送

给激光接收机，经光电探测器转变为电信号，并通过放大器放大和脉冲成形电路整形后，进入门控电路，作为门控电路的开门脉冲信号。门控电路在开门脉冲信号的控制下开门，石英振荡器产生的钟频脉冲进入计数器，计数器开始计数。由目标漫反射回来的激光回波脉冲经接收光学系统接收后，通过光电探测器转变为电信号和放大器放大后，输送到阈值鉴别电路。超过阈值电平的信号送至脉冲成形电路整形，使之与起始脉冲信号的形状（脉冲宽度和幅度）相同，然后输入门控电路，作为门控电路的关门脉冲信号。门控电路在关门脉冲信号的控制下关门，钟频脉冲停止进入计数器。通过计数器计数出从激光发射至接收到目标回波期间所进入的钟频脉冲个数，从而得到目标距离，并通过显示器显示出距离数据。一般整个测距过程仅需 1 ~2 s。为了使激光束对准目标发射，接收机对准目标接收，要求瞄准光学系统、发射光学系统和接收光学系统的 3 条光轴严格平行。

脉冲激光测距机的测距精度一般为 ±10 m 或 ±5 m，但如果应用完善的技术，测距精度可达到 0. 15 m。脉冲激光测距机的发射功率高，测距能力较强（对非合作目标测距，最大测程可达到 30 km），体积小，多应用于军事上对非合作目标（如各种战场目标）的测距。

8. 2. 2　测距方程

激光测距方程描述了到达激光接收机光电探测器的部分发射功率（称为回波功率或接收功率）与激光测距机性能参数（发射功率、光束发散角、光学系统透射率、接收视场）、传输介质（大气或水）的衰减以及目标特性（目标有效截面、反射率）之间的关系。通过计算激光发射功率经介质传输的衰减、目标表面截获和反射的光功率、到达接收视场的光功率以及接收光学系统接收到的光功率，就可以得到到达光电探测器的光功率，即接收功率。

因为目标反射率、目标有效反射面积和激光束在目标处的光斑面积不同，因此脉冲激光测距方程有不同的表示形式，现分以下几种情况进行介绍。

一、漫反射小目标的情况

当目标离激光发射机很远时，激光束在目标上的光斑面积通常大于目标有效反射面积，目标表面全部截获激光束。在这种情况下，激光测距方程可直接由光雷达方程得到。

在远场情况下，雷达光束大于目标时的光雷达方程为

$$P_r = P_t \frac{G_t A_r \sigma}{(4\pi)^2 R^4} T_t T_r T_a \tag{8-5}$$

式中，G_t 为发射天线的增益。

在光波区域，通常测量的是光束发散角而不是天线增益，如果以发射光束的光束发散角 θ_t 代替发射天线的增益，即 $G_t = 4\pi/\theta_t^2$，则有

$$P_r = P_t \frac{A_r \sigma}{4\pi\theta_t^2 R^4} T_t T_r T_a \tag{8-6}$$

式中，P_r 为接收功率；P_t 为发射功率；R 为目标距离；A_r 为接收孔径面积；σ 为目标的雷达散射截面；T_t 为发射光学系统的透射率；T_r 为接收光学系统的透射率；T_a 为大气或其他介质的单程透射率。

二、漫反射大目标的情况

在这种情况下，目标上的激光光斑面积小于目标有效反射面积，目标表面部分截获激光

束。假设目标表面为朗伯散射面，目标的雷达散射截面 $\sigma=4\rho R^2\theta_t^2\cos\varphi$，将该等式代入式（8－5）中得到测距方程为

$$P_r=P_t\frac{A_t\rho\cos\varphi}{\pi R^2}T_tT_rT_a \tag{8-7}$$

式中，ρ 为目标反射率；φ 为目标表面法线与发射光束之间的夹角。

三、漫散射细长目标的情况

假设在垂直入射的情况下 $\sigma=4\pi\rho Rc\tau$，将该等式代入式（8－6），则得到测距方程为

$$P_r=P_t\frac{A_r\rho c\tau}{\theta_t^2R^3}T_tT_rT_a \tag{8-8}$$

式中，c 为光速；τ 为脉冲宽度。

四、角反射器小目标的情况

在这种情况下，由于目标上安装了角反射器，所以目标反射很强，测距方程为

$$P_r=\left(\frac{P_t}{R^2\Omega_t}\right)(\rho A_r)\ T_tT_rT_a^2 \tag{8-9}$$

式中，Ω_t 是发射光束的立体角。

五、镜反射大目标的情况

这种情况很少发生，仅在对水面测距时遇到。假设为垂直入射（$\varphi\approx0°$），测距方程为

$$P_r=P_t\frac{\rho A_r}{4\theta_t^2R^2}T_tT_rT_a \tag{8-10}$$

由上述不同情况下脉冲激光测距方程的各种表示形式可知，脉冲激光测距机的接收功率 P_r 与发射功率 P_t、光学系统、大气透射率及接收孔径面积 A_r 成正比，而与光束发散角 θ_t 的平方成反比，与距离则存在 $P_r\propto1/R^2$、$P_r\propto1/R^3$ 和 $P_r\propto1/R^4$ 三种关系，由发射光束的形状和目标的后向图形确定。当 P_r 既不取决于 $1/R^2$，也不取决于 $1/R^4$ 时，可认为目标正处在 $1/R^2$ 和 $1/R^4$ 之间的过渡区内。当忽略光束抖动时，在过渡区内 $P_r\propto1/R^3$。

在测距方程中，如果用最小可探测功率 $P_{\min}$ 代替接收功率 P_r，则由测距方程可得到最大可测距离 $R_{\max}$。例如，对漫反射小目标，式（8－6）转换为

$$R_{\max}=\left(P_t\frac{A_r\sigma}{4\pi\theta^2P_{\min}}T_tT_rT_a\right)^{\frac{1}{4}} \tag{8-11}$$

对漫反射大目标，式（8－7）转换为

$$R_{\max}=\left(P_t\frac{A_r\rho\cos\varphi}{\pi}T_tT_rT_a\right)^{\frac{1}{2}} \tag{8-12}$$

由上述方程可知，要增大可测距离，必须提高激光测距机的发射功率 P_t，增大接收孔径的面积 A_r，加大目标的有效反射面积 σ，增大发射光学系统和接收光学系统的透射率 T_t 和 T_r，减小发射光束的发散角 θ_t，提高接收灵敏度即减小接收机的最小可探测功率 $P_{\min}$。此外，大气的透射率 T_a 与可测距离密切相关，晴朗的天气，可测距离远；恶劣的天气，可测距离会大大缩短。

8.3　脉冲激光定距探测的作用体制

在目前广泛使用的激光近程定距系统中，主要有几何截断定距和距离选通定距两种作用体制。激光定距技术针对子母弹的母弹开仓 50～100 m 远距离作用引信中的应用前景，提出了适用于远距离定距的激光脉冲测距机体制。另外，在多用途迫弹近炸引信中，要求作用高度（距离）分段可调，云爆弹近炸引信中对定距精度要求非常高，针对这些要求提出了可达到更高定距精度和作用距离可装定的脉冲鉴相定距体制。

8.3.1　几何截断定距体制

几何截断定距体制又称三角定距法，在各种导弹特别是反坦克导弹、反武装直升机导弹和各种打击空中目标的导弹的激光近炸引信中应用非常广泛。这种定距体制在原理上是激光特点与近炸引信特定要求相结合的新产物，但从系统设计角度却仍与激光测距、激光雷达技术、无线电近炸引信技术有很多的相似之处。

对应用于空空、地空导弹的激光近炸引信，要求引信在弹体周向具备全向探测的能力，这通常要使用多组激光发射器和接收器来实现，即引信发射机和接收机在弹体周向均匀排列（通常使用4～6组），发射光学系统先对激光器发出的较大束散角的光束进行准直，然后用柱镜或反射光锥、光楔在弹体径向进行扩束，通常使用4～6个象限使之形成360°发射视场角。接收光学系统用浸没透镜或抛物面反射镜使之形成360°的接收视场角。图8－2所示为几何截断定距体制脉冲激光近程定距系统作用原理框图，在垂直弹轴的方向上，很窄的发射激光束和接收机接收视场交叉而形成了一个重叠的区域，只有当目标进入这个区域，接收机才能探测到目标反射的激光回波。重叠区域的范围对应着引信最大和最小作用距离。

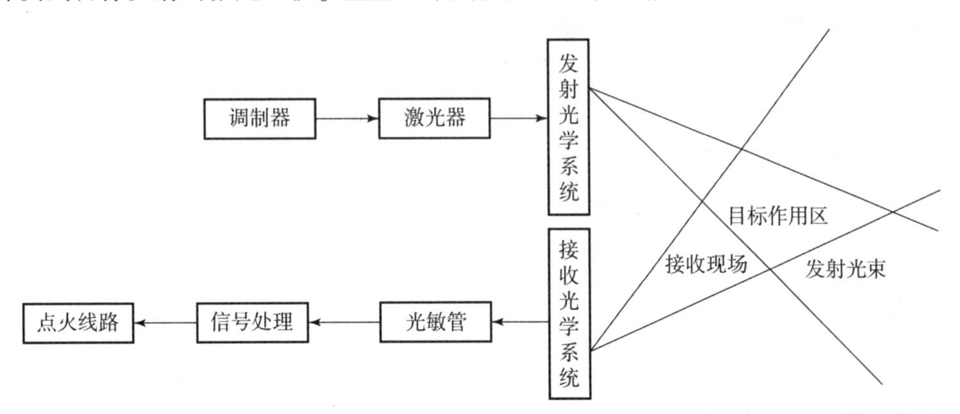

图8－2　几何截断定距体制脉冲激光近程定距系统作用原理框图

对于应用于反坦克破甲弹的激光近炸引信，只要求前向目标探测，一般只要使用一组发射接收机即可达到要求。发射机、接收机分别安装于弹体头部的圆截面直径的两端，发射光束的束散角（即发射机视场角）和接收机视场角基本相同，但由于安装方向具有一定的倾斜角度，使发射光束与接收机视场在前方某一区域重叠，发射光束轴线和接收光束轴线交会于一点，构成三角形，其底边上的高即为引信的作用距离。当目标进入重叠区，接收机探测到目标回波，经光电转换、放大、输出一系列脉冲信号，其包络曲线的最大值对应于引信的作用距离。

几何截断定距体制的产生基于激光和近炸引信两个特点：

（1）激光工作于电磁波的光波段，波长极小，故其发射和接收视场的几何参数可以比较容易地使用光学元件精确控制。

（2）近炸引信一般只要求对超近程目标进行探测。

这种体制的优点如下：

（1）定距精度很高，对全向探测激光近炸引信一般作用半径为 3 ~ 9 m，截止距离精度可达到 ±0.5 m；对前向探测激光近炸引信作用距离一般在 1 m 以下，定距精度可达 ±0.1 m。

（2）全向探测激光近炸引信采用几何截断定距体制，可在提供360°的周向探测范围与只需较简单地处理电路两方面提供较好的统一。

由几何截断定距体制上述的优点，可见这种体制非常适合用于对空中目标进行探测的近炸引信，如空空导弹、地空导弹等。同时，对于要求作用距离极近、精度要求相应也非常高的地面目标近炸引信，由于使用其他体制难以达到要求，几何截断定距体制也显示出了自身特有的优势。

这种体制也存在着以下一些局限性：

（1）定距精度受目标特性变化和作用距离影响较大。由上一小节的原理介绍可知，引信的作用区域由发射视场和接收视场的光路交叉重叠形成，但对于要求作用距离较远的情况，难以控制发射视场和接收视场在较远处得到较小的重叠区域；对于目标反射特性差别较大的情况，脉冲包络的幅度变化较大，难以设置统一的作用门限。特别是目前坦克、战车、武装直升机等越来越多地使用各种光学特性差别很大的涂层、迷彩和外挂物等，这使得即使在作用距离较近的前向定距场合，为达到较高的定距精度，也不得不考虑采用其他对目标反射特性不敏感的定距体制。

（2）作用距离不能现场装定。虽然几何截断定距体制的作用距离可通过调整发射与接收装置的视场角度来实现，但这只限于设计阶段，而不能做到在战场情况下针对不同战术要求现场装定最佳作用距离。

因此，这种体制并不适用于要求作用距离稍远或目标反射特性变化较大以及要求作用距离可现场装定等的许多激光近炸引信。

8.3.2 距离选通定距体制

距离选通式脉冲激光近程定距系统作用原理框图如图 8－3 所示。其定距原理为：脉冲激光电源激励脉冲半导体激光器发射峰值功率较高的光脉冲（几瓦到 100 W，主要取决于作用距离），通过发射光学系统形成一定形状的激光束，光脉冲照射到目标后，一部分光反射到接收光学系统，经接收光学系统会聚在光电探测器上，输出电脉冲信号，经放大、整形等处理后送到选通器。另外，在激光脉冲电源激励半导体激光器的同时，激励信号经延迟器适当延迟后，控制选通器。因此，只要选择适当的延迟时间，就可以使预定距离范围内的目标反射信号通过选通器到达点火电路，但在此距离之外的目标回波信号无法通过选通器，难以实现在预定的距离范围内起爆。

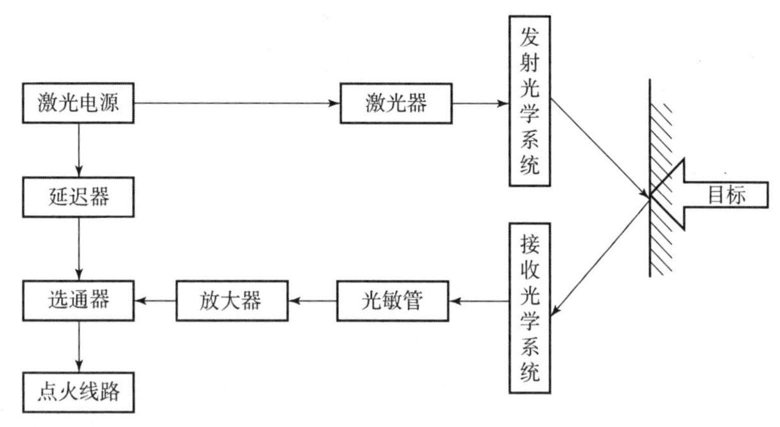

图8-3　距离选通式脉冲激光近程定距系统作用原理框图

距离选通定距体制是脉冲激光测距技术与脉冲无线电引信技术相结合的产物，采用测定激光脉冲从弹上发射机到目标往返飞行时间的方法确定弹目距离，原理以及发射、接收技术都与脉冲式激光测距机类似，只是由于探测距离要求极近和对系统体积功耗等的限制，两者测定时间间隔的方法存在较大区别。

脉冲测距机采用“选通门+晶体振荡器+计数器”方式，适于测定大范围连续变化的距离，并且在无须重新调整的情况下，对任一未知目标距离进行探测。但在近炸引信这种要求在超近距离范围内精确定距的场合，如果使用与测距机相同的计时方法，则为达到系统精度指标，必须采用性能稳定的高频振荡器和工作速度极快的计数器。例如，在要求定距精度为1 m的情况下，要求晶体振荡频率和计数器工作速度为150 MHz，通常在引信这种工作环境恶劣、对体积功耗要求较苛刻的场合，要达到这样高的系统性能代价较大，特别是高稳定度、高振荡频率的品振。

与测距机相比，近炸引信有如下特点：

（1）近炸引信属超近距离探测，使用距离门定距通常不会出现距离模糊的问题。

（2）近炸引信通常只要求对作用目标“定距”，即只对目标是否已进入作用区感兴趣，而对目标不处于作用区时的具体的距离信息不关心。因此，只要求对单一距离进行测定。而测距机则要求对目标“测距”，即要求对作用范围内的任何目标、任何时刻的距离信息都能连续测定。

因此，在距离选通定距体制的激光近炸引信中，实际采用的是由脉冲无线电近炸引信借鉴而来的距离选通门方法。

与几何截断定距体制相比，距离选通定距体制具有如下优点：

（1）定距精度高。采用回波脉冲的相位信息判断距离，在激光近程定距系统中，目标是否进入预定距离一般可通过两种方法判断：一是回波脉冲信号的强度；二是回波脉冲与参考脉冲的相位延迟信息。由激光近程定距系统的作用距离方程可知，影响回波信号强度的因素不只是距离，还有发射激光脉冲的功率波动、目标的光学特性（包括粗糙度、反射率）和大气传输条件等，因而在各种影响因素不能得到有效控制时，难以达到较高的定距精度。目标回波脉冲与参考脉冲之间相位差的主要决定因素是光波往返时间和光电系统内部延时，通常内部延时容易控制或补偿，因而可得到较高的定距精度。

（2）系统虚警率低。距离选通门就如同一个品质因数很高的时空滤波器，从时间的角度看，在极小占空比信号的“空”时间内，只有夹在距离门之间极短时间段内的信号能够通过；从空间的角度看，在由接收机灵敏度确定的最大作用距离以内，只有距离门确定的预定距离的回波信号可以通过，降低了系统的虚警率。

8.3.3 脉冲鉴相定距体制

脉冲鉴相定距体制是一种由距离选通体制改进和发展而来的系统综合性能更好的激光定距方法，如图 8 -4 所示。其定距原理为：脉冲激光电源激励脉冲半导体激光器发射光脉冲，经光学系统准直，照射到目标表面，一部分反射光由接收光学系统接收后，聚焦到探测器光敏面上，输出电脉冲信号，经放大、整形等处理后送到脉冲鉴相器。另外，脉冲激光电源激励半导体激光器的同时，激励信号经延迟器适当延迟后，送到脉冲鉴相器，基准脉冲与回波脉冲进行前沿相位比较，当两脉冲前沿重合时，表示目标在预定距离上给出起爆信号。

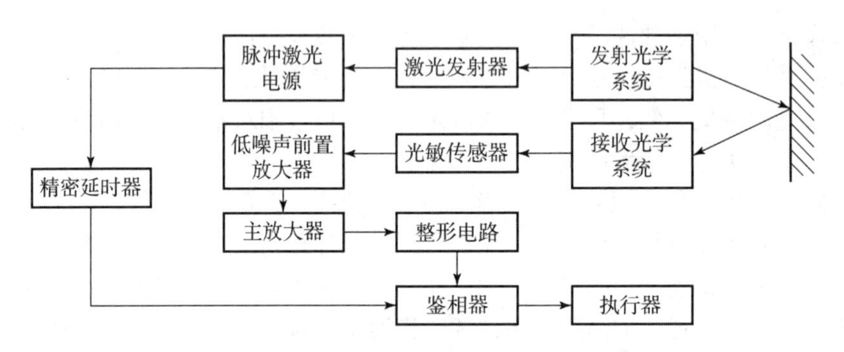

图 8 -4　脉冲鉴相定距系统作用原理框图

脉冲鉴相法使用脉冲前沿鉴相器代替原来的距离门，结合精密脉冲延时技术，在定距精度和灵活性上，都比距离选通体制有较大的提高。

(1) 距离门选通体制的“定距”通常是一个距离范围，只能靠减小距离门的时间间隔来逼近某一距离点，以达到更好的精度。脉冲鉴相定距体制从理论上来说探测的就是一个固定的距离点，在能够精确控制光电系统内部延时的情况下，可以达到很高的定距精度。图 8 -5 为脉冲鉴相定距体制波形示意图。当然，由于鉴相器（建立时间）工作速度的影响和其他因素的影响，必然存在一个模糊距离区，即定距误差。

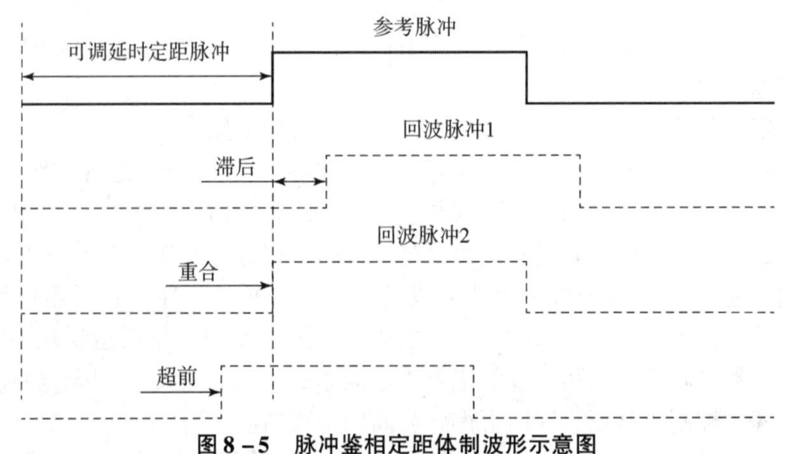

图 8 -5　脉冲鉴相定距体制波形示意图

(2) 脉冲鉴相法处理的主要对象是脉冲前沿的相位信息，表现在接收系统的设计思想上就是不失真地提取出脉冲的前沿相位信息，而把其他如幅度、脉宽、脉冲波形等信息剔除，或只作为抗干扰等辅助手段。这里的脉冲主要针对回波信号脉冲，因为它在空间传播、目标反射、光电转换、电脉冲放大过程中，前沿相位信息损失较大，需要精心处理才能得到恢复；而基准脉冲只经过电子延时器，前沿相位信息基本无损失，通常无须处理。

(3) 由于鉴相器具有结构简单、使用灵活的特点，脉冲鉴相法结合可调节的电子脉冲延时器易于实现作用距离可现场装定的功能。另外，结合精密可调电子延时器可实现对系统延时的精确自动补偿，进一步提高系统定距精度，特别是对产品批量很大的常规武器弹药的生产和检验有较重大的现实意义。

(4) 脉冲鉴相定距体制可以认为是距离选通定距体制的距离门所夹的时间或空间在减小到零时的一种极限情况。在这种意义上来说，它具有更好的时空滤波特性，即更好的抗干扰特性和更低的虚警率。

由上述脉冲鉴相定距体制的特点可见，这种方法非常适合应用于要求作用距离分档可调的迫弹激光近炸引信、对定距精度要求很高的云爆弹激光近炸引信以及取代几何截断定距体制应用于要求精确定距的作用距离极近的反坦克弹药近炸引信中。

脉冲鉴相定距体制也具有如下缺点：

(1) 采用脉冲前沿作距离选通，理想的情况是脉冲前沿的上升时间为零，这是不可能的，因为每一个器件都有带宽限制，上升沿的时间会带来一定的误差。

(2) 回波的信号不可能被无限放大，因此在目标的漫反射非常小的情况下，过分放大就会导致噪声也被放大。所以在目标的某些情况下（如目标与入射激光夹角较小、目标的激光漫反射非常小等），回波的信号可能为钟形而不是方波形，使得鉴相器的误差也较大。

8.3.4　脉冲激光测距机定距体制

脉冲激光测距机定距体制的原理如图8-6所示，与用于雷达、火控等的脉冲激光测距机原理完全一样。激光脉冲发射器向目标发射一个激光脉冲，同时向门控电路输入一个由发射脉冲采样得到的光电脉冲，开启门控开关，由时钟晶振向计数器输出填充脉冲开始计时，当目标反射回波信号脉冲并经放大、整形，送到控制门并关闭门控开关，计数器停止计数，则由计数器所计填充脉冲数与晶振振荡周期就可得到距离信息。

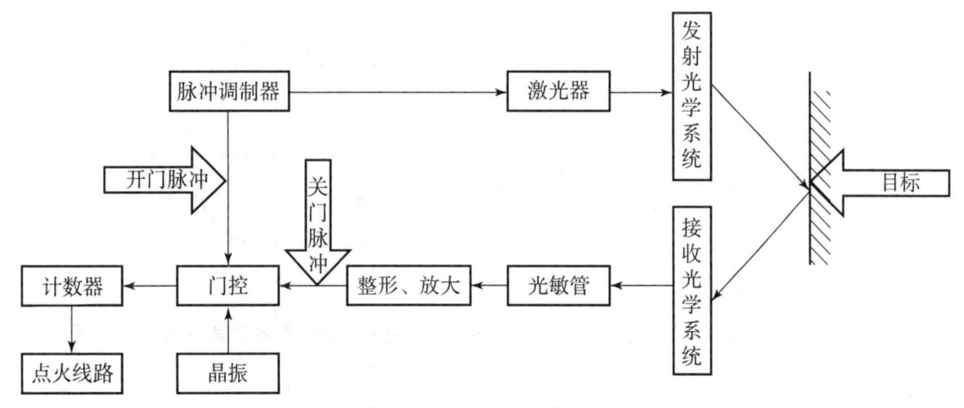

图8-6　脉冲激光测距机定距体制的原理图

脉冲激光测距机定距体制是专门针对激光探测技术在子母弹母弹开仓远距离作用引信中的应用前景提出的。因为母弹开仓引信要求的作用距离较远（50 ~ 100 m），而定距精度要求不高（约 10 m），所以对测距机中的关键电子部件晶体振荡频率和计数器的工作速度要求都较低，很容易满足要求。对于较远作用距离的情况，使用前面介绍的距离选通定距体制或脉冲鉴相定距体制，其优点并不能得到体现；但是在这种体制中可以借用距离门的思想，采用软件或硬件的距离门提高抗干扰性能。使用脉冲激光测距机定距体制则较适合于远距离定距，且有较成熟的系统设计方法可以借鉴，与现有技术有良好的相容性。

8.4　激光方位探测原理

随着军用电子技术的发展，激光在现代和未来战争中的应用越来越普遍，目前应用于激光方位的测量方法可分为 4 种类型：多窗口探测型、成像型、掩模型和相干型。

8.4.1　多窗口探测型

多窗口探测型是一种比较成熟的探测体制，技术难度小，成本低，开发的设备型号很多。国外于 20 世纪 70 年代进行了型号研制，20 世纪 80 年代大批装备部队。根据角分辨率的高低可分为非成像技术和光纤前端技术两种。

一、非成像技术

使用非成像技术的激光探测设备通常有多个分立的光学信道，每一个信道都有一个或几个滤光片和相应数量的探测器。其最常见的简单形式是有 4 个光学通道和相应数量的滤光片、探测器，如图 8 – 7 所示。水平的 4 个探测器的光轴相互垂直，另一个探测器的光轴指向天顶，每个通道的视场角均为 135°，把整个半球空间分割为 17 个区域。当由某方向入射的激光辐射通过滤光片照射到探测器上时，根据探测器后续电路发出的信号，可对激光源进行定向。该设备的水平方位角分辨率示意图如图 8 – 8 所示，角分辨率为 45°，属于低分辨精度，只能概略判定激光入射方向，主要用于对定向精度要求不高的场合。

要想提高方位分辨率，必须增加光学窗口和探测器，而大量的光学组件和探测器，既增大了光学探测头的体积，又使其信号处理复杂，给装备维护带来麻烦，可行的解决办法是采用光纤前端技术。

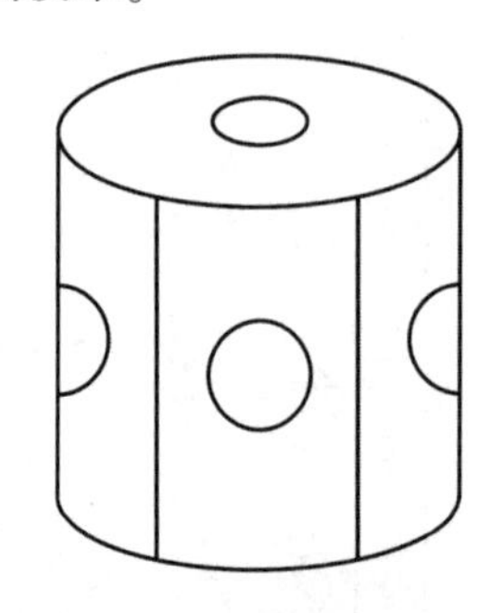

图 8 –7　探测器外形示意图

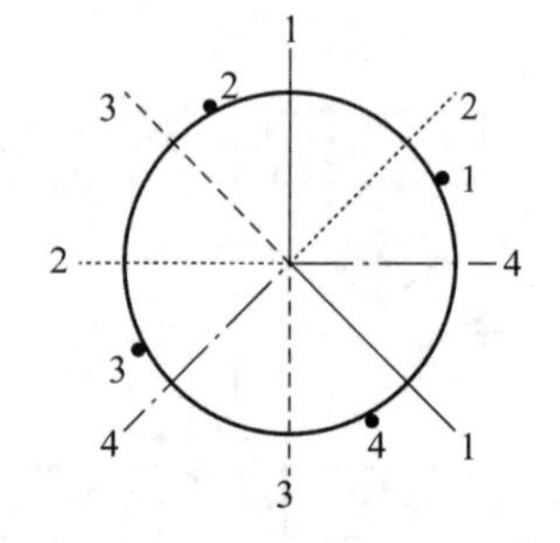

图 8 –8　探测器水平方位角分辨率示意图

二、光纤前端技术

光纤前端技术是在告警器的激光信号收集端和内部的光学通道中，采用光纤来替代分立光学组件。其优点是不仅简化了光路设计，提高了系统的稳定性、可靠性和抗电磁干扰的能力，而且提高了告警器的方位分辨精度。光纤延迟技术和偏振编码技术就是建立在光纤前端技术基础之上的两种激光方位探测技术。

1. 光纤延迟技术

应用光纤延迟技术的告警系统使用了半球传感器，如图 8 – 9 所示。在半球传感器的最高点设置一个中心传感器，余下的半球表面设置 M 层共 N 个光学窗口，M 和 N 根据测角精度的要求选定。与每个光学窗口相耦合的光纤延迟线的长度均不相同，同时将这些光纤延迟线集中成一捆，引向共用传感器的光敏面。由中心传感器接收“触发信号”，共用传感器接收“停止信号”，由测量的时间延迟量来计算出激光辐射的入射角。当来袭激光从某个方向照射告警器的探测头时，假设有 3 个光学窗口同时接收到激光信号，则其产生的脉冲波形如图 8 – 9 所示，第一个脉冲波形为中心传感器接收到的信号，后面 3 个重叠的脉冲波形为相应的 3 个光学窗口接收到的激光脉冲信号叠加后的波形。

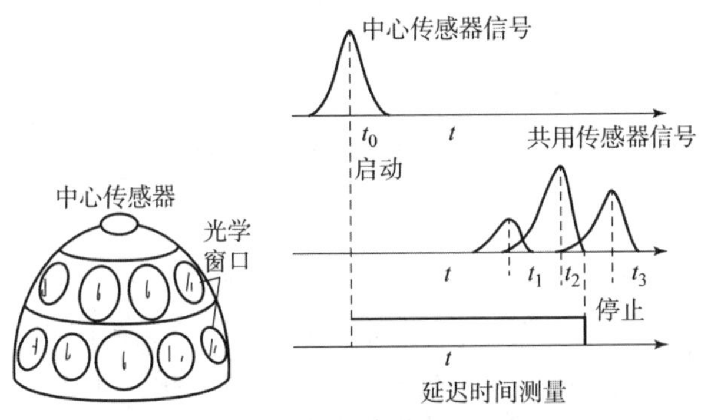

图 8 – 9　半球传感头及延迟时间波形图

设最先到达中心传感器的脉冲时间为 t_0，后续相继到达的激光脉冲信号到达时间分别为 t_1、t_2、t_3，通过计算得出加权延迟时间，即 $\Delta t_1 = t_1 - t_0$，$\Delta t_2 = t_2 - t_0$，$\Delta t_3 = t_3 - t_0$。Δt_1、Δt_2、Δt_3 分别与相应光学窗口的方向角 θ_1、θ_2、θ_3 成正比。加权延迟时间平均值 $t_x = \varepsilon_1 t_1 + \varepsilon_2 t_2 + \varepsilon_3 t_3$，其中 ε_1、ε_2、ε_3 分别为延迟时间 t_1、t_2、t_3 的波形权重系数，可按波形图面积比重法求解，$\Delta t_x = t_x - t_0$ 与激光辐射的入射角 θ_x 成正比，所以可由测量的时间延迟量解算出激光辐射的入射角。

2. 偏振编码技术

偏振编码告警系统的半球传感头与光纤延迟告警系统相类似，只是少了最高点的中心传感器。在半球表面分上下两层，设置 24 个光学窗口，每层 12 个，其相邻光学窗口的视场部分重叠。偏振编码技术原理示意图如图 8 – 10 所示。

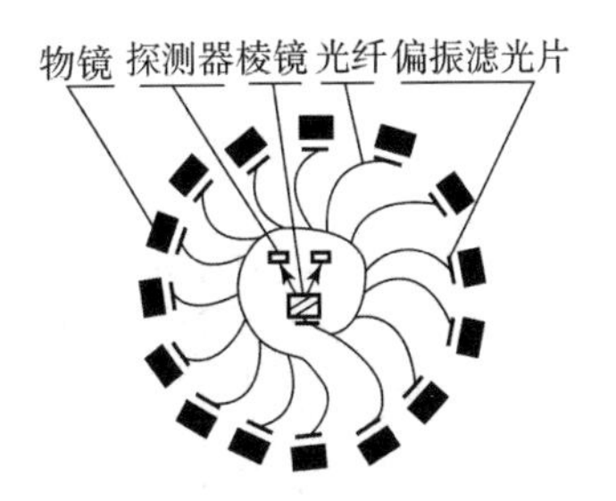

图 8 – 10　偏振编码技术原理示意图

在光纤束的近探测器端，增加了一个双折射透镜，而在每个光学窗口的后面各增加了一个偏振滤光片，各个偏振片的偏振方向依次旋转一定的角度。这样当激光从某个窗口入射时，就会依次通过滤光片、光纤、双折射透镜，在棱镜处被分成两束，分别到达两个探测器。由于各个窗口后偏振片的偏振方向不同，激光通过不同窗口入射后在棱镜处分配给两个探测器的光功率比就不同。通过测量两个探测器的信号强度比，就可以确定激光信号是从哪个窗口进入的，从而实现入射激光的方向判别。

8.4.2 成像型

成像技术适用于高精度的激光入射方向测量，其基本原理如图 8－11 所示。将一个具有较高空间分辨率的探测器放在一个透镜的焦面上，透镜将射入的角度信息转变为探测器的空间坐标，通过读取各个单元的信号，可判别激光信号的有无及其方位。根据成像组件的不同，成像技术可分为 CCD 型、全息象限透镜型、全息场镜型和 PSD（位置传感探测器）型。

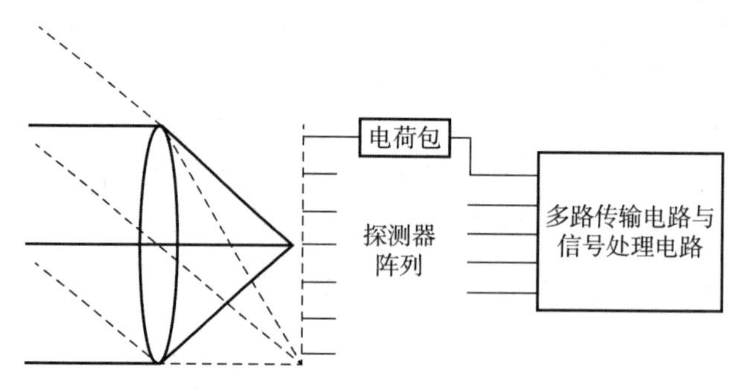

图 8－11　成像技术原理示意图

一、CCD 型

CCD 型探测器一般是用广角远心鱼眼透镜与 CCD 面阵组件相结合构成的，并利用了复杂的双光通道消除背景，可以精确地确定激光威胁的方位。采用广角远心鱼眼透镜可实现全空域的凝视监测；采用双光通道和帧减技术可消除背景干扰，降低虚警率。由于 CCD 面阵上单个像元的定位精度已达到微米级，因此可实现激光威胁源的精确定位。

二、全息象限透镜型

全息象限透镜探测器主要由全息象限透镜和多个象限探测器构成，可以大致确定激光威胁源的方位。如图 8－12 所示，平行入射激光经透镜会聚到其后焦平面上的全息象限透镜的某个象限上，全息象限透镜再将激光辐射会聚到与这个象限相对应的点探测器上，从而确定激光威胁源的大致方位。

三、全息场镜型

全息场镜探测器主要由全息场镜和 4 个象限探测器构成。全息场镜的功能是将入射到其上的光辐射分成 4 束，同时成像在 4 个探测器上，如图 8－13 所示。入射平行光束经场镜会

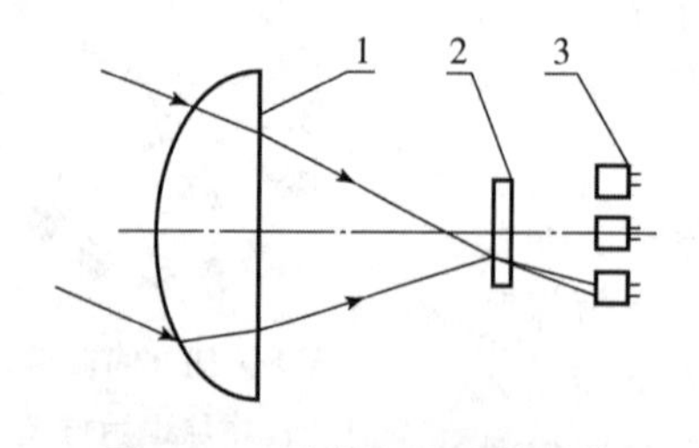

图 8－12　全息象限透镜系统

1—物镜；2—全息象限透镜；3—探测器

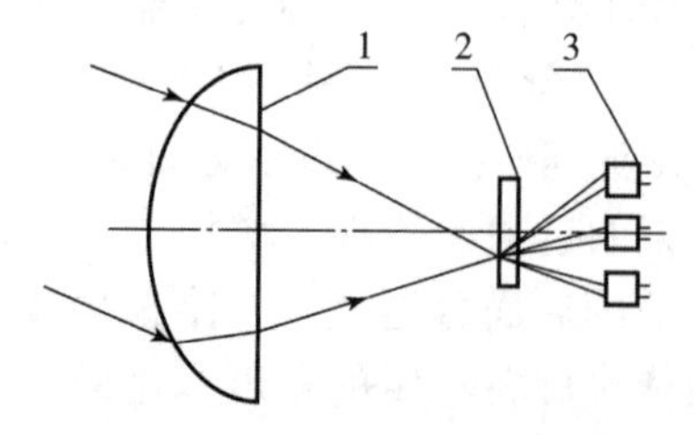

图 8－13　全息场镜系统

1—物镜；2—全息象限透镜；3—探测器

聚于其后焦平面处的全息场镜的某个位置上，并形成一个光斑。全息场镜在其后适当位置的 4 个探测器上按其光斑偏离光轴中心的不同位置形成光能强弱不同的光点，使 4 个探测器产生 4 个不同强度的输出信号，经信号处理后，可以非常准确地确定激光威胁源的方位。

四、PSD 型

位置传感探测器由光学透镜和位置传感光电探测器组成，可以高精度地确定激光威胁源的方位。探测器上光斑点处产生的光电流与光照强度成正比，产生的光电流通过探测器下面的电阻系数均一的电阻层传导，在两端电极上接收到的电流强度与光斑中心点到电极的距离成反比。因此，输出的模拟信号强度与光敏面上光斑的位置成一定的比例。由探测器的输出能够精确地计算出光斑能量中心的位置，从而确定对应激光威胁源的方位。

成像技术是一种相对传统和成熟的技术，它的优点是可以实现高分辨率的方位测量；其缺点是使用面阵探测器，反应速度慢，且测量精度受到探测器非均匀性制约。

8.4.3　掩模型

掩模技术又叫屏蔽技术，是一种能实现较高的角度分辨率，同时又能使高速、宽带的电子通道数最少的方法，典型方法有两种，即直接掩模法和编码掩模法。

一、直接掩模法

将一个长而细的单元阵列放置在有一条长狭缝的模板之后，狭缝与探测器平行，且对准探测器的中心，如图 8－14 所示。当入射光的角度不同时，狭缝的投影便落在不同的探测器上，探测器后的处理电路则对入射信号做出二元判决。这种一维布局结构简单明了，但它的角度挡数有限，且角度分辨率与所用探测单元数成正比，只适用于方位测量精度要求不高的场合。

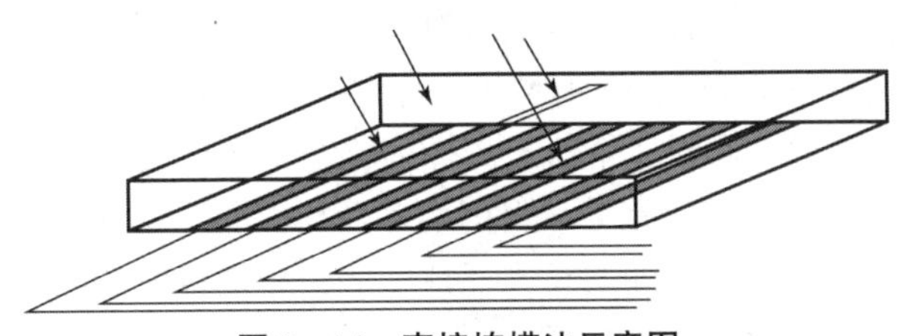

图 8－14　直接掩模法示意图

二、编码掩模法

将长而细的探测器（图 8－15 中为 4 个）垂直于狭缝，每个探测器用一个特殊掩模板覆盖，第一个探测器上的掩模板分为遮挡部分（图中的阴影）与未遮挡部分两个区域，第二个探测器上的掩模板分为 2 个遮挡部分和 2 个非遮挡部分相互交叉的 4 个区域，如图 8－15 所示。以下各探测器的掩模板均依二进制编码制成，探测器的输出是以 0 和 1 为指示，不同方向的激光束产生不同的二进制代码，因此由二进制代码可以判断入射激光束的方位。当入射光通过狭缝投影到位置 A 时，探测器的输出码为 0001；当入射光投影到位置 B 时，输出码为 1101。合理地布置掩模板的大小、数量和位置等可以使二进制代码每变化一位，激光束方位对应变化一个给定的角度，这个角度就是这种探测器的角度分辨率。这种方法的编码容量为 $M=2^n$，n 为探测器（掩模板）的数量，每增加一个探测器，可以使角度分辨率提高一倍。编码不必限于使用简单的二进制码，如也可使用格雷码，它可使处于区域边缘时的位置（如 C 位置）不确定性降至最小。

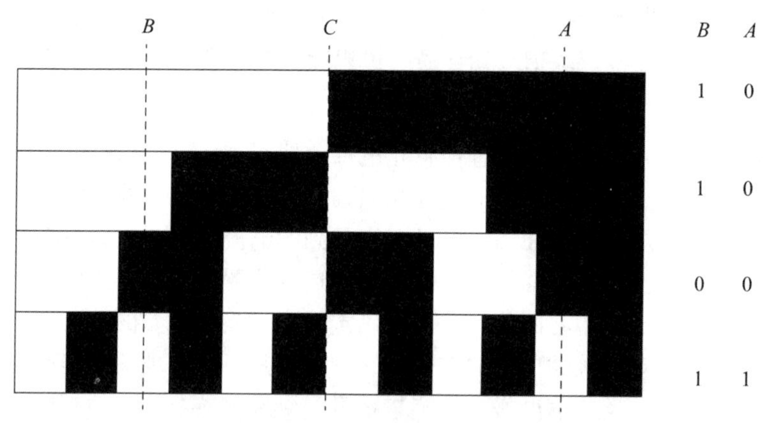

图 8－15　编码掩模法示意图

采用这种方法进行高精度方位角测量时不能忽略闪烁等各种干扰和测量误差的作用，且探测阵列的长度必须小于受大气影响的非涅耳尺度，否则大气将会使角度编码过程变坏。

8.4.4　相干型

激光告警设备常常工作在太阳光下，或者具有闪电、火光的恶劣环境中，太阳光闪烁强度常常大于被探测激光的强度。为了鉴别非激光现象，当目标激光相对于非激光源必须具有高的相干性时，可利用相干探测技术。相干型可分为 F－P（法布里－珀罗）型、迈克尔逊型、光栅衍射型等。

一、F－P 型

F－P 型激光告警器的核心器件是 F－P 标准具，它主要由平行放置的两块平板组成，在两个板相向的表面上镀有一定反射率的薄膜，如图 8－16 所示，一入射角为 θ（折射角为 θ'）的光束多次反射和透射。对于一个给定的标准具，激光通过标准具的透过率与激光波长及标准具相对于光入射方向的倾角有关。当摆动标准具，即周期性改变 θ 角时，入射光被调制，则两相邻光束之间的光程差就随之呈周期性变化，导致探测器接收到的经摆动着的标准具调制后的光信号也同步变化，就可以得到标准具的光强（或透过率）随倾角的变化关系曲线，如图 8－17 所示。显然，A 点所对点的 θ 即为激光入射方位。当 θ 为某些特定值时，透射光产生相长干涉；为另一些特定值时，则产生相消干涉，AB 间夹角与波长有关。作为背景的非相干光通过标准具时，由于它不具有相干性，光强基本不会随 θ 变化，因此不会对激光入射方位和波长的判断产生影响。

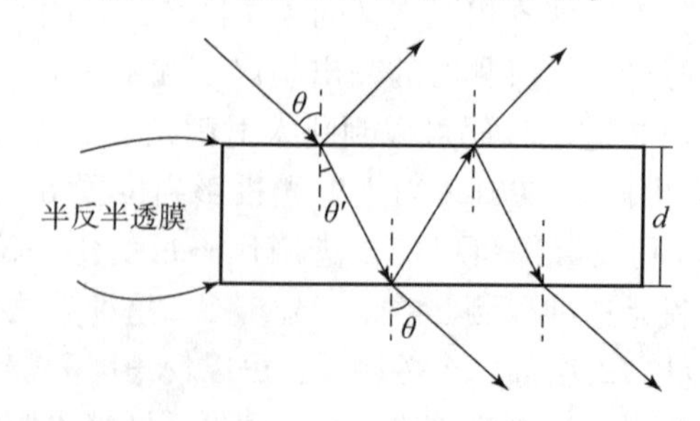

图 8－16　F－P 标准具光路图

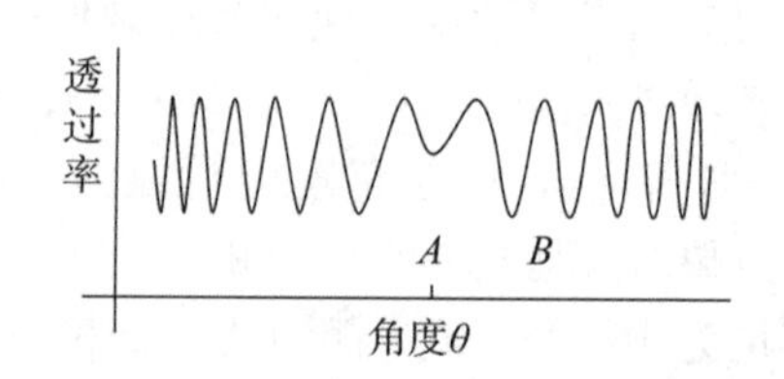

图 8－17　光强透过率随 θ 变化曲线

F－P 型激光告警器具有视场大、虚警率低、角度分辨率高等优点；但由于这种激光告警器需要通过机械扫描才能确定激光的有无和特性参数，因此难以截获单次窄脉冲激光信号。同时，工艺难度大、成本高也是制约它的主要因素。

二、迈克尔逊型

迈克尔逊型相干探测激光告警器，其光学探测器典型的原理结构如图 8－18 所示，主要是由一块分束棱镜、两块相互垂直的球面（或平面）反射镜及阵列探测器等构成。激光入射时，在观察面上形成“牛眼”状的同心干涉环，如图 8－19 所示。

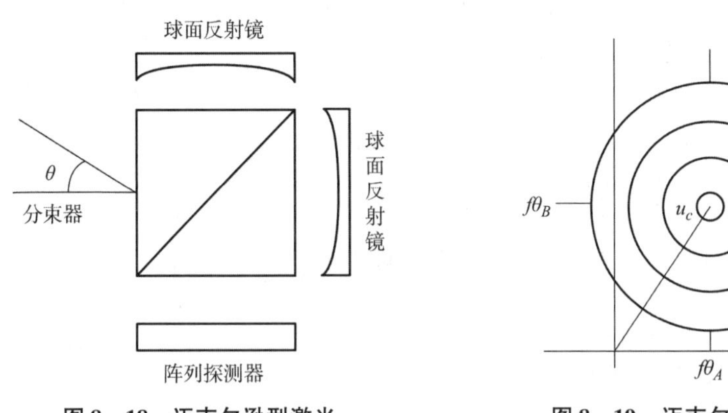

图 8－18　迈克尔逊型激光探测器原理结构图

图 8－19　迈克尔逊型激光探测器干涉条纹图

干涉环由放在观察面上的二维列阵探测器探测。可以导出，干涉环的中心位置 u_c 为

$$u_c = -f\theta \tag{8-13}$$

式中，f 为系统的焦距；θ 为激光的入射方向。

由于非相干光不能形成干涉图样，因而阵列探测器只要检测到干涉环的存在，就说明有激光照射，由干涉环的圆心位置可以方便地确定出激光的入射方向。迈克尔逊型能够精确测量单、窄脉冲激光的波长和方向，但形成的干涉条纹锐度低、抗干扰能力差、结构复杂、技术难度大，工艺要求和研制成本高，并且干涉图复杂需采用面阵探测器接收，数据量大，很难实现实时处理。

三、光栅衍射型

光栅衍射型相干探测激光告警器的典型结构如图 8－20 所示。该系统由线阵 CCD、平凸柱面镜和衍射透射光栅构成。该方法基于多光束干涉原理，利用光的空间相干性来探测激光，通过计算激光干涉条纹的位置和相邻间距能较快地得到入射激光的波长和入射方向。

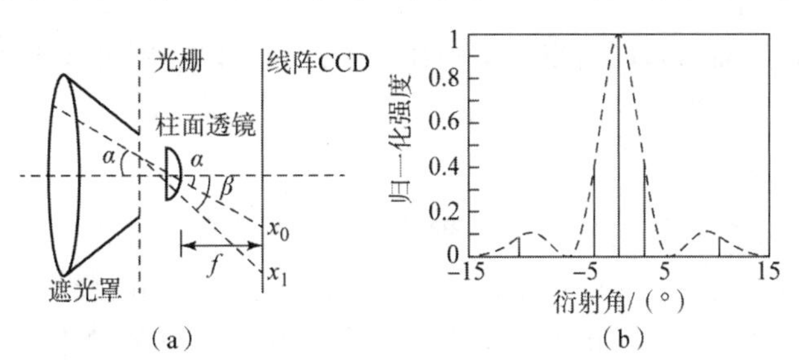

图 8－20　基于光栅的激光告警器结构原理及衍射图

根据衍射原理，当入射光以入射角 α 经过透射光栅衍射后由柱面透镜会聚于光探测器 CCD 上，形成干涉条纹（直线），其零级光谱位置为 x_0，一级光谱位置为 x_1，则

$$x_0 = f\tan\alpha \tag{8-14}$$

$$x_1 = f\tan\beta \tag{8-15}$$

$$d(\sin\beta - \sin\alpha) = k\lambda \tag{8-16}$$

式中，d 为光栅常数；λ 为待测波长；f 为柱面镜焦距。

从 CCD 上得到光谱位置 x_0 和 x_1，由式（8－14）和式（8－15）就可以求出入射角 α 和衍射角 β，然后代入式（8－16），且令 $k=1$，则可求出波长。非激光入射时，背景光不产生干涉造成的强度调制，而表现为直流背景。

这种告警器具有高灵敏度、分辨率高、视场大等特点，可探测波段宽。由于其采用线阵探测器，因此数据量少，数据处理也简单；不需要光机扫描，可以同时探测单脉冲激光的方向和波长；结构简单、成本低，易于广泛使用。

8.5　激光探测的主要光学及电子器件

8.5.1　发射及接收光学系统

光学系统在激光近炸引信系统中是一个非常重要的环节，设计的参数是否合理直接影响系统探测距离、抗干扰性等性能指标。

发射光学系统通过对激光器光束的调整，使最终发射的光束具有特定的视场，以利于完成系统功能。对于周向探测激光引信，通常使发射光束为圆盘形、扇形等形状。前向探测激光引信一般通过准直作用使发射激光能量更加集中，从而有更远的探测距离。利用比光电敏感元件感光面积大的接收光学系统，可把大部分来自目标的反射光收集并会聚到光电探测器上，大大地提高引信的灵敏度（即探测距离）。

光学发射和接收的视场保证并限制了引信的接收视角，使引信的定位精度得到保证，或者说使激光引信具有非常高的角分辨率，同时也提高了抗干扰能力，特别是人为的光电干扰。

一、发射光学系统

在前向探测激光近炸引信中，发射光学系统的主要作用就是对半导体激光器发出的激光进行准直。半导体激光器发出的激光束通常有较大束散角，典型值为 $12°\times40°$，图 8－21（a）为半导体激光器辐射模式立体图，图 8－21（b）为相关函数辐射能量随角度变化的示意图。为使半导体激光器发射能量更加集中在探测方向，以达到更远的探测距离，通常用凸透镜或透镜组对光束进行准直。

二、接收光学系统

激光引信中接收光学系统的主要作用是将目标反射光能量收集并会聚到光电探测器的微小光敏面积上，因此对光学系统的成像质量要求不高。另外，由于系统体积的限制，也不允许使用复杂的光学系统，通常情况使用单个透镜即可得到较好的效果。因为目标相对较远，探测器应置于透镜焦平面上，这时系统的半视场角为

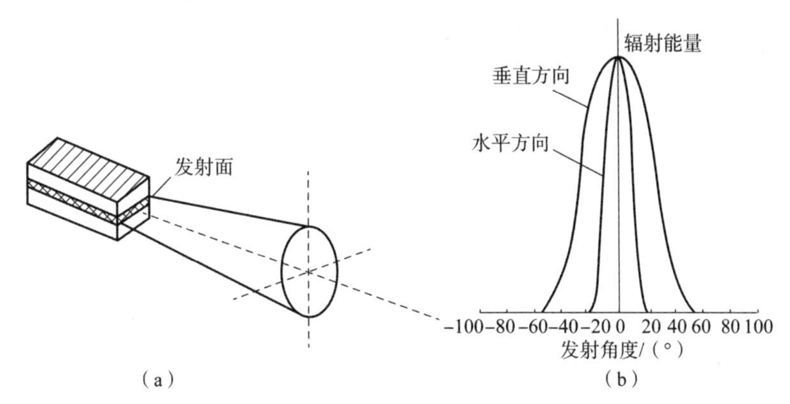

图8-21　发射光学系统工作原理图

(a) 半导体激光器辐射模式立体图；(b) 辐射量随角度变化的示意图

$$\omega = \frac{d}{2f'} \tag{8-17}$$

或视场立体角 Ω 为

$$\Omega = \frac{A_d}{2f'} \tag{8-18}$$

式中，d 为探测器直径；A_d 为探测器光敏面积；f'为焦距。

由式（8-17）和式（8-18）可知，接收机视场由光学镜头的焦距和光电探测器的光敏面积决定。通常，为了得到足够大的接收视场，必须选用光敏面积大的探测器或减小光学镜头焦距，但是这两种方法在实际的系统设计中都受到如下限制：

（1）光敏面积大的探测器的成本要高得多，同时随着光敏面积增大，光电探测器的等效噪声功率也随着增大，但是这通常不会成为系统噪声的主要成分。

（2）接收光学镜头焦距的减小，必然是以增大光学镜头的径向尺寸为代价的，这对于口径受限的激光引信来说通常是不能接受的。

根据激光引信距离方程式（8-19），可知系统探测性能受光学系统影响的参数包括发射和接收光学系统的效率 η_r、η_t 以及视场重叠系数 $K(R)$，其中 $K(R)$ 是一个可以通过设计控制的重要参数。

$$P_r = \frac{P_t \eta_t \eta_r K(R) \mathrm{e}^{-2\sigma R} \rho A_r}{\pi R^2} \tag{8-19}$$

式中，P_r 为接收功率；P_t 为激光器发射功率；η_t 为发射光学系统效率；η_r 为接收光学系统效率；$K(R)$ 为发射视场与接收视场部分重叠造成的衰减系数（简称视场重叠系数）；ρ 为目标反射率；σ 为大气衰减系数；R 为激光器到目标的距离；A_r 为接收机光学系统孔径面积。

仔细分析 $K(R)$，发现接收视场角并非越大越好，优化的设计指标应满足以下要求：

（1）在引信作用距离内必须有重叠，理想的情况是完全重叠区在引信要求的距离附近，而在较近和较远的距离逐渐衰减，使引信只对作用距离内的目标敏感，提高引信对自然和人为干扰的抵抗能力。

（2）在引信作用距离要求分挡可调的情况下，较理想的状态是把完全重叠区设置在最远的作用距离，使重叠区随距离减小而逐渐减小，但必须保证在最小的作用距离也有足够的反射信号。这样的光学系统有利于减小由距离引起的回波信号幅度变化的范围。

图 8 -22 示出了两种视场重叠系数 $K(R)$ 的优化曲线。通常使用一般的透镜即可以实现曲线 b 所给出的形式。

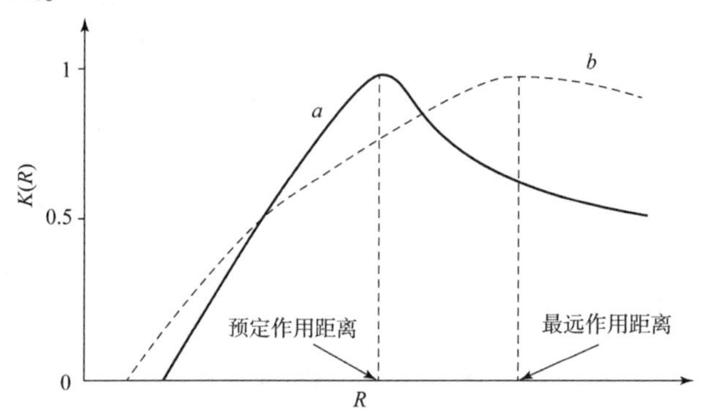

图 8 -22　两种视场重叠系数 $K(R)$ 的优化曲线

a—对应固定作用距离的优化曲线；b—对应作用距离可调的优化曲线

8.5.2　激光器与光敏元件

一、半导体脉冲激光器

半导体脉冲激光器是目前在激光近炸引信中得到最多实际应用的激光源。半导体脉冲激光器的主要参数包括峰值功率、峰值波长、光谱范围、阈值电流、垂直方向和水平方向发散角等。表 8 -1、表 8 -2 和表 8 -3 给出了一些国内外半导体脉冲激光器的主要参数。

表 8 -1　原电子工业部第四十四所脉冲半导体激光器的主要参数

型号	峰值功率/W	阈值电流/A	正向电流/A	峰值波长/nm
GJ9D31T	100	12	45	880 ~ 920
GJ9032T	7	6.5	6	
GJ9034T	15	8.5	21	

表 8 -2　原电子工业部第十三所半导体脉冲激光器的主要参数

种类	功率/W	驱动电流/A	典型波长/nm	发散角	脉冲宽度/ns	重复频率/kHz
脉冲高峰值功率	20 ~ 100	≯35	910	12° ×40°	100 ~ 200	≯5
高重复频率	5 ~ 15	≯20	910	12° ×40°	100 ~ 200	100
连续工作	0.5 ~ 1	≯2.5	808、910	10° ×40°	100 ~ 200	—

表 8 -3　国外半导体激光器参数

型号	峰值功率/W	峰值波长/nm	生产厂家
SYLL90 -3	70	980	德国 DSRAM 公司
SPLPL90	25	905	德国 DSRAM 公司
905D4S12X	90	905	美国 Laser Components 公司
155G4S14X	45	1 550	美国 Laser Components 公司

二、光电探测器

光敏二极管又称为光伏探测器，从原理上讲就是一个 PN 结二极管。它的伏安特性在正向偏压下是没有意义的。与普通二极管的相同，在正向偏压作用下，随着电压的增加，电流很快增大。作为光电探测，当光敏二极管未受光照时，仅有环境温度产生的微小暗电流和反向偏压产生的漏电流。在光的照射下，伏安曲线就不同了，曲线近似平行下移，下移的程度取决于光照的强度。

光生电流通常情况下远大于暗电流和漏电流。光伏探测器大多工作在这个区域。由于在区域内电流随光照强度的增大而增大，与光导现象类似，因而常称工作在此区域内的光伏探测器的工作模式为光导模式。光导模式的光伏探测器需在反偏压条件下工作。

由于反向偏压将增加耗尽区宽度，所以时间常数减小，原因是耗尽区越宽，在其附近吸收信号光子的概率越大。这就缩短了自由载流子从吸收区向耗尽区运动的时间。

如果反向偏压足够高，那么在电场中运动的电子和空穴将被加速，从而获得足够的能量，以至于晶格碰撞时产生额外的自由载流子。随着反向电压的进一步提高，自由载流子倍增因子变大。

图 8－23 为 PIN 光电探测器等效电路。这种原理工作的探测器称为雪崩光电二极管，信号电流 I_s 可以表示为

$$I_s = q\eta \frac{P_s}{h\nu} M \tag{8-20}$$

式中，M 为雪崩电流增益因子，即产生雪崩倍增时的光电流 I_s 与无雪崩倍增时的光电流 I_{s0} 之比；P_s 为入射辐射功率。

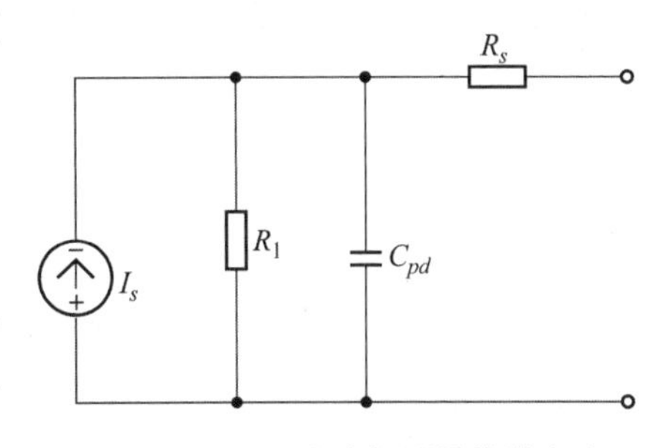

图 8－23　PIN 光电探测器等效电路

其均方噪声电流为

$$i_n^2 = 2qIM^3 \Delta f \tag{8-21}$$

式中，Δf 为系统带宽。

由式（8－20）和式（8－21）可知，信噪比正比于 $1/\sqrt{M}$，即信号电流随 M 值增加而增加，但噪声增加更快。因此，在放大器噪声占优势的情况下，雪崩光电二极管 M 引起的噪声增加并不会显著提高系统的噪声，而是明显地增加了信号电平。

探测器噪声与偏压、调制频率和探测器面积有关。当调制频率和偏压恒定时，探测器信噪比与探测器面积的平方根成正比。

光导探测器的另一种工作模式为零偏模式，即在零偏压的条件下工作。此时，流过探测器的电流为光生电流。光照功率不同，流过探测器的电流也不同，当此电流流过负载电阻 R_L 而形成的输出电压也将不同。通常把这种工作模式称为光伏工作模式。

光伏工作模式即零偏模式省去偏置电流，也可避免偏置电源引入的热噪声。它的光谱范围较宽，低频信噪比较好，是良好的弱辐射探测器。但是由于不加偏压，故响应速度较低，不适合作高速或高频探测器。

8.6 激光探测技术在弹药装备上的应用

8.6.1 激光制导弹药

以激光作为控制指令信息的载体，把导弹、炮弹或炸弹引向目标而实施精确打击的技术就是激光制导；应用激光制导技术的弹药称为激光制导弹药。

1. 半主动激光制导炸弹

半主动激光制导炸弹（以下简称激光制导炸弹）是由激光导引头、控制舱、尾翼组件等与传统航空炸弹组装构成，圆概率误差不大于 1 m，是空军具备对地面打击硬质点目标能力的主要标志，也是半主动激光制导技术最重要的应用。航空炸弹的装备数量大，对成本最为敏感。现代微电子和光电子技术的发展，大幅降低了半主动激光导引头的成本，满足了作战对低成本的要求。用半主动激光制导组件将传统航空炸弹改造成激光制导炸弹，技术比较简单，其价格仅为相同口径传统航空炸弹的 2~3 倍，但与传统航空炸弹 20~100 m 的圆概率误差相比，激光制导炸弹的圆概率误差提高 20~100 倍，因而两者的作战效能不可同日而语。

美国的激光制导炸弹发展了四代——“宝石路” Ⅰ~Ⅳ，各代不同的主要部分是激光导引头。“宝石路” Ⅰ和Ⅱ系列的激光制导炸弹采用了风标式激光导引头，导引头与外涵道之间的叶片在迎面气流的吹动下使导引头旋转实现稳定；“宝石路” Ⅳ 激光制导炸弹增加了卫星全球定位系统和惯性导航系统构成的组合导航系统制导，使其同时具有“联合直接攻击炸弹”的功能。

2. 半主动激光制导导弹

相当一部分近程战术导弹采用半主动激光制导，代表型号是美国 AGM-114 “地狱火”多用途导弹，其半主动激光导引头采用动力陀螺稳定的卡塞格伦光学结构，配合圆锥扫描与四象限硅雪崩二极管提取指示激光光点的空间位置信息，在激光探测器前有抗干扰滤光片，信号处理电路板呈纵向布置，留出中间直径约 38 mm 通道以减少射流威力的损失，导引头长 330 mm，质量 5.4 kg，扫描视场角方位角约 ±22°，俯仰角约 ±8°，作用距离约 7 km。

AGM-114 “地狱火”多用途导弹可以从武装直升机、无人战斗机、车辆、地面三脚架、舟艇等多种平台上发射，迄今为止，仍然是美军攻击武装直升机反坦克导弹的主力。

3. 半主动激光制导炮弹

常规身管火炮的距离公算偏差为 1/300~1/200，方向公算偏差为 1 密位，当射程为 20 km 时，弹着点将偏离目标 50~100 m，因此为摧毁目标需要发射足够多的炮弹，经验表明常规炮弹对点目标的命中率约为 2%。由于有激光指示器的参加，半主动激光制导炮弹的命中精度高达 1 m 并且与射程无关，在无光电干扰时命中率为 80%~90%。激光制导炮弹使火炮长期存在的远程射击首发命中率不高的难题迎刃而解，被认为是野战炮兵的一大进步。

半主动激光末制导炮弹的工作原理通常如下：末制导炮弹由制式火炮发射，不影响原火炮的正常使用。前方观察员必须临近敌前沿（5~7 km）通过激光目标指示器测定目标方位及运动状态，将有关射击诸元和激光编码，经无线电通信装置通知火炮阵地。末制导炮弹按指令发射后，在末制导段之前，激光目标指示器应由地面或空中无人驾驶飞机上跟踪瞄准目标。当末制导弹丸飞抵目标约3 km时，激光目标指示器以预定的编码照射目标。弹上的导引头接收到目标反射的激光编码信号后，发出控制指令，指挥控制舵片操纵弹丸，自动导向目标，最后命中并击毁目标。

美国研制和生产的155 mm M712"铜斑蛇"制导炮弹是最先应用半主动激光制导技术于制导炮弹的型号。为使制导炮弹在尽可能大的范围内接收到地面指示激光的反射信号，"铜斑蛇"制导炮弹的激光导引头仍采用圆锥扫描，但没有采用瞬时视场角小的卡塞格伦光学结构，而采用瞬时视场角大的透镜（达±12.5°）。炮弹飞行到规定时间启动弹簧自动解锁，陀螺转子启动并带动平面反射镜旋转实现对来自目标的激光反射光斑位置的空间编码，信号处理电路组件从激光探测器采样的输出信号中即可提取出光斑的位置信息。为满足从155 mm火炮发射时抗高过载，要求导引头中的零部件尽可能坚固和轻巧，如滤光片和透镜等均采用光学塑料制成。由于不成像和信号由电子处理，因而对光学透镜的成像质量要求不高。

苏联也研制和生产了以2K25"红土地"为代表的半主动激光制导炮弹。

4. 激光驾束制导炮射导弹

激光驾束制导炮射导弹由飞行控制舱、战斗部、火箭发动机、尾翼组件、激光接收机、助推火箭发动机/发射药筒等部分组成。激光驾束制导仪发射空间编码的激光对导弹驾束进行制导。

俄罗斯很重视激光驾束制导炮射导弹的发展，相关技术和产品均居世界领先水平，先后研制和装备了3个型号系列（9M112、9M117、9M119）、12种改进型的炮射导弹，使T系列主战坦克、BMⅡ-3步战车的火力范围从2 km增加至4~5 km，在提高坦克、步兵战车和地面火炮远距离精确打击多种地面点目标能力的同时，还使坦克和步兵战车具有一定的对抗敌方武装直升机的作战能力。

国外已有多个型号采用激光驾束制导的近程防空导弹和反坦克导弹，代表性型号有瑞典研制、生产和还在持续改进的RBS-70便携式防空导弹武器系统，主要由导弹、包装/发射筒、瞄准镜与激光指示器集成为一体化的激光驾束制导仪和三脚架构成；激光制导仪有一个大口径制导光束发射窗口，激光器为大功率砷化镓激光器列阵，发射的激光波长为0.98 μm。RBS-70便携式防空导弹采用激光驾束制导，因将激光接收机放置在弹体尾部，头部得以设计成适合高速飞行的流线型，该型导弹的最大飞行速度达1.6 *Ma*，最大射程达8 km。

8.6.2　激光近炸引信

20世纪60年代激光技术出现，至20世纪60年代末激光探测技术就迅速地被应用于近炸引信中。但受当时的技术水平所限，特别是半导体激光器件和集成电路水平低，激光近炸引信在使用范围和探测距离、探测精度、体积、功耗等各个方面存在较多的问题，或者是说系统性能并未达到较优的水平，因而在近炸引信中的应用受到限制，实际装备的弹种较少。但随着激光技术和微电子技术的迅速发展，半导体激光器的阈值电流逐渐降低，体积和成本迅速下降，光电转换效率不断提高，输出峰值功率大大增加；而作为接收部分的光电探测器和放大与处理电路在集成度、工作速度和精度、功耗、噪声等性能方面发展更加迅速，为激光技术在引信中的进一步应用和激光近炸引信系统性能的提高奠定了坚实的物质基础。另外，自从激光探测技术应用于近炸引信以来，国内外军方都对这种非常有前途的新探测原理进行了大量的理论和试验研究，如对激光引信定距体制、目标和环境对激光的反射与散射特性，以及激光发射接收技术、提高定距精度和抗干扰能力的信号处理方法等问题都进行了大量的研究并获得了一批有重要指导意义的成果，也对激光近炸引信的发展起到了巨大的推动作用。

国外在激光引信应用于各种导弹（对空、对地、对海导弹等）及一些常规弹药（如航空炸弹、迫弹等）引信中已取得了大量成果，并已有多种型号产品投入使用；国内也对激光探测技术在近炸引信中的应用进行了大量的研究，并研制出具有多种用途和体制的原理样机和型号样机。由于激光探测技术特有的优良特性，使其非常适合应用于一些常规弹药，如作用距离为 1 ~ 10 m 可调的通用迫弹近炸引信，同时由于各种常规弹药引信又存在许多不同特点，如作用方式、体积、成本、功耗和产量等，因此激光探测技术用于常规弹药是可行的。

国外激光近炸引信的研制工作大约始于20 世纪60 年代末到20 世纪70 年代初。20 世纪70 年代初期到中期，美国陆军哈里 · 戴蒙德实验室和摩托罗拉公司等单位先后研制出航弹用斜距光学近炸引信、AIM – 4H 型“猎鹰”空空导弹用激光近炸引信、“小榭树”地空导弹用激光引信等。20 世纪 70 年代后半期，采用 DSU – 15/B 型激光近炸引信的 AIM – 9L 型“响尾蛇”空空导弹进入美军装备，该引信采用四象限发射四象限接收。改进“长剑”导弹激光引信，用智能信号处理器确定引爆破片战斗部的最佳范围。1978 年，瑞典博福斯公司采用主动激光引信的 RBS – 70 激光波束制导防空导弹装备部队。20 世纪 80 年代初，瑞典埃里克森公司在瑞典空军的支持下，研制出可用于多种型号“响尾蛇”导弹的激光近炸引信。目前正在研制的美国 AGM – 88A 型高速反雷达导弹、CO_2 激光波束制导防空/反坦克导弹、法国 Matra 短距离地对空导弹也采用激光近炸引信。

目前激光引信已发展成为最重要的引信种类之一，广泛用于各种类型的战术导弹。对于空空导弹，不但近距格斗型大多配用激光引信，而且先进的复合制导超视距发射后不用管的空空导弹也配用激光引信，如俄罗斯的先进 AAM – AE 空空导弹。随着定向战斗部技术的发展，与之相匹配的多象限激光引信显示了进一步开发的潜力和重要的应用前景。

对于反坦克导弹，为进一步提高炸距精度，并避开与目标碰撞所引起的弹体变形，第三代反坦克导弹几乎所有型号都配用了激光引信。以激光精确定距，或以激光精确定距为主和其他体制为辅构成的复合引信，目的是提高引信对目标的作用可靠性和环境适应性。

目前激光近炸引信已经向常规武器方向发展。NF2000M 和 PX58I 是两种目前比较先进的迫弹用激光近炸引信，具有近炸功能（炸高 1 ~ 5 m），同时具有触发、延期功能，引信作用可靠性大于 0.98，不受雨、烟尘、雪、云雾、雷电等干扰。这两种引信的出现，可以认为是激光近炸引信在中等口径常规武器弹药中应用的开始，也预示了激光近炸引信技术向功能简单的常规武器弹药引信发展的趋势。

第9章

红外探测技术

红外探测以红外物理学为基础，研究和分析红外辐射的产生、传输及探测过程中的特征和规律，从而为对产生红外辐射的目标的探测、识别提供理论基础和试验依据。红外探测能通过对各种物质、不同目标和背景红外辐射特性的研究，实现对目标及其周围环境进行深入的探测与识别，特别是在夜间作战过程中提供清晰的目标与战场情况。

9.1 红外辐射的基础知识

9.1.1 基本物理量

辐射度学主要遵从几何光学的假设，认为辐射的波动性不会使辐射能的空间分布偏离几何光线的光路，不需考虑衍射效应。同时，辐射度学还认为，辐射能是不相干的，即不需考虑干涉效应。

通常把以电磁波形式发射、传输或接收的能量称为辐射能，用 Q 表示，其单位为 J。辐射场中单位体积中的辐射能称为辐射能密度（J/m^3），用 u 表示

$$u = \frac{\partial Q}{\partial V} \tag{9-1}$$

根据辐射能的定义，为了研究辐射能的传递情况，必须规定一些基本辐射量用于量度。

由于红外探测器的响应不是传递的总能量，而是辐射能传递的速率，因此辐射度学中规定这个速率，即辐射能通量或辐射功率，为最基本的物理量，而辐射能通量以及由它派生出来的几个物理量就作为辐射度学的基本辐射量。

1. 辐射能通量

辐射能通量就是单位时间内通过某一面积的辐射能，用 Φ 表示：

$$\Phi = \frac{\partial Q}{\partial t} \tag{9-2}$$

也可以说，辐射能通量就是通过某一面积的辐射功率 P（单位时间内发射、传输或接收的辐射能）。辐射能通量和辐射功率两者含义相同，可以混用。

2. 辐射强度

辐射强度用来描述点辐射源发射的辐射能通量的空间分布特性，定义为：点辐射源在某方向上单位立体角内所发射的辐射能通量，称为辐射强度，用 I 表示。

$$I = \lim_{\Delta\Omega \to 0} \frac{\Delta\Phi}{\Delta\Omega} = \frac{\partial \Phi}{\partial \Omega} \tag{9-3}$$

辐射强度对整个发射立体角 Ω 的积分，就得出辐射源发射的总辐射能通量，即

$$\Phi = \int_{\Omega} I \mathrm{d}\Omega \tag{9-4}$$

对于各向同性的辐射源，I 为常数，则 $\Phi = 4\pi I$。

在实际情况中，真正的点辐射源在物理上是不存在的。能否把辐射源看作点源，主要由测试精度要求决定，主要考虑的不是辐射源的真实尺寸，而是它对探测器（或观测者）的张角。因此，对于同一个辐射源，在不同的场合，既可以是点源，也可以是扩展源。例如，喷气式飞机的尾喷口，在 1 km 以外的距离观测，可认为是一个点源；但在 3 m 的距离观测，则表现为一个扩展源。一般来说，只要在比源本身尺度大 30 倍的距离上观测，就可把辐射源视作点源。

3. 辐亮度

辐亮度是用来描述扩展源发射的辐射能通量的空间分布特性。对于扩展源，无法确定探测器对辐射源所张的立体角，此时，不能用辐射强度描述源的辐射特性。

辐亮度是扩展源在某方向上单位投影面积 A 向单位立体角 θ 发射的辐射能通量，用 L 表示：

$$L = \lim_{\substack{\Delta A_\theta \to 0 \\ \Delta\Omega \to 0}} \left(\frac{\Delta^2 \Phi}{\Delta A_\theta \Delta\Omega} \right) = \frac{\partial^2 \Phi}{\partial A_\theta \partial\Omega} = \frac{\partial^2 \Phi}{\partial A \partial\Omega \cos\theta} \tag{9-5}$$

4. 辐出度

对于扩展源来说，在单位时间内向整个半球空间发射的辐射能显然与源的面积有关。因此，为了描述扩展源表面所发射的辐射能通量沿表面位置的分布特性，还必须引入一个描述面源辐射特性的量，这就是辐出度。

辐出度是扩展源在单位面积上向半球空间发射的辐射能通量，用 M 表示：

$$M = \lim_{\Delta A \to 0} \frac{\Delta\Phi}{\Delta A} = \frac{\partial\Phi}{\partial A} \tag{9-6}$$

显然，辐出度对源发射表面的积分，就给出了辐射源发射的总辐射能通量，即

$$\Phi = \int_{A} M \mathrm{d}A \tag{9-7}$$

5. 辐照度

上述辐射强度、辐亮度和辐出度都是用来描述源的辐射特性的。为了描述一个物体被辐照的情况，引入另一个物理量，这就是辐照度。

辐照度是被照物体表面单位面积上接收到的辐射能通量，用 E 表示：

$$E = \lim_{\Delta A \to 0} \frac{\Delta\Phi}{\Delta A} = \frac{\partial\Phi}{\partial A} \tag{9-8}$$

必须注意，辐照度和辐出度的单位相同，它们的定义式形式也相同，但它们却具有完全不同的物理意义。辐出度是离开辐射源表面的辐射能通量分布，它包括源向 2π 空间发射的辐射能通量；辐照度是入射到被照表面上的辐射能通量分布，它可以是一个或多个辐射源投射的辐射能通量，也可以是来自指定方向的一个立体角中投射来的辐射能通量。

9.1.2 基本定律

一、基尔霍夫定律

任何物体都不断吸收和发出辐射功率。当物体从周围吸收的功率恰好等于由于自身辐射

而减小的功率时，便达到热平衡。于是，辐射体可以用一个确定的温度 T 来描述。

1859 年，基尔霍夫根据热平衡原理导出了关于热转换的基尔霍夫定律。这个定律指出：在热平衡条件下，所有物体在给定温度下，对某一波长来说，物体的发射本领和吸收本领的比值与物体自身的性质无关，它对于一切物体都是恒量的。即使辐出度 $M(\lambda, T)$ 和吸收比 $\alpha(\lambda, T)$ 随物体不同且都改变很大，但两者的比值对所有物体来说，都是波长和温度的普适函数，即

$$f(\lambda, T) = \frac{M(\lambda, T)}{\alpha(\lambda, T)} \tag{9-9}$$

各种物体对外来辐射的吸收以及它本身向外的辐射都不相同。现定义吸收比为零的物体为绝对黑体。换言之，绝对黑体是能够在任何温度下，全部吸收任何波长的入射辐射的物体。在自然界中，理想的黑体是没有的，吸收比总是小于 1。

二、普朗克公式

19 世纪末期，经典物理学遇到了原则性困难，为了克服此困难，普朗克根据他自己提出的微观粒子能量不连续的假说，导出了描述黑体辐射光谱分布的普朗克公式，即黑体的光谱辐出度为

$$M_{b\lambda} = \frac{c_1}{\lambda^5}\frac{1}{e^{c_2/\lambda T} - 1} = \frac{2\pi hc^2}{\lambda^5}\frac{1}{e^{hc/k\lambda T} - 1} \tag{9-10}$$

式中，$c_1 = 2\pi hc^2$ 为第一辐射常数；$c_2 = hc/k$ 为第二辐射常数；h 为普朗克常数；k 为玻耳兹曼常数。

在研究目标辐射特性时，为了便于计算，通常把普朗克公式变成简化形式，即令 $x = \frac{\lambda}{\lambda_m}$ 和 $y = \frac{M_B(\lambda, T)}{M_B(\lambda_m, T)}$，其中 $M_B(\lambda_m, T)$ 表示黑体的最大辐出度。

于是普朗克公式可表示为如下简化形式：

$$y = 142.32\frac{x^{-5}}{e^{\frac{4.9651}{x}} - 1} \tag{9-11}$$

普朗克公式代表了黑体辐射的普遍规律，其他一些黑体辐射定律可由它导出。例如，将普朗克公式从零到无穷大的波长范围进行积分，就得到斯忒藩 - 玻耳兹曼定律；对普朗克公式进行微分，求出极大值，就可获得维恩位移定律。

实际应用中，普朗克公式也具有指导作用。例如，根据它的计算用来选择光源和加热元件，预示白炽灯的光输出、核反应堆的热耗散、太阳辐射的能量以及恒星的温度等。

三、维恩位移定律

普朗克公式表明，当提高黑体温度时，辐射谱峰值向短波方向移动。维恩位移定律则以简单形式给出这种变化的定量关系，即对于一定的温度，绝对黑体的光谱辐射度有一个极大值，相应于这个极大值的波长用 λ_m 表示。黑体温度 T 与 λ_m 之间有下列关系式：

$$b = \lambda_m T \tag{9-12}$$

式中，$b \approx 2\,897\ \mu m \cdot K$。

维恩位移定律表明，黑体光谱辐出度峰值对应的波长 λ_m 与黑体的绝对温度 T 成反比。因此，根据被测目标的温度，利用维恩位移定律可以选择红外系统的工作波段。

一般强辐射体有50%以上的辐射能集中在峰值波长附近，因此，2 000 K以上的灼热金属，其辐射能大部分集中在3 μm以下的近红外区或可见光区。人体皮肤的辐射波长范围主要在2.5～15 μm，其峰值波长在9.5 μm处，其中8～14 μm波段的辐射能占人体总辐射能的46%，因此医用热像仪选择在8～14 μm波段上工作，便能接收人体辐射的基本部分能量。温度低于300 K的室温物体，有75%的辐射能集中在10 μm以上的红外区。

四、斯忒藩-玻耳兹曼定律

1879年，斯忒藩通过试验得出：黑体辐射的总能量与波长无关，仅与绝对温度的四次方成正比。1884年，玻耳兹曼把热力学和麦克斯韦电磁理论综合起来，从理论上证明了斯忒藩的结论是正确的，从而建立了斯忒藩-玻耳兹曼定律，即

$$M_b = \sigma T^4 \tag{9-13}$$

式中，$\sigma = 5.67 \times 10^{-8}\,\mathrm{W/(m^2 \cdot K^4)}$，称为斯忒藩-玻耳兹曼常数。

由斯忒藩-玻耳兹曼定律可知：当黑体温度有很小的变化时，就会引起辐出度的很大变化。例如，若黑体表面温度增高一倍，其在单位面积上单位时间内的总辐射能将增大16倍。

利用斯忒藩-玻耳兹曼定律，容易计算黑体在单位时间内，从单位面积上向半球空间辐射的能量。例如，氢弹爆炸时，可产生高达3×10^7 K的温度，物体在此高温下，从1 cm^2表面辐射出的能量将是它在室温下辐射出的能量的10^{20}倍。

9.1.3 红外辐射在大气中的传输

一、大气传输

大多数红外系统必须通过地球大气才能观察到目标，从设计者角度看是不利的。因为，从目标来的辐射在到达红外传感器前，会被大气中某些气体有选择地吸收，大气中悬浮微粒能使光线散射。吸收和散射虽然机理不同，其作用结果均能使辐射功率在传输过程中发生衰减。另外，大气路径本身的红外辐射与目标辐射相叠加，将减弱目标与背景的对比度。

由于大气湍流能引起空气温度、湿度和密度的波动，因而也会引起折射率的波动，造成光束的传播方向、相位和偏振的抖动以及光束强度闪烁。吸收和散射引起辐射衰减可用大气透过率表示为

$$\tau = \mathrm{e}^{-\sigma x} \tag{9-14}$$

式中，τ为大气透过率；σ为衰减系数或消光系数，一般良好天气的消光系数$\sigma = 0.2$；x为传输距离。

衰减系数σ可分解为吸收系数α和散射系数γ，均随波长而变化，有

$$\sigma = \alpha + \gamma \tag{9-15}$$

二、大气吸收

在红外波段，吸收比散射严重得多。大气含有多种气体成分，根据分子物理学理论，吸收是入射辐射和分子系统之间相互作用的结果，而且仅当分子振动（或转动）的结果引起电偶极矩变化时才能产生红外吸收光谱。由于地球大气层中含量丰富的氮、氧、氢等气体分子是对称的，它们的振动不引起电偶极矩变化，故不吸收红外。大气中，含量较少的水蒸气、二氧化碳、臭氧、甲皖、氧化氮、一氧化碳等非对称分子振动引起的电偶极矩变化能产生强烈红外吸收。

图9-1所示为海平面上1 829 m的水平路径所测得的大气透过曲线，图的下部表示了水蒸气、二氧化碳和臭氧分子所造成的吸收带。由于低层大气的臭氧浓度很低，在波长超过1 μm和高度达12 km的范围内，意义最大的是水蒸气和二氧化碳分子对辐射的选择性吸收，如二氧化碳在2.7 μm、4.3 μm和15 μm有较强的吸收带。图9-1中几个高透过区域称为大气窗口，包括0.95～1.05 μm、1.15～1.35 μm、1.5～1.8 μm、2.1～2.4 μm、3.3～4.2 μm、4.5～5.1 μm和8～13 μm等大气窗口。

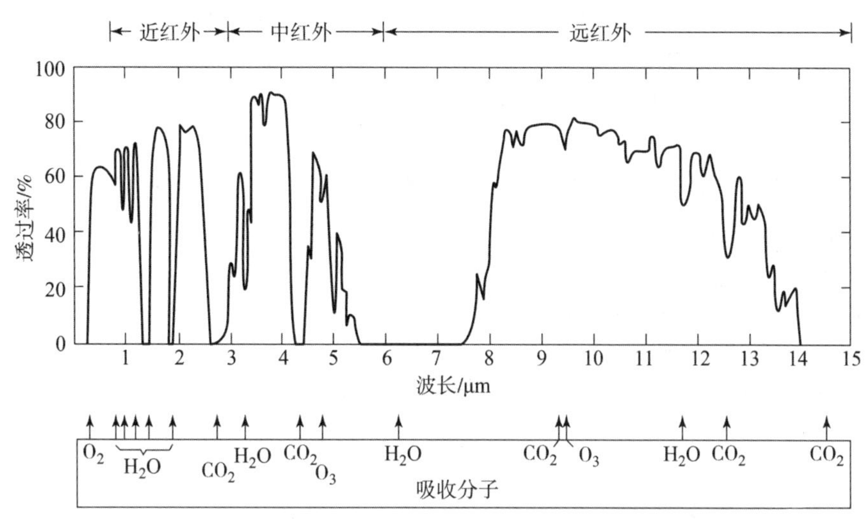

图9-1　海平面上1 829 m水平路径的大气透过曲线

三、大气散射

大气散射是由大气分子和大气中悬浮粒子引起的，大气层及其所含的悬浮粒子统称为气溶胶。霾表示弥散在气体溶胶各处的细小微粒，它由很小的盐晶粒、极细的灰尘或燃烧物等组成，半径为0.5 μm。在湿度较大的地方，湿气凝聚在这些微粒上，可使它们变得很大。当形成的凝聚核半径超过1 μm的水滴或冰晶时，就形成了雾。云的形成原因和雾相同，只是雾接触地面而已。

仅含散射物质（无吸收物质）的大气光谱透过率为

$$K = e^{-\gamma x} \tag{9-16}$$

式中，γ为散射系数，包括气体分子、霾和雾的散射影响；x为传输距离。

粒子的散射系数与其半径与入射辐射波长之比有关。假设每立方厘米大气中含n个水滴，每滴水半径为r，散射系数为

$$\gamma = \pi n K r^2 \tag{9-17}$$

式中，K为散射面积比，是散射效率的度量。

当散射粒子的尺寸小于波长时，K值随波长迅速增加，表现为选择性散射。波长越短，散射越严重。当半径等于波长时，K值最大，约为3.8，散射最强烈。水滴进一步增大，K值轻微震荡，最终趋近于2。由于此时K值与波长λ无关，散射呈现为非选择性散射。

比波长小得多的粒子产生的散射称为瑞利散射，其散射系数与波长的4次方成反比，它有很强的光谱选择性。气体分子本身的散射就是瑞利散射，天空呈现蔚蓝色是由于大气中的气体分子把较短波长的蓝光更多地散射到地面上的缘故，而落日呈现红色则是因为平射的太

阳光经过很长的大气路程后，红光波长较长，其散射损失也较小的缘故。

与波长差不多大的粒子的散射称为米氏散射，米氏散射无明显选择性。颗粒较大的烟雾，由于对各种色光都有较高的散射效率，呈白色，是典型的米氏散射。大气气体分子或悬浮微粒的强散射主要表现在可见区，而雾对可见光、红外的大气透过率都有影响。大气散射对可见光观察的影响程度可用能见度表示，在能见度较差的一天，有时会发现红外图像比可见光图像更清晰一些，从而误认为红外透过大气的性能比可见光好，其实不能一概而论。

测量雾中的水滴表明，其半径为0.5～80 μm，尺寸分布峰值一般为5～15 μm。因此，雾粒的大小和红外波长差不多，r/λ 近似为1，散射面积比接近最大值。

假定大气中每立方厘米含200个水滴的雾，水滴半径为5 μm，可算得波长4 μm时，100 m路程的透过率仅百分之几。因此，无论是可见还是红外波段，雾的透过率都很低。一般来讲，红外系统只要工作在大气层内，就不可能像雷达一样成为全天候的系统。当然，如果是薄雾天气，雾的颗粒较小，工作波段选用中波红外，红外波段的透过率要比可见光波段的透过率高一些。

野外实验表明，有雨时，大多数红外系统的性能将要下降，但跟有云和雾时不一样。由于雨滴尺寸比红外波长大许多倍，在红外波段，雨的辐射与波长无关。对散射系数而言，小雨滴起着非常大的作用。此外，雨的散射系数仅取决于每秒降落在单位水平面积内的雨滴数。

9.1.4 红外辐射特性

所有物体都发射与其温度和表面特性相关的热辐射，即红外波段的电磁辐射，其波段（0.75～1 000 μm）在可见光和毫米波之间。红外线具有与可见光相似的特性，即红外光也是按直线前进，也服从反射和折射定律，也有干涉、衍射和偏振等现象；同时，它又具有粒子性，即它可以光量子的形式发射和吸收，这已在电子对产生、康普顿散射、光电效应等试验中得到充分证明。与可见光相比，红外线还有如下特性：

（1）红外线对人的眼睛不敏感，因此必须用对红外线敏感的红外探测器才能接收到。

（2）红外线的光量子能量比可见光的小。波长10 μm的红外光子能量大约是可见光的1/20。

（3）红外线的热效应比可见光要强得多。

（4）红外线更易被物质所吸收，但对于薄雾来说，长波红外线更容易通过。

红外光的最大特点是具有光热效应，能辐射热量，它是光谱中最大光热效应区。因此，红外光谱区比可见光谱区含有更丰富的内容。

根据红外辐射的产生机理、红外辐射的应用发展情况并考虑红外辐射在地球大气层中的传输特性，将0.75～1 000 μm的红外辐射划分为4个波段，如表9－1所示。

表9－1　红外辐射波段

名称	缩写	波长范围/μm	产生机理
近红外/短波红外	NIR/SWIR	0.75～3	原子能级跃迁和分子振动能级跃迁
中红外/中波红外	MIR/MWIR	3～6	分子转动能级跃迁和振动能级跃迁
远红外/长波红外/热红外	FIR/LWIR/TIR	6～15	
极远红外	XIR	15～1 000	分子转动能级跃迁

9.2　红外探测器

红外辐射提供了客观世界的丰富信息，充分利用这些信息是人们追求的目标。将不可见的红外辐射转换成可测量的信号（多数情况是转变为电信号）的器件，称为红外探测器。

红外探测器是红外整机系统的核心关键部件，用于探测、识别和分析红外信息。每当新型高性能红外探测器出现时，都标志着人类认识红外辐射的进步，并有力地推动着整个红外学科的发展。

9.2.1　红外探测器分类

红外探测器的工作原理是基于红外辐射与物质（材料）相互作用产生的各种效应。红外辐射有明显的热效应和光量子效应，红外探测器就是利用这两种效应工作的。因此，根据物理效应不同，可以分为两类，即热探测器和光子探测器。

一、热探测器

热探测器利用入射红外辐射引起敏感元件的温度变化，进而使其有关物理参数或性能发生相应的变化。通过测量有关物理参数或性能的变化可确定探测器所吸收的红外辐射。热探测器的换能过程包括热阻效应、热伏效应、热气动效应和热释电效应等，相应地可分为如下4类热探测器。

1. 热敏电阻

热敏物质吸收红外辐射后，温度升高，阻值发生变化。阻值变化的大小与吸收的红外辐射能量成正比。利用物质吸收红外辐射后电阻发生变化而制成的红外探测器叫作热敏电阻。热敏电阻常用来测量热辐射，所以又常称为热敏电阻测辐射热器。

2. 热电偶

把两种不同的金属或半导体细丝（也有制成薄膜结构）连成一个封闭环，当一个接头吸热后其温度和另一个接头不同，环内就产生电动势，这种现象称为温差电现象。利用温差电现象制成的感温元件称为温差电偶（也称热电偶）。用半导体材料制成的温差电偶比用金属制成的温差电偶的灵敏度高，响应时间短，常用作红外辐射的接收元件。

将若干个热电偶串联在一起就成为热电堆。在相同的辐照下，热电堆可提供比热电偶大得多的温差电动势。因此，热电堆比单个热电偶应用更广泛。

3. 气体探测器

气体在体积保持一定的条件下吸收红外辐射后会引起温度升高、压强增大。压强增加的大小与吸收的红外辐射功率成正比，由此可测量被吸收的红外辐射功率。利用上述原理制成的红外探测器叫作气体（动）探测器。高莱管就是常用的一种气体探测器。

4. 热释电探测器

有些晶体，如硫酸三甘肽、钽酸锂和铌酸锶钡等，当受到红外辐照时，温度升高，在某一晶轴方向上能产生电压。电压大小与吸收的红外辐射功率成正比。利用这一原理制成的红外探测器叫作热释电探测器。

除了上述4种热探测器外，还有利用金属丝的热膨胀、液体薄膜的蒸发等物理现象制成的热探测器。

热探测器是一种对一切波长的辐射都具有相同响应的无选择性探测器。但实际上对某些波长的红外辐射的响应偏低，等能量光谱响应曲线并不是一条水平直线，这主要是由于热探测器材料对不同波长的红外辐射的反射和吸收存在着差异。镀制一层良好的吸收层有助于改善吸收性能，增加对于不同波长响应的均匀性。此外，热探测器的响应速度取决于热探测器的热容量和散热速度。减小热容量，增大热导，可以提高热探测器的响应速度，但响应率也会随之降低。

二、光子探测器

光子探测器利用某些半导体材料在红外辐射的照射下，产生光子效应，使材料的电学性质发生变化。通过测量电学性质的变化，可以确定红外辐射的强弱，即光子探测器吸收光子后发生电子状态的改变，从而引起几种电学现象，这些现象统称为光子效应。测量光子效应的大小可以测定被吸收的光子数。利用光子效应制成的探测器称为光子探测器。光子探测器有下列 4 种。

1. 光导型探测器

在探测器两端电极间加一个偏压，便将产生的载流子变成光电流，完成光电转换，这种工作方式称为光电导效应，这类探测器件称为光导器件，人们又将光导型探测器称为光敏电阻。入射光子激发均匀半导体中价带电子越过禁带进入导带并在价带留下空穴，引起电导增加，本征光电导从禁带中的杂质能级也可激发光生载流子进入导带或价带，称为杂质光电导，截止波长由杂质电离能决定。量子效率低于本征光导，而且要求更低的工作温度。

光导型探测器可分为单晶型和多晶薄膜型两类。多晶薄膜型光导型探测器的种类较少，主要的有响应于 1 ~ 3 μm 波段的 PbS 探测器和响应于 3 ~ 5 μm 波段的 PbSe 探测器。单晶型光导型探测器，早期以锑化铟（InSb）为主，只能探测 7 μm 以下的红外辐射，后来发展了响应波长随材料组分变化的硫镉汞和硫锡铅三元化合物探测器。掺杂型红外探测器主要是锗、硅和锗硅合金掺入不同杂质而制成的，响应波段为 3 ~ 5 μm 和 8 ~ 14 μm。

2. 光伏型探测器

利用光伏效应制成的红外探测器称为光伏探测器（简称 PV 器件）。

如果在灵敏材料中构成 P – N 结，光子便在 P – N 结附近产生电子 – 空穴对，结区电场使两类载流子分开，形成光伏电压，这就是光伏效应。这类探测器称为光伏器件。由于 P – N 结本身已提供了偏压，光伏型探测器不需要外加偏压。

与光导型探测器相比，光伏型探测器背景限探测率要大 40%；不需要外加偏置电场和负载电阻，不消耗功率；有高的阻抗。这些特性给制备和使用焦平面列阵带来很大好处。

3. 光发射 – 肖特基势垒探测器

金属和半导体接触，由于它们的功函数不同，半导体表面能带发生弯曲，在界面形成高为 ψ_m 的肖特基（Schollkey）势垒。作为探测器的 Schollkey 势垒，典型的有 PtSi/Si 结构，形成 Schollkey 势垒，通常以 Si 为衬底淀积一薄层金属化的硅化物而成结。红外光子（其能量小于硅禁带宽度 E_g）透过 Si 为硅化物吸收，低能态的电子获得能量跃过费米（Fermi）能级并留下空穴。这些“热”空穴只要能量超过势垒高度，进入硅衬底，即产生内光电发射，截止波长取决于势垒高度 ψ_m；聚集在硅化物电极上的电子被 PtSi 收集转移到 CCD 读出电路，完成对红外信号的探测，其工作原理如图 9 – 2 所示。

此类探测器一般都要与 Si 读出电路（CCD）联合制成红外焦平面，因此正好利用了成熟的 Si 大规模集成技术，这也正是选用硅和硅化物的原因。研制较多的有 PtSi/Si、IrSi/Si 和 Ge_xSi_{1-x}/Si 等几种类型。

由于量子效率低，如 PtSi/Si 的波长在 3 μm，量子效率 η 仅有 1%，而且随波长增加而减小到 5 μm，η 只有 0.1%，即使采用衬底后镀抗反膜形成光学谐振腔也不会超过 2%，因此只有做成大的二维列阵，提高灵敏度和分辨率才有实用价值。由于充分利用了大规模 Si 集成电路技术，所以具有有利于制备、成本低、均匀性好等优点，可做成大规模（1024×1024 甚至更大）焦平面列阵来弥补量子效率低的缺陷。由于要求在 77 K 甚至更低温度工作，使其应用受到限制。

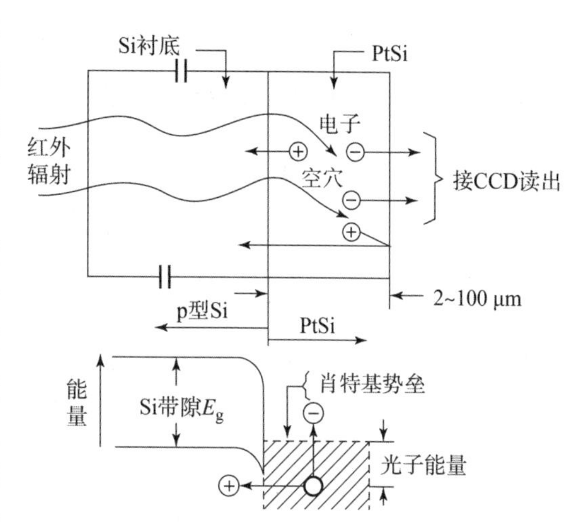

图 9－2　肖特基势垒探测器工作原理

4. 量子阱探测器

随着凝聚态物理和低维材料生长技术的进展，器件尺寸不断缩小，量子效应明显，出现了一批新原理红外探测器。

将两种半导体材料薄层 A 和 B，用人工的办法交替生长形成超晶格结构，如图 9－3 所示，在其界面能带有突变，形成势垒和势阱；突变被限制在低势能阱内，因势阱内能量是量子化的，故称为量子阱。利用量子阱中能级电子的跃迁原理和共振隧道效应可以做成红外探测器，即量子阱探测器。现代晶体生长技术如分子束外延和金属有机化学气相淀积生长薄膜，可以精密控制组成成分、掺杂和厚度，多层交替淀积便可形成量子阱和超晶格，促进了这类探测器迅速发展。

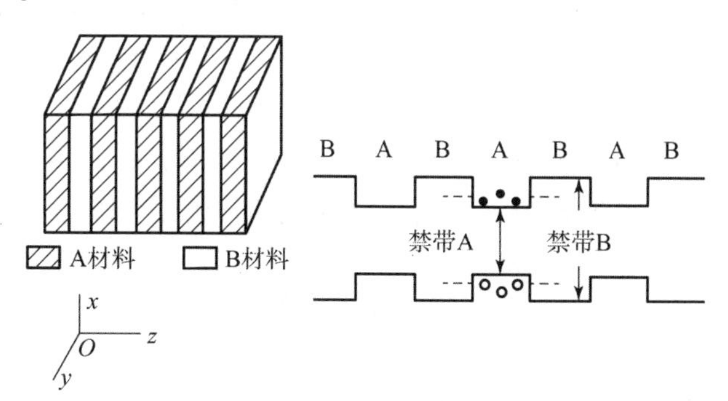

图 9－3　超晶格及其能带

量子阱探测器存在以下缺点：

（1）入射电磁波辐射到 N 型多量子阱表面，只有垂直于超晶格生长面的电场分量起作用，这是由量子力学的选择定则所决定的，可见并非所有辐射都有用。为提高利用率，要求入射辐射有一定的入射角（斜入射或光栅结构），增加了结构和制备的复杂性。

（2）属非本征激发，需要掺杂以增加阱中基态电子浓度，因此受外延生长技术的限制。

（3）需在液氮或更低温度工作。

（4）阱内能带窄，响应光谱较窄，对热目标探测不利。

9.2.2 红外探测器的性能参数

红外探测器的性能可用一些参数来描述，这些参数称为红外探测器的性能参数。

一、工作条件

红外探测器的性能参数与探测器的具体工作条件有关，因此在给出探测器的性能参数时，必须给出探测器的有关工作条件。

1. 辐射源的光谱分布

由于许多红外探测器对不同波长的辐射的响应率是不相同的，所以在描述探测器性能时，需说明入射辐射的光谱分布。给出探测器的探测率，一般都需注明是黑体探测率还是峰值探测率。

2. 工作频率和放大器的噪声等效带宽

由于探测器的响应率与探测器的频率有关，探测器的噪声与频率和噪声等效带宽有关，所以，在描述探测器的性能时，应给出探测器的工作频率和放大器的噪声等效带宽。

3. 工作温度

许多探测器，特别是由半导体制备的红外探测器，其性能与它的工作温度有密切的关系。因此，在给出探测器的性能参数时必须给出探测器的工作温度，最重要的几个工作温度为室温（295 K 或 300 K）、干冰温度（194.6 K，它是固态 CO_2 的升华温度）、液氮沸点（77.3 K）、液氦沸点（4.2 K）。此外，还有液氖沸点（27.2 K）、液氢沸点（20.4 K）和液氧沸点（90 K）。在实际应用中，除将这些物质注入杜瓦瓶获得相应的低温条件外，还可根据不同的使用条件采用不同的制冷器获得相应的低温条件。

4. 光敏面积和形状

探测器的性能与探测器面积的大小和形状有关。虽然探测率 D 考虑到面积的影响而引入了面积修正因子，但实践中发现不同光敏面积和形状的同一类探测器的探测率仍存在差异，因此给出探测器的性能参数时应给出它的面积。

5. 探测器的偏置条件

光导型探测器的响应率和噪声，在一定直流偏压（偏流）范围内，随偏压线性变化，但超出这一线性范围，响应率随偏压的增加而缓慢增加，噪声则随偏压的增加而迅速增大。光伏探测器的最佳性能，有的出现在零偏置条件，有的却不在零偏置条件。这说明探测器的性能与偏置条件有关，因此在给出探测器的性能参数时，应给出偏置条件。

6. 特殊工作条件

给出探测器的性能参数时，一般应给出上述工作条件。对于某些特殊情况，还应给出相应的特殊工作条件。例如，受背景光子噪声限制的探测器应注明探测器的视场立体角和背景温度，对于非线性响应（入射辐射产生的信号与入射辐射功率不成线性关系）的探测器，应注明入射辐射功率。

二、性能参数

1. 响应率

探测器的信号输出均方根电压 V_s（或均方根电流 I_s）与入射辐射功率均方根值 P 之比，

也就是投射到探测器上的单位均方根辐射功率所产生的均方根信号（电压或电流），称为电压响应率 R_V（或电流响应率 R_i），即

$$R_V = V_s / P \tag{9-18}$$

$$R_i = I_s / P \tag{9-19}$$

响应率表征探测器对辐射响应的灵敏度，是探测器的一个重要的性能参数。如果是恒定交变辐照，探测器的输出信号也是恒定的，这时的响应率称为直流响应率，以 R_0 表示。如果是探测器输出交变信号，其响应率称为交流响应率，以 $R(f)$ 表示。

探测器的响应率通常有黑体响应率和单色响应率两种。黑体响应率以 R_{VBB} 或 R_{iBB} 表示。常用的黑体温度为 500 K，光谱（单色）响应率以 $R_{V\lambda}$ 或 $R_{i\lambda}$ 表示。在不需要明确是电压响应率还是电流响应率时，可用 R_{BB} 或 R_λ 表示；在不需明确是黑体响应率还是光谱响应率时，可用 R_V 或 R_i 表示。

2. 噪声电压

探测器具有噪声，噪声和响应率是决定探测器性能的两个重要参数。噪声与测量它的放大器的噪声等效带宽 Δf 的平方根成正比。为了便于比较探测器噪声的大小，常采用单位带宽的噪声，即

$$V_n = V_N / \sqrt{\Delta f} \tag{9-20}$$

3. 噪声等效功率

入射到探测器上经正弦调制的均方根辐射功率 P 所产生的均方根电压 V，正好等于探测器的均方根噪声电压 V，这个辐射功率被称为噪声等效功率，以 NEP（或 P_N）表示

$$\mathrm{NEP} = P\frac{V_N}{V_s} = \frac{V_N}{R_V} \tag{9-21}$$

也有将 NEP 定义为入射到探测器上经正弦调制的均方根辐射功率 P 所产生的电压 V_s 正好等于探测器单位带宽的均方根噪声电压 $V_N / \sqrt{\Delta f}$ 时，这个辐射功率称为噪声等效功率，即

$$\mathrm{NEP} = P\frac{V_N / \sqrt{\Delta f}}{V_s} = \frac{V_N / \sqrt{\Delta f}}{R_V} \tag{9-22}$$

一般来说，考虑探测器的噪声等效功率时不考虑带宽的影响，在讨论探测率 D 时才考虑带宽 Δf 的影响而取单位带宽。但是，按式（9-22）定义的 NEP 也在使用。噪声等效功率分为黑体噪声等效功率 NEP_{BB} 和光谱噪声等效功率 NEP_λ 两种。

4. 探测率

用 NEP 基本上能描述探测器的性能，但一方面由于它是以探测器能探测到的最小功率来表示的，NEP 越小表示探测器的性能越好，这与人们的习惯不一致；另一方面，由于在辐射能量较大的范围内，红外探测器的响应率并不与辐照能量强度呈线性关系，从弱辐照下测得的响应率不能外推出强辐照下应产生的信噪比。为了克服上述两方面存在的问题，引入探测率 D，它定义为 NEP 的倒数，即

$$D = \frac{1}{\mathrm{NEP}} = \frac{V_s}{PV_N} \tag{9-23}$$

探测率 D 表示辐照在探测器上的单位辐射功率所获得的信噪比。探测率 D 越大，表示探测器的性能越好，因此在对探测器的性能进行相互比较时，用探测率 D 比用 NEP 更合适些。

5. 光谱响应

功率相等的不同波长的辐射照在探测器上所产生的信号 V_s 与辐射波长 λ 的关系叫作探测器的光谱响应（等能量光谱响应）。通常用单色波长的响应率或探测率对波长作图，纵坐标为 $D_{\lambda}^*(\lambda, f)$，横坐标为波长 λ。有时给出准确值（称为绝对光谱响应），有时给出相对值（称为相对光谱响应）。绝对光谱响应测量需校准辐射能量的绝对值；相对光谱响应测量只需辐照能量的相对校准，比较容易实现。在光谱响应测量中，一般都是测量相对光谱响应，绝对光谱响应可根据相对光谱响应和黑体探测率 $D^*(T_{BB}, f)$ 及 G 函数计算出来。

光子探测器的光谱响应有等量子光谱响应和等能量光谱响应两种。由于光子探测器的量子效率（探测器接收辐射后所产生的载流子数与入射的光子数之比）在响应波段内可视为小于 1 的常数，所以理想的等量子光谱响应曲线是一条水平直线，在 λ_c 处突然降为零。

随着波长的增加，光子能量成反比例下降，要保持等能量条件，光子数必须正比例上升，因而理想的等能量光谱响应是一条随波长增加而直线上升的斜线，到截止波长 λ_c 处降为零。一般所说的光子探测器的光谱响应曲线是指等能量光谱响应曲线。图 9－4 是光子探测器和热探测器的理想光谱响应曲线。

从图 9－4 可以看出，光子探测器对辐射的吸收是有选择的（图 9－4 的曲线 A），因此称光子探测器为选择性探测器；热探测器对所有波长的辐射都吸收（图 9－4 的曲线 B），因此称热探测器为无选择性探测器。

实际的光子探测器的等能量光谱响应曲线（图 9－5）与理想的光谱响应曲线有差异。随着波长的增加，探测器的响应率（或探测率）逐渐增大（但不是线性增加），到最大值时不是突然下降而是逐渐下降。响应率最大时对应的波长为峰值波长，以 λ_p 表示。通常将响应率下降到峰值波长的 50% 处所对应的波长称为截止波长，以 λ_c 表示。在一些文献中也有注明下降到峰值响应的 10% 或 1% 处所对应的波长。

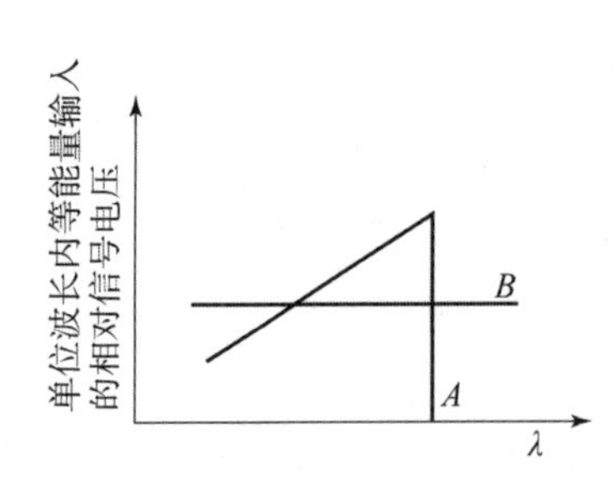

图 9－4　光子探测器和热探测器的理想光谱响应曲线

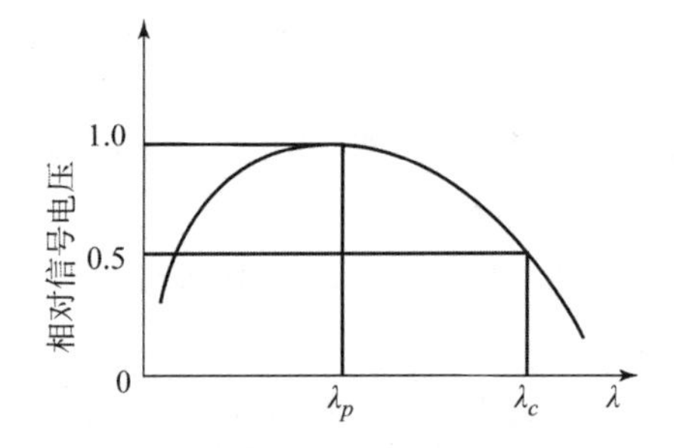

图 9－5　光子探测器的实际等能量光谱响应曲线

6. 响应时间

探测器的响应时间（也称时间常数）表示探测器对交变辐射响应的快慢。由于红外探测器对红外辐射的响应不是瞬时的，而是存在一定的滞后时间，因此以时间常数 τ 来表征探测器对辐射的响应速度。

为了说明响应的快慢，假定在 $t=0$ 时刻以恒定的辐射强度照射探测器，探测器的输出器的输出信号从零开始逐渐上升，经过一定时间后达到一个稳定值。若达到稳定值后停止辐照，探测信号不是立即降到零，而是逐渐下降到零，如图9－6所示。这个上升或下降的快慢反映了探测器对辐射响应的速度。

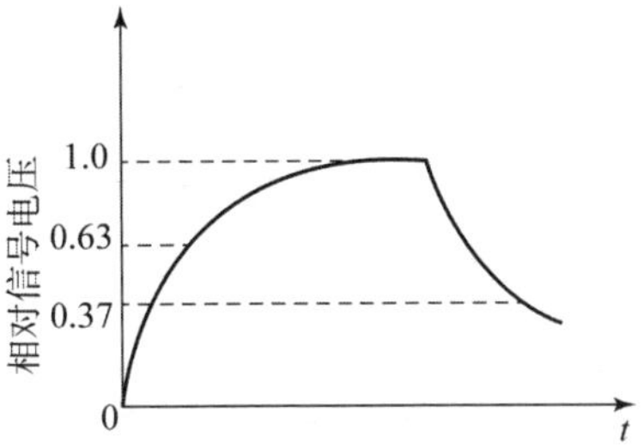

决定探测器时间常数最重要的因素是自由载流子寿命（半导体的载流子寿命是过剩载流子复合前存在的平均时间，它是决定大多数半导体光子探测器衰减时间的主要因素）、热时间常数和电时间常数。电路的时间常数 RC 往往成为限制一些探测器响应时间的主要因素。

图9－6　探测器对辐射的响应

探测器受辐照的输出信号遵从指数上升规律，有

$$V_s = V_o(1 - e^{-t/\tau}) \tag{9-24}$$

式中，V_s 为辐射照射探测器的输出信号；V_o 为恒定值；τ 为响应时间（时间常数）。

当 $t=\tau$ 时，$V_s = 0.63V_o$。

除去辐照后输出信号随时间下降，有

$$V_s = V_o e^{-t/\tau} \tag{9-25}$$

当 $t=\tau$ 时，$V_s = 0.37V_o$。

由此可见，响应时间的物理意义是当探测器受红外辐射时，输出信号上升到稳定值的63%时所需要的时间；或去除辐照后输出信号下降到稳定值的37%时所需要的时间。τ 越短，响应越快；τ 越长，响应越慢。从对辐射的响应速度要求，τ 越小越好，然而对于光电导型探测器，响应率与载流子寿命 τ 成正比（响应时间主要由载流子寿命决定），τ 短，响应率也低。SPRITE 探测器要求材料的载流子寿命 τ 比较长，τ 短了就无法工作。因此，对探测器响应时间的要求应结合信号处理和探测器的性能这两方面来考虑。当然，这里强调的是响应时间由载流子寿命决定，而热时间常数和电时间常数不成为响应时间的主要决定因素。事实上，不少探测器的响应时间都是由电时间常数和热时间常数决定的。热探测器的响应时间长达毫秒量级，光子探测器的时间常数可小于微秒量级。

对于具有简单复合机理的半导体，响应时间 τ 与载流子寿命密切相关。在电导现象中起主要作用的是多数载流子寿命，而在扩散过程中少数载流子寿命是主要的。因此，光导型探测器的响应时间取决于多数载流子寿命，而光伏和光磁电探测器的响应时间取决于少数载流子寿命。

有些探测器（如在77 K工作的PbS）具有两个时间常数，其中一个比另一个长很多。有的探测器在光谱响应的不同区域出现不同的时间常数，对某一波长的单色光，某一个时间常数占主要，而对另一波长的单色光，另一个时间常数成为主要的。在大多数实际应用中，不希望探测器具有双时间常数。

7. 频率响应

探测器的响应率随调制频率变化的关系叫探测器的频率响应。当一定振幅的正弦调制辐射照射到探测器上时，如果调制频率很低，输出的信号与频率无关，当调制频率升高，由于在光子探测器中存在载流子的复合时间或寿命，在热探测器中存在着热惰性或电时间常数，响应跟不上调制频率的迅速变化，导致高频响应下降。大多数探测器的响应率 R 随频率 f 的变化（图9－7），等效于一个低通滤波器，可表示为

$$R(f)=\frac{R_0}{\sqrt{1+4\pi^2f^2\tau^2}} \tag{9-26}$$

式中，R_0 为低频时的响应率；$R(f)$ 表示频率为 f 时的响应率。

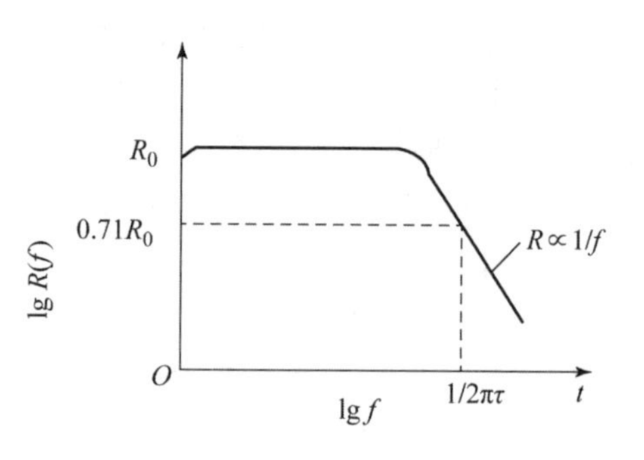

图 9-7　响应率与频率的依赖关系

式（9-26）仅适合于单分子复合过程的材料。单分子复合过程是指复合率仅正比于过剩载流子浓度瞬时值的复合过程。大部分红外探测器材料均服从上述规律，因此式（9-26）具有普适性。

根据式（9-26）可知，频率 $f\ll 1/2\pi\tau$ 时，响应率与频率 f 无关；在较高频率时，响应率开始下降；$f=1/2\pi\tau$ 时，$R(f)=0.707R_0$，此时所对应的频率称为探测器的响应频率，以 f_c 表示；在更高频率，$f\gg 1/2\pi\tau$ 时，响应率随频率的增高反比例下降。

9.2.3　光导型探测器

如前所述，光导型探测器利用光电导效应，因此又称为光敏电阻。

图 9-8 是光导型探测器的测量电路。当开关接通时，光导型探测器接成一个电桥，可测量光导型探测器的暗电阻 R_D。取 $r_1=r_2$，当电桥达到平衡时，探测器暗电阻 R_D 就等于负载电阻 R_L。断开开关，就是测量光导型探测器信号和噪声的电路，也是实际应用中的基本工作电路。

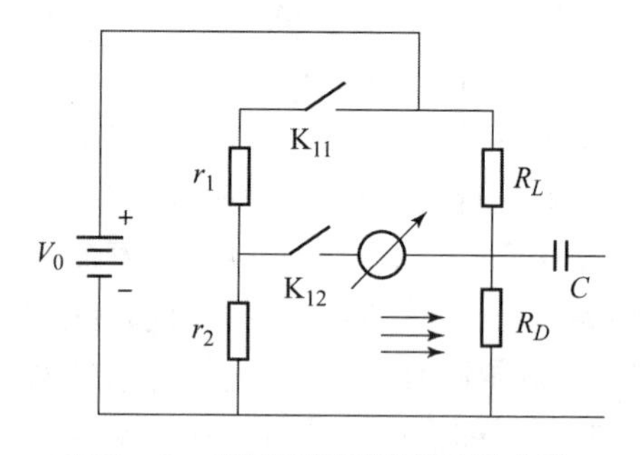

图 9-8　光导型探测器的测量电路

无辐照时，在光导型探测器 R_D 上的直流电压为

$$V_{R_D}=V_0\frac{R_D}{R_L+R_D} \tag{9-27}$$

当光电导体吸收辐射时，设电阻的改变量为 ΔR_D，则在 R_D 上的电压改变量为

$$\Delta V_{R_D}=V_0\frac{\Delta R_D(R_L+R_D)-R_D\Delta R_D}{(R_D+R_L)^2}=V_0\frac{R_L\Delta R_D}{(R_L+R_D)^2} \tag{9-28}$$

令 $d(\Delta V_{RD})/dR_L=0$，得 $R_L=R_D$，即负载电阻等于光导型探测器的电阻时，电路输出的信号（含噪声）最大，此时输出为

$$(\Delta V_{R_D})_{\max}=\frac{V_0\Delta R_D}{4R_D} \tag{9-29}$$

若 R_L-R_D，则输出的信号和噪声同样减小，信噪比基本不变。但是红外探测器的噪声很小，由于输出电路失配而使输出噪声更小，这就要求前置放大器和整个系统具有更低的噪声。然而，红外系统是一个光机电一体化的复杂系统，要将系统噪声做得很低是困难的，因此总是希望在保证信噪比高的同时，信号、噪声都相对大一些，这就要求负载电阻 R_L 基本上等于探测器暗阻 R_D。增大加于探测器上的直流偏压可以增大信号和噪声输出，但所加偏压不能过大，只能在允许的条件下增大工作偏压。

光导型探测器可分为本征光导型探测器和杂质光导型探测器。图 9-9 为光电导体的本征激发和杂质激发示意图。

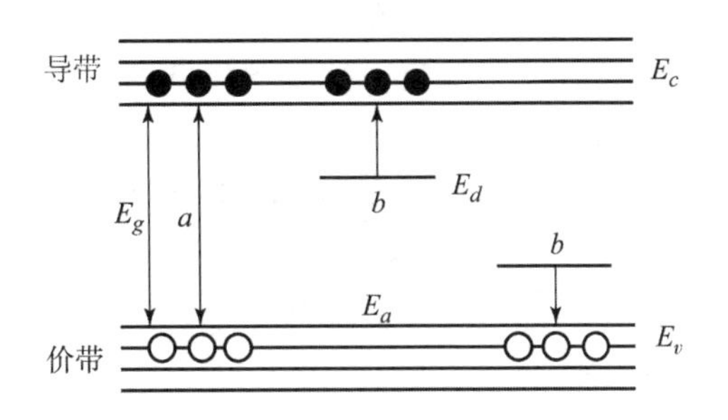

图 9－9　光电导体的本征激发和杂质激发示意图

一、本征光导型探测器

当入射辐射的光子能量大于或等于半导体的禁带宽度 E_g 时，电子从价带被激发到导带，同时在价带中产生同等数量的空穴，即产生电子－空穴对。电子和空穴同时对电导有贡献。这种情况称为本征光电导。本征半导体是一种高纯半导体，杂质含量很少，由杂质激发的载流子与本征激发的载流子相比可以忽略不计。

用足以引起激发的辐射照射红外探测器，开始时光生载流子从零开始增加，经过一定时间后趋于稳定。在红外探测器的实际应用中，主要是弱光照情况。

二、杂质光导型探测器

探测波长较长的红外辐射时，红外探测器材料的禁带宽度必须很小。在三元化合物硫镉汞和硫锡铅等窄禁带半导体用作红外探测器出现之前，要探测 8 ~ 14 μm 及波长更长的红外辐射，只有掺杂半导体。如图 9－6 中 *b*、*c* 所示，施主能级靠近导带，受主能级靠近价带。将施主能级上的电子激发到导带或将价带中的电子激发到受主能级所需的能量比本征激发的小，波长较长的红外辐射可以实现这种激发，因而杂质光电导体可以探测波长较长的红外辐射。

杂质光导型探测器必须在低温下工作，使热激发载流子浓度减小，受光照时电导率才可能有较大的相对变化，探测器的灵敏度才较高。

由于红外探测器一般都工作于弱光照，波长较长的红外探测器更是如此，所以只讨论弱光照情况。锗掺杂红外探测器是用得较多的一种掺杂红外探测器。

三、薄膜光导型探测器

除块状单晶体外，红外光子探测器材料还可选用多晶薄膜。多晶薄膜探测器（不含用各种外延方法制备的外延薄膜材料）主要是指硫化铅（PbS）和硒化铅（PbSe）。目前多晶薄膜红外光子探测器只有光电导型。

室温下，PbS 和 PbSe 的禁带宽度分别为 0.37 eV 和 0.27 eV，相应的长波限分别为 3.3 μm 和 4.6 μm。降低工作温度，禁带宽度减小，长波限增长。它们是 1 ~ 3 μm 和 3 ~ 5 μm 波段应用十分广泛的两种红外探测器。PbSe 虽比锑化铟（InSb）的探测率低，但价格低廉，因此在 3 ~ 5 μm 波段仍继续使用。

9.2.4　光伏探测器

如果在 P(N) 型半导体表面用扩散或离子注入等方法引入 N(P) 型杂质，则在 P(N) 型半导体表面形成一个 N(P) 型层，在 N(P) 型层与 P(N) 型半导体交界面就形成了 P－N 结。在 P－N 结中，当自建电场对载流子的漂移作用与载流子的扩散作用相等时，载流子的运动达到相对平衡，P－N 结间就建立起一个相对稳定的势垒，形成平衡 P－N 结。

如图 9－10 所示，P－N 结受辐照时，P 区、N 区和结区都产生电子－空穴对，在 P 区产生的电子和在 N 区产生的空穴扩散进入结区，在电场的作用下，电子移向 N 区，空穴移向P附加电势差，这就是光生电动势。它与原来的平衡P－N结势垒方向刚好相反，这就要降低P－N结的势垒高度，使扩散电流增加，达到新的平衡，这就是光伏探测器的物理基础。

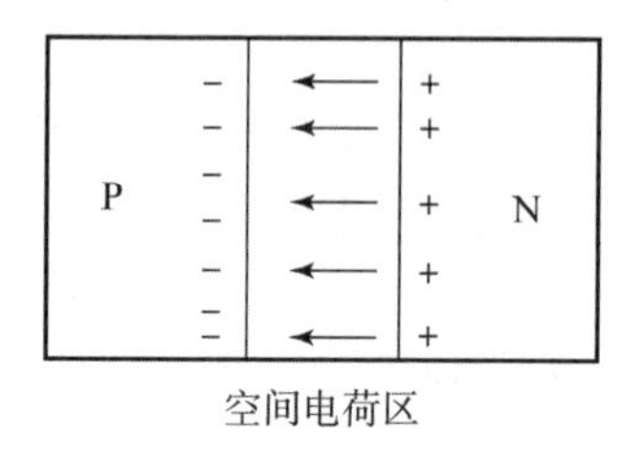

图9－10　P－N结

光伏探测器的伏安特性可表示为

$$I = -I_{sc}(e^{qV/\beta kT}-1)+G_sV \tag{9-30}$$

式中，I_{sc}为光电流，负号表示与P－N结的正向电流方向相反；V为P－N结上的电压；G_s为P－N结的分路电导；β为常数，对于理想P－N结，$\beta=1$。

光伏探测器有两种结构：一种是光垂直照射P－N结；另一种是光平行照射P－N结。第一种结构较普遍。

光伏探测器的光谱探测率可表示为

$$D_\lambda^* = \frac{S/N}{P_\lambda}\sqrt{A_D\Delta f}=\frac{I_{sc}/\sqrt{\overline{i_N^2}}}{hc/\lambda \cdot A_DE_p}\sqrt{A_D\Delta f} \tag{9-31}$$

式中，S/N为信噪比，信号和噪声既可用电压也可用电流形式表示；P_λ为波长为λ的辐射辐照在探测器上的功率；E_P为探测器的光子辐照度；I_{sc}为光电流；A_D为探测器的光敏面积；$\sqrt{\overline{i_N^2}}$为均方根噪声电流。

9.2.5　SPRITE探测器

SPRITE探测器是英国皇家信号与雷达研究所的埃略特等人于1974年首先研制成功的一种新型红外探测器，它实现了在器件内部进行信号处理。这种器件利用红外图像扫描速度等于光生载流子双极漂移速度这一原理实现了在探测器内进行信号延迟、叠加，从而简化了信息处理电路。它可用于串扫或串并扫热成像系统，但与热成像系统中使用的阵列器件不同。阵列器件是相互分立的单元，每个探测器要与前置放大器和延迟器相连，它接收目标辐射产生的输出信号需经放大、延迟和积分处理后再送到主放大器，最后在显示器中显示出供人眼观察的可见图像。

目前国内外研制的SPRITE探测器，有工作温度为77 K、工作波段为8～14 μm和工作温度为200 K左右、工作波段为3～5 μm两种。将它用于热成像系统中，既有探测辐射信号的功能，又有信号延迟、积分功能，大大简化了信息处理电路，有利于探测器的密集封装和整机体积的缩小。

目前具有代表性的SPRITE探测器由8条细长条$Hg_{1-x}Cd_xTe$组成，如图9－11所示。每条长700 μm、宽62.5 μm，彼此间隔12.5 μm，厚约为10 μm。

将N型$Hg_{1-x}Cd_xTe$材料按要求进行切、磨、抛后粘贴于衬底上，经精细加工、镀制电极，刻蚀成小条，再经适当处理就成了SPRITE探测器的芯片。每一长条相当于N个分立的单元探测器。N的数目由长条的长度和扫描光斑的大小决

图9－11　SPRITE探测器（8条）

定。对于上述结构，每条相当于 11 ~ 14 个单元件，所以 8 条 SPRITE 约相当于 100 个单元探测器。每一长条有 3 个电极，其中两个用于加电场，另一个为信号读出电极。读出电极非常靠近负端电极，读出区的长度约为 50 μm、宽度约为 35 μm。

假设 SPRITE 探测器的每一细长条如图 9 - 12 所示，红外辐射从每一长条的左端至右端进行扫描。当红外辐射在 I 区产生的非平衡载流子在电场 E 的作用下无复合地向 Ⅱ 区漂移，其双极漂移速度 v_a 为

$$v_a = \mu E_x \tag{9-32}$$

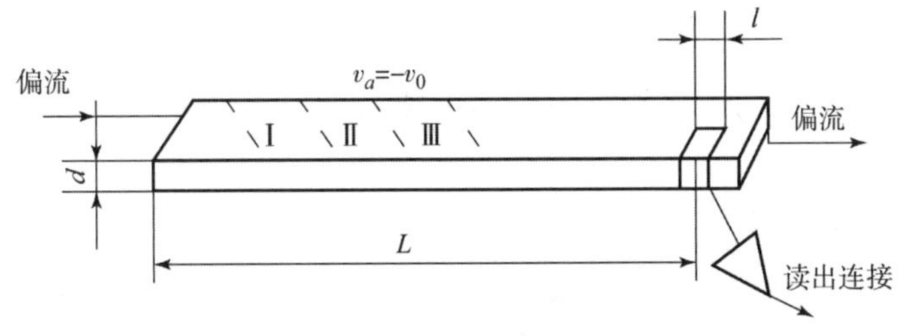

图 9 - 12　SPRITE 探测器工作原理图

其中，μ 为双极迁移率，可表示为

$$\mu = \frac{(n-p)\mu_n \mu_p}{n\mu_n + p\mu_p} \tag{9-33}$$

式中，n 为电子数；p 为空穴数。

对于 N 型半导体，$n \gg p$，因此 $\mu = \mu_p$。这表示光生少数载流子空穴在电场的作用下作漂移运动。

当双极漂移速度 v_a 与红外图像扫描速度 v_s 相等时，从 I 区产生的非平衡少数载流子空穴在电场的作用下漂移运动到 Ⅱ 区，此时红外图像也刚好扫描到 Ⅱ 区，在 Ⅱ 区又产生空穴（同时也产生电子）。红外图像在 I 区产生的空穴与在 Ⅱ 区产生的空穴正好叠加。如果红外图像不断地从左向右扫描，所产生的非平衡载流子空穴在电场的作用下不断地进行漂移运动，并依次叠加，最后在读出区取出，从而实现了目标信号在探测器内的延迟与叠加。这就是 SPRITE 探测器的工作原理。

实现 SPRITE 探测器信号延迟和叠加的必要条件是红外图像扫描速度 v_s 等于非平衡少数载流子空穴的双极漂移速度 v_a。双极漂移速度 v_a 与 N 型 $Hg_{1-x}Cd_xTe$ 材料少数载流子的迁移率 μ_p 和加于长条的电场强度 E_x 有关。对于一定的材料，μ_p 是一定的，唯有外加电场强度可以调节。如果在器件允许的条件下所加电场强度足够高，非平衡少数载流子被电场全部或大部分扫出，这样就能实现信号的延迟和叠加；如果少数载流子寿命 τ_p 不够长，少数载流子在其寿命 τ_p 时间内漂移的长度小于 SPRITE 探测器每一细长条的长度，那么少数载流子必然在体内复合，信号到达不了读出区，即使红外图像扫描速度等于非平衡少数载流子的漂移速度，也不能在读出电极上取出信号。

9.2.6　单晶半导体红外探测器

一、锑化铟红外探测器

锑化铟（InSb）是一种Ⅲ - V 族化合物半导体，是由适量的铟和锑拉制成的单品。InSb

的禁带宽度，室温下为0.18 eV，相应的截止波长为6.9 μm；77 K时为0.23 eV，相应的截止波长约为5.4 μm。禁带宽度随温度的增高而减小，禁带宽度温度系数约为 -2.3×10^{-4} eV/K；电子迁移率，295 K时为60 000 $cm^2/(V\cdot s)$，77 K时为300 000 $cm^2/(V\cdot s)$。

常用的InSb探测器有光电导型和光伏型两种：

（1）光电导型InSb探测器。工作温度为295 K、195 K和77 K的3种光导型探测器早有产品出售。性能最好的还是工作于77 K下的低温探测器。室温下InSb的噪声由热噪声限制，但在77 K工作的低温InSb探测器却具有明显的 $1/f$ 噪声。

（2）光伏型InSb探测器。InSb的禁带宽度较窄，室温下难以产生光伏效应，因此InSb光伏探测器总是在低温工作，常用的工作温度为77 K。

77 K下工作的光伏型和光电导型InSb探测器的探测率都已接近背景限，至今仍然是3～5 μm波段广泛使用的一种性能优良的红外探测器。

二、硫镉汞红外探测器

$Hg_{1-x}Cd_xTe$ 是由CdTe和HgTe组成的固溶三元化合物半导体，x 表示CdTe占的克分子数。CdTe是一种半导体，接近0 K时具有禁带宽度为1.6 eV。HgTe是一种半金属，接近0 K时具有0.3 eV的负禁带宽度。用这两种化合物组成的三元化合物的成分可以从纯CdTe到纯HgTe之间变化。

选择不同的 x 值就可制备出一系列不同禁带宽度的硫镉汞（HgCdTe）材料。由于大地辐射的波长范围为8～14 μm，因此，$x=0.2$。在77 K下工作时响应波长为8～14 μm的材料特别引人关注。

硫镉汞材料除禁带宽度可随组分 x 值调节外，还具有一些可贵的性质：电子有效质量小、本征载流子浓度低等。由它制成的光伏探测器具有反向饱和电流小、噪声低、探测率高、响应时间短和响应频带宽等优点。目前已制备成室温工作响应波段为1～3 μm、近室温工作（一般采用热电制冷）响应波段为3～5 μm和77 K下工作响应波段为8～14 μm的光电导和光伏探测器。室温工作的1～3 μm波段的硫镉汞探测器的探测率虽不如PbS的探测率高，但由于它的响应速度快，已成功地用于激光通信和测距。77 K下工作响应波段为8～14 μm的硫镉汞探测器主要用于热成像系统。

三、锗硅掺杂红外探测器

室温下，硅和锗的禁带宽度分别为1.12 eV和0.67 eV，相应的长波限分别为1.1 μm和1.8 μm。利用本征激发制成的硅和锗光电二极管的截止波长分别为1 μm和1.5 μm，峰值探测率分别达到 1×10^{13} $cm\cdot Hz^{1/2}/W$ 和 5×10^{10} $cm\cdot Hz^{1/2}/W$，它们是室温下快速、廉价的可见光及近红外探测器。由于在1～3 μm波段，PbS仍然是最好的红外探测器，所以锗、硅的本征型探测器在红外波段范围内就无多大用处了，但是它们的杂质光导型探测器曾起过一定作用。锗硅掺杂型探测器基本上是光电导型。

锗硅掺杂探测器均需在低温下工作，同时因光吸收系数小，探测器芯片必须具有相当厚度。在三元系化合物硫镉汞和硫锡铅探测器问世之前，8～14 μm及以上波段的红外光子探测器主要是锗硅掺杂型探测器，它们曾在热成像技术方面起过重要作用，目前甚少使用。

9.2.7 热探测器

物体吸收辐射，晶格振动加剧，辐射能转换成热能，温度升高。由于物体温度升高，与温度有关的物理性能发生变化。这种物体吸收辐射使其温度发生变化从而引起物体的物理、力学等性能相应变化的现象称为热效应。利用热效应制成的探测器称为热探测器。

由于热探测器是利用辐射引起物体的温升效应，因此它对任何波长的辐射都有响应，所以称热探测器为无选择性探测器，这是它同光子探测器的一大差别。热探测器的发展比光子探测器早，但目前一些光子探测器的探测率已接近背景限，而热探测器的探测率离背景噪声限还有很大差距。

辐射被物体吸收后转换成热，物体温度升高，伴随产生其他效应，如体积膨胀、电阻率变化或产生电流、电动势。测量这些性能参数的变化就可知道辐射的存在和大小。利用这种原理制成了温度计、高莱探测器、热敏电阻、热电偶和热释电探测器。

一、热敏电阻

热敏电阻的阻值随自身温度变化而变化。它的温度取决于吸收辐射、工作时所加电流产生的焦耳热、环境温度和散热情况。热敏电阻基本上是用半导体材料制成，有负电阻温度系数（NTC）和正电阻温度系数（PIC）两种。

热敏电阻通常为两端器件，但也有制成三端、四端的。两端器件或三端器件属于直接加热型，四端器件属于间接加热型。热敏电阻通常都制得比较小，外形有珠状、环状和薄片状。用负温度系数的氧化物半导体制成的热敏电阻测辐射热器常为两个元件：一个为主元件，正对窗口，接收红外辐射；另一个为补偿元件，性能与主元件相同，彼此独立，同封装于一管壳内，不接收红外辐射，只起温度补偿作用。

薄片状热敏电阻一般为正方形或长方形，厚约10 μm，边长为0.1～10 μm，两端接电极引线，表面黑化以增大吸收。热敏元件芯片胶合在绝缘底板上（如玻璃、陶瓷、石英和宝石等），底板粘贴在金属座上以增加导热。热导大，热时间常数相对较小，但同时降低了响应率。采用调制辐射辐照或探测交变辐射时，响应时间应短一些；采用直流辐照时，响应时间可以长一些，这时可将底板悬空并真空封装。

由于热敏电阻和光子探测器一样可做成浸没探测器，在保证所需视场的前提下可缩小探测器面积，仍能接收到原视场的辐射能量，所以提高了探测器的输出信号。但是对于背景噪声起主要作用的红外系统（或探测器），采用浸没技术不能提高系统（或探测器）的信噪比，因为在增大信号输出的同时也必然要增大噪声输出。有不少光子探测器已接近背景噪声限，而热探测器离背景噪声限还很远。

热敏电阻的应用较广，但基本的应用是测辐射热计。目前，室温热敏电阻测辐射热器的探测率 D 的数量级为 10^8 cm · Hz$^{1/2}$/W，时间常数为毫秒量级。由于它的响应时间较长，不能在快速响应的红外系统中使用。热敏电阻测辐射热器已成功地用于人造地球卫星的垂直参考系统中的水平扫描，在如测温仪这类慢扫描红外系统中有着广泛的应用。图9－13是热敏电阻测辐射热器工作电路。R_1 和 R_2 为两个性能相同的热敏电阻，其中一个（假定为 R_1）为接收辐射的工作元件，另一个为补偿元件。R_{L1} 和 R_{L2} 是两个性能稳定的电阻，其中一个的阻值可以调节。V_0 为所加直流工作电压，C 为交流耦合电容。

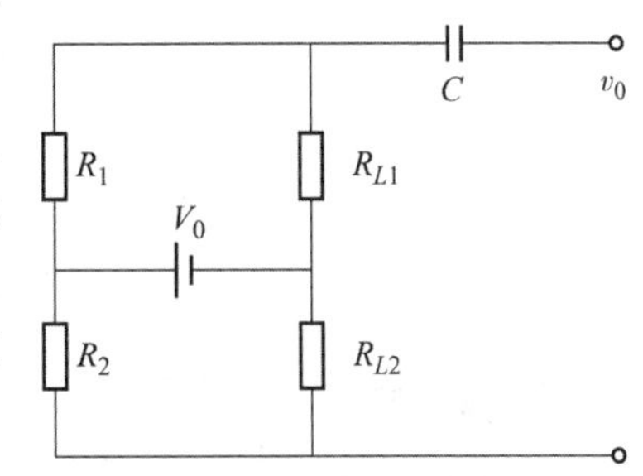

图9－13 热敏电阻测辐射热器工作电路原理图

二、超导红外探测器

有一些物质，当它处于某一温度时，其电阻率迅速变为零，这种现象称为超导现象。超导体主要用于制作两类红外探测器：一类是利用在超导转变温度范围内超导体电阻随温度明显变化这一特性做成测辐射热器；另一类是利用约瑟夫森效应制成约瑟夫森结探测器，在远红外区不仅探测率高，而且响应时间也很短。

用高温超导薄膜制备的探测器具有响应光谱宽、功耗小、探测率高、响应速度快、成品率高和价格相对低廉等优点，因此用它来制作单元、多元或焦平面器件都具有很好的发展前景。高温超导探测器是红外和亚毫米波谱区的一种性能十分优良的探测器。

三、热电偶和热电堆

热电偶是应用最早的热探测器，至今仍得到广泛的应用。热电偶是基于温差电效应工作的。因为单个热电偶提供的温差电动势比较小，满足不了某些应用的要求，所以常把几个或几十个热电偶串接起来组成热电堆。热电堆与热电偶相比可提供更大的温差电动势，新型的热电堆采用薄膜技术制成，因此称为薄膜型热电堆。

四、热释电探测器

热释电探测器是发展较晚的一种热探测器。目前不仅单元热释电探测器已成熟，而且多元列阵元件也成功地获得应用。热释电探测器的探测率比光子探测器的探测率低，但光谱响应宽，可在室温下工作，已在红外热成像、红外摄像管、非接触测温、入侵报警、红外光谱仪、激光测量和亚毫米波测量等方面获得了应用。

9.2.8 PSD 传感器

位置敏感探测器（Position Sensitive Detector，PSD）是一种光电测距器件。PSD 基于非均匀半导体横向光电效应，达到器件对入射光或粒子位置敏感。它是一种对其感光面上入射光位置敏感的光电探测器，即当入射光点落在器件感光面的不同位置时，将对应输出不同的电信号，通过对输出信号进行处理，即可确定入射光点在器件感光面上的位置。

PSD 的基本结构类似于 PIN 结光电二极管，PSD 由四部分组成：PSD 传感器、电子处理元件、半导体激光源、支架（固定 PSD 光传感器与激光光源相对位置）。但是它的工作原理与光电二极管不同，光电二极管基于 P-N 结或肖特基结的光生伏特效应，而 PSD 基于 P-N 结或肖特基结的横向光电效应，它不仅是光电转换器，还是光电流的分配器。

PSD 具有如下显著特点：

（1）位置分辨率高，光谱响应范围宽，响应速度快，位置信号与光斑大小形状及焦点无关，仅与入射光斑的光通量密度分布的重心位置有关。

（2）可靠性高，处理电路简单。

（3）受光面内无盲区，可同时测量位移及光功率，测量结果与光斑尺寸和形状无关。

（4）位置信号连续变化，没有突变点，故能获得目标位置的连续变化信号，达到极高的位置分辨准确度。

（5）不需要扫描系统，简化了外围电路，整机系统易于实现，成本低、体积小，使用简便。

由于 PSD 特有的性能，因而能获得目标位置连续变化的信号，已广泛用于各种自动控制装置、自动聚焦、自动测位移、自动对准、定位、跟踪及物体运动轨迹等方面，如光束对准和三维空间位置测试系统中的平面度测量、机器人视觉系统等。

9.2.9　双色红外探测器

如果一个系统能同时在两个波段获取目标信息，就可对复杂的背景进行抑制，提高对各种温度的目标的探测效果，从而在预警、搜索和跟踪系统中能明显地降低虚警率，显著地提高热成像系统的性能和在各种武器平台上的通用性，满足各军兵种，特别是空军、海军对热成像系统的需求。一般两波段热成像系统可以有两种方式：一种是两个分别响应不同波段的探测器组件共用一个光学系统构成；另一种是用一个能响应两个波段的双色红外探测器（以下简称双色探测器）共用一个光学系统构成。前者的特点是探测器简单，但系统的光学机构比较复杂；后者则正好相反。

由于绝大多数军用战术热成像系统都在3～5 μm、8～12 μm这两个大气窗口工作，所以国内外研制的多数双色探测器都工作在这两个波段，是光伏响应模式和光导响应模式相结合的偏压控制型两端器件。从可供选择的探测器材料看，用于3～5 μm器件的半导体材料有HgCdTe、InSb、PbSe等，用于8～12 μm器件的材料主要有HgCdTe。近年来，随着分子束外延技术的发展和量子阱/超晶格材料质量的提高，人们发现可以利用CaAs/CaAIAs量子阱子带间红外光电响应来制备高灵敏度的红外探测器。这种新型的红外探测器可以具有InSb和HgCdTe红外探测器件同样的性能，并且工艺上能达到大面积均匀，与现有的CaAs微电子工艺兼容，因而发展了双色量子阱/超晶格红外探测器。

双色和多色红外探测器不仅具有很高的探测灵敏度，而且能够同时利用多个大气窗口在不同波长对目标进行高速分别探测，大大提高对目标的分辨能力，抗干扰性能大大提高。

双色探测器按结构可分为平面式和叠层式两种。平面式探测器存在下述缺点：

（1）两波段灵敏元件在一个平面上，各波段的敏感元件最多只能接收入射光能的一半，且需两路光学系统分别对准照射到两波段灵敏元件上。

（2）采用在灵敏元件上往复照射的扫描方式，不能同时连续观察两个波段的信息。

叠层式探测器克服了平面结构的上述缺点，采用两波段灵敏元件上下叠层对中，能给应用带来很多方便。图9－14为叠层双色光导红外探测器芯片示意图。

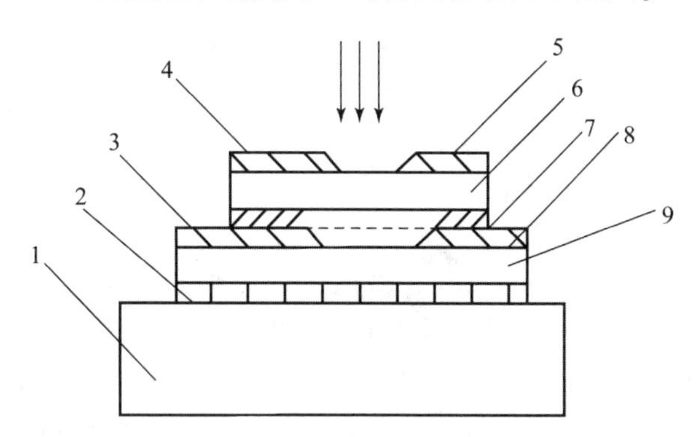

图9－14　叠层双色光导红外探测器芯片示意图

1—衬底；2，7—粘接胶；3，4，5，8—金电极；6—上元件；9—下元件

从双色探测器的工作原理看，可分为光电导效应、光伏效应、双峰效应和子能带间的共

振吸收隧穿效应 4 种效应。光电导吸收的光导、光伏效应量子效率高，是双色探测器的首选模式；双峰效应是通过偏置电压改变 P－N 结耗尽区宽度，以收集另一波长的光生载流子，利用这一效应必须使用外延方法生长的双层异质结薄膜材料；隧穿效应则只能选用量子阱超晶格材料。受杜瓦电极引线数量和制冷机（器）的限制，一般光导模式的多元双色探测器的最大探测元数为 90×2。因此，用于周视全景搜索、跟踪等系统中的长线列或大阵列双色探测器则不能以光导模式工作。

双色探测器可应用于导弹预警，机载前视红外系统和红外侦察系统，武装直升机和舰载机目标指示系统，中短程空空导弹的光电火控系统，精确制导武器的红外成像制导导引头，水面舰船的预警、火控和近程反导系统，双波段热像仪等。将随单波段探测器及其配套技术的成熟和市场需求的增加而加快发展，双色探测器的发展趋势将集中在以下 5 个方面：

（1）集成式。集成化的双色探测器有利于简化系统结构，能充分利用半导体材料制备技术的最新成果，便于器件焦平面化，其中 HgCdTe 合金系和各种量子阱/超晶格材料系统将得到重点发展。

（2）焦平面。采用焦平面器件，能更好地满足系统的要求，同时也有利于简化系统结构。

（3）大阵列。为明显提高系统性能，双色探测器将向大面阵和长线列发展。

（4）小型化。双波段系统将克服在光学设计和加工、信号处理与显示等方面的困难，缩小体积、减轻质量，以便扩大其应用范围。

（5）多色化。随着材料、器件和系统技术的进步，双色探测器将向更多的光谱波段发展，既包括拓宽光谱波段，也包括将光谱波段划分成更为细致的波段，以获得目标的彩色热图像，使得到的目标信息更丰富、更精确、更可靠。

9.3 目标红外探测系统

探测系统是用来探测目标并测量目标的某些特征量的系统。根据功用及使用场量的要求不同，探测系统大致可以分为以下 5 类：

（1）辐射计，用来测量目标的辐射量，如辐射通量、辐射强度、辐射亮度及发射率。

（2）光谱辐射计，用来测量目标辐射量的光谱分布。

（3）红外测温仪，用来测量辐射体的温度。

（4）方位仪，用来测量目标在空间的方位。

（5）报警器，用来在一定的空间范围，当目标进入这个范围以内时，系统发出报警信号。

应该指出的是，上述不同类型的红外探测系统，它们在结构组成、工作原理等方面都有很多相同之处，往往在一种探测系统的基础上，增加某些元部件、扩展信号处理电路的某些功能后，便可以得到另一种类型的探测系统。例如，辐射计和测温仪的相同之处都是测目标（辐射体）的辐射功率；不同的是，辐射计是由测得的辐射功率和测量时的限制条件计算出各种辐射量，而测温仪则是根据测得的辐射功率求出辐射体的温度。因此，只要深入地理解某些有代表性的探测系统的工作原理，就不难理解其他类型的探测系统。

被动式的红外探测系统，都是利用目标本身辐射出的辐射能对目标进行探测的。为把分散的辐射能收集起来，系统必须有一个辐射能收集器，这就是通常所指的光学系统。光学系统所会聚的辐射能，通过探测器转换为电信号，放大器把电信号进一步放大。因此，光学系统、探测器及信号放大器是探测系统最基本的组成部分。在此基础上，若把辐射能进行一定的调制，加上环境温度补偿电路以及线性化电路等，即可以做成测温仪。若把光学系统所会聚的辐射能进行位置编码，使目标辐射能中包含目标的位置信息，这样由探测器输出的电信号中也就包含了目标的位置信息，再通过方位信号处理电路进一步处理，即可得到表示目标方位的误差信号，这便是方位探测系统的基本工作原理，其基本组成框图如图 9 - 15 所示。图中的位置编码器可以是调制盘系统、十字叉或 L 形系统，也可以是扫描系统。

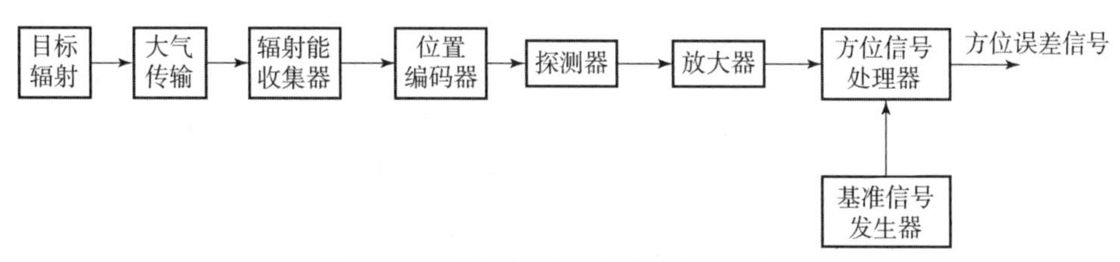

图 9 - 15　方位探测系统的基本组成框图

采用调制盘作为位置编码器的方位探测系统，其结构组成原理示意图如图 9 - 16 所示。来自目标的红外辐射，经光学系统聚焦在调制盘平面上，调制盘由电动机带动相对于像点扫描，像点的能量被调制，由调制盘射出的红外辐射通量中包含了目标的位置信息。由调制盘射出的红外辐射经探测器转换成电信号，该电信号经放大器放大后，送到方位信号处理电路。方位信号处理电路的作用，是把包含目标方位信息的电信号进一步变换处理，取出目标的方位信息，最后系统输出的是反映目标方位的误差信号。调制盘可采用调幅、调制和脉冲编码等形式。光学系统通常采用折反式或透射式两种形式。当采用圆锥扫描的调幅或调频调制盘时，由于光学系统中有运动部件，故多采用折反式光学系统，次反射镜扫描旋转的工作方式；当采用圆周平移扫描或脉冲编码式调制盘时，像质要求较高，故多采用透射式光学系统。有些探测系统中的光学系统，可同时采用透射式和折反式两种形式。例如，某型反坦克导弹的红外测角仪，其光学系统有两种视场，大视场采用透射式光学系统，小视场采用折反式光学系统，两个形式一样的调制盘分别位于两个光学系统的焦平面上；近距离上为捕获目标采用大视场，远距离上为降低背景噪声干扰采用小视场，当导弹接近目标到一定距离时，两种视场自动切换。

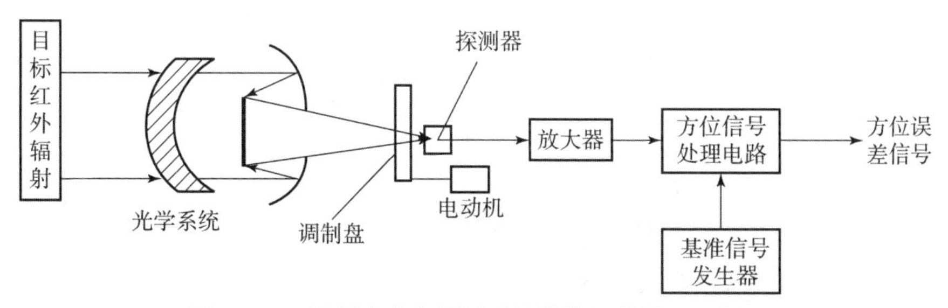

图 9 - 16　调制盘方位探测系统结构组成原理示意图

第 10 章

磁探测原理

磁探测是以磁场作为媒介，利用各种磁传感器测量目标或环境的温度、速度、位置等参数的探测方法。磁传感器就是把磁场、电流、应力－应变、温度等外界因素引起敏感元件磁性能变化转换成电信号的器件；狭义地讲，磁传感器仅指磁场传感器，即将各种磁场及其变化的量转变成电信号输出的器件。

10.1 概述

10.1.1 磁探测的对象和参量

磁场强度 H 是表示磁场中各点“磁力”大小和方向的物理量，单位是 A/m，是用两根载流导体之间产生的力来定义的。磁感应强度 B 是描述空间某点磁场的大小和方向的物理量。在国际单位制中，把磁场强度 H 在真空（空气）中引起的磁感应强度记为 B_0，并有简单关系：

$$B_0 = \mu_0 H \tag{10-1}$$

式中，$\mu_0 = 4\pi \times 10^{-7}$ H/m，表示真空磁导率。在磁介质中，总磁感应强度 B 是磁感应强度 B_0 和磁化强度 M（表征磁介质在磁场 H 中极化的磁感应强度）之和，即

$$B = B_0 + \mu_0 M = \mu_0 (H + M) \tag{10-2}$$

由此可见，磁感应强度可同时用来描述介质和真空中的磁场，它比磁场强度有更广泛的概念。

磁感应强度 B 及与之相垂直面积 S 的乘积称为该面积的磁通。在磁介质中，由于向量 B 和 B_0 的关系很复杂，通常是采用测量磁感应强度的积分，即测量磁通 Φ：

$$\Phi = \int_s B \mathrm{d}s \tag{10-3}$$

磁通的单位是 $\mathrm{T \cdot m^2}$，或称韦伯（Wb）。

磁场参量是表征磁场性质的物理量，包括磁感应强度 B、磁通 Φ、磁场非均匀性量（磁场梯度）等，以及这些向量的分量和模量。

10.1.2 磁探测的种类

磁探测涉及的范围很广，其方法根据测量所依据的不同的基本物理现象，大体可分如下几种。

1. *磁力法*

磁力法是利用在被测磁场中的磁化物体或通电流的线圈与被测磁场之间相互作用的机械力（或力矩）来测量磁场的一种经典方法。精密的磁探测仪是根据这一原理设计的，在地磁场测量、磁法勘探、古地磁研究等方面仍占有一定的地位。

2. *电磁感应法*

电磁感应法是以电磁感应定律为基础测量磁场的一种经典方法。可通过探测线圈的移动、转动和振动来产生磁通变化。其中，冲击法主要用于测量恒定磁场；伏特法主要用于测量高频磁场；电子微通法用于测量恒定磁场、交变磁场或脉冲磁场（或磁通）；旋转线圈法和振动线圈法是电磁感应法的直接应用，主要用于测量恒定磁场。

3. *电磁效应法*

电磁效应法是利用金属或半导体中流过的电流和在外磁场同时作用的力 F 所产生的电磁效应来测量磁场的一种方法。其中，霍尔效应法应用最广，可以测量 $10^{-7} \sim 10$ T 范围内的恒定磁场；磁阻效应法主要用于测量 $10^{-2} \sim 10$ T 的较强磁场；磁敏晶体管法可以测量 $10^{-5} \sim 10^{-2}$ T 范围内的恒定磁场和交变磁场，但因元器件的稳定性限制，目前很少用于工业测量。

4. *磁共振法*

磁共振法是利用物质量子状态变化而精密测量磁场的一种方法，其测量的对象一般是均匀的恒定磁场。其中，核磁共振法主要用于测量 $10^{-2} \sim 10$ T 范围的中强磁场；流水式核磁共振可测量 $10^{-3} \sim 25$ T 范围的磁场，它还可以测量不均匀的磁场；电子顺磁共振法主要用于测量 $10^{-4} \sim 10^{-3}$ T 范围的较弱磁场；光泵法用于测量 10^{-3} T 以下的弱磁场。

5. *超导效应法*

超导效应法是利用弱耦合超导体中的约瑟夫森效应的原理测量磁场的一种方法，它可以测量 0.1 T 以下的恒定磁场或交变磁场。超导量子干涉器件具有从 DC ~ 10^{12} Hz 的良好频率特性。此法在地质勘探、大地测量、计量技术、生物磁学等方面有重要的应用。

6. *磁通门法*

磁通门法也称为磁饱和法，是利用被测磁场中，磁芯在交变磁场的饱和激励下其磁感应强度与磁场强度的非线性关系来测量磁场的一种方法。这种方法主要用于测量恒定的或缓慢变化的弱磁场，将测量电路稍加变化后也可以测量交变磁场。磁通门法大量用于地质勘探、材料探伤、宇航工程、军事探测等方面。

7. *磁光效应法*

磁光效应法是利用磁场对光和介质的相互作用而产生的磁光效应来测量磁场的一种方法，它可用于测量恒定磁场、交变磁场和脉冲磁场。其中，利用法拉第效应可测量 0.1 ~ 10 T 范围内的磁场，利用克尔效应法可测量高达 100 T 的强磁场。磁光效应法主要用于低温下的超导强磁场的测量。

8. *巨磁阻效应法*

传导电子的自旋相关散射是巨磁阻效应的主要原因。巨磁阻传感器具有体积小、灵敏度高、相应频率宽、成本低等优点，是多种传统的磁传感器的换代产品。

10.2　地球磁场基础知识

地球周围的空间存在的磁场称为地磁场。地磁场是地球的基本物理场，主要起源于地球本体，由于地核内部包含的大量铁磁质元素在高温高压作用下转变成自由电子，导致地层电导率提高，自由电子在地核与地幔之间不停流动，使得地球周围形成磁场，类似于将一个较为稳定的磁偶极子置于地心，产生南北两个磁极。

地磁场有着丰富的参数信息，如地磁总场、地磁二分量、磁倾角、磁偏角和地磁场梯度等，为地磁测量系统提供了充足的信息。

10.2.1　地磁场的分布

通常利用地磁场强度和它的分量描述地磁场的特征。如图 10－1 所示，在观测点建立坐标系 $OXYZ$，并设观测点为原点 O，原点处磁场值 T 所在的垂面为磁子午面，X 轴沿地理子午线向北为正，Y 轴沿纬度方向东为正，Z 轴垂直向下为正。

T 在 X 轴上的投影 x，称为北向强度；T 在 Y 轴上的投影 y，称为东向强度；T 在 Z 轴上的投影 z 称为垂直强度。T 在水平面 XOY 上的投影 H，称为水平强度。

磁子午面与地理子午面的夹角 D，称为磁偏角，并规定 H 向东偏为正，向西偏为负。

T 与水平面的夹角 I，称为磁倾角。在北半球，T 指向地平线之下，I 为正；在南半球，T 向上，I 为负。

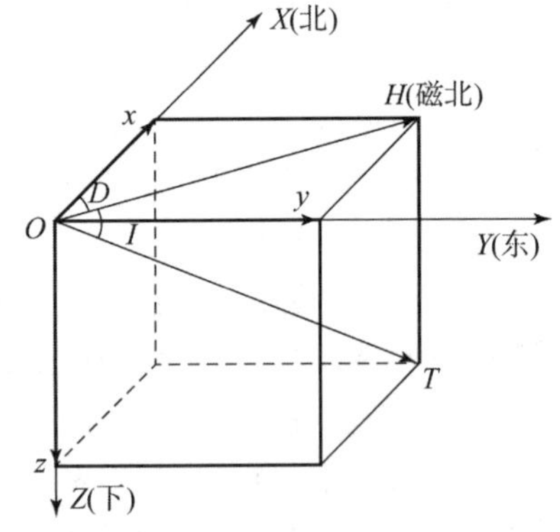

图 10－1　地磁要素图

T、H、I、x、y、z 和 D 这 7 个量统称为地磁要素，它们之间的关系为

$$\begin{cases} H = T\cos I,\ z = T\sin I,\ I = \arctan(z/H) \\ T^2 = H^2 + z^2 = x^2 + y^2 + z^2 \\ x = H\cos D,\ y = H\sin D,\ D = \arctan(y/x) \end{cases} \tag{10-4}$$

为了解地磁场的分布规律及随时间变化的特点，可在地球表面许多地方设立地磁观测台，用精密仪器长期连续地测定各地磁要素。为清晰地表现地磁场的分布规律，一般将地磁要素测定结果绘成等值线图，也就是在地图上将某种地磁要素具有相同数值的各点连成的线形成的图，称为地磁图。地磁图可以把整个地球或一定区域的地磁场情况从数量、特征上清晰地显示出来。

例如，将磁偏角数值相同的各点连成曲线的地磁图，称为等偏角地磁图；将磁倾角数值相同的各点连成曲线的地磁图，称为等倾角地磁图；将磁场强度数值相同的各点连成曲线的地磁图，称为等强度地磁图。

由于各地磁要素在时间上不是恒定的，这就要使地磁图的描绘适合于某一个特定的时期，一般采用一年的中期。例如，绘制某年的地磁图，就应该把地磁要素的数值都化为该年度 7 月 1 日零时零分的数值。目前，地磁图通常按每 5 年绘制一次。地磁图的绘制可分为某一地区的、某一国家范围的和全球的，后者即为世界地磁图。显然，地磁图的比例尺越小，描绘等值线的准确性就越差。因此，世界地磁图以及各国地磁图实际是地磁各要素的一种平均分布图。世界地磁图表现了地球表面各地磁要素分布的一般形态。

如图 10－2 所示，等偏角地磁图是从一点出发汇聚于另一点的曲线族。它有两点 $D=0°$ 的等偏角线把磁偏角分为正负两个区域。负等值线表示磁偏角值小于 0°，磁针西偏；正等值线表示磁偏角值大于 0°，磁针东偏。

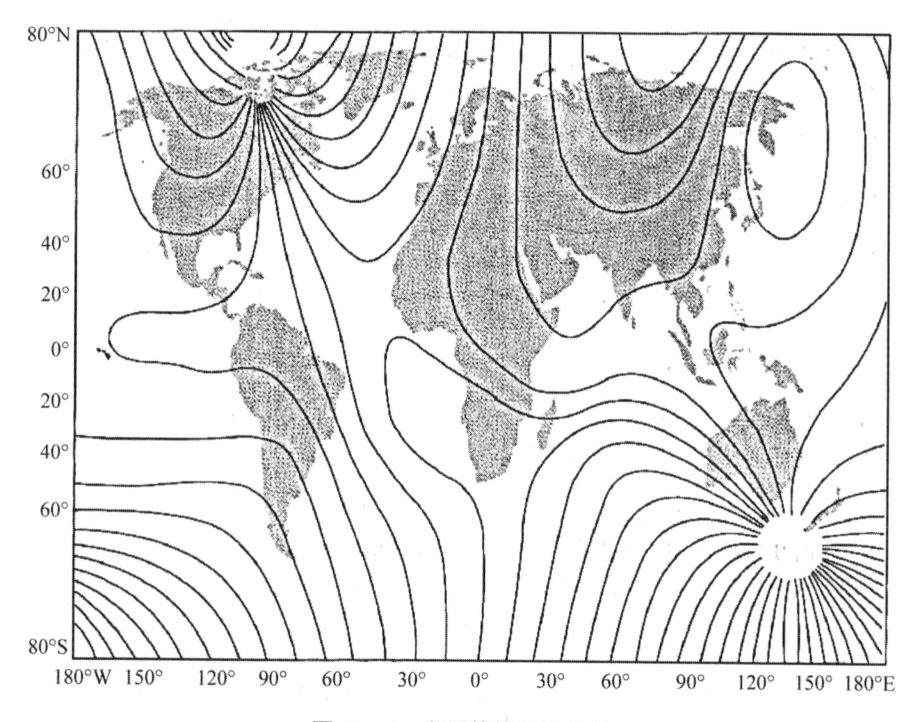

图 10－2　世界等偏角地磁图

等偏角线在南北两半球上汇聚于 4 个点：两个是磁极，两个是地极。在南北磁极处，水平强度为 0，倾角为 90°，在水平面内能自由转动的磁针在此处可停止在任意位置，水平强度 H 的指向（磁子午线的方向）在此处已失去意义。因此，该处的磁偏角可以有 0°～±180° 的数值。同理，在地理两极处，地理子午线的概念亦失去了意义，磁偏角也可以有 0°～±180° 的数值。

如图 10－3 所示，等倾角地磁图也是大致沿纬度圈分布的一系列平行曲线，形态更为匀称和规则。零值等倾角线称为磁赤道。由赤道至两极，倾角由 0°逐渐增加到 90°。磁赤道以北，磁针 N 极下倾，倾角为正；磁赤道以南，磁针 N 极上仰，倾角为负。

如图 10－4 所示，等强度地磁图也是大致沿纬度方向排列的曲线族，它在南北两极处最大，为 0.6～0.7 Oe，而在赤道附近为 0。

由世界地磁图可知，磁场的分布几乎不反映地壳的地质地理情况，说明地球磁场的来源在地球内很深或在远离地表处。

地磁场的分布具有以下特点：

（1）地球有两个磁极，与地理极靠近，其位置各在 75°N，105°W 及 67°S，143°E 附近。在磁极上，磁倾角为 ±90°，水平分量为 0，垂直分量最大，磁偏角无定值。

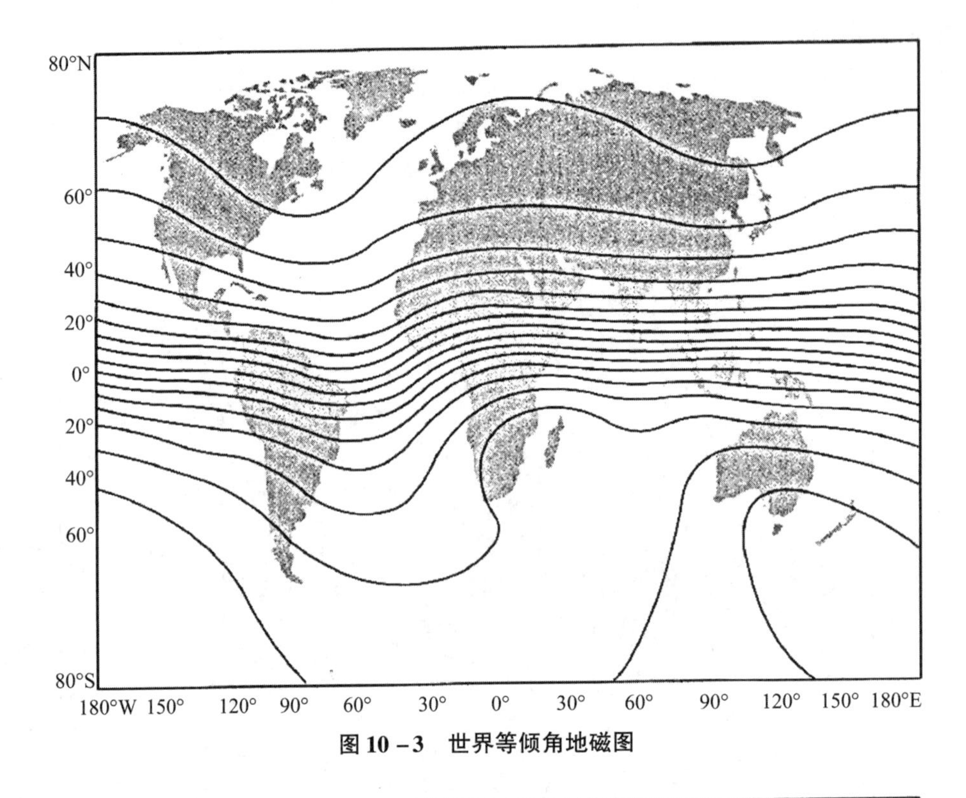

图 10-3　世界等倾角地磁图

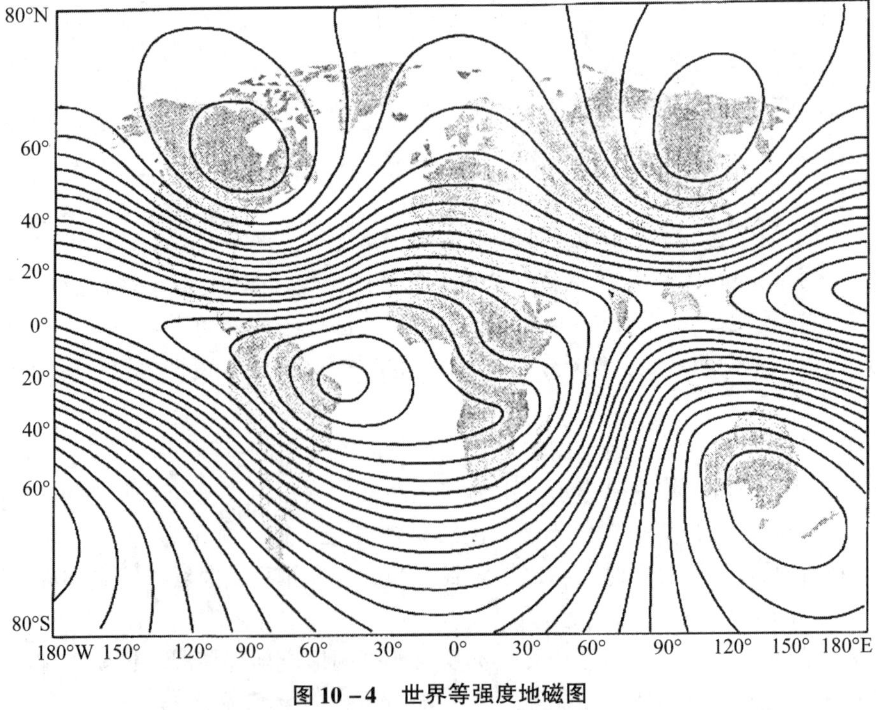

图 10-4　世界等强度地磁图

（2）水平分量在极地附近外的其他任何地方，均指向北。垂直分量在北半球指向下，在南半球向上。地球磁场在北半球的是 S 极，在南半球的是 N 极。

（3）两极处的总磁场强度为 0.6～0.7 Oe，赤道处的总磁场强度为 0.3～0.4 Oe，前者约为后者的 2 倍。磁倾角沿纬度按一定规律变化，这与均匀磁化球体或偶极子磁场的分布相似。

（4）地球的磁化是不对称的，其磁轴与地球自转轴不重合，交角约为 11.5°。偶极子的中心偏离地球中心约 400 km。

10.2.2　地磁场的组成

地磁场可以划分为性质不同的两部分：一部分是地球的稳定磁场，另一部分是地球的变化磁场。变化磁场一般很弱，最大变化（在磁暴条件下）也只有地磁场总强度的 2% ~4%，通常小于 1%。稳定磁场是地磁场的主要部分，总磁场可写成

$$T = T_0 + \Delta T \tag{10-5}$$

式中，T 为总磁场；T_0 为稳定磁场；ΔT 为变化磁场。

稳定磁场和变化磁场又可划分为起源于地球内部和地球外部的两个部分，即

$$\begin{cases} T_0 = T_i + T_e \\ \Delta T = \Delta T_i + \Delta T_e \end{cases} \tag{10-6}$$

式中，T_i 为起源于地球内部的稳定磁场，称为地磁场的内源磁场，其强度约为稳定磁场的 94%；T_e 为起源于地球外部的稳定磁场，称为地磁场的外源磁场，其强度约为稳定磁场的 6%；ΔT_i、ΔT_e 分别表示变化磁场 ΔT 的内源部分和外源部分，其中 ΔT_i 约为 ΔT 的 1/3，ΔT_e 约为 ΔT 的 2/3。

从本质上讲，变化磁场起源于地球外部的各种电流体系，如高度约为 100 km 处的电离层的电流体系，同时内源部分也是由它的感应所引起。变化磁场的实质是起源于地球外部而叠加在地球稳定磁场上的各种短期变化的磁场。

由以上分析可知，地球磁场可以进一步区分为 3 个基本部分：内源磁场 T_i、外源磁场 T_e 和变化磁场 ΔT，即

$$T = T_i + T_e + \Delta T \tag{10-7}$$

内源磁场又包括偶极子磁场 T_M、大陆磁场 T_m 和异常磁场 T_α，即

$$T_i = T_M + T_m + T_\alpha \tag{10-8}$$

故地磁场 T 可表示为

$$T = T_M + T_m + T_\alpha + T_e + \Delta T \tag{10-9}$$

10.2.3　地磁场的解析模式（数学模型）

在研究地磁场时，首先应建立地磁场及其长期变化分布模式。用球谐分析方法表示地球基本磁场及其长期变化的分布，通常称为地磁场的球谐模式；用若干个偶极子表示地磁场的分布，称为地磁场的偶极子模式。

一、地磁场的一级近似表示

作为对地球磁场的一般了解，将地球磁场看成一个均匀磁化球体或地心偶极子的磁场即可。实际测量结果也表明，地磁场与地心偶极子磁场近似。物理学中，偶极子磁场与均匀磁化球体磁场等同，因此可以通过分析均匀磁化球体磁场的解析式来了解地磁场的一般规律。如图 10－5 所示，设地球为一均匀磁化的球体，则球面任一点 P 的磁位为

$$\mu = \frac{\mu_0 M}{4\pi r}\sin\varphi \tag{10-10}$$

式中，φ 为磁维度；r 为地球半径变量；M 为地球磁场磁矩；μ_0 为真空磁导率。

由于磁场强度是磁位的负梯度，所以 P 的磁场强度为

$$T = -\mathrm{grad}\mu$$

以 P 为原点建立直角坐标系，取 X 轴向北，Y 轴向东，Z 轴指向地心，则 T 的 3 个分量分别为

$$x = -\frac{\partial T}{\partial x},\ y = -\frac{\partial T}{\partial y},\ z = -\frac{\partial T}{\partial z} \tag{10-11}$$

另外，

$$\mathrm{d}x = r\mathrm{d}\varphi,\ \mathrm{d}y = r\cos\varphi\mathrm{d}\lambda,\ \mathrm{d}z = -\mathrm{d}r \tag{10-12}$$

其中，λ 为 P 的经度。

若不考虑磁轴与地球自转轴的偏离问题，则 P 点的磁位与经度无关，因此 T 的各分量为

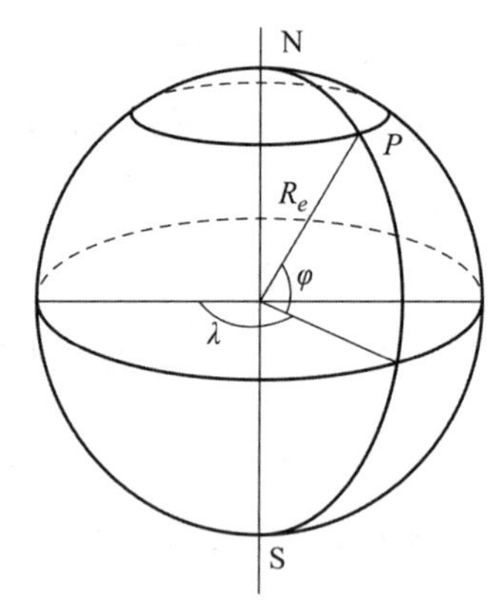

图 10-5　均匀磁化球体

$$\begin{cases} H = x = -\dfrac{1}{r}\dfrac{\partial\mu}{\partial\varphi} = \dfrac{\mu_0 M}{4\pi R_e^3}\cos\varphi \\ y = 0 \\ z = \dfrac{\partial\mu}{\partial r} = \dfrac{2\mu_0 M}{4\pi R_e^3}\sin\varphi \end{cases} \tag{10-13}$$

总磁场强度为

$$T = \sqrt{H^2 + z^2} = \sqrt{\left(\frac{\mu_0 M}{4\pi R_e^3}\right)^2 (1 + 3\sin^2\varphi)} \tag{10-14}$$

由式（10-14）可知，在磁赤道处，$\varphi = 0°$，有

$$\begin{cases} H = T = \dfrac{\mu_0 M}{4\pi R_e^3} \\ z = 0 \end{cases} \tag{10-15}$$

在两磁极处，$\varphi = 90°$，有

$$\begin{cases} H = 0 \\ z = T = \dfrac{\mu_0 M}{2\pi R_e^3} \end{cases} \tag{10-16}$$

可见赤道处地磁场强度只有两极处磁场强度的 1/2。

研究表明，由上述近似公式计算的结果与实际观测值相比较，除个别地方有较大的差异外，其基本变化规律与实际相符。因此，用均匀磁化球体的磁场来描述地球磁场，是可以作为一级近似值的。

二、地磁场的球谐模式

球谐分析方法于 1838 年由高斯首先提出，该方法是表示全球范围地磁场的分布及其长期变化的一种数学分析方法。假设地球是均匀磁化球体、地球旋转轴与地磁轴重合，球体半径为 R，N 为地理北极，也表示地磁北极（北磁极下对应的是地磁偶极子的 S 极性）。若采

用极坐标系，如图 10－6 所示，坐标原点为球心，球外任一点 P 的地心距为 r，纬度为 θ，经度为 λ，则在地磁场源区之外空间域坐标系（r，θ，λ）中，磁位 μ 的拉普拉斯方程可以写成如下形式：

$$\frac{1}{r^2}\frac{\partial}{\partial r}\left(r^2\frac{\partial\mu}{\partial r}\right)+\frac{1}{r^2\sin\theta}\frac{\partial}{\partial\theta}\left(\sin\theta\frac{\partial\mu}{\partial\theta}\right)+\frac{1}{r^2\sin^2\theta}\frac{\partial^2\mu}{\partial\lambda^2}=0 \tag{10-17}$$

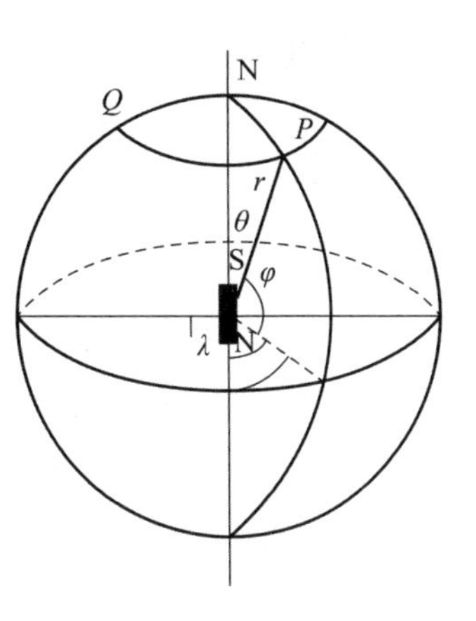

图 10－6　地球极坐标系

对上式采用分离变量法，即令

$$\mu(r,\theta,\lambda)=R(r)H(\theta)\Phi(\lambda) \tag{10-18}$$

可解得拉普拉斯方程的一般解，从而可分别获得其内源场和外源场的磁位球谐表达式。若设外源场磁位为零，则内源场的磁位球谐一般表达式为

$$\mu=\sum_{n=1}^{\infty}\sum_{m=0}^{n}\frac{1}{r^{n+1}}\left[A_n^m\cos(m\lambda)+B_n^m\sin(m\lambda)\right]P_n^m(\cos\theta) \tag{10-19}$$

式中，$P_n^m(\cos\theta)$ 为施密特准归一化的勒让德（Legendre）函数：

$$P_n^m(\cos\theta)=\frac{1}{2^n n!}\sqrt{\frac{C_m(n-m)!\ (1-\cos^2\theta)^m}{(n+m)!}}\frac{\mathrm{d}^{n+m}(\cos^2\theta-1)^n}{\mathrm{d}\cos\theta^{n+m}} \tag{10-20}$$

其中，

$$C_m=\begin{cases}1, & m=0\\ 2, & m\leqslant 1\end{cases} \tag{10-21}$$

A_n^m 和 B_n^m 为内源场磁位的球谐级数系数，它与球体的任一 $\mathrm{d}\tau$ 体积元的磁荷量点 $\mathrm{d}m_0$ 有关，$\mathrm{d}m_0=\rho\mathrm{d}\tau$，$\rho$ 为体磁荷密度。若小体积元中心坐标为（r_0，θ_0，λ_0），则有

$$A_n^m=\frac{1}{4\pi\mu_0}\iiint r_0^n P_n^m(\cos\theta_0)\cos(m\lambda_0)\mathrm{d}m_0 \tag{10-22}$$

$$B_n^m=\frac{1}{4\pi\mu_0}\iiint r_0^n P_n^m(\cos\theta_0)\sin(m\lambda_0)\mathrm{d}m_0 \tag{10-23}$$

根据位场转换理论，地磁场的各分量表达式为

$$\begin{cases}x=\dfrac{1}{r}\dfrac{\partial\mu}{\partial\theta}=\displaystyle\sum_{n=1}^{\infty}\sum_{m=0}^{n}\left(\frac{R}{r}\right)^{n+2}\left[g_n^m\cos(m\lambda)+h_n^m\sin(m\lambda)\right]\frac{\mathrm{d}}{\mathrm{d}\theta}P_n^m(\cos\theta)\\ y=\dfrac{1}{r\sin\theta}\dfrac{\partial\mu}{\partial\theta}=\displaystyle\sum_{n=1}^{\infty}\sum_{m=0}^{n}\left(\frac{R}{r}\right)^{n+2}\left(\frac{m}{\sin\theta}\right)\left[g_n^m\sin(m\lambda)-h_n^m\cos(m\lambda)\right]P_n^m(\cos\theta)\\ z=\dfrac{\partial\mu}{\partial r}=-\displaystyle\sum_{n=1}^{\infty}\sum_{m=0}^{n}\left(\frac{R}{r}\right)^{n+2}(n+1)\left[g_n^m\cos(m\lambda)+h_n^m\sin(m\lambda)\right]P_n^m(\cos\theta)\end{cases} \tag{10-24}$$

其中，R 为国际参考球坐标，即地球的平均半径 6 371.2 km；g_n^m、h_n^m 称为 n 阶 m 次高斯球谐系数，有

$$\begin{cases}g_n^m=R^{-(n+2)}A_n^m\mu_0\\ h_n^m=R^{-(n+2)}B_n^m\mu_0\end{cases} \tag{10-25}$$

设 N 为阶次 n 的截止阶值，则系数的总个数 $S=N(N+3)$。

式（10－24）为地磁场的高斯球谐表达式，若已知球谐系数和某点物理坐标的经纬度，则可利用该式计算地球表面或外部任一点的地磁要素三分量，从而进一步求出其他地磁要素。

目前最常用的地磁球谐模型主要有两个：

（1）1968 年，由国际地磁学与高空物理协会首次提出高斯球谐分析模式，并在 1970 年正式批准了这种模式，称为国际地磁参考场模式，记为 IGRF。IGRF 表示确定的地磁参考场，每 5 年改变一次高斯系数，即通过年变率的调整取得。

（2）英国地质调查局和美国地质调查局每隔 5 年推出的一个地磁模型 WMM。

英国国防部、美国国防部等组织都将上述两个模型作为导航和姿态确定的参考系。

三、区域地磁场模式

为了表示某一地区的正常场，需要建立地区性地磁场模型。某些地区的磁测数据密度一般要比全球的大一些，足以更仔细地刻画地磁场的分布特征。

如前文所述，球谐分析是分析全球的地磁场和编绘全球地磁图的主要数学方法，但由于数据和计算能力的限制，它的分辨能力是有限的，不适宜于处理某一地区磁场或描述空间尺度较小的磁异常。

目前，在分析区域性地磁场模式时，常用泰勒级数展开式来计算地磁要素。对于任一地磁要素，有

$$F(\varphi,\ \lambda)=\sum_{n=0}^{N}\sum_{k=0}^{n}A_{nk}(\varphi-\varphi_0)^{n-k}(\lambda-\lambda_0)^{k} \tag{10-26}$$

式中，A_{nk}为根据各测点的实际数据由最小二乘法计算得到的泰勒多项式模型系数；N 为截段系数；λ_0、φ_0 为展开点的经度和纬度；λ 和 φ 为测量点的地理经度和纬度。

$$\begin{aligned}F(\varphi,\ \lambda)=&F_0+F_1\Delta\varphi+F_2\Delta\lambda+F_3\Delta\varphi^2+F_4\Delta\varphi\lambda+F_5\Delta\lambda^2+\\&F_6\Delta\varphi^3+F_7\Delta\varphi^2\Delta\lambda+F_8\Delta\varphi\Delta\lambda^2+F_9\Delta\lambda^3\end{aligned} \tag{10-27}$$

式中，$\Delta\varphi=\varphi-\varphi_0$，$\Delta\lambda=\lambda-\lambda_0$；$\varphi_0=36°$，$\lambda_0=106°$。

式（10－27）为三阶泰勒多项式的计算公式，可以分别计算磁偏角 D、磁倾角 I、地球磁场的水平分量 H 和地球磁场的垂直分量 z。

表 10－1 给出了 1980 年中国正常磁场多项式数学模式参考数据。

表 10－1　1980 年中国正常磁场多项式数学模式参考数据

值/类别	$D/(°)$	$I/(°)$	$H/10^{-5}$ nT
F_0	$-0.428\ 493\ 573\ 6\times10^{-1}$	$0.926\ 023\ 249$	$0.317\ 148\ 538\ 4\times10^{5}$
F_1	$-0.115\ 404\ 092\ 2$	$0.137\ 309\ 958\ 6\times10$	$-0.372\ 236\ 567\ 6\times10^{5}$
F_2	$-0.228\ 751\ 802\ 4$	$-0.443\ 191\ 610\ 0\times10^{-1}$	$0.889\ 923\ 441\times10^{2}$
F_3	$0.517\ 097\ 855\ 6\times10^{-1}$	$-0.113\ 744\ 878\ 4\times10$	$-0.243\ 350\ 123\times10^{5}$
F_4	$-0.761\ 031\ 741\ 8$	$-0.153\ 720\ 210\ 0$	$0.130\ 542\ 45\times10^{5}$
F_5	$-0.542\ 354\ 293\ 8\times10^{-2}$	$-0.918\ 357\ 608\ 2\times10^{-1}$	$-0.476\ 545\ 217\times10^{4}$

续表

值/类别	$D/(°)$	$I/(°)$	$H/10^{-5}$ nT
F_6	0. 223 846 321 0	0. 562 736 128 0	0.2088929336×10^5
F_7	-0. 295 916 487 6	0. 564 839 442 6	-0.6894915952×10^3
F_8	0. 432 463 832 6	-0. 356 310 573 6	0.2504343722×10^5
F_9	0. 306 321 660 2	$-0.8489259542\times10^{-1}$	0.7804901590×10^3

10. 3　常用磁场测量方法

10. 3. 1　磁力法

根据探头的磁针偏转时是否存在反作用力矩，探头结构可分为两种类型，如图 10 - 7 所示。

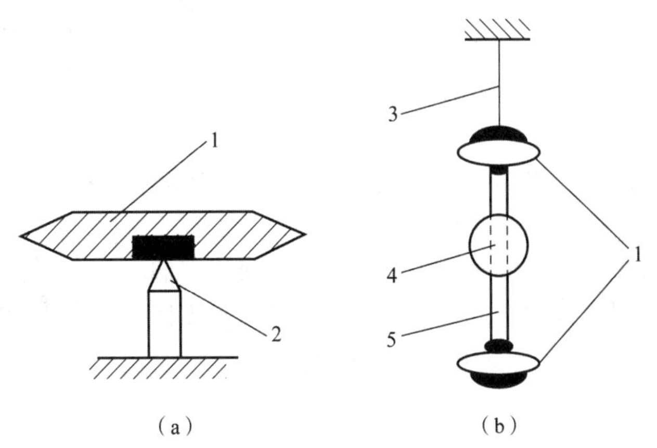

图 10 - 7　磁力式探头结构示意图

(a) 无反作用力矩；(b) 有反作用力矩

1—磁针；2—顶针；3—吊丝；4—反光镜；5—硬质杆

第一种类型采用磁力式探头，磁针处于自由转动状态，在被测磁场的作用下，磁针的轴向将趋于磁感应强度的方向。磁针 1 由顶针 2 支撑，它可在水平面内自由转动，构成探测地磁场方位的磁罗盘，如图 10 - 7 (a) 所示。

第二种类型也采用磁力式探头，磁针在被测磁场的作用下，转矩将由磁针的重力、吊丝的扭力或相对偏转磁计而配备的其他阻尼装置等产生的反作用力矩所平衡。图 10 - 7 (b) 所示的无定向磁强针探头由两个互相平行而极性相反排列的小磁针 1 组成，这两个磁针用一硬质杆 5 牢固地结合在一定的距离上。把这一对磁针的连接杆和一个小反光镜 4 固定在一起，并用一有反作用力矩的吊丝 3 悬挂起来，使整个系统可以沿线轴作扭动。由于两个磁针按相反的极性放置，因此在均匀磁场中其总的转矩相互平衡，磁针并不偏转；这种结构的探头对于不均匀的磁场非常灵敏。

10.3.2 电磁感应法

当把绕有匝数为 N、截面积为 S 的圆柱形探测线圈放在磁感应强为 B_0 的被测磁场中时，如果采用某种办法使线圈中所耦合的磁通量发生变化，那么根据电磁感应定律，就会在线圈中产生感应电动势

$$e = -N\frac{\mathrm{d}\Phi}{\mathrm{d}t} = -NS\frac{\mathrm{d}B_0}{\mathrm{d}t} \tag{10-28}$$

由于探测线圈与面积的乘积是一常数（称线圈常数），所以只要测量出感应电动势对时间的积分值，便可求出磁感应强度的改变量

$$\Delta B_0 = \frac{\int e\mathrm{d}t}{NS} \tag{10-29}$$

由式（10－29）可以看出电磁感应法测量的磁感应强度不是某一点的值，而是探测线圈界定范围内磁感应强度的平均值。如果被测磁场是非均匀的，探测线圈界定范围内的磁场有显著的变化，那么这时探测线圈所铰链的磁通量就不能准确地反映某点的磁场。因此，在测量不均匀磁场时，探测线圈一般要做得尽可能小，测量的结果就可以近似看作点磁场值。但是，探测线圈也不能太小，否则相应的感应电势就很小，使测量灵敏度受到影响。

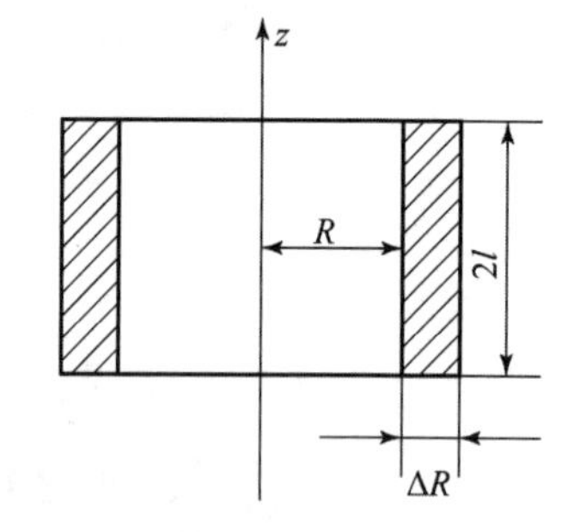

图 10－8　圆柱形点线圈截面图

圆柱形点线圈截面图如图 10－8 所示。线圈半径为 R，长度为 $2l$，面积为 S，轴向线匝密度为 n，其轴向沿 z 轴方向，并假定为薄壁线图。将探测线圈置于非均匀磁场中，假定探测线圈中心的磁感应强度为 $B_z(0)$，该点上的磁场方向平行于线圈轴线。整个圆柱形线圈所交联的磁通 ψ 为

$$\psi = n\int_V B_z(x,y,z)\mathrm{d}V \tag{10-30}$$

式中，V 为圆柱形线圈所包围的体积。

式（10－30）可简化为

$$\frac{\psi}{n} \approx B_z(0)V \tag{10-31}$$

式（10－31）说明，在上述条件下，探测线圈所测得的平均磁感应强度近似等于线圈中心点的磁感应强度。

根据积分的方式和测量线图运动方式的不同，感应法测量磁场可分为冲击法、磁通计法、电子积分器法、数字磁通计法、转动线圈法和振动线圈法等。

10.3.3 霍尔效应法

霍尔传感器是一种利用磁场对电流的作用为基础的测量仪器。将通有电流 I 的一块导体（长为 l，宽为 b，厚为 d）放在磁感应强度为 B 的磁场中，如图 10－9 所示。B 的方向垂直于 I，则在既垂直于电流又垂直于磁场的两侧方向上，用于运动电荷受洛伦兹力的作用，产生一正比于电流和磁感应强度的电势，这一现象就是霍尔效应。U_H 称为霍尔电动势。

运动着的电子在受到洛仑兹力 F_L 作用的同时，还受到与此相反的电场力 F_E 的作用。当两力相等时，电子积累达到动平衡。设运动着的电子受到的洛伦兹力为

$$F_L = -e(v \times B) \qquad (10-32)$$

式中，e 为电子电荷；v 为电子运动速度。

电子受到的电场作用力为 $F_E = eU_H$，则霍尔电动势 U_H 为

$$U_H = \frac{R_H}{d} \cdot I_X \cdot B \qquad (10-33)$$

式中，R_H 为霍尔系数；I_X 为样品中的电流；d 为样品的厚度；B 为样品中的磁感应强度。

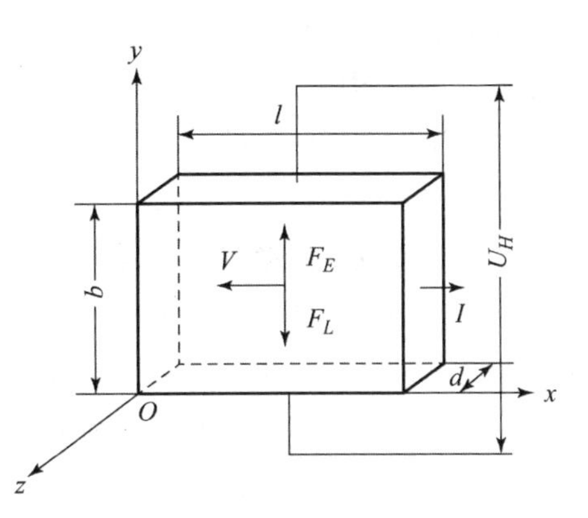

图 10 – 9　霍尔传感器工作原理

由于霍尔效应的响应时间取决于电子在洛仑兹力作用下形成表面电荷的时间，此时间为 10 ~ 12 s，所以这种效应基本上是无惰性的，可以选用直流稳流源，也可以选用交流稳流源。霍尔电动势 U_H 只取决于磁场 B_x 的分量，而 B_y 和 B_z 分量实际上并不影响 U_H 的数值。

只要知道了某种材料的霍尔系数，式（10 – 33）就可以改写成

$$B = \frac{d}{R_H I} U \qquad (10-34)$$

若在霍尔传感器中通过的电流为常数，则根据所测出的电压 U，就可以得到磁感应强度 B：

$$B = KU \qquad (10-35)$$

其中，K 对某固定器件是一个常数。

霍尔传感器的选择主要取决于被测对象的条件和要求。测量弱磁场时，霍尔器件输出电压较小，应选择灵敏度高、噪声低的元件，如锗、锑化铟、砷化铟等元件；测量强磁场时，对元件的灵敏度要求不高，应选用磁场线性度较好的霍尔元件，如硅、锗等元件。

10.3.4　磁阻效应法

磁阻效应是指某些金属或半导体材料在磁场中电阻随磁场的增加而升高的现象。利用这一效应可以很方便地通过测量电阻的变化来间接测量磁场。

一、半导体磁阻元件

在讨论半导体的霍尔效应时，认为载流子都按统一的平均速度运动，形成与外电场方向一致的电流，忽略了磁阻效应。实际上，半导体中还存在着运动速度比平均速度快及慢的载流子。比平均速度快的载流子受到的洛仑兹力大于霍尔电场力，载流子向洛仑兹力作用的方向偏转。比平均速度慢的载流子受到的霍尔电场力大于洛仑兹力，载流子向霍尔电场力作用的方向偏转，如图 10 – 10 所示，向两侧偏转的载流子的漂移路程增加，引起电阻率增加，显示出磁阻效应。

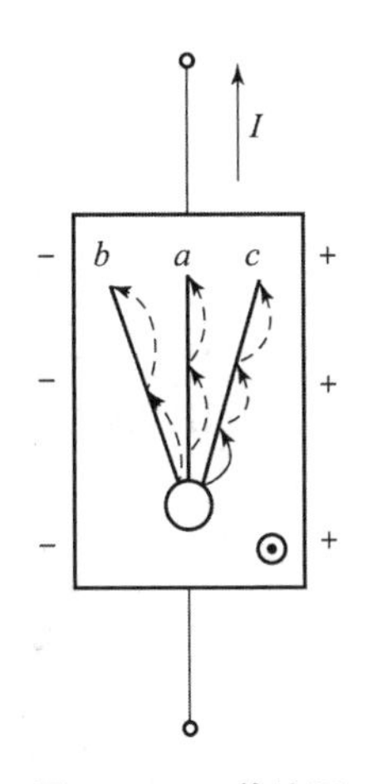

图 10 – 10　载流子偏转示意图

利用磁阻效应测量磁场的优点是测量方便，有较好的重复性。但

因受温度的影响和非线性的限制，需要采取恒温和逐点校准措施，所以磁阻效应最适合在低温和强磁场中使用。

因电流控制极的短路作用，磁阻效应还与元件的尺寸和形状有关，这种效应称为几何磁阻效应。

二、强磁性金属薄膜磁阻元件

在磁场中强磁性金属电阻率发生变化的现象称为强磁性金属磁阻效应。强磁性金属薄膜磁阻元件是用坡莫合金制成的，这种元件完全不同于半导体磁阻元件，它的温度系数小，使用温度高，频率特性好，而且材料的物理、化学特性都非常稳定。

在强磁场中，强磁性金属的电阻率随磁场增强而减小，具有负的磁阻效应。在弱磁场中，当磁场大于某一值时，强磁性金属的电阻率只与磁场方向和电流方向的夹角有关，而与磁场强度无关。当磁场方向与电流方向垂直时，其电阻率最小，用 $\rho_{\perp}$ 表示垂直电阻率；当磁场方向与电流方向平行时，其电阻率最大，用 $\rho_{//}$ 表示平行电阻率。因此，当磁场方向和电流方向的夹角为 θ 时，其电阻率为

$$\rho(\theta)=\rho_{\perp}\sin^2\theta+\rho_{//}\cos^2\theta \tag{10-36}$$

图 10－11 所示为桥式四端磁阻元件，其中图 10－11（a）所示为一种适用的桥式四端磁阻元件结构图，它是由两个三端磁阻元件 k、l 和 k'、l' 组成，其电路原理图如图 10－11（b）所示。在 ac 端加偏置电压 U_0，输出由 bb' 引出。当磁场方向与 k 折线的电流 I 的夹角为 θ 时，输出电压为

$$U_{bb'}=\frac{\Delta\rho U_0}{2\rho_0}\cos^2\theta \tag{10-37}$$

式中，$\Delta\rho=\rho_{//}-\rho_{\perp}$，$\rho_0=(\rho_{//}+\rho_{\perp})/2$。

若在与 I 成 45°方向上加一偏置磁场 H_s，使元件磁化到饱和，此时 $U_{bb'}=0$。当与 I 垂直的方向上加一被测磁场 H_x 时，则 H_s 和 H_x 的合成磁场为 H_θ，如图 10－12 所示。当被测磁场 H_x 的大小变化时，合成磁场 H_θ 与电流 I 的夹角就发生变化，因而元件的输出电压也变化，测得元件的输出电压即可求得被测磁场值。

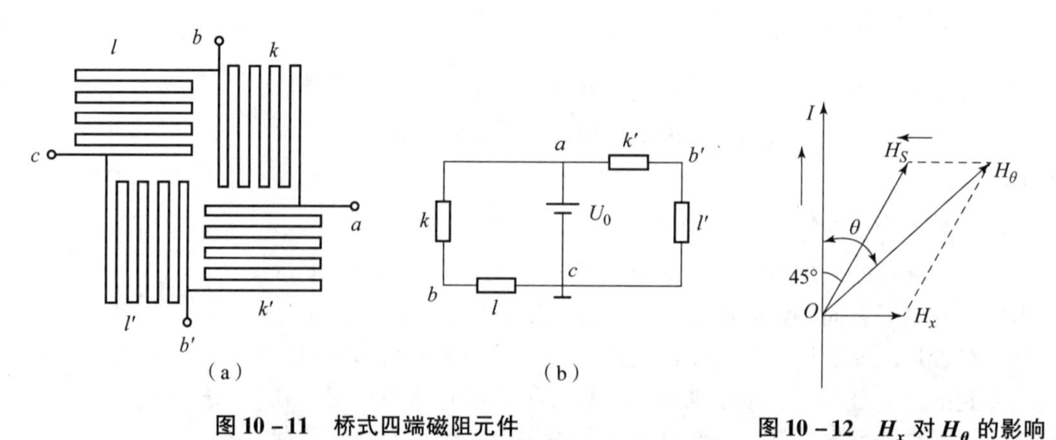

图 10－11　桥式四端磁阻元件

（a）结构图；（b）电路原理图

图 10－12　H_x 对 H_θ 的影响

利用强磁性金属磁阻效应制作的磁阻（Magneto－Resistive，MR）传感器有以下优点：

（1）单位面积的灵敏度高。

（2）体积小。

（3）可靠性高，制作简单，成本低。

（4）工作频带宽，包括可测直流磁场。

（5）输出信号与 H 值成正比。

（6）灵敏度高，可测磁场范围为 1 ~ 1 000 μT。

单位面积的灵敏度很高意味着设计出的传感器可以极小，且其灵敏度仍能够很高。该优点非常适合应用于数据的存取，如读取头、存储器等。由于这种传感器尺寸小，还可以用来绘制磁场图，且分辨率很高。绘制研究表面的磁场分布也比较方便，因为薄膜磁电阻传感器能够探测膜面内的磁场分量，可以把传感器安放在距被测区域很近的地方。

MR 传感器的测量范围与地磁场范围相当。虽然常常用进动质子磁强计测地磁场，但由于 MR 传感器简单，且能够进行向量探测，把它和 GPS 系统集成在一起，非常适合用于汽车、飞机和潜艇导航、指示方位的电子罗盘上。

当探测不均匀的磁场时，如铁磁性物体引起的磁场扰动，梯度传感器比磁场传感器更有用。由于 MR 器件尺寸很小，用它来设计梯度传感器非常容易。

磁异常可以是静态物体引起的（如矿藏、桥梁），也可以是运动物体引起的（如车辆、轮船），其中之一是物体的钢材料被磁化，使整个物体像一个磁棒。该效应可以通过消磁过程减小。还有一种效应就是磁体对地球周围磁场的扰动。整个磁场是均匀的地磁场和感应偶极子扰动的向量和。为了尽量不产生磁异常而被探测到，舰船用非磁性材料建造，并且在甲板上装备消磁线圈。尽管如此，发动机交流磁场还是会产生可探测到的磁信号。

被探测铁磁物体引起的磁异常随着与物体的距离增加衰减很快。图 10-13 所示为铁磁性物体磁异常与距离关系。各种磁异常信号，当距离较远时，这些信号非常微弱，低于 1nT，只能用极为灵敏的测量仪器，如 SQUID、光泵磁强计或光纤磁强计来探测。但是距离较近时，如几十米，可以采用 MR 传感器来探测，MR 传感器的优点是价格低、操作简单。

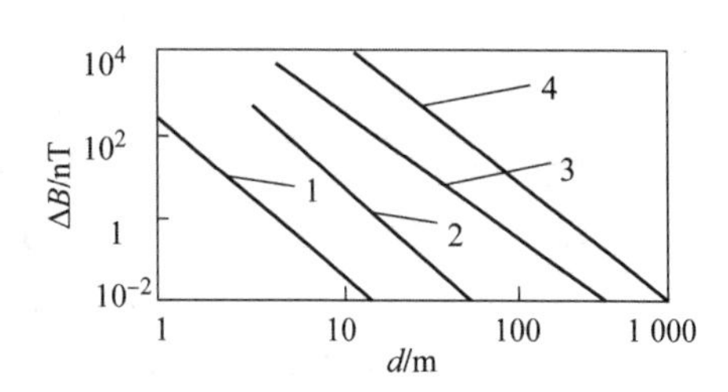

图 10-13　铁磁物体磁异常与距离关系

1—铁块（1 kg）；2—吉普车；3—坦克；4—潜艇

10.3.5　磁共振法

许多微观粒子，如原子、电子、质子等具有磁矩，这些具有磁矩的微观粒子若处于某一磁共振磁场中，便会选择性地吸收或辐射一定频率的电磁波，从而引起它们之间的能量交换，这一现象称为磁共振。磁共振分为核磁共振、电子顺磁共振、光泵共振等，其中以核磁共振应用最为广泛。

我们知道，所有的原子核都具有本征磁矩和本征动量矩。如果将抗磁性物质的原子核放在强度为 B_0 的恒定磁场中，则原子核磁矩沿着外磁场方向作自由进动。进动的频率由拉莫公式确定，即

$$\omega_0 = rB_0 \tag{10-38}$$

式中，ω_0 为自由进动的角频率；r 为旋磁比，即磁矩和动量矩的比值。

若在垂直于恒定磁场 B_0 方向的平面内加一个交变磁场 h，调节其频率，当交变磁场的

频率 ω 与自由进动频率 ω_0 一致时，原子核将从交变磁场中吸收能量，出现核磁共振吸收现象。

为了利用核磁共振现象测量磁场强度，常常利用氢核（质子）和锂核，它们的旋磁比分别为

$$r(^1\mathrm{H}) = 2.675\ 2\times10^8\ \mathrm{T}^{-1}\cdot\mathrm{s}^{-1} \tag{10-39}$$

$$r(^7\mathrm{Li}) = 1.039\times10^8\ \mathrm{T}^{-1}\cdot\mathrm{s}^{-1} \tag{10-40}$$

如能准确地确定共振状态并测量发生共振时的频率（$\omega=\omega_0$），便可根据上式计算磁场强度。

图 10-14 为固定介质核磁共振测量仪原理框图，主要包括测量探头、射频振荡器、低频振荡器、数字频率计和示波器。

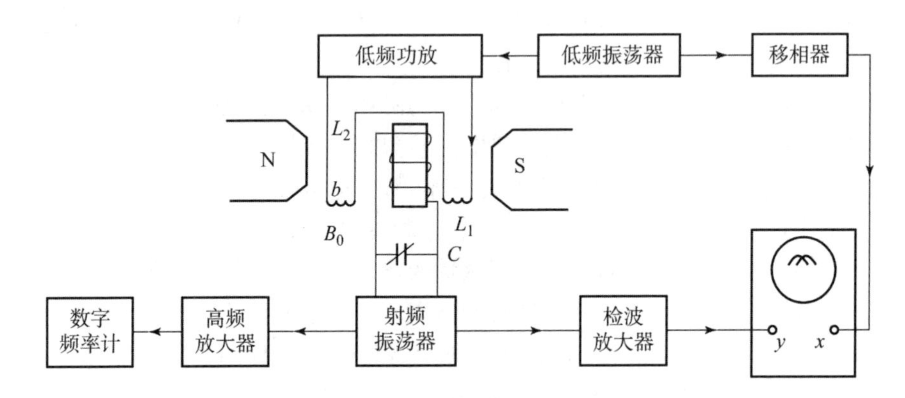

图 10-14　固定介质核磁共振测量仪原理框图

1. 测量探头

测量探头由核样品、射频振荡线圈 L_1 和调制线圈 L_2 组成。射频线圈绕在装有核样品的玻璃管上，在其垂直的方向装有调制线圈。测量时，将探头插入被测磁场 B_0 中，并使射频线圈与 B_0 垂直，调制线圈轴线与 B_0 平行。

由于制造从几兆赫到几百兆赫的可调振荡器在技术上比较复杂，为了制造简单，使用方便，又能扩大测量范围，可采用多种共振物质作样品，则射频振荡器的频率范围只需设计在 100 MHz 以下，便可测量较宽范围的磁场。

2. 射频振荡器

射频振荡器是仪器的核心部分，其关键在于制作一个灵敏度高、性能比较稳定的边缘振荡器。边缘振荡器实际上就是处在刚刚起振的弱振荡状态的根落差。在这种状态下，振荡器对能量损失敏感，微小的能量损失就能使其振荡幅度大大降低，具有明显的共振吸收现象。此外，边缘振荡器振幅较小，可避免样品饱和。

3. 调制磁场

低频振荡器的输出，一路送调制线圈 L_2，产生一低频调制磁场 b，并叠加在被测磁场 B_0 方向上；另一路经移相后送示波器 x 轴，以实现与合成场（B_0+b）同步扫描，便于在示波器上观察共振信号。若没有调制场，实际中是无法观察到吸收共振峰的。经调制场调制后的合成场，所对应的共振频率是一个频带，射频振荡器的频率在$(\omega_0-\Delta\omega)\sim(\omega_0+\Delta\omega)$范围内，样品都可从射频场中吸收能量。当吸收能量时，射频线圈幅值下降。由于调制场是低

频周期性的，因此射频信号幅度下降是周期性的，经高频检波和低频窄带放大后，成为一系列的共振信号。由于送到示波器 x 轴的电压与调制场同频同相，为外同步扫描，因此在示波器上能观察到一个明显的吸收共振峰。

4. 自由进动磁强计

当被测磁场很弱时，用上述方法观察不到共振信号，此种情况可以采用预极化的方式。

自由进动磁强计是一种测量弱磁场的仪器，为了能观察到共振信号，在被测磁场垂直的方向上，加一强的预极化场，使样品磁化，因而得到大的平衡磁化强度 M_0，然后去掉预极化场，用感应检测 M_0 作衰减运动的频率，便可计算出被测弱磁场值。

自由进动磁强计原理如图 10－15 所示。设 B_0 为被测弱磁场，将样品放在轴线与 B_0 垂直的线圈 N 中，对线圈加一个很大的电流，以产生很强的预极化场 B_x，而且使 $B_x \gg B_0$。在 B_x 和 B_0 的共同作用下，建立一个很强的磁化强度 M_0，M_0 的方向接近于 B_x 方向，然后突然切断预磁化电流，即去掉 B_x，使 M_0 的大小和方向均来不及发生变化，这时 M_0 仅受到 B_0 的作用，就要围绕 B_0 进动，进动的角频率 $\omega_0=\gamma B_0$，因为 M_0 在 x 方向分量很大，进动时会在线圈 N 中感应较强的信号。另外，由于弛豫作用，信号的幅度是逐步衰减的。图 10－16 所示是自由进动信号示意图，测出这个信号的频率，就可计算出被测磁场值 B_0。

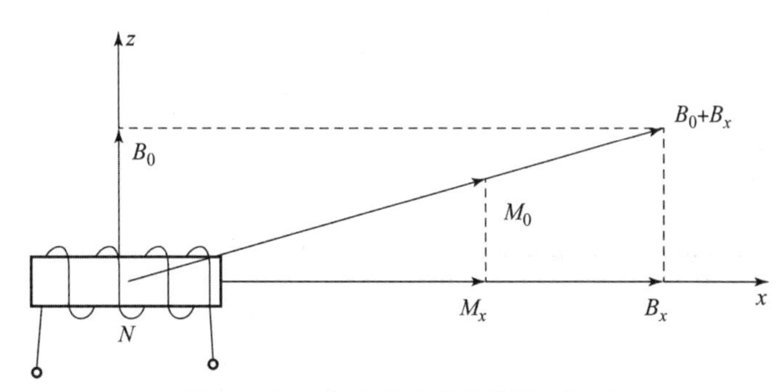

图 10－15　自由进动磁强计原理框图

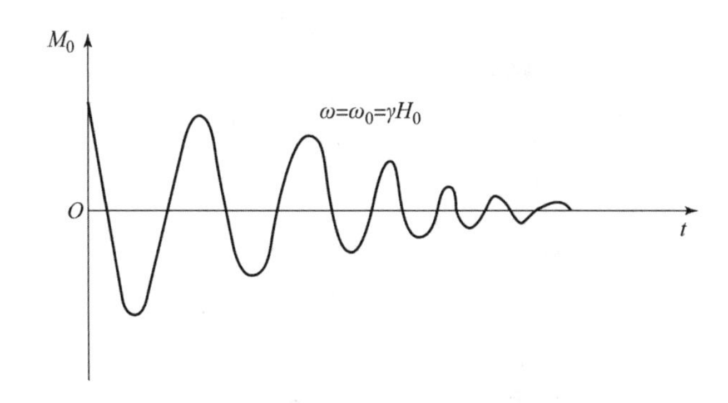

图 10－16　自由进动信号示意图

由于 M_0 的自由进动是衰减的，因此可供测量的时间由自由进动衰减时间常数决定，而 T 与核的横向弛豫时间常数 T_2、样品所在空间磁场的均匀性、接收线圈内感应电流引起的阻尼辐射等因素有关。T 越大，可供测量时间越长，测量精度越高，能测量越弱的磁场。例如，氦气（^{3}He）的弛豫时间为 1～24 h，因此它可用于测量很弱的磁场。

10.3.6 磁通门法

磁通门法是利用铁磁材料磁芯传感器在交变磁场的饱和激励下，由于被测磁场的作用而使感应输出的电压发生非对称变化来测量弱磁场的一种方法，也称为磁饱和法、二次谐波法等。

图 10－17 为常用的双磁芯磁通门探头，磁芯 1 和磁芯 2 彼此平行，处于同一磁场强度 H_0 的被测磁场中，激励磁场在两磁芯的方向相反。图 10－18（a）、图 10－18（b）分别为磁芯的简化磁化曲线和激励磁场波形。当被测磁场 $B_0=0$ 时，磁芯的磁感应强度波形上下对称，则二次线圈感应的谐波相互抵消，从而使总输出电势为零。当沿磁芯的轴向有被测磁场作用时，每个磁芯所产生的交变磁感应强度在正、负半周内的饱和程度不一样，它们产生一个不对称的梯形磁感应强度 B_1 和 B_2，如图 10－18（c）所示，其相位差为 180°。因此，当被测磁场 $B_n \neq 0$ 时，磁芯中总的磁感应强度将有一变化：

$$\Delta B(t)=\mu_a(t)B_0 \tag{10-41}$$

其中，视在磁导率 $\mu_a(t)$ 随磁芯的磁化状态而变化，即在磁芯 1 和磁芯 2 中的磁感应强度分别为

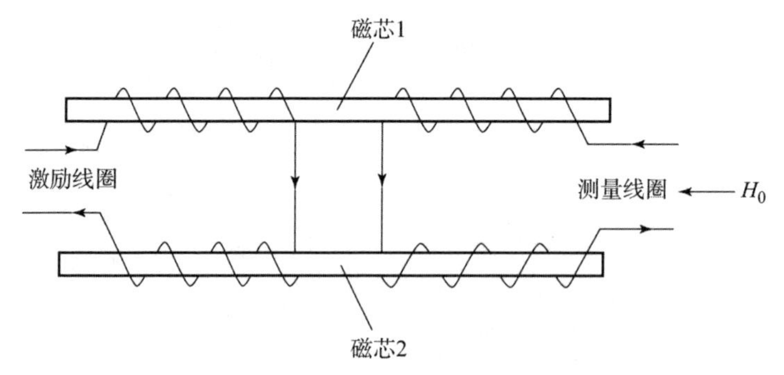

图 10－17　常用的双磁芯磁通门探头

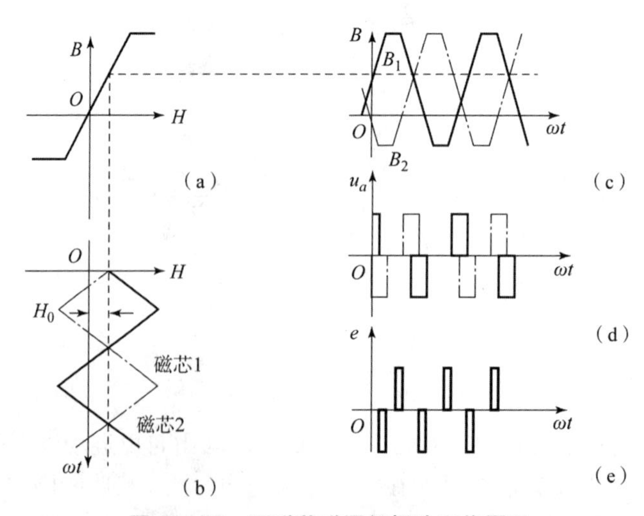

图 10－18　双磁芯磁通门探头工作原理

（a）磁芯的简化磁化曲线；（b）激励磁场波形；（c）动交变磁感应强度波形；（d）磁导率曲线；（e）合成电动势输出波形

$$B_1(t)=B_e(t)+\mu_a(t)B_0 \tag{10-42}$$

$$B_2(t)=-B_e(t)+\mu_a(t)B_0 \tag{10-43}$$

式中，$B_e(t)$ 为激励磁场在磁芯中产生的磁感应强度。

因此，次级测量线圈中的总感应电动势为

$$e=-N_2A\left[\frac{dB_1(t)}{dt}+\frac{dB_2(t)}{dt}\right]=-2N_2AB_0\frac{d\mu_a(t)}{dt} \tag{10-44}$$

式中，N_2 为测量线圈匝数；A 为测量线圈面积。

由式（10-44）可以看出，测量线圈的感应电动势来源于被测磁场中的探头磁芯的视在磁导率 $\mu_a(t)$ 随时间的变化，如图10-18（d）所示。

最后合成的输出电动势波形如图10-18（e）所示。

磁通门探头是构成磁强计的核心部分，它由铁磁性材料的磁芯及在其上缠绕的激励线圈、探测线圈和补偿线圈等构成。

当采用三角波激励时，可求出输出电压的二次谐波幅值为

$$e_2=16fN_2AB_0\mu_a(t)\sin(\pi H_s/H_m) \tag{10-45}$$

由此可见，探头输出电动势的二次谐波幅值与被测磁场的磁感应强度 B_0 成正比，并且探头的灵敏度（e_2/B_0）与激励频率 f、探头的有效面积 A、次级线圈的匝数 N_2 以及铁芯视在磁导率 $\mu_a(t)$ 成正比，同时与 H_s/H_m 值有关。

根据不同的需要，磁通门测量电路有多种形式，在大多数应用中采用二次谐波反馈电路。其典型的测量电路如图10-19所示，其中 2ω 的参考方波和 ω 的激励波都是由一个 4ω 的振荡器用逐次分频电路构成的。激励波形一般采用正弦。

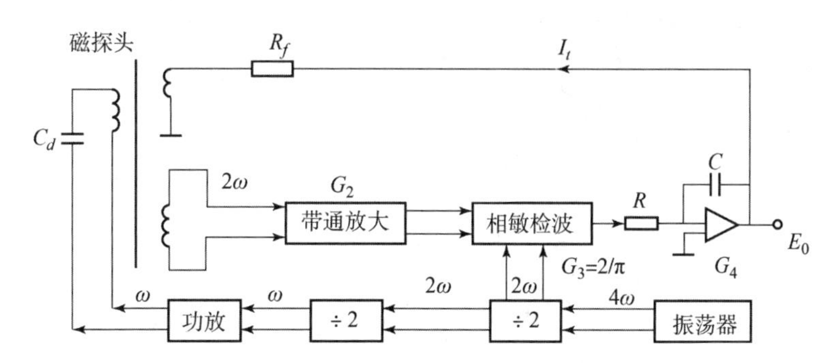

图10-19　磁通门典型的测量电路

探头输出的二次谐波经带通放大后，通过相敏检波和积分，使输出 E_0 成为一个纯直流电压。输出经反馈电阻 R_f 而加至反馈线圈。反馈电流与被测磁场 B_0 成正比。

由上述测量电路构成的磁强计的输出电压 E_0 与被测磁场 B_0 关系为

$$E_0=(B_0R_f/K)\left(1-\frac{1}{G_{0L}}\right) \tag{10-46}$$

式中，K 为反馈线圈常数；G_{0L} 为磁强计的开环总增益。

当 $G_{0L}\gg1$ 时，

$$E_0\approx B_0R_f/K \tag{10-47}$$

磁通门磁强计广泛应用于探潜、航空以及地质研究、磁法勘探和外层空间的磁测量。由

磁通门法构成的仪器具有简单、灵敏、可靠等特性，能够直接测量磁场的分量。目前，仪器的分辨率可达 0.01 nT，温漂小至 ±0.2 nT，频率响应可到 1 000 Hz，功耗低到 120 mW 以下。

磁通门法除了应用于磁场强度测量外，还可以用于测量磁方位。磁通门数字罗盘就是把反映磁方位的非电量信息转换为电信息，并用数字量直接显示磁方位。

10.3.7 磁光效应法

当偏振光通过有磁场作用的某些各向异性介质时，由于介质电磁特性的变化，使光的偏振面（电场振动面）发生旋转，这种现象称为磁光效应。磁光效应法即是利用磁场对光和介质的相互作用而产生的磁光效应来测量磁场的一种方法。根据产生磁光效应时所通过的介质（样品）是透射的还是反射的性质，磁光效应可分为法拉第磁光效应和克尔磁光效应。

一、法拉第磁光效应

法拉第磁光效应原理如图 10－20 所示。把具有良好透射率的磁光材料（如铅玻璃等）放在磁感应强度为 B_0 的螺线管中，由光源发射的光线经平行光管变成平行光，经起偏器变成偏振光。如果偏振光的传播方向和磁场的方向一致，则偏振光在磁场的作用下，将引起偏振面的旋转，此现象即为法拉第磁光效应。

偏振面旋转角度 θ 与透射介质中的光程 l 以及外加磁场的磁感应强度 B_0 成正比，即

$$\theta = K_F l B_0 \tag{10-48}$$

式中，K_F 为费尔德常数，一般小于 10 rad/mT。

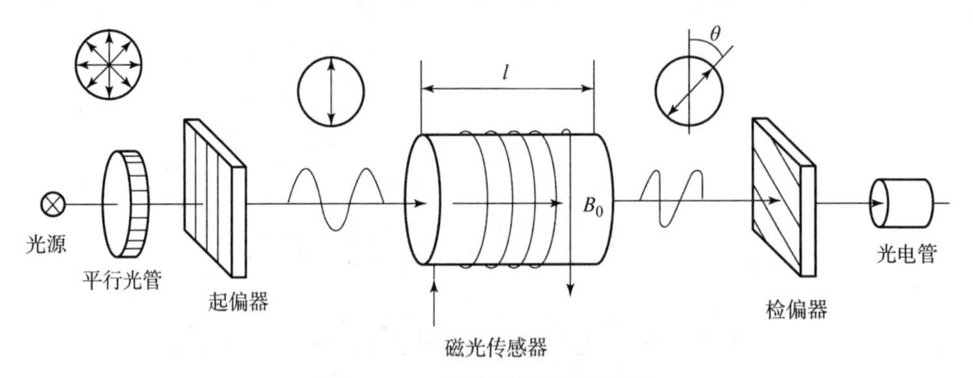

图 10－20 法拉第磁光效应原理

二、克尔磁光效应

平面偏振光从被外磁场磁化的物质表面反射而产生椭圆偏振光，使其偏振面相对于入射光发生旋转的现象称为克尔效应。

旋转方向与磁化方向有关，旋转角度 θ 与物质的总磁化强度 M 成正比，即

$$\theta = K_K M \tag{10-49}$$

式中，K_K 为克尔常数，它取决于光的波长和温度，通常具有 2×10^{-3} 的数量级。

克尔效应的工作介质仅为铁磁体。用它来测量磁感应强度的范围比较狭窄，主要是用来测量铁磁样品的磁特性。

利用磁光效应法测磁场具有以下优点：

（1）能够实现耐高温、耐腐蚀、耐绝缘，实现一般方法不能进行的磁场测量。

（2）由于传感器的温度系数小，扩展了测量的工作温度范围（由液氦至室温和更高温度）。

（3）可测量非正弦波磁场。

（4）由于利用光传输，因而没有带电的引线引入被测磁场，提高了测量的可靠性。

其缺点是照明和光系统的焦距调整比较复杂，由于受分辨率的影响，其下限范围受到限制。

10.3.8　磁致伸缩磁强计

某些金属（如铁、镍）在磁场作用下其尺寸或形状发生改变的现象称为磁致伸缩。

磁致伸缩型光纤磁强计是利用紧贴在光纤上的铁磁材料如镍、金属玻璃等，在磁场中的磁致伸缩效应下测量磁场。这类铁磁材料在磁场作用下其长度发生变化，与它紧贴的光纤会产生纵向应变，使得光纤的折射率和长度发生变化，因而引起光的相位发生变化，用光学中的干涉仪测得此相位变化，从而求出被测磁场。

磁致伸缩型光纤磁强计中的传感器结构大致分为轴型、涂层型和带状型，如图 10－21 所示。其中，图 10－21（a）为轴型，将光纤紧绕在具有磁致伸缩特性的圆柱体上；图 10－21（b）为涂层型，将磁致伸缩材料用真空蒸发或电镀在光纤上，形成很薄的薄膜；图 10－21（c）为带状型，将光纤粘在金属玻璃薄带上。

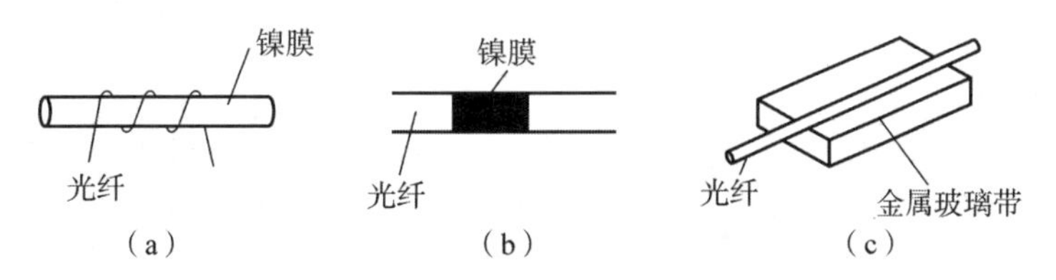

图 10－21　磁致伸缩型光纤传感器

（a）轴型；（b）涂层型；（c）带状型

磁致伸缩型光纤磁强计的检测系统，主要采用光学干涉仪来测量光的相位变化。图 10－22 所示为测量磁场的全光纤马赫－泽德干涉仪。由激光器发出的光经耦合器 1 分成两束光，进入由光纤构成的测量臂和参考臂，这两个臂的长度相等，测量臂上沉积有磁致伸缩材料，当放入被测磁场中时，由于磁致伸缩效应使得测量臂长度变化，从而两臂之间出现磁致光程差或相位差 $\Delta\varphi$，而 $\Delta\varphi$ 正比于 B，测出 $\Delta\varphi$ 便能求得磁场 B。然而，光的相位变化是不容易直接测量的。实用中，将光的相位变化转变为电信号以便测量。为此，将磁场作用后两臂的光耦合在一起发生干涉，经耦合器 2 又分为两束光，再分别由光电二极管 VD_1 和 VD_2 接收，产生电压信号 U_1 和 U_2，最后处理电路得出正比于被测磁场 B 的电压 U_3。

磁致伸缩型光纤磁强计用于测量微弱磁场，灵敏度高达 5×10^{-12} T/m。

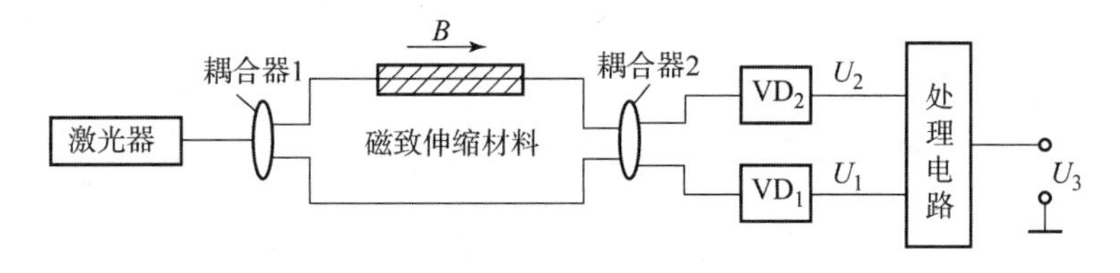

图 10－22　测量磁场的全光纤型马赫－曾德尔干涉仪

10.3.9 巨磁阻效应法

1988 年，Baibich 等首次公布了 GMR（Giant Magneto－Resistive）效应，发现最初磁化方向不平行的“三明治”多层结构经过强磁场磁化后，其电阻降低了 50% 以上。因为电阻的降低非常大，所以把这种效应称为巨磁阻（GMR）效应。

图 10－23 所示为 GMR 的基本结构示意图，至少由上、下两层铁磁薄膜和中间一层非铁磁材料构成。这种“三明治”结构的电阻取决于铁磁膜磁化方向的相对关系。当薄膜的磁场方向相互反向平行时，电阻最大；当薄膜的磁场方向相互同向平行时，电阻最小。磁场方向的改变是由外加磁场引起的。试验证明，电流方向可以平行或垂直于膜内磁场方向，即 GMR 效应是各向同性的。

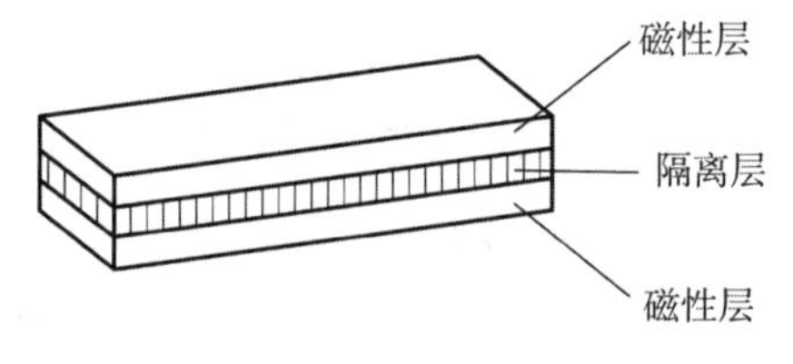

图 10－23　GMR 基本结构示意图

图 10－24 给出了 GMR 传感器工作示意图。R_1、R_4 被置于由高磁导率制作的方形聚磁器两相对平面之间。两个磁电阻 R_2、R_3 上覆盖高磁导率材料，使它们被屏蔽，不受外界磁场的影响。置于桥路中的被动磁电阻起到温度补偿器的作用，来消除温漂。当加上 5 V 的供电电压时，灵敏度可达 62 mV/(kA · m)，可用作梯度传感器，也可以通过用角度测量来探测齿轮的轮齿。

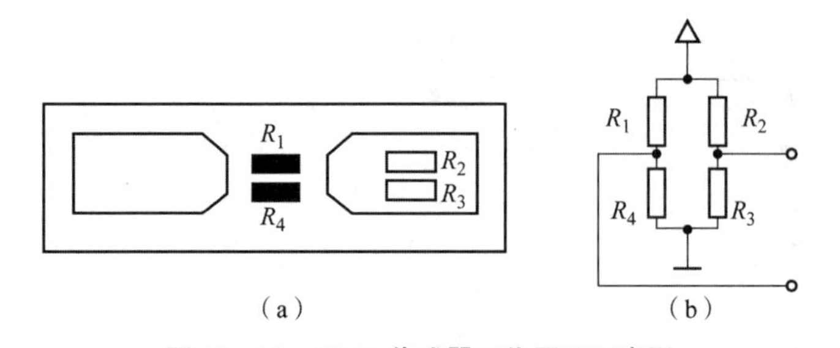

图 10－24　GMR 传感器工作原理示意图

(a) 结构示意图；(b) 电路原理示意图

GMR 传感器可探测磁场范围较大，在同样面积和供电电压的情况下，其输出信号比磁阻传感器（MR）大得多，在灵敏度、线性度、温度和时间稳定性方面均有显著优势，且体积可以做到很小。GMR 传感器的工作频率很宽，为 0～100 MHz。

GMR 传感器是直接检测磁场，且对磁场的微小变化很敏感，因此常与磁性材料配合精确测量位置或位移。同时，其还可以构成电流传感器或检测器，通过对载流导体周围磁场的测量来检测流经导体的电流强度。

10.4　磁探测技术的应用

10.4.1 线圈法地磁探测用于空炸引信实例

现代战争中，对弹丸炸点精度要求越来越高，而基于转数测量的引信控制炸点的方法从原理上讲是一种精度较高的方法，具有结构简单、定距精确、与弹丸初速无关等特点。

对于小口径空炸引信的计转数技术，首先要选用合适的技术手段来测量弹丸飞行过程中的转动特性。其中，遥测主要是利用在弹丸上安装适当传感器，感应弹丸转速变化，经过数据处理，得到弹丸转速。国内外有多种计转数方法，主要有光电法、离心法、章动法和地磁法。其中，地磁法由于信号源（地磁）无处不在、易于处理等特点，适用于任何旋转弹引信转数测量。

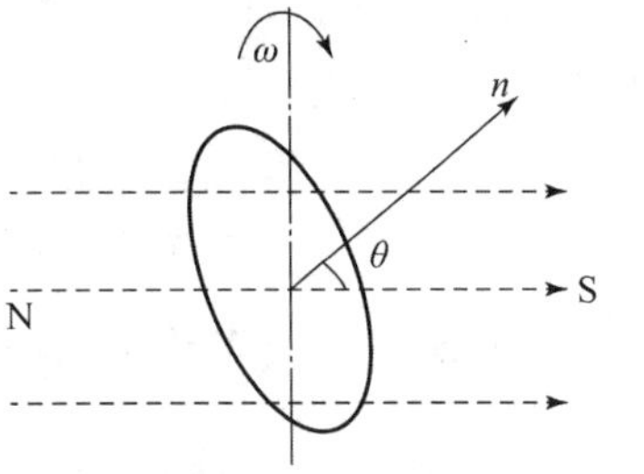

如图 10－25 所示，地磁法采用线圈等作为地磁传感器，利用地磁场感应线圈感应地磁场方向变化，当闭合线圈平面法线与地磁线成一角度 θ，并以 ω 绕平面轴线旋转时，在线圈内将产生感应电动势 ε，且满足关系式

图 10－25　地磁法计转数原理框图

$$\varepsilon = -N\frac{\mathrm{d}B \cdot S}{\mathrm{d}t} = -NBS\frac{\mathrm{d}\cos\theta}{\mathrm{d}t} = -NBS\sin\theta\frac{\mathrm{d}\theta}{\mathrm{d}t} = NBS\omega\sin\theta \qquad (10-50)$$

式中，B 为地磁场强度；N 为线圈匝数；S 为线圈平面的面积。

由此可见，当弹丸旋转一周，对应着地磁传感器输出信号正弦波的一个周期。

地磁计转数传感器通过弹丸中的感应线圈切割地磁而产生的感应电动势的周期性变化来确定弹丸转数值。弹丸在弹道上飞行时，特征参量曲线中的每两个波峰或波谷间的时间间隔与弹丸转一周的时间相近，且两者间的误差为系统误差，经过修正后可用这一间隔数作为弹丸转过的转数信号，为此只要能测出特征参量曲线中波峰或波谷的个数，即可得到弹丸转过的转数。

在弹丸发射前或发射时，可以根据定距要求对转数进行装定。对于某种弹丸来说，在弹丸及发射火炮有关参数确定的情况下，在膛内弹丸转一圈沿弹丸速度方向飞行的距离为一个导程，导程是一固定值。设出炮口时，弹丸每转一圈前进的导程为 L_{d0}，导程 L_{d0} 与初速的大小无关。设 R 为弹丸行程，对低伸弹道，在弹道直线段，可得理想装定转数 N_V 下，

$$R = N_V L_{d0} \qquad (10-51)$$

式中，N_V 为弹丸飞行转数。

由于实际飞行中，弹丸的初速下降得较快，而转速下降得较慢，所以每转一圈前进的距离有所减小，因此可以引入修正系数 K 来消除该误差，即

$$R = KN_V L_{d0} \qquad (10-52)$$

修正系数 K 可以通过理论计算与射击试验获得。

对地磁线圈传感器输出特征参量信号的检测方法有峰值检测、阈值检测和过零检测 3 种，而过零检测属于阈值检测的一种。由于波峰或波谷点不易测量，因此可以采用给定一个阈值，利用比较器判断曲线上过阈值点的个数，此数值作为弹丸的转数值，进而得到弹丸的转数数据。实现这一定距技术的电路框图如图 10－26 所示。地磁计转数定距引信电路由感应线圈、放大整形电路、过零比较器、计数电路和驱动起爆电路组成。由于传感器输出的感应电动势幅值很小，必须经过放大电路进行放大整形，才能得到一定幅值的规整信号，再经过过零比较器进行比较得到方波信号，其输出就可以接计数电路。

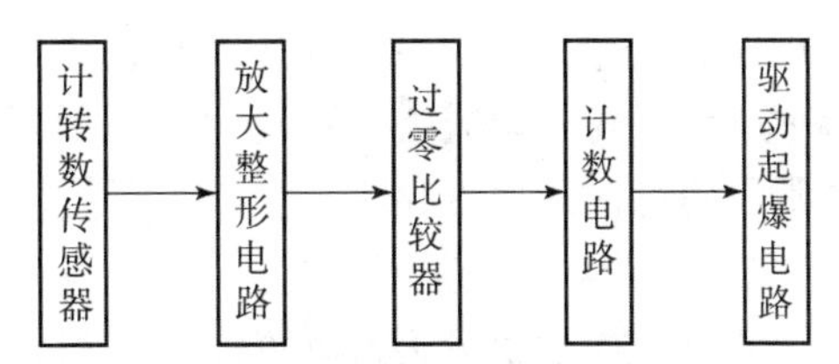

图 10－26　计转数定距引信电路原理框图

由于一个周期的波形经过过零比较器可以至少转换成一高一低两个状态，所以计数精度可以达到1/2转。计数电路记录弹丸飞行的转数，当达到预定的转数值时，发出脉冲驱动信号，传给驱动起爆电路，使引信工作。

由此可以看出，地磁计转数定距技术易于实现，地磁计转数传感器具有体积小、后续信号处理电路简单、转数测量稳定等优点，因此得到广泛的应用。

10.4.2 水下声磁复合探测技术及应用

无论是在鱼雷防御还是鱼雷对抗系统中，目前主要所用的探测手段是声呐探测。声呐作为水下探测工具，对水面舰艇和潜艇来说至关重要，在鱼雷防御、对抗系统中亦是如此。

声引信按工作原理分为被动声引信和主动声引信。被动声引信是以目标的辐射噪声作为动作信号的，由于目标辐射噪声声压大约随目标航速的三次方成正比变化，因此反映目标绝对值的静声引信是难以确保其动作区域性要求的。主动声引信是利用回声来探测目标的，因而与目标的辐射噪声和噪声性质无关。

声呐探测也有其固有的不足之处：主动声呐探测易被敌方发现；被动声呐由于现代的潜艇、鱼雷通过动力、结构各方面的改进，会越来越安静，产生的声信号十分微弱，难以把信号和噪声区分开来；抗干扰能力较差，如水声对抗中所用的气幕弹，它能形成一层气泡，该气泡具有声屏蔽和声反射作用，使声探测设备的探测作用距离降低；近距离探测能力较差，海洋背景噪声持续增大，使目标识别难度提高。

舰船、潜艇和鱼雷存在于海水中，其周围空间将出观不同性质的各类场，包括声场、磁场、电磁场、水压场等。其中，舰船磁场（或潜艇和鱼雷磁场）是舰船周围能测到的舰船磁性空间域，主要是因船体、机械设备和武器装备的铁磁性材料在地磁场中被磁化而形成的。虽然它们自身的磁场可以通过消磁过程得以减小，但是它们终究是铁磁性材料制成的物体，会对周围地磁场产生影响。因此，用磁敏传感器探测周围地磁场状况，仍然能获得舰船、潜艇和鱼雷的位置、运动情况。

鱼雷磁引信按工作原理分为以下基本类型：

1. 发电机式磁引信

发电机式磁引信是基于在外磁场中（包含被测磁场）旋转运动的线圈的电磁感应原理而研制成的。

2. 感应式磁引信

感应式磁引信传感器是带铁芯的感应线圈，传感器与雷体固定连接，因此它反映外磁场的时间变化率，为动磁引信。在理想情况下，这种引信对当地的磁场不发生反应。但是鱼雷纵倾、横倾等运动姿态的不稳定性以及回旋运动等，通过感应线圈中的地磁场（分量）的磁通量将随时间而变化，产生环境干扰。

3. 差动式磁引信

差动式磁引信分为差动静磁引信和差动动磁引信两种。

反映空间两点之间磁感应强度绝对值之差的磁引信称为差动静磁引信。这种引信需要两个参数完全相同的磁传感器，两者的连接方式使两传感器接收磁场信号之差，即

$$B(l_1)-B(l_2)=\frac{\mathrm{d}B}{\mathrm{d}l}(l_1-l_2) \tag{10-53}$$

式中，$B(l_1)$、$B(l_2)$ 分别为 l_1、l_2 处传感器接收到的磁感应强度。

在均匀外磁场作用下，应使两个传感器的合成输出为零。为提高引信灵敏度，两个传感器之间的距离应尽可能大。由于这种引信对鱼雷姿态变化在两个传感器中所引起的干扰值相同，其差动输出为零。因此，差动式磁引信有较好的抗干扰稳定性。

反映空间两点之间磁感应强度变化率之差的磁引信称为差动动磁引信。这种磁引信需要在鱼雷头中放置两个感应线圈。为提高引信灵敏度，两个传感器之间的距离应尽可能大。其优点与差动静磁引信相同。

鉴于声呐探测在反潜艇、反鱼雷方面存在的不足以及磁探测所具有的优势，很多国家把声呐能够远距离探测、预警的长处和磁探测等其他探测方式复合形成声、磁复合探测体制，并用于水雷、鱼雷等引信中。

第 11 章

电容探测原理

随着科学技术的进步，武器的性能不断提高，武器系统对弹药性能提出越来越高的要求。现代战场的强电磁环境和电子对抗水平的提高，要求弹药具有很好的抗电磁干扰的能力，促使科研人员不断探索新原理、新技术的弹药探测体制，以满足复杂的战场电磁环境。电容探测及电容近炸引信就是在这种情况下发展起来的，并在近二十几年中得到迅速发展。瑞典、德国和美国先后研制了配用于火箭弹、航药、迫弹的电容近炸引信。我国已研制了配用于中大口径榴弹、迫弹和火箭弹的电容近炸引信。

11.1　电容探测的基本原理

两个用介质（固体、液体或气体）或真空隔离开的电导体称为电容器（简称电容），如图 11 –1 所示。两个导体上的电荷数 Q 与电导体之间的电位差 U 以及它们的电容 C 存在如下关系

$$C = Q/U \tag{11-1}$$

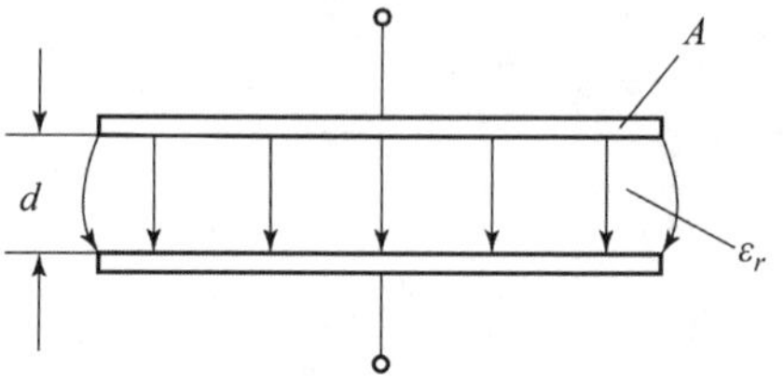

图 11 –1　电容器

电容 C 的大小取决于导体的几何尺寸以及导体间的介质材料。例如，两个面积均为 A 的平行极板与极板间的电介质构成了平板电容器，假设极板间距离为 d，介质材料的介电常数为 ε_r，则电容 C 为

$$C = \varepsilon_r \varepsilon_0 \frac{A}{d} \tag{11-2}$$

式中，ε_0 为真空介电常数。

由式（11 –2）可知，能够使 ε_r、A 或 d 产生变化的任何对象都会导致电容 C 的改变；反之，通过测量电容 C 的变化，可以测量 ε_r、A 或 d 的变化。

电容近炸引信是利用引信的电极之间电容变化工作的引信。当引信接近目标时，引信电极间的电容将发生变化，近炸探测电路将这种变化（变化量或变化率）检测出来作为目标信号加以利用，实现炸点控制。

例如，双电极电容近炸引信的工作原理如图 11 –2 所示。目标可以是地面，也可以是坦克车辆等任何金属或非金属目标。Ⅰ、Ⅱ为两个电极，其中电极Ⅰ可以是战斗部（弹丸），电极Ⅰ和电极Ⅱ相互绝缘。C_{10}、C_{20} 分别是两个电极与目标间的互电容，C_{12} 为两个电极间的互电容，两个电极间的总电容为

$$C = C_{12} + \Delta C \tag{11-3}$$

$$\Delta C = \frac{C_{10}C_{20}}{C_{10} + C_{20}} \tag{11-4}$$

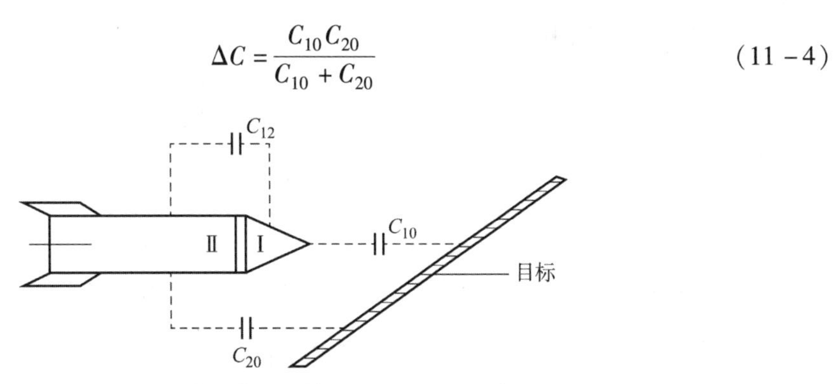

图 11-2　双电极电容近炸引信工作原理示意图

当弹丸距目标很远时，可以认为 C_{10}、C_{20} 均为零，那么两电极间的总电容 $C = C_{12}$。随着弹与目标的不断接近，C_{10}、C_{20} 逐渐增加，则 ΔC 不断变大。因此，随弹目接近 ΔC 变大，即 ΔC 和弹目距离相关。如果把增量 ΔC 或 ΔC 的增加速率检测出来作为弹目距离信息加以利用，则可实现对目标的定距。

11.2　电容探测器

根据对 ΔC 检测方法的不同，产生了多种电容近炸引信的探测方式和探测器。目前，最常用的探测方式和探测器有两种，一种是鉴频式（频率变化式）探测器，另一种是电桥式（直接耦合式）探测器。

11.2.1　鉴频式探测器

鉴频式探测器由振荡器、鉴频器和电极构成。电极一般由引信风帽和弹体组成，两电极间的结构电容是振荡回路振荡电容的一部分。典型电路如图 11-3 所示。图中电路可分为两部分，一部分是振荡器，另一部分是鉴频器。

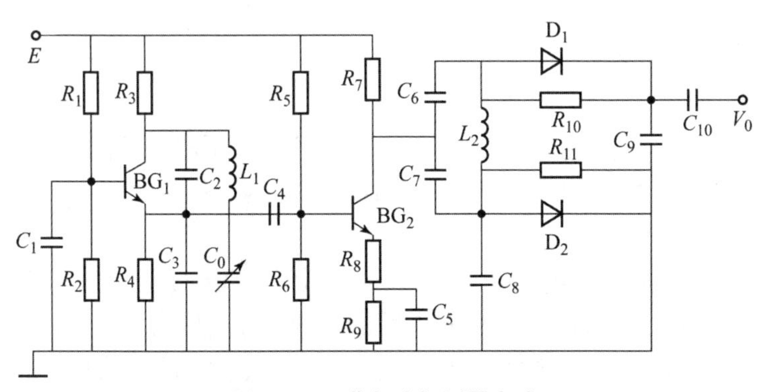

图 11-3　鉴频式探测器电路

振荡器采用克拉泼振荡器，其中振荡电容 C_0 是包括两个电极间的结构电容在内的克拉泼电容。

设在弹目距离很远时振荡频率为 f_0，当弹目不断接近时，由于极间电容不断增加而使振荡频率不断下降，若在给定的弹目距离上振荡频率为 f，则振荡频率下降 $\Delta f = f_0 - f$。若鉴频

系数为 K，则鉴频器输出电压为

$$U = K\Delta f \tag{11-5}$$

鉴频器输出电压 U 可以作为对目标的定距信号加以利用。

图 11－3 中振荡器的振荡频率为

$$f_0 = \frac{1}{2\pi\sqrt{L_1 C_0}} \tag{11-6}$$

当弹目接近时，极间电容要发生变化，因此振荡频率也要发生变化，可以得到

$$\Delta f_0 = -\frac{\Delta C}{2C_0} f_0 \tag{11-7}$$

即 $\Delta f_0 \propto \Delta C/C_0$，鉴频电压 $\Delta U \propto \Delta f$，有

$$\Delta U \propto \Delta C/C_0 \tag{11-8}$$

在实际应用中，希望 ΔU 尽可能大些，以便信号处理易于进行。由式（11－8）可知，当 C_0 一定时，ΔC 越大，则 ΔU 越大。因此，在弹丸尺寸固定的情况下，要合理设计电极尺寸的大小和极间距离。另外，在相同的 ΔC 条件下，若 C_0 较小，可获得较大的 ΔU。但由式（11－6）可知，在 L_1 确定的情况下，C_0 越小，f_0 越大。由于下述 3 个原因，f_0 不能选择得过大，一般选在 1～10 MHz 为宜。

（1）电容近炸引信是利用静电场工作的，而静电场在场源周围 0.6λ 范围内存在，而且在电路中能被利用的信号存在于比 0.6λ 还要近得多的区域，约为 $0.6\lambda/10$。若 f_0 过大，探测距离反而太近。

（2）电容近炸引信既然是利用电容变化工作的，应该尽量减少可能导致的电磁辐射干扰，而 f_0 过高则会使电容近炸引信本来具有的抗电磁辐射能力的优点受到影响。

（3）极间电容由电极尺寸、形状和总体结构确定，它是振荡电容的一部分，因此极间电容不可能太小。

将式（11－8）写成

$$\Delta U = S_D \frac{\Delta C}{C_0} \tag{11-9}$$

$$S_D = \frac{\Delta U C_0}{\Delta C} \tag{11-10}$$

式（11－10）称为电容近炸引信探测灵敏度的定义式，S_D 称为探测灵敏度，具有电压的量纲。其物理意义是电容的单位变化量所引起的检波电压的变化量，它可以表明引信探测目标能力的强弱。

引信电极对探测灵敏度有较大影响。研究结果认为，在电极设计时需遵循下列原则：

（1）增大探测电极（图 11－2 中电极 Ⅰ）的结构尺寸，能增大目标信号。

（2）电极形状为圆柱形时，能得到最大的目标信号；圆锥形时目标信号最小，其他形状（如圆台形、流线形）的目标信号介于上述两者之间。

（3）探测电极确定后，增大电极与弹体的间距能增大目标信号。

（4）弹长一定时，在弹长远比探测电极大的情况下，增加探测电极长度比增大间距能获得更大的目标信号；在电极和弹体大小可任选的情况下，弹体和电极的最佳比例关系是弹体略比电极大，同时它们的间距尽可能小。

（5）探测电极对目标信号大小的影响要比弹体的影响大，大弹体只有配上大电极才能获得较大的目标信号。

在鉴频式探测器中，由于鉴频灵敏度 S_D 直接影响探测灵敏度，所以要求鉴频器要有足够高的鉴频灵敏度。同时还要求鉴频器有足够宽的线性范围，其原因是：由于结构、工艺的不一致，可能导致 C_0 有差异；高、低温时振荡器的频率变化和鉴频器中心频率的偏移可能不一致。如果鉴频器线性范围太窄，有可能使振荡频率处在鉴频曲线非线性区域范围之外，这样会造成炸高散布过大，严重的可能致使引信瞎火。

11.2.2　电桥式探测器

电桥式探测器由振荡器、检波器和电极构成，3 个电极一般由弹体和两段特制的电极组成。典型电路如图 11－4 所示，方块Ⅰ、Ⅱ、Ⅲ分别为 3 个电极。为分析方便，给出 3 个电极及其互电容的示意图，如图 11－5 所示。考虑到极间电容后，图 11－4 所示电路可等效于图 11－6 所示的电路。

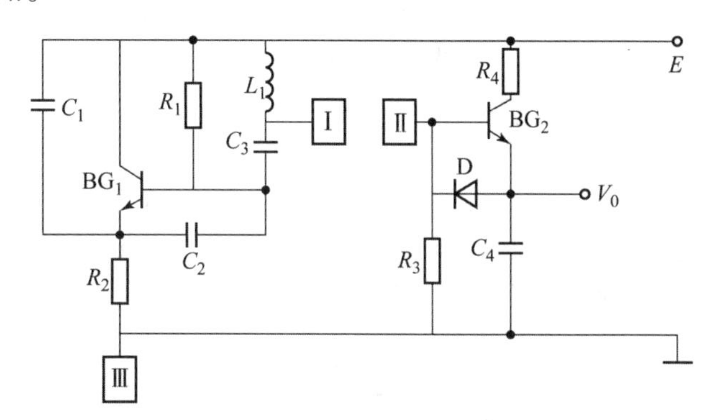

图 11－4　电桥式探测器电路

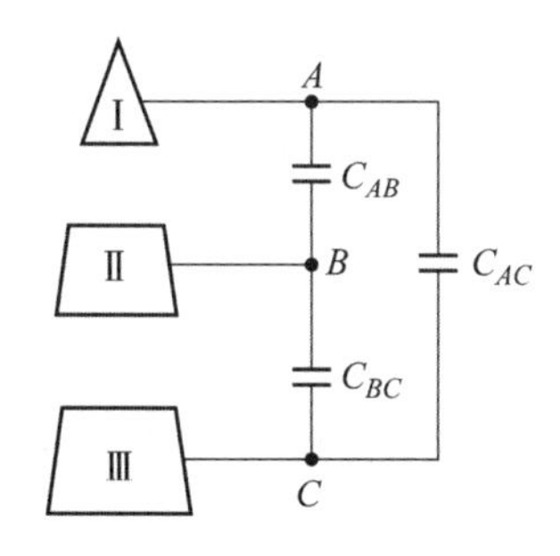

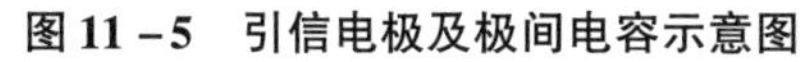

图 11－5　引信电极及极间电容示意图

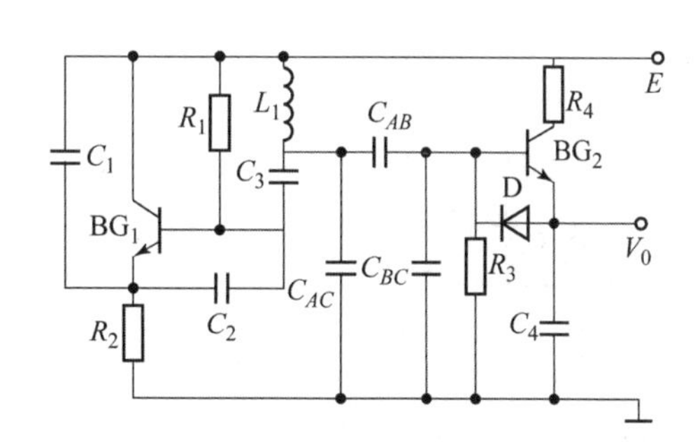

图 11－6　考虑极间电容后的探测电路

振荡器的高频等效电路如图 11－7 所示，BC 端为检波器的信号输入端，C' 为极间等效电容。该振荡器是西勒振荡器，振荡频率为

$$f_0 = \frac{1}{2\pi\sqrt{L_1(C' + C_3)}} \tag{11-11}$$

当弹目接近时，由于目标与各电极都形成互电容，所以极间电容要发生变化，即振荡电路中的电容 C' 发生变化，因而振荡频率和振荡幅度都要发生变化。这种变化（振荡频率、振荡幅度、耦合电容）当然要影响到检波器的输入信号，把弹目接近时振荡电压信号的变

化通过检波器检测出来，可以得到目标信号。

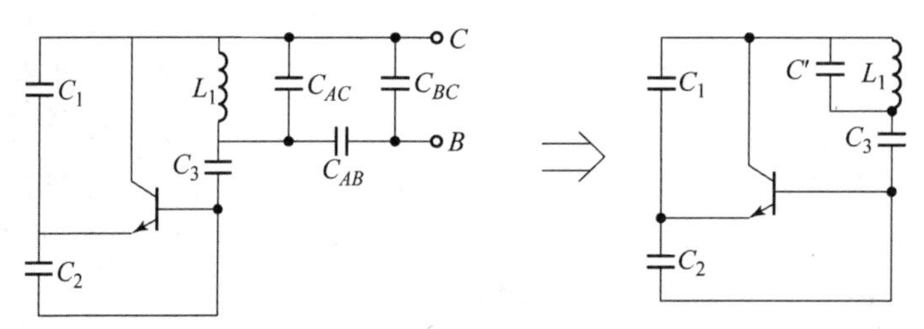

图 11-7　振荡器高频等效电路

当弹目相距甚远时，3 个电极间的电容如图 11-5 所示；当弹目距离接近时，考虑到目标的影响，极间电容分布如图 11-8 所示，等效电路如图 11-9 所示。

$$C'_{AB}=C_{AB}+\frac{C_{AO}C_{BO}}{C_{AO}+C_{BO}+C_{CO}}=C_{AB}+\Delta C_{AB} \tag{11-12}$$

$$C'_{AC}=C_{AC}+\frac{C_{AO}C_{CO}}{C_{AO}+C_{BO}+C_{CO}}=C_{AC}+\Delta C_{AC} \tag{11-13}$$

$$C'_{BC}=C_{BC}+\frac{C_{BO}C_{CO}}{C_{AO}+C_{BO}+C_{CO}}=C_{BC}+\Delta C_{BC} \tag{11-14}$$

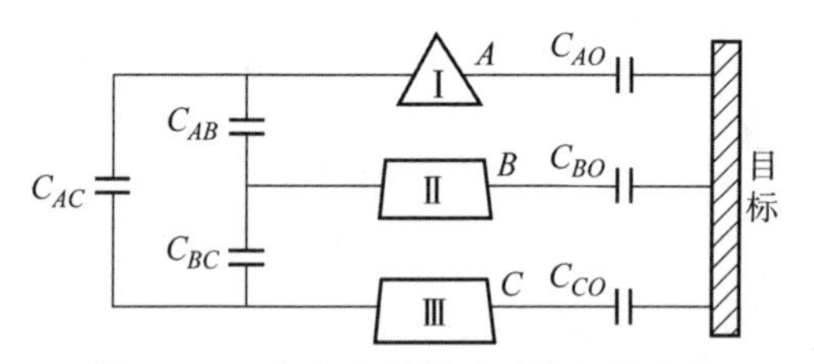

图 11-8　考虑目标影响后的极间电容

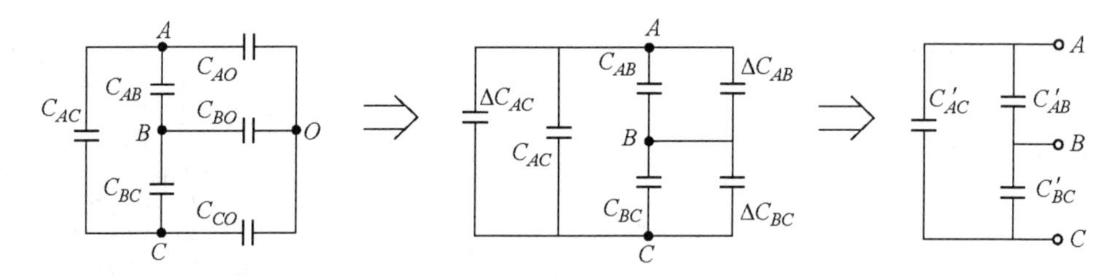

图 11-9　考虑目标影响后极间电容的等效电路

由图 11-9 所示可知，3 个电极间的电容构成一个电桥。弹目接近过程中，电桥平衡受到破坏，从 BC 端电压幅值的变化可以得到目标信号，故此种探测方式称为电桥式。

当弹目接近时，C'_{AB}、C'_{AC}、C'_{BC}都要不断变化。由图 11-6 和图 11-9 可知，当暂不考虑振荡幅度变化时，$C'_{AB}/(C'_{AB}+C'_{BC})$ 是决定输出信号大小的关键。$C'_{AB}/(C'_{AB}+C'_{BC})$ 是弹目接近时输出容抗与支路容抗之比，即

$$\frac{C'_{AB}}{(C'_{AB}+C'_{BC})}=\frac{C_{AB}+\Delta C_{AB}}{C_{AB}+\Delta C_{AB}+C_{BC}+\Delta C_{BC}} \tag{11-15}$$

在常用的引信作用距离范围内和攻击角度情况下，按一般情况下电极的结构，有

$$\Delta C_{AB}\gg\Delta C_{BC}\gg\Delta C_{AC} \tag{11-16}$$

$$C_{AB} \gg C_{BC} \gg C_{AC} \tag{11-17}$$

而结构电容要比电容变化量要大得多。综上原因，可以用 ΔC_{AB} 代表电容变化量，用 $C_{AB} + C_{BC}$ 代表总电容，则

$$\frac{C'_{AB}}{(C'_{AB} + C'_{BC})} = \frac{C_{AB}}{C_{AB} + C_{BC}} + \frac{\Delta C_{AB}}{C_{AB} + C_{BC}} \tag{11-18}$$

即检波电压变化量取决于式（11－18）中的第二项。

如果把振荡频率和振荡幅度的变化都考虑到检波效率中，则可以得到检波电压的变化量，即

$$\Delta U \propto \eta \frac{\Delta C_{AB}}{C_{AB} + C_{BC}} \tag{11-19}$$

因此，同样可以用式（11－10）来描述电桥式电容探测器的探测灵敏度。

探测器输出的目标特性示意图如图 11－10 所示。

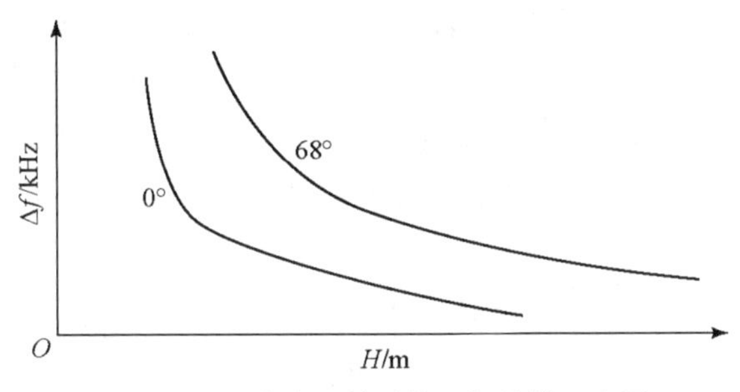

图 11－10　电容近炸引信目标特性示意图

11.3　电容探测在引信中的应用

电容近炸引信是利用引信接近目标过程中，以引信各部分之间或引信与弹体之间有效电容量发生变化而工作的近炸引信。其发火控制系统电路原理框图如图 11－11 所示，其中电容探测器根据弹目距离的变化，产生目标信号；信号处理器识别目标信号，抑制干扰信号，识别交会条件，在预定弹目距离输出启动信号；点火电路在信号处理器输出的启动信号控制下，储能电容放电，引爆电雷管；电源为整个引信电路提供能源。

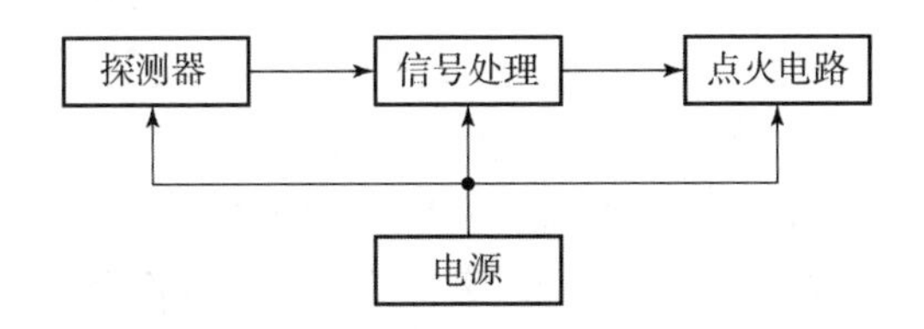

图 11－11　电容近炸引信发火控制系统电路原理框图

11.3.1　模拟电路信号处理器

典型模拟电路信号处理器的电路原理图如图 11－12 所示。

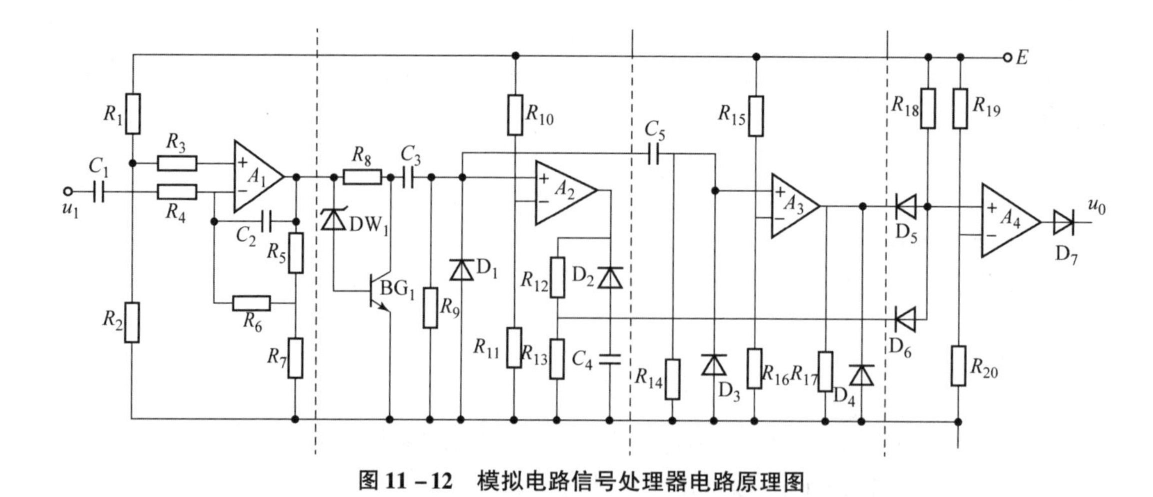

图 11-12　模拟电路信号处理器电路原理图

运算放大器 A_1 构成反相放大器，对探测器的输出信号加以放大。该放大器的特点是设计成零偏置，使负信号被抑制，并且根据弹目相对速度调整其通频带。

三极管 BG_1 构成削波限幅器。其作用是把幅度较大的信号变成窄脉冲信号，以便利用窄脉冲抑制电路排除这些干扰信号。其工作原理可用图 11-13 所示的响应波形加以说明，其中 A 为目标信号，B 为幅度比较大的干扰信号，这两个信号经过削波限幅电路后，大于 U_W 的部分被抑制掉。假定限幅电平为 6 V，那么目标信号小于 6 V 的部分仍能通过此电路而传递到下一级电路；干扰大信号则变为幅度小于 6 V、持续时间比较短的两个尖脉冲信号传递到下一级电路中去。如果下一级电路具有这样的功能：从信号电平达到 0.3 V 开始计时，信号幅度不断增加且持续时间大于 T 才能通过，那么目标信号可以通过，而窄脉冲信号被抑制。

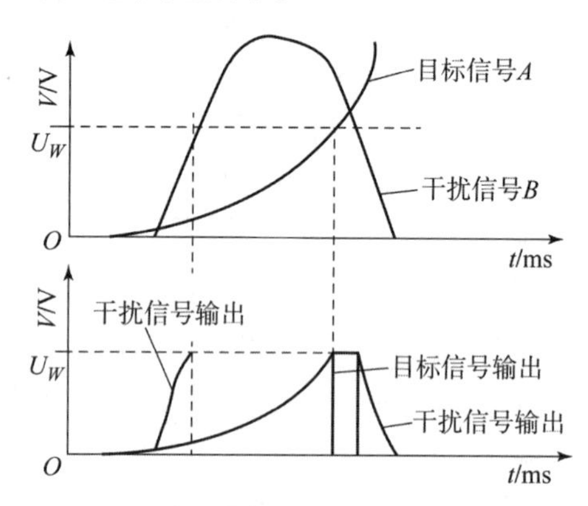

图 11-13　削波限幅电路响应波形

运算放大器 A_2 构成微分比较器和窄脉冲抑制电路。本部分电路首先对削波限幅后的信号进行微分。理论上讲，经微分电路后，凡是线性、上凸、下降形式的信号都不可能达到比较器的比较电平，因此这样的信号将被抑制。当微分信号超过比较电平后，比较器输出近似电源的正信号，并且由 R_{13}、C_4 构成的时间电路开始计时。

运算放大器 A_3 构成第二个微分比较器，对削波限幅信号进行二次微分。当微分信号超过比较电平时，A_3 输出幅度近似电源的正信号。运算放大器 A_4 构成“与”电路。当比较器 A_3 和时间电路都达到比较门限时，A_4 输出启动信号。

如果从计时开始至时间 T_1，A_3 输出正信号，那么窄脉冲信号不可能与 A_3 输出正信号的时间重叠，因此 A_4 不会输出启动信号。只有在正常目标信号的条件下，A_3 与时间电路同时存在大于比较电平的正信号输出，A_4 才输出启动信号。

该信号处理电路可抑制大信号、窄脉冲信号以及各种杂散脉冲，因此具有很强的抗干扰能力。

11.3.2　数字电路信号处理器

数字信号处理技术随着大规模集成电路技术、DSP 和专用芯片、计算机技术的发展而迅速发展，在军用、民用领域得到广泛应用。数字信号处理技术应用于电容近炸引信，可以使引信系统设计、调试和外场试验等具有很大的灵活性，进一步提高了识别目标和弹目交会条件的能力，提高了引信的抗干扰能力。

对图 11 - 10 所示的电容近炸引信目标信号，可采用图 11 - 14 所示的信号处理电路进行数字信号处理。

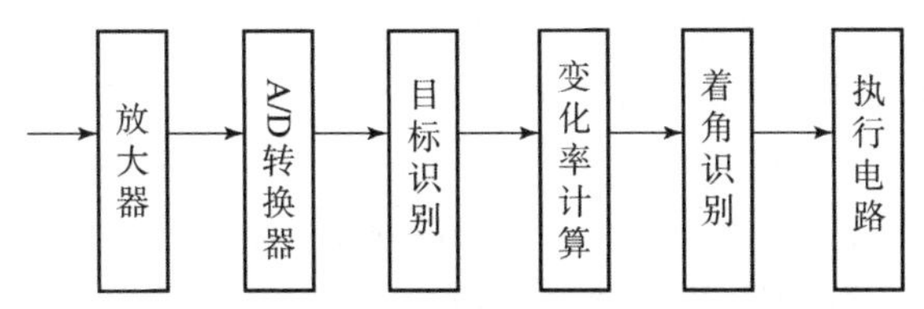

图 11 - 14　数字电路信号处理器原理框图

放大器是把探测器的输出信号放大，它不但使通带以外的信号得到抑制，同时又可使一批产品的放大器输出信号一致，便于控制产品性能的一致性。

A/D 转换器每隔一定时间对放大器输出信号进行一次采样，即把模拟信号转换成数字信号，以便微处理器进行处理。

目标识别部分主要是抑制各种干扰信号，对目标信号进行所需的处理。对图 11 - 10 所示的目标信号，可以有下述目标信号判别准则：

$$\begin{cases} U_i > U_{i-1} \\ \Delta U_i = U_i - U_{i-1} < K \\ \Delta(\Delta U_i) > 0 \end{cases} \tag{11-20}$$

式中，U_i 为 T_i 时间内某一时刻的电压；K 为常数。

设定连续 N 点不符合上述准则者为干扰信号，目标信号自然满足上述准则。

对近炸引信而言，一般情况下，由于交会条件不同会引起引信炸高的散布。从战斗部综合毁伤效果的角度看，同一弹种对相同目标的炸高为固定值（或一定范围），而对付不同目标时有不同的炸高，这样毁伤效果才会达到最佳，这就提出了在一弹多用时近炸引信应该有不同的炸高，即炸高分挡；炸高分挡的前提是炸高可控，即恒定炸高技术。要实现恒定炸高，首先必须识别交会条件（如弹目相对速度、交会角、脱靶量等），根据不同的交会条件对信号进行不同的处理。下面以反坦克破甲弹电容近炸引信为例来说明交会条件识别的一种方法。

对于不同的目标，炸高的定义有所不同。比如，对地弹药是以战斗部（弹丸）的爆心到地面的垂直距离作为炸高，而反坦克破甲弹是从装药面算起的沿战斗部轴线到装甲面的距离。

对无线电引信而言，由于地面反射系数不同，即使落速和着角相同，检波电压也会不同。若用信号幅度控制炸点，炸高势必有散布，而电容近炸引信的体制特点决定了它对目标的导体性质不敏感，不论是潮湿地面、干燥地面、有雪地面还是金属，其检波电压差异较小。因此，不同目标对电容近炸引信检波电压的影响可以忽略。电容近炸引信的探测方向图近似圆球形。因此，电容近炸引信用于对地弹种时，不论交会条件如何，其炸高基本相同。当电容近炸引信配用于破甲弹时，由于其具有近似球形的探测方向图，所以当攻击角度不同时，其炸高将不同。

反坦克破甲弹电容近炸引信交会条件的识别主要是设计信号处理电路，而设计出能识别出不同交会条件的信号处理电路的前提是研究电容近炸引信用于反坦克弹时的目标特性。业已得到对坦克攻击时不同攻击角度、不同攻击部位、不同攻击速度情况下的目标特性，分析得到的这些目标特性，最强和最弱的检测信号的两种情况是：68°高速攻击和0°低速攻击。其他交会条件的目标信号均介于这两者之间。两种极端攻击情况的目标特性曲线如图 11－10 所示。按图 11－10 所示目标特性，提出目标特性分组法识别交会条件而实现炸高一致。

可以把反坦克破甲弹电容近炸引信的炸高写成

$$H_a = f(U_d, D, F(\phi), \varepsilon_r, S_d, S) \tag{11-21}$$

式中，U_d 为引信启动时的检波电压；D 为表明探测方向的方向性系数；$F(\phi)$ 为表明探测方向的方向性函数；ε_r 为弹目间介质的相对介电系数；S_d 为电容近炸引信的探测灵敏度；S 为目标的有效面积。

对于同一发引信，不论交会条件如何，U_d 和 S_d 均不变。引起同一发引信在不同交会条件下炸高散布的是 D、$F(\phi)$、S 和 ε_r。尽管电容近炸引信探测方向图近似球形，但由于反坦克破甲弹炸高定义的特点，相当于在不同着角时 D、$F(\phi)$、S 和 ε_r 有相应的变化，即不同着角时对它们应该有相应的修正系数。若 H_a 是着角为 α 时的炸高，H_0 是着角为 0°时的炸高。若不加特殊处理，仍按信号幅度控制炸点，同一发引信应该是随着角 α 的不同有不同的炸高。有近似关系式

$$H_a \approx H_0/\cos\alpha \tag{11-22}$$

根据式（11－22）计算出的一些典型着角炸高分布如表 11－1 所示。

表 11－1　典型着角炸高分布

α	0°	15°	30°	40°	45°	55°	60°	63°	68°
H_a/H_0	1.00	1.05	1.15	1.31	1.41	1.74	2.00	2.20	2.67

根据上面的分析，可以把 0°～68°交会情况下的目标特性分成 4 组。分组原则：每组内各种角度以中心角度 α_c 为中心，炸高散布小于 ±15%，各组中心角度炸高相同。分组炸高分布如表 11－2 所示。

表 11－2　炸高分布表

序号	1	2	3	4
α	0°～40°	40°～55°	55°～63°	63°～68°
H_a/H_0	1.00～1.31	1.31～1.74	1.74～2.20	2.20～2.67
α_c	30°	48°	60°	66°

为叙述方便并容易了解方法的实质，以 1 组和 2 组为例说明处理过程。给出 30°和 48°着角时的目标特性曲线，并在距离轴上平移，使电压为 U 的 J 点重合，如图 11－15 所示。

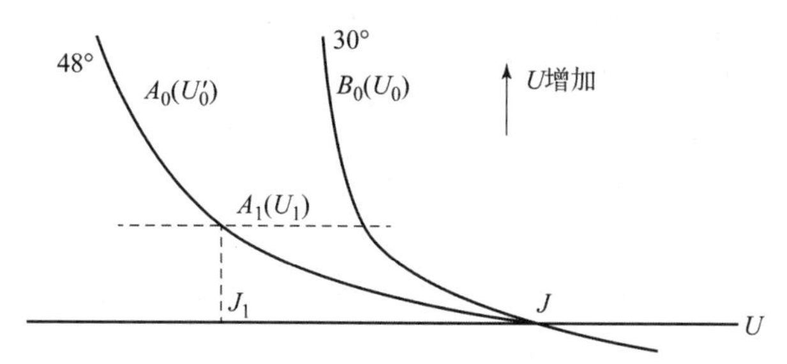

图 11－15　距离轴平移后的目标特性曲线

假设 A_0 点和 B_0 点与目标的距离均为0.4 m。为使30°和48°两种着角时炸高都是0.4 m，首先要识别本次射击是何种角度，然后根据预先设定的电平给出启动信号，则可实现 0° ~ 55°范围内炸高基本是0.4 m。

在48°特性曲线上选定一点 A_1，对应的信号电平为 U_1。设弹丸从 J 点运动到 J_1 点所用的时间为 Δt。当目标信号达到 U 时计时器开始计时，即从 J 点开始计时，如果在 $t<\Delta t$ 时间内目标信号电压出现大于 U_1 的情况，那么可以断定本次射击为30°攻击；当目标信号电压达到 U_0（B_0 点）时给出启动信号。若在 $t<\Delta t$ 时间内目标信号电压没有出现大于 U_1 的情况，则断定本次攻击为48°攻击；当目标信号电压达到 U_0'(A_0 点）时给出启动信号。这样就保证了两种着角情况下炸高保持一致。

按上述分析，4 组间恰当选取 3 个阈值，按每组中心角度设计相同的炸高，并恰当设计 Δt 和 U_1 值，可以实现在任何交会条件下的炸高一致性。

在数字电路信号处理电路中，除硬件设计外，还必须有适用的程序设计。用上述方法识别交会条件并按图 11－14 原理方框图的信号处理流程图如图 11－16 所示。

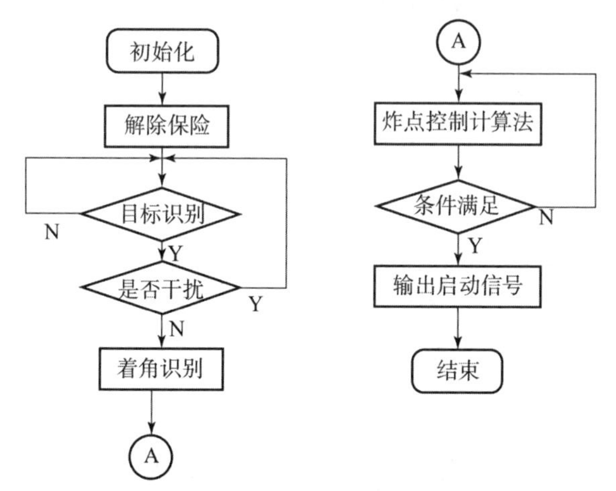

图 11－16　数字信号处理流程图

电容近炸引信具有如下技术特点：

（1）炸高小，定距精度好。由于电容近炸引信赖以探测目标的是引信极间电容的变化，目标特性具有近似双曲线形式的变化，所以此种引信定距精度好，探测距离近。因而电容近炸引信是一种小炸高精确定距引信。

（2）因为电容近炸引信是靠引信极间电容的变化传递目标信息的，而不是靠电磁波的发射和接收，故此这种引信具有很强的抗电磁干扰的能力。

（3）由于探测电极与目标间电容量是由电极和目标的尺寸、结构、距离和它们之间的介质决定的，而电极和目标间的距离往往比隐身技术所用的涂层大得多，因而目标表面的各种涂层对电极与目标间的电容不会产生明显的影响，所以电容近炸引信具有很好的抗隐身功能。

综上所述，根据电容近炸引信的这些特点，它可以配用在炸高要求不太高的任何弹种，特别适用于强电磁干扰的野战环境下的弹种。

第 12 章

声探测原理

12.1 概述

声探测技术是一种被动探测技术，早在第一次世界大战期间就已应用于战场，用于探测火炮发射，确定火炮阵地的位置。但由于其布设时间长、测量精度低、反应速度慢，而逐渐被其他探测手段所取代。20 世纪 90 年代以来随着声探测器的改进和电子计算机、现代通信技术的应用，这项古老的探测技术重新焕发了青春，扩展了应用范围，以其特有的优点再次获得了军事部门的青睐。

声探测系统可通过接收火炮射击时产生的声波，确定火炮的位置。声测站工作时，根据声波到达位于声测基线两端的拾音器的时间差，可确定声源方向线。6 个拾音器测出的 3 条声源线的交点，就是声源的位置。20 世纪 90 年代国外装备的新型声测系统，如瑞典的 Soras6 炮兵声测系统、美国的 PALS 被动声定位系统、英国的 HALO 敌方火炮定位系统、以色列的 IGLOO 系统等，都是采用计算机的自动定位系统，探测距离可达 20 ~ 40 km。以瑞典的 Soras6 系统为例，该系统由计算机、气象设备和 9 个拾音器组成。9 个拾音器预先布设在宽 8 km、纵深 1 ~ 2 km 的区域内，并准确定位，其坐标值输入计算机。拾音器直接放置在地面，通过双线电缆与计算机相连。敌方火炮射击时，可立即将计算出的炮位数据显示出来，并可打印输出。该系统可同时处理 200 个目标，目标距离小于 25 km 时，测量误差为 2%。

雷达难以在强电子干扰环境中有效地探测空中目标，并难以探测超低空飞行的直升机和巡航导弹，而声探测系统却可以不受干扰地接收并识别飞机发动机、直升机旋翼产生的特征声信号，实施预警。瑞典的“直升机搜索”系统、英国的“哨兵”系统、以色列的声预警系统等就是以直升机、低速飞机为目标的声探测系统。“直升机搜索”系统由 3 个呈三角形排列的拾音器和信号处理机组成。处理机内存储 20 种直升机的声音特征。该系统可接收直升机发出的准连续或谐波式声信号，与存储的声音特征比较，区分直升机机型，并确定其方位。其探测距离为 15 ~ 20 km，方位精度为 ±2°，工作频率范围为 5 ~ 100 Hz，频率精度为 0.1 Hz，最多可同时探测 6 架直升机。6 个便携式的“哨兵”系统分散配置时，将作用范围互接，可覆盖 700 km^2 的范围，目标探测的方位精度为 1°，并可每 2 s 更新一次数据。

美国研制的单兵操作的小型声探测系统，则是用于监听和警戒任务的声探测系统。该系统可接收 1 ~ 4 kHz 的声音，并通过声学和流体力学的结合将声音放大，从而监听话音和其他声音，在敌人临近时发出报警信号。

12.2　声传播特性

声波是一种机械波，它是机械振动在弹性介质中的传播。传播的介质可以是空气，也可以是水或大地等。在三维空间中，声波传播的波动方程为

$$\frac{\partial^2 u}{\partial x^2}+\frac{\partial^2 u}{\partial y^2}+\frac{\partial^2 u}{\partial z^2}=\frac{1}{c^2}\frac{\partial^2 u}{\partial t^2} \tag{12-1}$$

式中，u 为振幅；c 为声速。

其球面坐标形式为

$$\frac{\partial^2 (ru)}{\partial r^2}=\frac{1}{c^2}\frac{\partial^2 (ru)}{\partial t^2} \tag{12-2}$$

声波与电磁波和振弦波等不同，它的质点振动方向和传播方向相互平行，为纵波。如果声源所激起的声波的频率在 20 Hz ~ 20 kHz，就能引起人的听觉。低于 20 Hz 的声波叫次声波，高于 20 kHz 的声波叫超声波。

声波具有反射、折射、绕射和散射的特性。声波的频率越低，波长越大，波动性质就越显著，而方向性则越差。当低频的声波碰到普通大小的物体时，将产生显著的绕射和散射现象。反之，频率越高，波长越短，方向性越好。

12.2.1　声压、声强与声强级

声音为纵波，其传播引起空气的疏密变化，从而引起气压的变化。该压力与大气压的差值即为声压。当声波的位移为

$$u=U\sin\omega\left(t-\frac{x}{c}\right) \tag{12-3}$$

时，声压为

$$p=-B\left(\frac{\partial u}{\partial x}\right)=-BkU\cos\omega\left(t-\frac{x}{c}\right)=-P\cos\omega\left(t-\frac{x}{c}\right) \tag{12-4}$$

式中，B 为空气的体积弹性模量，$B=142$ kPa；U 为声波位移的振幅；ω 为声波的角频率；k 为灵敏度系数。

声强 I 是垂直于传播方向的单位面积上声波所传递的能量随时间的平均变化率，也就是单位面积上输送的平均功率。对于振动速度为 v 的声波，

$$pv=\omega BkU^2\cos^2\omega\left(t-\frac{x}{c}\right)$$

所以，

$$I=\frac{1}{2}\omega BkU^2=\frac{P^2}{2\rho c} \tag{12-5}$$

其中，ρ 为空气密度。声强单位为 W/m^2。

由于人耳能听到的声强范围很大，因而采用对数强度表示更方便。声波的声强级 β 由下式定义：

$$\beta=10\lg\frac{I}{I_0}=20\lg\frac{P}{P_0} \tag{12-6}$$

式中，I_0 为任选的参考强度，通常取为 10～12 W/m^2；P_0 为对应的声压，即大约相当于可听到的最弱声音。

声强级单位用 dB 表示。

12.2.2　声传播速度及温度、湿度的影响

声音在传播过程中，声速与媒介温度有关。理想的干燥、清洁空气中声音传播速度与温度的关系如下式：

$$\begin{aligned} c &= \sqrt{\frac{\gamma RT}{M}} = 20.0468\sqrt{T} \\ &\approx 331.32\sqrt{1+\frac{t}{273.15}} \approx 331.32 + 0.6065t \end{aligned} \tag{12-7}$$

式中，γ 为热特性系数，$\gamma = 1.4$；R 为气体常数，$R = 8\,314.32$ J/(kmol·K)；T 为空气绝对温度；t 为空气摄氏温度；M 为干燥、清洁空气摩尔质量，$M = 28.964\,4$ kg/ kmol。

当空气中存在水蒸气时，由于水蒸气的摩尔质量 $M_s = 18.015\,34$ kg/ kmol，使湿空气的摩尔质量 M_v 减小。对于气压为 p，水蒸气分压为 a 的湿空气，其摩尔质量 M_v 为

$$M_v = M\left(1 - \frac{a}{p}\cdot\frac{M - M_s}{M}\right) = M\left(1 - 0.378\,018\,\frac{a}{p}\right) \tag{12-8}$$

其中，饱和蒸气压力随温度的变化近似满足表达式

$$a_s = 610.78\exp\left[\frac{17.269\ (T-273.15)}{(T-35.86)}\right] \tag{12-9}$$

20℃时，相对湿度从 0 变化到 100% 所引起的声速变化约为 2 m/s，相对湿度从 50% 变化到 100% 所引起的声速变化仅为 1 m/s，因此可认为湿度对声速的影响总是小于 1 m/s，可被忽略。

由于空气中不同高度的温度相差较大，所以不同高度声音传播的速度不同，这使得高空中声音在传播到传声器的过程中会发生连续折射现象，其曲率半径、折射角度与大气中声速的增加有关。如果声速随高度增加而增加，则声波会向下折射；如果声速随高度下降，则声波会向上折射，这就是声音的曲线传播现象。

12.2.3　空气中声波的衰减

空气中，水和其他灰尘对声波的影响表现为使声波衰减。由于水分子的热交换引起空气对声音的吸收，使声音传播时发生衰减，传声器接收到的声能 E 呈指数衰减：

$$E = E_0 e^{-aR} \tag{12-10}$$

式中，E_0 为声源处的声能；R 为传声器离声源的距离。

其中，吸收系数为

$$a = 5.578\times 10\,\frac{T/T_0}{T+110.4}\cdot\frac{f^2}{p/p_0} \tag{12-11}$$

式中，p_0 为参考压力，$p_0 = 1.013\,25\times 10^5$ N/m²；p 为大气压，单位 N/m²；T_0 为参考温度，$T_0 = 273.15$ K；T 为气温，单位 K；F 为声波频率。

在湿度为20%，温度为20℃，标准大气压下，不同频率声波的大气吸收系数如图12－1所示。

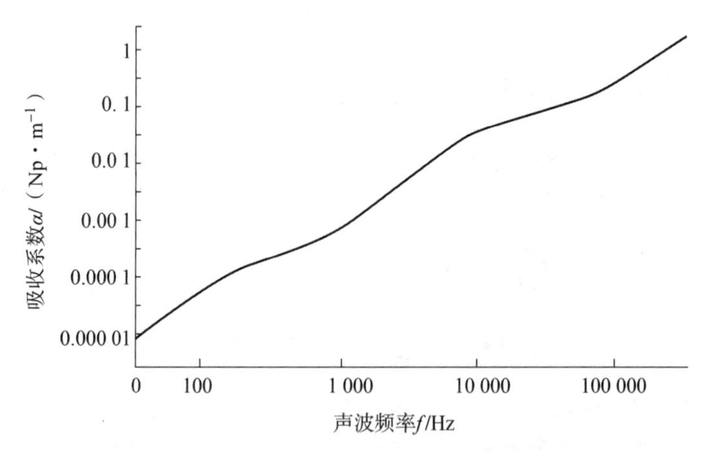

图12－1　空气对不同频率声波的吸收系数

12.2.4　多普勒效应

当声源或听者，或两者都相对于空气运动时，听者听到的音调（即频率），同声源与听者都处于静止时所听到的音调一般是不同的，这种现象叫作多普勒效应。

作为特例，速度的方向在声源和听者连线上，v_L 和 v_S 分别表示听者和声源相对于空气的速度，取由听者到声源的方向作为 v_L 和 v_S 的正方向，则听者听到的声音频率与声源频率的关系为

$$f_L = \frac{c + v_L}{c + v_S} f_s \tag{12-12}$$

当速度的方向不在声源和听者连线上时，v_L 和 v_S 分别表示听者和声源相对于空气的速度在上述连线上的投影，关系式（12－12）仍然成立，但 v_L、v_S 和 f_s 为声源发出声音时的参量。

12.2.5　风对声音传播的影响

在静止等温的空气中，点声源 $S(x_s,\ y_s,\ z_s)$ 发出的声波以球面波形式向外传播，其各时刻的波阵面是一系列以声速增大的同心球，即 t 时刻波阵面满足

$$(x - x_s)^2 + (y - y_s)^2 + (z - z_s)^2 = (ct)^2 \tag{12-13}$$

因此，声源到目标的传播时间为该段距离与声速之比，即

$$t = \frac{1}{c}\sqrt{(x - x_s)^2 + (y - y_s)^2 + (z - z_s)^2} = \frac{r_s}{c} \tag{12-14}$$

式中，r_s 为波阵面与点声源 S 之间的距离。

但在恒定的气流场（风）中，声波的波阵面除了以球面波向外传播的同时，还顺着风向以风速 v 漂移。设风向为 a，同时忽略较小的风的垂直分量，则 t 时刻波阵面满足

$$(x - x_s - v\cos a)^2 + (y - y_s - v\sin a)^2 + (z - z_s)^2 = (ct)^2 \tag{12-15}$$

此时声波的波阵面为一系列非同心圆，半径与静止空气中传播时相同，但圆心顺着风向以风

速 v 移动。此时声源到原点的传播时间为

$$\begin{aligned} t &= \frac{1}{c^2 - v^2}\left[\sqrt{c^2 r_s^2 - v^2(z_s^2 + x_s y_s \sin 2a} - v(x_s \cos a + y_s \sin a)\right] \\ &\approx \frac{r_s}{c}\left\{1 - \frac{v}{c}\left(\frac{x_s}{r_s}\cos a + \frac{y_s}{r_s}\sin a\right) + \frac{v^2}{c^2}\left[1 - \frac{1}{2}\left(\frac{z_s^2}{r_s} + \frac{x_s y_s}{r_s}\sin 2a\right)\right]\right\} \end{aligned} \tag{12-16}$$

12.3 声波探测原理

12.3.1 声波的性质

声波是机械波的一种，机械波是机械振动在弹性介质中的传播。

机械振动是物体运动的一种形式，表现为质点离开平衡位置往复运动。在物理学上还有另外一种形式的振动，叫电磁振荡，它是电场和磁场两种场能的相互转换运动。机械振动的产生和传播，都必须在弹性介质中才能实现。

对弹性物体施加一个力，物体受力变形，物体上的质点离开其原始位置发生一定程度的位移，同时在弹性物体内产生力图恢复原形的应力。当外力消去以后，物体恢复原形，质点又回到原来位置。但由于惯性原因，质点回到原始位置后并非立即停止运动，而是超过原始位置向另一方向继续运动，如此周而复始，往复循环，发生了机械振动。机械振动的能量在振动过程中不断消耗，振动的幅度也就越来越小，最后停止下来。

图 12-2 为介质中某一质点在它振动过程中位移（离开平衡位量的距离）u 与时间 t 的关系，即为波的振动图。它反映了声波在传播过程中，介质中某一质点随时间的振动特点。振动时，质点离开其平衡位置的最大位移（图中 A_1、A_2、A_3）叫作振动的振幅，用 A 表示，A 越大表示振动的能量越强。两个相邻极大点或极小点之间的时间间隔叫作振动的周期，用 T 表示，T 值的大小表示振动的快慢；另外，还可以用频率 f 表示单位时间（每秒钟）质点振动的次数为频率，两者互为倒数关系，即

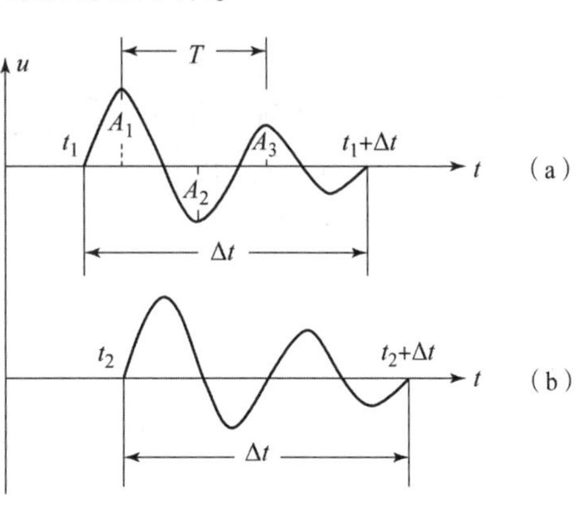

图 12-2 声波振动图

$$T = \frac{1}{f} \text{或} f = \frac{1}{T} \tag{12-17}$$

由于介质的质点是互相联结着的，质点振动时，必然将能量传给周围其他质点，带动它们一起振动。但是由于振源质点与周围质点有一定距离，所以周围质点的振动要比振源质点的振动滞后一个时间，而且离振源越远，滞后时间越长。这样，振源质点作往复一个周期的振动时，离开振源由近而远的各质点便按时间顺序依次相随振动一个周期，使振源质点振动通过周围质点传播到远处，形成传播路程上各质点间的波状起伏，这就是机械波，也就是机械振动在介质中的传播。

为了把在某一时刻 t_K，波在整个介质中的振动分布情况表示出来，用横坐标 x 表示通过

振源的直线上各个质点的平衡位置，纵坐标 u 表示在 t_K 时刻各个质点的位移，将各质点位移连成曲线，所得到的图形叫作波剖面图，如图 12－3 所示。

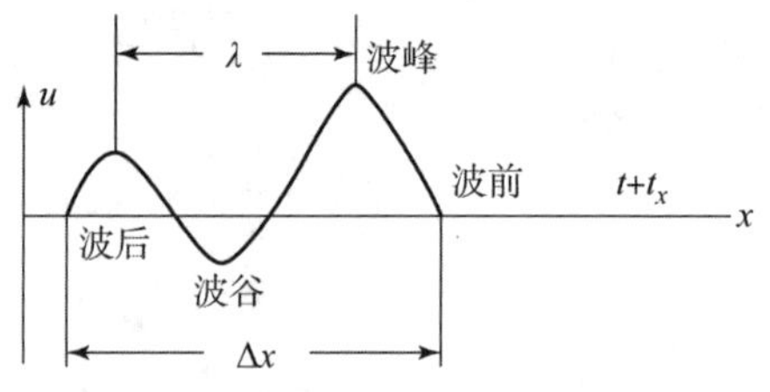

图 12－3　波剖面图

在波剖面中，最大的正位移的点叫作波峰，最大的负位移的点叫作波谷。两个相邻波峰或波谷之间的距离叫作波长，以 λ 表示（即在一个周期内波传播的距离），在声波传播方向上，如果波前（t_K 时刻所有刚刚开始振动的点连成的曲面）和波尾（t_K 时刻所有逐渐停止振动的点连成的曲面）以速度 v 向外传播，在一个周期内沿 x 方向传播的距离是一个波长，即可表示为

$$\lambda = v \cdot T = \frac{v}{f} \tag{12-18}$$

12.3.2　声波的类型

声波主要分为纵波与横波。

1. 纵波（P 波）

由于压缩力使弹性物体产生体积变形，外力消去后，物体中质点的振动是一种体积胀缩变化的振动，如图 12－4（a）所示，这种振动向外传播形成的波为纵波，如图 12－4（b）所示。

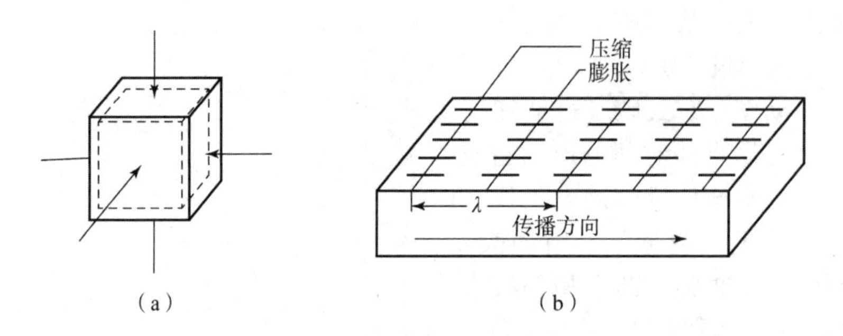

图 12－4　纵波的产生及传播特征

（a）纵波的产生；（b）纵波传播

纵波的传播速度 v_P 可表示为

$$v_P = \sqrt{\frac{\lambda + 2\mu}{\rho}} = \sqrt{\frac{E(1-\sigma)}{\sigma(1+\sigma)(1-2\sigma)}} \tag{12-19}$$

式中，μ 为切变模量；λ 为拉梅常数；E 为弹性模量；σ 为泊松比；ρ 为介质密度。

纵波的特点：

（1）传播方向与振动方向一致。

（2）传播路径质点相继振动的结果，在介质中形成相间出现的压缩带与膨胀带。

（3）可在气体、液体、固体中传播。

（4）传播速度较横波快，但在同一振源的能量中所占比例较小，仅为振源总能量的 7%，所以其振幅较小。

2. 横波（S 波）

由剪切力使弹性物体产生剪切变形（形状变形），外力取消后，物体的振动是剪切形变在介质中的传递，如图 12－5（a）所示，这种振动向外传播时形成的波为横波。质点振动在水平平面中的横波分量称为 SH 波，如图 12－5（b）所示；当质点振动所在的平面是竖直的，则称为 SV 波，如图 12－5（c）所示。

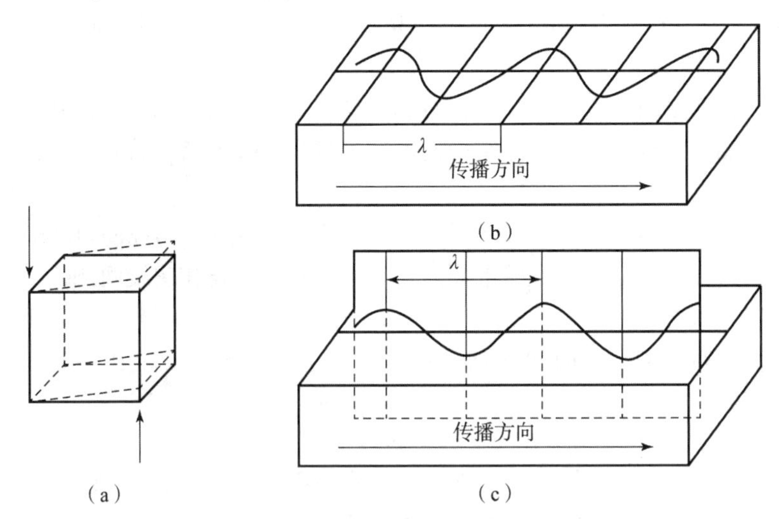

图 12－5　横波的产生及传播特征

（a）横波的产生；（b）SH 波传播；（c）SV 波传播

横波的传播速度 v_s 为：

$$v_s=\sqrt{\frac{\mu}{\rho}}=\sqrt{\frac{E}{2\rho(1+\rho)}} \tag{12-20}$$

纵波与横波的传播速度之比为

$$\frac{v_p}{v_s}=\sqrt{\frac{2(1-\sigma)}{1-2\sigma}} \tag{12-21}$$

在一般的介质中，σ 取值 0～0.5，对多数已固结的岩石来说，$\sigma\approx0.25$，因而有 $v_p\approx\sqrt{3}v_{so}$

对于液体介质，由于 $\mu=0$，则 $v_s=0$，意味着 S 波不能在液体中传播。

横波的特点：

（1）传播方向与振动方向垂直。

（2）传播路程上质点相继振动的结果，在介质中形成波峰与波谷相间出现。

（3）只能在固体中传播。

（4）传播速度较纵波慢，与纵波速度之比约为 1/1.73。但在同一振源中所占能量较纵波大，为总能量的 26%，振幅较大。

除纵、横波外，还有瑞利面波，占振源总能量的 67%，主要沿介质表面传播，质点振动轨迹是椭圆，在声波探测中难以利用。但是，由于瑞利面波能量强，且具有频散特征，因而可以利用瑞利面波进行岩体探测。

12.3.3 声波的传播方式

声波在介质中传播有以下方式：

（1）直达波。在同一均匀介质中由振源沿直线到达接收点，路径最短，如图 12－6（a）所示。

（2）绕射波。声波在传播路径上遇到结构面时，绕过此不连续面间接到达接收点，如图 12－6（b）所示。

绕射的实质由惠更斯原理说明，声波所到之处的每个质点，都可看作新的振源，发出子波。结构面的两端就是这样的点，由它们发出的子波到达接收点，就相当于振源发出的波绕过结构面到达接收点。

（3）反射波。声波通到不同介质的界面发生反射，如图 12－6（c）所示。其特点：

①反射线在入射线与法线决定的平面内，入射线与反射线在法线两侧。

②反射角等于入射角。

③反射系数 R 即垂直入射时的反射波振幅 A_f 与入射波振幅 A_t 之比为

$$R=\frac{A_f}{A_t}=\frac{\rho_2 v_2-\rho_1 v_1}{\rho_2 v_2+\rho_1 v_1} \tag{12-22}$$

其中，ρ_i，v_i 为第 i 种介质的密度及波速。ρv 称为波阻抗。波阻抗差越大，反射系数越大，反射能量越强。当 $\rho_1 v_1=\rho_2 v_2$ 时，不发生反射。

（4）透射波。声波遇到不同介质界面时，除一部分反射外，另一部分透过界面，进入第二种介质，并因声波在两种介质中的传播速度不同而使射线方向改变，如图 12－6（d）所示。其特点：透射线在入射线与法线决定的平面内，透射线与入射线在法线的两边，

$$\frac{\sin\alpha}{\sin\beta}=\frac{v_1}{v_2} \tag{12-23}$$

式中，α 为入射角；β 为透射角；v_1 为入射介质的波速；v_2 为透射介质的波速；当 $v_2<v_1$ 时，透射线偏向法线；当 $v_2>v_1$ 时，透射线偏离法线。

（5）滑行波。当 $v_2>v_1$ 时，透射线偏离法线。当入射角 α 增大到某一值时，透射角 β 达到 90°，此时的透射波沿界面滑行，叫滑行波，如图 12－6（e）所示。此时，$\frac{\sin\alpha}{\sin 90^\circ}=\frac{v_1}{v_2}$，即

$$\sin\alpha=\frac{v_1}{v_2} \tag{12-24}$$

式中，α 角称临界角，以 i 表示。

（6）折射波。滑行所到之处的质点又成为新的振源，向第一介质发出声波，为折射波，如图 12－6（f）所示。折射波射线彼此平行，折射角等于临界角 i，折射线在入射线与法线决定的平面内，并在法线的另一侧，速度为 v_1。

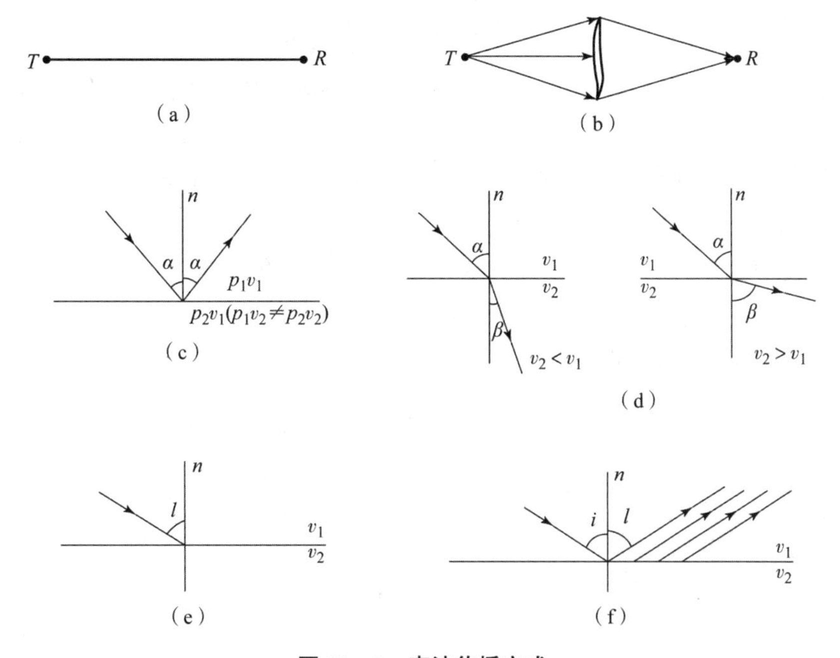

图 12－6　声波传播方式

(a) 直达波；(b) 绕射波；(c) 反射波；(d) 透射液；(e) 滑行波；(f) 折射波

12.4　被动声定位原理

12.4.1　线阵定位算法

线阵由布设在一条直线上的若干个传声器组成，用于对半个平面进行定位或定向的常用阵形，若阵列能够转动则可以对整个平面进行定位。定向舰艇所用的被动声呐系统由于受船宽的限制通常采用线阵。

一、二元线阵

二元线阵是最简单的传声器阵列，它只能用于远距离目标的方向。设两传声器 M_1、M_2 对称布设在 x 轴上相距 l 的两点，其坐标分别为 $\left(\frac{l}{2}, 0\right)$、$\left(-\frac{l}{2}, 0\right)$，目标位于 $S(x, y)$，距离为 r，方位角为 φ，则声程差

$$d = r_2 - r_1 \approx l\cos\varphi\left[1 - \frac{1}{8}\sin^2\varphi\left(\frac{l}{r}\right)^2\right] \tag{12-25}$$

它与两个传声器间接收信号的时间差（即时延 τ）成正比，比例系数为声速 c，即

$$d = c\tau \tag{12-26}$$

由于 $r \gg l$，所以，

$$\cos\varphi = \frac{d}{l}$$

其定向的均方误差为

$$\sigma_{\varphi}=\left|\frac{\partial\varphi}{\partial d}\right|\sigma_{d}=\frac{1}{l\left|\sin\varphi\right|}\sigma_{d} \tag{12-27}$$

其中，σ_d 为声程差估计的均方误差。由此可见，定向精度与距离无关，但与目标方位角有关。当目标位于 y 轴附近，即位于两个传声器连线垂直平分线附近时，定向精度较高；当目标位于 x 轴附近，即位于两个传声器连线附近时，定向精度很低，甚至无法定向。

二、三元阵线

三元阵线传声器阵列不仅可以定向，也可以定距。设两传声器 M_1、M_2 沿 x 轴对称布设在位于原点（0，0）的传声器 M_0 两边，其坐标分别为 $(l, 0)$、$(-l, 0)$，目标位于 $S(x, y)$，距离为 r，方位角为 φ，则声程差

$$\begin{cases} d_1=r_1-r\approx-l\cos\varphi\left(1-\dfrac{\sin^2\varphi}{2\cos\varphi}\cdot\dfrac{l}{r}\right) \\ d_2=r_2-r\approx-l\cos\varphi\left(1+\dfrac{\sin^2\varphi}{2\cos\varphi}\cdot\dfrac{l}{r}\right) \end{cases} \tag{12-28}$$

二式分别相加、相减，得

$$d_2-d_1=2l\cos\varphi$$

$$d_2+d_1=\frac{l^2\sin^2\varphi}{r}$$

由此可得定向、定距公式

$$\begin{cases} \cos\varphi=\dfrac{d_2-d_1}{2l} \\ r=\dfrac{l^2\sin^2\varphi}{d_2+d_1} \end{cases} \tag{12-29}$$

其定向、定距的均方误差为

$$\begin{cases} \sigma_{\varphi}=\dfrac{\sqrt{2}}{2l\left|\sin\varphi\right|}\sigma_d \\ \sigma_r=\dfrac{\sqrt{2}}{\sin^2\varphi}\cdot\left(\dfrac{r}{l}\right)^2\sigma_d \end{cases} \tag{12-30}$$

由此可见，定向精度与距离无关，而定距精度与距离有关，其误差与距离平方成正比。两者都与目标方位角有关，当目标位于 y 轴附近时，其定向和定距精度远高于目标位于 x 轴附近时。

三、多阵元线阵

为了提高定向、定距精度，增加阵元数量是个有效的方法。最常用的是 $2n+1$ 元等距线阵。取线阵沿 x 轴布设，中间的传声器 M_0 位于原点（0，0），则 x 轴正方向第 k 个传声器 M_k 的坐标为 $(kl, 0)$，到目标的距离为 r_k；x 轴负方向第 k 个传声器 M'_k 的坐标为 $(-kl, 0)$，到目标的距离为 r'_k。传声器 M_k 与 M_{k-1} 的声程差为

$$d_k=r_k-r_{k-1}\approx-l\cos\varphi\left[1-\frac{(2k-1)\sin^2\varphi}{2\cos\varphi}\cdot\frac{l}{r}\right] \tag{12-31}$$

传声器 M'_k 与 M'_{k-1} 的声程差为

$$d'_k=r'_k-r'_{k-1}\approx l\cos\varphi\left[1+\frac{(2k-1)\sin^2\varphi}{2\cos\varphi}\cdot\frac{l}{r}\right] \tag{12-32}$$

二式分别相加、相减，得

$$d'_k - d_k = 2l\cos\varphi$$

$$d'_k + d_k = (2k-1)\frac{l^2\sin^2\varphi}{r}$$

由此可得定向、定距公式

$$\begin{cases} \cos\varphi_k = \dfrac{d'_k - d_k}{2l} \\ r_k = (2k-1)\dfrac{l^2\sin^2\varphi}{d'_k + d_k} \end{cases} \tag{12-33}$$

对于 $k=1$，2，…，n，其定向误差相同，而定距误差不同。为此，对 n 个定向结果 $\cos\varphi_k$ 进行算术平均，有

$$\cos\varphi = \frac{\sum_{k=1}^{n}(d'_k - d_k)}{2nl} \tag{12-34}$$

此时，其定向的均方误差为

$$\sigma_\varphi = \frac{1}{\sqrt{2n}l|\sin\varphi|}\sigma_d \tag{12-35}$$

为了得到距离的最佳估计，应对 n 个定距结果 r_k 进行方差倒数加权平均，而 r_k 的估计均方差为

$$\sigma_k = \frac{\sqrt{2}}{(2k-1)\sin^2\varphi}\left(\frac{r}{l}\right)^2\sigma_d \tag{12-36}$$

由于

$$\sum_{k=1}^{n}(2k-1)^2 = \frac{1}{3}n(4n^2-1)$$

得定距公式

$$r = l^2\sin^2\varphi\frac{\sum_{k=1}^{n}\dfrac{(2k-1)^2}{d'_k + d_k}}{\sum_{k=1}^{n}(2k-1)^2} = \frac{3l^2\sin^2\varphi}{n(4n^2-1)}\frac{(2k-1)^3}{\sum_{k=1}^{n}d'_k + d_k} \tag{12-37}$$

其定距的均方误差为

$$\sigma_r = \frac{\sqrt{6}}{\sqrt{n(4n^2-1)}\sin^2\varphi}\left(\frac{r}{l}\right)^2\sigma_d \tag{12-38}$$

由此可见，增加阵元数量是提高定距精度的有效方法。在给定阵元数和总孔径的条件下，优化各阵元的间距，可进一步提高定距精度。

12.4.2　平面四元方阵定位算法

一、基本算法

设 4 个传声器（M_1、M_2、M_3、M_4）构成边长为 l 的平面方阵，分别对称分布在 xOy 平

面的 4 个象限，如图 12－7 所示。目标位于 $S(x, y, z)$，方位角为 φ，仰角为 θ，且 $OS=r$，$SM_1=r_1$，$M_2M_1=d_{21}$，$M_3M_1=d_{31}$，$M_4M_1=d_{41}$，则有

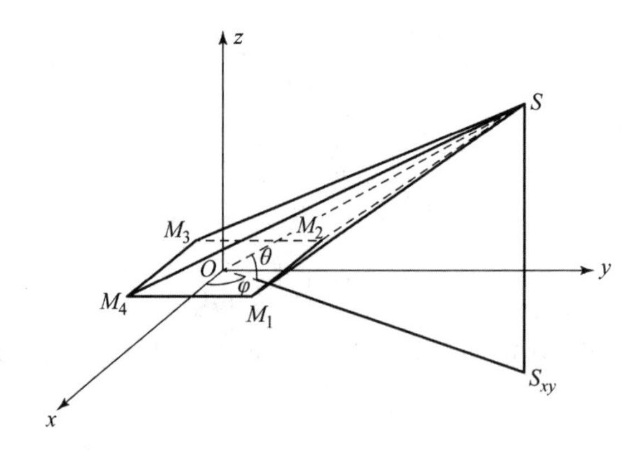

图 12－7　空间定位原理图

$$\begin{cases} x^2+y^2+z^2=r^2 & ① \\ (x-l/2)2+(y-l/2)2+z^2=r_1^2 & ② \\ (x+l/2)2+(y-l/2)2+z^2=r_2^2=(r_1+d_{21})2 & ③ \\ (x+l/2)2+(y+l/2)2+z^2=r_3^2=(r_1+d_{31})2 & ④ \\ (x-l/2)2+(y+l/2)2+z^2=r_4^2=(r_1+d_{41})2 & ⑤ \end{cases} \tag{12-39}$$

这是一个未知数为 x、y、z、r、r_1 的五元二次方程，求解该方程就可求得目标的位置 $S(x, y, z)$。将方程组（12－39）中式③、④、⑤分别与式②相减，并解线性方程组，得到

$$\begin{cases} r_1=-\dfrac{d_{21}^2-d_{31}^2+d_{41}^2}{2(d_{21}-d_{31}+d_{41})} \\ x=\dfrac{2d_{21}r_1+d_{21}^2}{2l} \\ y=\dfrac{2d_{41}r_1+d_{41}^2}{2l} \end{cases} \tag{12-40}$$

为了实用，可在不影响精度的前提下对方程组（12－40）进行简化。由于 $r \gg l$，$r_1 \approx r$，所以近似有

$$\begin{cases} r=-\dfrac{d_{21}^2-d_{31}^2+d_{41}^2}{2(d_{21}-d_{31}+d_{41})} & ① \\ \tan\varphi=\dfrac{y}{x}=\dfrac{d_{41}}{d_{21}} & ② \\ \cos\theta=\dfrac{\sqrt{d_{21}^2+d_{41}^2}}{l} & ③ \end{cases} \tag{12-41}$$

二、精度分析

方程组（12－41）中的式②、式③分别对 d_{21}、d_{41} 求偏导，有

$$\begin{cases}\dfrac{\partial\varphi}{\partial d_{21}}=-\dfrac{d_{41}}{d_{21}^2+d_{41}^2}\\ \dfrac{\partial\varphi}{\partial d_{41}}=\dfrac{d_{21}}{d_{21}^2+d_{41}^2}\\ \dfrac{\partial\theta}{\partial d_{21}}=-\dfrac{1}{\sqrt{l^2-d_{21}^2-d_{41}^2}}\cdot\dfrac{d_{21}}{\sqrt{d_{21}^2+d_{41}^2}}\\ \dfrac{\partial\theta}{\partial d_{41}}=-\dfrac{1}{\sqrt{l^2-d_{21}^2-d_{41}^2}}\cdot\dfrac{d_{41}}{\sqrt{d_{21}^2+d_{41}^2}}\end{cases}$$

并考虑声程差

$$\begin{cases}d_{21}=r_2-r_1\approx l\cos\theta\cos\varphi\left(1+\dfrac{1}{2}\cos\theta\sin\varphi\cdot\dfrac{l}{r}\right)\\ d_{41}=r_4-r_1\approx l\cos\theta\sin\varphi\left(1+\dfrac{1}{2}\cos\theta\sin\varphi\cdot\dfrac{l}{r}\right)\end{cases}\tag{12-42}$$

根据误差合成理论，方位角 φ 和仰角 θ 的定向均方误差分别为

$$\begin{cases}\sigma_\varphi=\dfrac{1}{l\cos\theta}\sigma_d\\ \sigma_\theta=\dfrac{1}{l\sin\theta}\sigma_d\end{cases}\tag{12-43}$$

其中，σ_d 为声程差 d_{21}、d_{41} 的均方误差。因此，空间定向的角度均方误差为

$$\sigma_a=\frac{\sqrt{1+\sin^2\theta}}{l\sin\theta}\sigma_d\tag{12-44}$$

将方程组（12-41）中式①分别对 d_{21}、d_{31}、d_{41} 求偏导，有

$$\begin{cases}\dfrac{\partial r}{\partial d_{21}}=\dfrac{d_{41}(d_{41}-d_{31})}{(d_{21}+d_{41}-d_{31})^2}-\dfrac{1}{2}\\ \dfrac{\partial r}{\partial d_{31}}=\dfrac{d_{21}d_{41}}{(d_{21}+d_{41}-d_{31})^2}-\dfrac{1}{2}\\ \dfrac{\partial r}{\partial d_{41}}=\dfrac{d_{21}(d_{21}-d_{31})}{(d_{21}+d_{41}-d_{31})^2}-\dfrac{1}{2}\end{cases}$$

并考虑声程差

$$d_{31}=r_3-r_1\approx l\cos\theta(\cos\varphi+\sin\varphi)$$

可得距离 r 估计的均方误差

$$\sigma_r=\frac{2\sqrt{3}}{\cos^2|\sin2\varphi|}\left(\frac{r}{l}\right)^2\sigma_d\tag{12-45}$$

三、算法的改进

虽然平面四元方阵只有 3 个独立时延，但可估计的时延共有 6 个。对于定位计算来说，另外 3 个为非独立的冗余时延。充分利用 d_{21}、d_{34}、d_{41}、d_{32}、d_{31} 和 d_{42} 这 6 个时延，可提高定向和定距的精度。

在方程组（12-41）的定向公式②、③中，d_{32}、$\dfrac{d_{31}+d_{42}}{2}$ 与 d_{41} 是等价的，同样 d_{34}、

$\frac{d_{31}-d_{42}}{2}$与d_{21}是等价的，因此，令

$$\begin{cases} d_y = \frac{1}{4}(d_{41}+d_{32}+d_{31}+d_{42}) \\ d_x = \frac{1}{4}(d_{21}+d_{34}+d_{31}-d_{42}) \end{cases} \tag{12-46}$$

可得方位角φ

$$\varphi = \arctan \frac{d_y}{d_x} \tag{12-47}$$

仰角θ

$$\theta = \arccos \frac{\sqrt{d_x^2+d_y^2}}{l} \tag{12-48}$$

根据方程组（12-41）的式①，同理可由d_{21}、d_{42}、d_{32}求得r_2，由d_{34}、d_{31}、d_{32}求得r_3，由d_{34}、d_{31}、d_{32}求得r_4。由于它们都是距离r的近似，且有对称关系，取其平均，并作技术处理，有

$$r = \frac{d_x \cdot d_y}{2[(d_{41}-d_{32})+(d_{21}-d_{34})]} \tag{12-49}$$

虽然式（12-47）~式（12-49）不是精确公式，但其引起的系统误差要比方程组（12-41）小得多，完全可以忽略。

式（12-47）、式（12-48）的方位角φ、仰角θ的定向均方误差和空间定向的角度均方误差分别为

$$\begin{cases} \sigma_\varphi = \frac{1}{2l\cos\theta}\sigma_d \\ \sigma_\theta = \frac{1}{2l\sin\theta}\sigma_d \\ \sigma_a = \frac{\sqrt{1+\sin^2\theta}}{2l\sin\theta}\sigma_d \end{cases} \tag{12-50}$$

同平面三元阵相比随机误差降到原来的一半。一般气象和干扰条件下，定向精度能满足技战术指标要求，但式（12-49）的定距随机误差为

$$\sigma_r = \frac{\sqrt{3}}{\cos^2\theta\,|\sin 2\varphi|}\left(\frac{r}{l}\right)^2\sigma_d \tag{12-51}$$

同式（12-41）相比，式（12-51）引起的定距随机误差要小，并且通过卡尔曼滤波等后置数值处理方法还可提高定距精度，但也难以满足技战术要求。

12.4.3 圆阵定位算法

$n+1$元圆阵由半径为a的圆周上均匀分布的n个传声器$M_i(i=0, 1, \cdots, n-1)$和圆心O上的传声器M组成。目标位于$S(x, y, z)$，方位角φ，仰角为θ，且$OS=r$，$SM=r_i$，声程差为

$$d_i = r_i - r \approx a\cos\theta\cos(\varphi-\varphi_i) \tag{12-52}$$

根据余弦定理，有

$$r_i^2 = (r + d_i)^2 = r^2 + a - 2a\cos\theta\cos(\varphi - \varphi_i) \tag{12-53}$$

其中，$\varphi_i = \frac{2\pi}{n}i(i=0, 1, \cdots, n-1)$。

展开后，有

$$2d_i r + d_i^2 = a^2 - 2ar\cos\theta\cos(\varphi - \varphi_i)$$

对 n 个传声器的结果相加，有

$$2r\sum_{i=0}^{n-1} d_i + \sum_{i=0}^{n-1} d_i^2 = na^2$$

由此可得定距公式

$$r = \frac{na^2 - \sum_{i=0}^{n-1} d_i^2}{2\sum_{i=0}^{n-1} d_i} \tag{12-54}$$

而

$$\sum_{i=0}^{n-1} d_i \approx 0$$

$$\sum_{i=0}^{n-1} d_i^2 \approx \frac{n}{2}$$

式（12－54）对 d_i 求偏导，有

$$\begin{aligned}\frac{\partial r}{\partial d_i} &= \frac{-2d_i(2\sum d_i) - 2(na^2 - \sum d_i^2)}{(2\sum d_i)^2} \\ &= \frac{r^2}{(na^2 - \sum d_i^2)^2}[-2d_i(2\sum d_i) - 2(na^2 - \sum d_i^2)] \\ &\approx \frac{2r^2}{na^2\left(1 - \frac{1}{2}\cos^2\theta\right)}\end{aligned}$$

由此可得

$$\sigma_r = \frac{2}{\sqrt{n}\left(1 - \frac{1}{2}\cos^2\theta\right)}\left(\frac{r}{a}\right)^2\sigma_d \tag{12-55}$$

圆阵的定距误差与方位角无关，五元圆阵的精度优于四元方阵，但阵元不多、口径不大的圆阵，也难以满足定距的精度要求。

采用空间阵列，可以对全空域进行定位，小仰角时，仰角的估计精度比平面阵高得多，有的阵型计算也较简单。

12.4.4 双子阵定位原理

双子阵定位是利用两个子阵各自算出目标的方位（θ_1，φ_1）、（θ_2，φ_2）。若两条射线 L_1、L_0 在空间相交，则交点（x，y，z）为目标的位置；更一般的情况是求出两射线的公垂线，则公垂线的中心 $T(x, y, z)$ 即为所求的目标位置。

取两子阵的连线为 x 轴且方向一致，子阵 1 中心在原点，子阵 2 中心在点（B，0，0），则 L_1、L_2 的方向余弦分别为

$$l_1=\cos\theta_1\cos\varphi_1,\ m_1=\cos\theta_1\cos\varphi_1,\ n_1=\sin\theta_1$$

$$l_2=\cos\theta_2\cos\varphi_2,\ m_2=\cos\theta_2\cos\varphi_2,\ n_2=\sin\theta_2$$

射线 L_1、L_2 的参数方程分别为

$$\begin{cases}x=l_1t_1\\y=m_1t_1\\z=n_1t_1\end{cases}\quad 和 \quad\begin{cases}x=l_2t_2+B\\y=m_2t_2\\z=n_2t_2\end{cases}\tag{12-56}$$

式中，t_1、t_2 为参数。

则公垂线长度 d 满足

$$d^2=(l_1t_1-l_2t_2-B)^2+(m_1t_1-m_2t_2)^2+(n_1t_1-n_2t_2)^2$$

分别对 t_1、t_2 求偏导，有

$$\begin{aligned}\frac{\partial d^2}{\partial t_1}&=2[(l_1^2+m_1^2+n_1^2)t_1-(l_1l_2+m_1m_2+n_1n_2)t_2-l_1B]\\&=2[t_1-(l_1l_2+m_1m_2+n_1n_2)t_2-l_1B]\\\frac{\partial d^2}{\partial t_2}&=2[-(l_1l_2+m_1m_2+n_1n_2)t_1+(l_1^2+m_1^2+n_1^2)t_2+l_2B]\\&=2[-(l_1l_2+m_1m_2+n_1n_2)t_1+t_2+l_2B]\end{aligned}$$

为了使 d 最小，则有

$$\frac{\partial d^2}{\partial t_1}=0\quad 且\quad \frac{\partial d^2}{\partial t_2}=0$$

又因为两射线夹角余弦为

$$\cos a=l_1l_2+m_1m_2+n_1n_2$$

所以，

$$\begin{cases}t_1-t_2\cos a=l_1B\\-t_1\cos a+t_2=l_2B\end{cases}$$

解上述方程组可得

$$t_1=\frac{l_1-l_2\cos a}{\sin^2 a}B\tag{12-57}$$

$$t_2=\frac{l_1\cos a-l_2}{\sin^2 a}B\tag{12-58}$$

上述 t_1、t_2 也就是各自阵心到公垂线的距离。于是可得声源的坐标（x，y，z）

$$\begin{cases}x=\dfrac{1}{2}(l_1t_1+l_2t_2+B)\\y=\dfrac{1}{2}(m_1t_1+m_2t_2)\\z=\dfrac{1}{2}(n_1t_1+n_2t_2)\end{cases}\tag{12-59}$$

目标距离 r 为

$$r = \sqrt{x^2 + y^2 + x^2}$$
$$\approx \frac{B}{2} \cdot \frac{\sqrt{(l_1^2 - l_2^2)^2 + (l_1 m_1 - l_2 m_2)^2 + (l_1 n_1 - l_2 n_2)^2}}{\sin^2 a} \quad (12-60)$$

12.5 声探测器

12.5.1 声波激发方式

声波激发的方式主要有以下几种。

1. 爆炸

用炸药或雷管作为震源（小药量）。其特点：①频率较低，为10～100 Hz；②能量较大，作用距离较远，达数十米；③分辨能力较差；④单次激发。

2. 锤击

使用8～10 kg的铁锤，人工锤击岩体。其特点：①频率为100～1 000 Hz；②作用距离几米到数十米；③分辨能力较爆炸震源强；④单次激发。

3. 电火花源

在空气或水中进行高压放电，使局部升温膨胀，产生振动，可用于岩面或钻孔。其特点：①频率较高，为1～300 kHz；②瞬间放电功率达1 000 kW以上，形成冲击波，传播距离达几十米；③分辨能力较强；④单次激发。

4. 电声换能器

某些晶体在一定方向上受到电压作用时可产生变形；反之，受力变形时，又产生电压，这种晶体叫压电晶体。利用压电晶体可以实现电－声之间的能量转换，将声波仪发射机产生的脉冲电压加到压电晶体上，晶体便产生变形而振动，成为振源。目前在声波探测仪器中常用的压电晶体为锆钛酸铅，又称压电陶瓷。

压电晶体不仅可以作为振源发出声波，还可以作为探测器接收声波。它接收声波以后，转换成相应的电压，经过声波仪接收机加以放大并显示出波形，可以测量声波在介质中的传播时间，计算波速。由压电晶体组成的声波测量元件叫电声换能器，包括作为振源的发射换能器和作为探测器的接收换能器。

12.5.2 声波换能器

目前常用的声波换能器有以下几种。

1. 喇叭式换能器

喇叭式换能器又叫夹心式换能器，其结构如图12－8所示。其由圆片形压电晶体叠合在一起，在每一个晶片的上、下两极间加一脉冲电压，利用圆片晶体厚度方向上的变形产生振动。其特点是单向振动辐射，指向性好，承受功率大，机械强度高，可用于岩体对穿测量或平面测量，既可用于发射，也可用于接收。

2. 单片弯曲式换能器

单片弯曲式换能器的结构如图12－9所示。其将圆片形晶片用环氧树脂粘于底壳，晶片上、下加交变电压时，一方面厚度方向上发生胀缩变形，另一方面径向上发生伸缩变形。因下面受底壳限制，上面为自由面，变形量大，因而产生弯曲变形，带动底壳一起振动。这种换能器用于低频声波测量时，其特点是体积较小轻便、灵敏度较高，但强度差，不能承受大功率，因而一般仅用作平面声波测量的接收换能器。

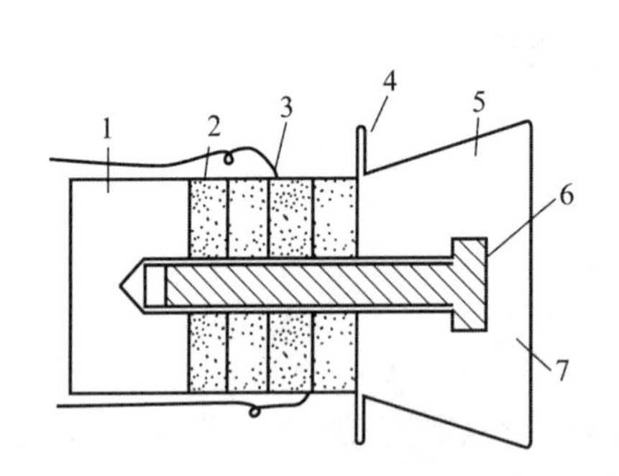

图 12-8　喇叭式换能器结构图

1—后板；2—压电陶瓷；3—电极片；
4—法兰盘；5—前盖板；6—螺栓；7—盖

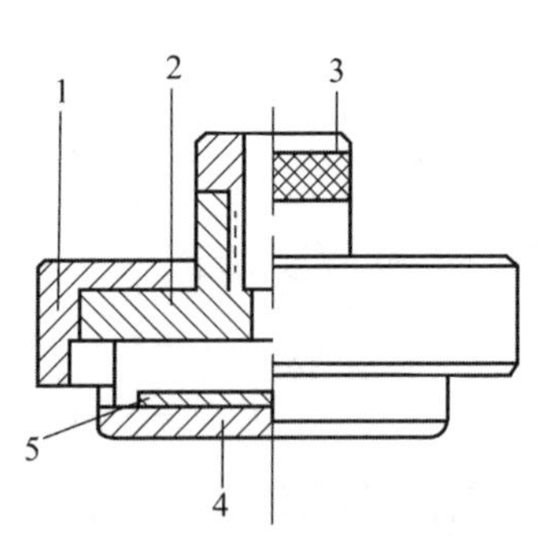

图 12-9　单片弯曲式换能器结构图

1—锁环；2—上整；3—压紧螺栓；
4—底壳；5—压电陶瓷

3. 增压式换能器

增压式换能器结构如图 12-10 所示。其将多个圆片形晶片平行等间隔排列并垂直于增压管内壁粘牢。各晶片的电极并联连接，晶片两边加交变电压时晶片厚度方向胀缩的同时，径向发生伸缩变形。增压管是由两个半圆管对接而成的，中间留有缝隙，当晶片径向伸缩变形时，就带动增压管发生径向振动。它比单片时的发射、接收效率高若干倍。这种换能器的特点是轻便，低频换能器的体积也不大，频带较宽，常用于双孔孔间透视。因增压管有缝隙，辐射不均匀，在缝隙方向上接收到的声波幅度偏低，故不宜作声幅测量用。

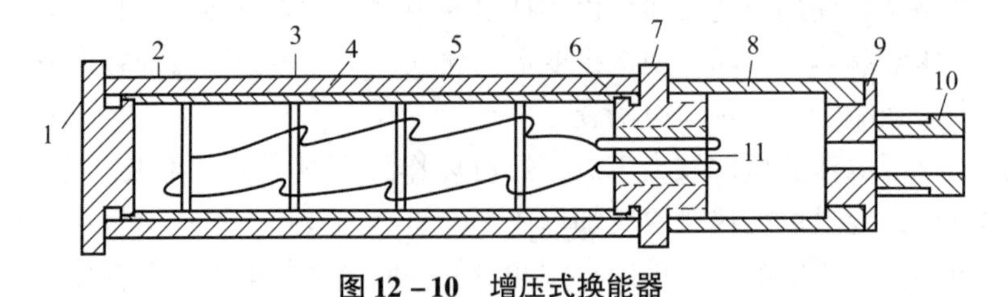

图 12-10　增压式换能器

1—前法兰盘；2—玻璃钢；3—增压管；4—压电陶瓷；5—电极引线；6—接线柱；
7—后法兰盘；8—连接套筒；9—连接件；10—螺栓；11—接电缆

4. 测井换能器

所谓测井换能器，实际上也是一种圆柱状换能器，由圆管状压电晶体制成。图 12-11 为单孔声波测量的换能器结构图，一般均采用一个发射换能器，两个接收换能器，称为一发双收换能器。右端的晶体构成发射换能器，左端的两个晶体构成两个接收换能器 R_1 和 R_2，3 个晶体用传声速度较慢的隔声管连接起来。这种换能器适用于在单个钻孔中测量孔壁的声波速度，以了解孔壁岩石结构状态。测量时，由发射换能器 T 发出的声波进入孔壁岩石，其中的滑行波沿孔壁滑行先后到达接收换能器 R_1 和 R_2 被接收下来，通过仪器可以测量滑行波从 T 到达 R_1 和 R_2 的传播时间 t_1 和 t_2，根据 R_1 和 R_2 间的距离和时间差，可求出声波在 R_1 和 R_2 间孔壁岩体中的传播速度。

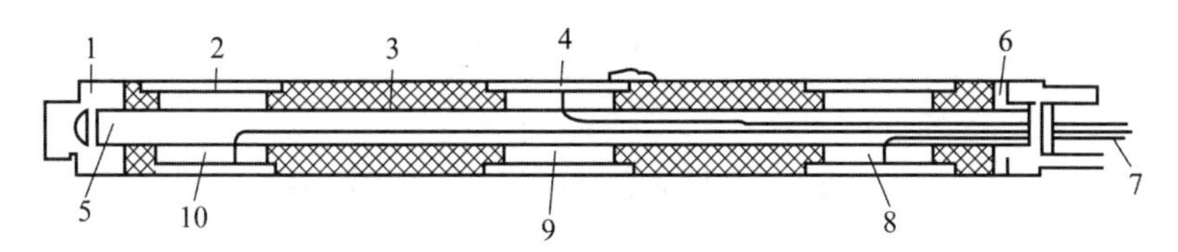

图 12－11　测井换能器结构图

1—前法兰盘；2—陶瓷环；3—隔声环；4—玻璃钢密封层；5—中心杆；6—后法兰盘；
7—电缆引线；8—发射振子；9—接收振子 R_1；10—接收振子 R_2

用于孔深 100 m 以上的测井换能器的结构与单孔换能器结构相似，但由于 100 m 以上测井孔深、孔径都较大，所以换能器外径及长度尺寸均较单孔换能器大。另外，由于换能器到仪器的传输电缆加长了，为了避免发射与接收信号的衰减，发射电路和接收前置放大电路均装置在换能器上，同时还需加强换能器的密封性能。

5. 试件测试换能器

用于室内试件测试的换能器多为小型的超声波换能器。分承压式和非承压式两种，前者将换能器装在一个扇圆形的钢制模盆内，能承受较大压力，可放在压力机加压板与试件之间，在加载的同时进行声波测量，以研究声学参数与应力的关系，其结构如图 12－12 所示。

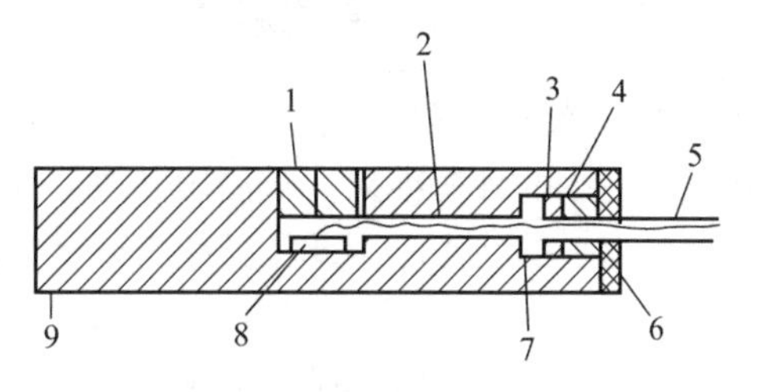

图 12－12　承压式试件换能器结构图

1—保护螺栓；2—电缆芯线；3—金属垫片；
4—橡胶垫片；5—电缆；6—压紧螺栓；
7—电缆屏蔽层；8—晶片；9—底壳

非承压式试件换能器底壳底部做得较薄，成为一个振动膜，将圆片形晶片用环氧树脂导电胶牢牢粘在底壳振动膜上。当在晶片上加上信号电压后，晶片变形，带动振动膜产生弯曲振动。

承压式和非承压式试件换能器又都分为纵、横波换能器，而且都有不同的谐振频率可供选用。一般频率较高者，分辨力较好，但穿透能力小，适用于尺寸较小的试件；频率较低者，分辨力低些，但穿透能力大，适用于尺寸较大的试件。

12.5.3　岩体声波探测仪

声波探测仪主要由发射系统和接收系统两部分组成，如图 12－13 所示。发射系统包括发射机和发射换能器，接收系统由接收机、接收换能器和用于数据采集处理用的微机组成。其工作原理是由一声源信号发生器（发射机）向压电材料制成的发射换能器发射一电脉冲，激励晶片振动，产生声波向岩石发射，作为声波探测的声源。声波在岩石中传播，经由接收换能器接收，把声能转换成微弱的电信号送至接收机，经放大后由示波管在屏幕上显示出波形图（也可以通过微机控制进行离散数据采集），从而可通过直接读数，测出声波的初至时间 t，再根据已知的探测距离 L，便可计算出声波的速度，即

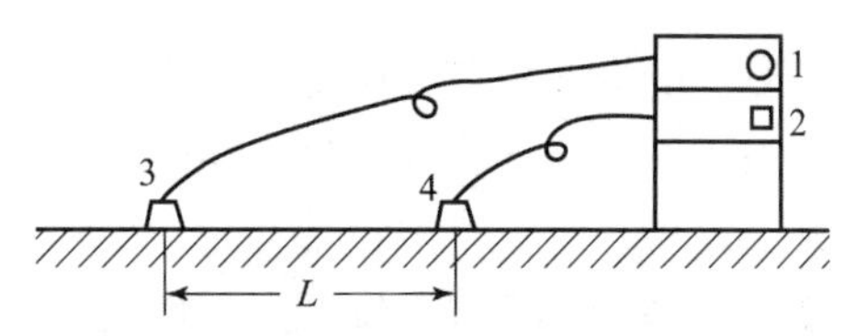

图 12－13　声波探测系统简图

1—接收机；2—发射机；3—接收换能器；4—发射换能器

$$v = \frac{L}{t} \tag{12-61}$$

12.6 声探测数据后置处理

由于基线短、背景噪声干扰以及信号的复杂性，而且在实际应用中算法可能出现不稳定，因此得到的时延估计值不可能完全准确，预测方向和攻击时间会产生较大的误差，以致难以满足精度要求。除了对时延估计算法进行研究外，后置智能化处理是提高测量精度的有效途径，它利用目标运动的变化规律，将多次测量结果相关联进行跟踪，可以有效地提高精度。后置处理的最典型方法是卡尔曼滤波，它是一种简单递推算法的滤波器，可方便地在计算机上加以实现并满足实时性要求。

12.6.1 卡尔曼滤波器

卡尔曼滤波器是理想的最小平方递归估计器，利用的是递推算法，即后一次的估计计算利用前一次的计算结果。与使用其他估计算法的滤波器相比较，卡尔曼滤波器具有算法简单及存储量小的优点，因此广泛用于近代数据处理系统中。卡尔曼滤波的原理如图 12-14 所示，其状态变量方程及其测量方程如式（12-62）和式（12-63）所示。

$$x(t) = A(t-1)x(t-1) + B(t-1)u(t-1) + W(t-1)\omega(t-1) \tag{12-62}$$

$$y(t) = c(t)x(t) + v(t) \tag{12-63}$$

其中，$A(t-1)$，$B(t-1)$，$W(t-1)$，$c(t)$ 分别是实数矩阵；$\omega(t)$ 和 $v(t)$ 是随机向量。

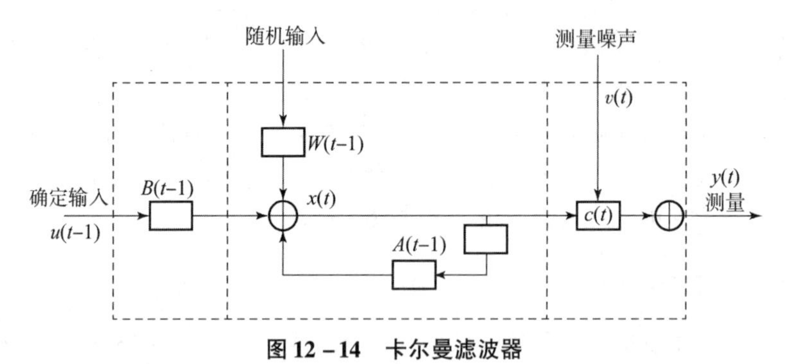

图 12-14 卡尔曼滤波器

12.6.2 数学模型

目标的数学模型是机动目标跟踪的基本要素之一，也是一个关键而棘手的问题，模型的准确与否直接影响跟踪效果。在建立模型时，既要使所建立的模型符合实际，又要便于数学处理。这种数学模型应将某一时刻的状态变量表示为前一时刻状态变量的函数，所定义的状态变量应是全面反映系统动态特性的一组维数最少的变量。

在被动声定位中，确定目标的变量可以采用直角坐标系的（x，y，z），也可以采用球坐标系的（r，θ，φ）。由于定距精度远低于定角精度，所以在直角坐标系中 x、y、z 间存在着很大的相关性和耦合，直接求解不仅维数较高，而且关系复杂，难以求解；若强行解耦，则它们间的相关性和耦合会被忽略，虽然维数和复杂性都降低了，但模型精度也降低了，必然导致滤波效果的降低甚至发散。当采用球坐标时，r、θ、φ 间的相关性就很小，可以独立进行卡尔曼滤波。

机动目标运动的数学模型主要有 CV（常速度模型）和 CA（常加速度模型）。当目标以直线或大曲率半径飞行时，除了近处外，r、θ、φ 的变化率较为匀速，因此采用 CV 模型是一个合理的选择。

假设被跟踪测量值为 x，它的变化是匀速的，变化速度为 x'，x'的波动用随机速度扰动 V_x 表示，则 CV 运动方程为

$$\begin{bmatrix} \dfrac{x_{k+1}}{x'_{k+1}} \end{bmatrix} = \begin{bmatrix} \dfrac{1 \quad T}{0 \quad 1} \end{bmatrix} \begin{bmatrix} \dfrac{x_k}{x'_k} \end{bmatrix} + \begin{bmatrix} \dfrac{0}{V_x(k)} \end{bmatrix} \tag{12-64}$$

测量方程为

$$z_{k+1} = [10] \begin{bmatrix} \dfrac{x_{k+1}}{x'_{k+1}} \end{bmatrix} + S_x(k+1) \tag{12-65}$$

式中，T 为探测时间间隔；S_x 为测量误差。

运动方程和测量方程也可简写成向量形式：

$$X(k+1) = AK(k) + V(k) \tag{12-66}$$

$$Z(k+1) = HK(k+1) + S(k+1) \tag{12-67}$$

12.6.3　递推算法

假设系统的随机速度扰动和测量噪声相互独立，并且都为零均值、协方差分别为 $Q(k)$ 和 $N(k)$ 的高斯随机噪声。对应于模型表达式的卡尔曼滤波器递推过程如下。

（1）一步预测值：

$$X(k+1 \mid k) = AK(k) \tag{12-68}$$

（2）一步预测误差协方差：

$$P(k+1 \mid k) = AP(k)A^{\mathrm{T}} + Q(k) \tag{12-69}$$

（3）最佳增益矩阵：

$$K(k+1) = P(k+1 \mid k)H^{\mathrm{T}}[HP(k+1 \mid k)H^{\mathrm{T}} + N(k)]^{-1} \tag{12-70}$$

（4）滤波估计：

$$X(k+1) = X(k+1 \mid k) + K(k+1)[Z(k+1) - HX(k+1 \mid k)] \tag{12-71}$$

（5）滤波误差协方差：

$$P(k+1) = [1 - K(k+1)H]P(k+1 \mid k) \tag{12-72}$$

对于式（12-66）、式（12-67）给出的运动方程，启动条件为

$$X(0) = \begin{bmatrix} x_0 \\ \dfrac{x_0 - x_{-1}}{T} \end{bmatrix} \tag{12-73}$$

$$P(0) = \begin{bmatrix} \sigma_x^2 & \dfrac{\sigma_x^2}{T} \\ \dfrac{\sigma_x^2}{T} & \dfrac{\sigma_x^2}{T^2} \end{bmatrix} \tag{12-74}$$

式中，σ_x^2 为 x 的测量方差。

当目标位于近处时，r、θ、φ 不满足 CV 模型，同时 r、θ、φ 的测量精度也不断提高。为了也能适用该递推公式，当目标仰角大于某一特定值，目标接近时，逐步乘以大于 1 的系数放大模型误差 V_x，目标远离时再缩小；同时，随着测量精度的提高和降低，乘以系数，缩小或放大测量方差 S，也能达到很好的滤波效果。

第 13 章

地震动探测原理

在陆、海、空、天四维空间侦察中，地面侦察是不可缺少的。因为地面侦察在复杂的地形地物条件下，甚至在严密伪装的情况下仍能充分发挥其作用，而这正是光学侦察、无线电侦察和雷达侦察等现代侦察技术的盲区。人员、装备等在地面上运动时，必然会发出声响、引起地面震动或使红外辐射发生变化，携带武器的人员或装备还会引起电场、磁场的变化，地面传感器可通过探测这些物理量的变化来发现目标，并可采用一定的技术识别目标。本章将针对地震动探测与识别技术展开讨论。

13.1　地震波传播理论

在地球半空间介质中，震源处的振动（扰动）引起介质质点在其平衡位置附近运动并以地震波的形式向远处传播。按照介质质点运动的特点和波的传播规律，地震波可分为两大类，即体波和面波。体波又分为纵波（P 波）和横波（S 波）两种。纵波是体积形变，它的传播方向与质点振动方向一致；横波是剪切形变，它的传播方向与质点振动方向垂直。纵波和横波在地球介质内独立传播，波前面为半球形面，遇到界面时会发生反射和透射。面波是体波在一定的条件下形成相互干涉并叠加产生的频率较低、能量较强的次生波，主要沿着介质的分界面传播，其能量随着深度的增加呈指数函数急剧衰减，因而称之为面波。面波有瑞利面波和乐夫面波两种类型。瑞利面波沿自由表面传播时，介质质点的合成运动轨迹呈逆进椭圆，波速比横波略小。乐夫面波只有当表层介质的横波传播速度小于下层介质的横波传播速度时才能传播，介质质点的运动方向垂直于波的传播方向且平行于界面。乐夫面波与横波速度相差不大，通常很难从地震波记录上看出。

从上述各类波在地球介质中的传播速度来看，在离震源较远的观测点处应接收到一地震波列，先后到达的是 P 波、S 波、乐夫面波和瑞利面波，如图 13－1 所示。

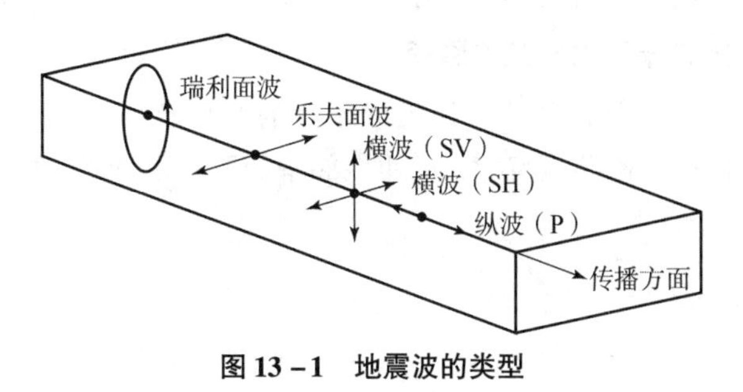

图 13－1　地震波的类型

在地震勘探、工程物探中，常选用纵波、横波或瑞利面波作为有效波。这3种地震弹性波中，纵波传播速度最快，频率较高；横波速度较低，能量较弱，以致来自同一界面的横波总是比纵波到达得晚，并以连续波的形式出现，但它的分辨率较高；沿自由表面传播的瑞利波频率较低，能量最强。这3种波的传播速度、频率之间的关系如图13-2所示。

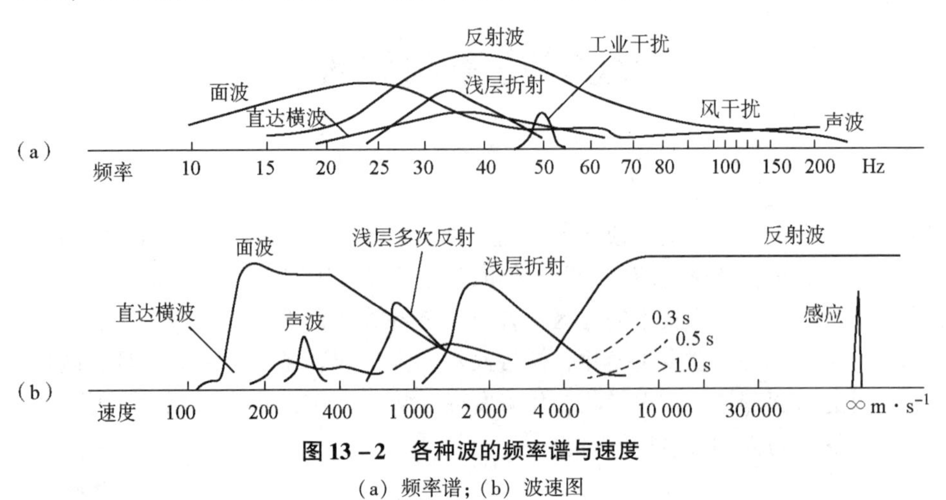

图13-2　各种波的频率谱与速度

(a) 频率谱；(b) 波速图

人工地震勘探是利用各种特性已知的震源在地球介质中的传播特性变化来研究地层地质构造问题，而我们所研究的地震目标探测问题是它的反问题，是在浅层地质地貌构造被认为已知的情况下，通过对人员、车辆等地面运动目标所产生的地震弹性波的研究来分析震源的特性，从而确定引起地震动的目标的性质，进而识别目标。因此从理论上讲，在地震目标探测研究中完全可以借鉴地震勘探中的技术和方法，既可以探测纵波、横波为分析对象，也可以探测瑞利面波为分析对象，或三者兼而有之。

13.2　地震动传感器

目前在人工地震勘探中应用的传感器主要有速度传感器和加速度传感器两种。最常用的是动圈磁电式速度传感器。另外，压电式加速度传感器、变容式微机电加速度传感器等新型传感器也可以应用。考虑到系统的实际使用要求，如传感器随弹丸抛撒后下落的姿态、系统成本及产品来源等，最常用的是以动圈磁电式速度传感器为系统的地震动传感器。动圈磁电式传感器是地震勘探中广泛使用的一种成熟传感器，其工作可靠、价格低廉，而且输出信号对后续电路要求不高，还可以简化系统电路设计。

一、磁电式速度传感器结构与工作原理

磁电式传感器是一种能把非电量（如机械能）的变化转换为感应电动势的传感器，又称为感应式传感器。根据电磁感应定律，ω 匝线圈中的感应电动势 e 取决于穿过线圈的磁通的变化率，即

$$e = -\omega \frac{\mathrm{d}\varphi}{\mathrm{d}t} \tag{13-1}$$

图13-3（a）和（b）是恒定磁阻磁电式传感器的结构原理图。

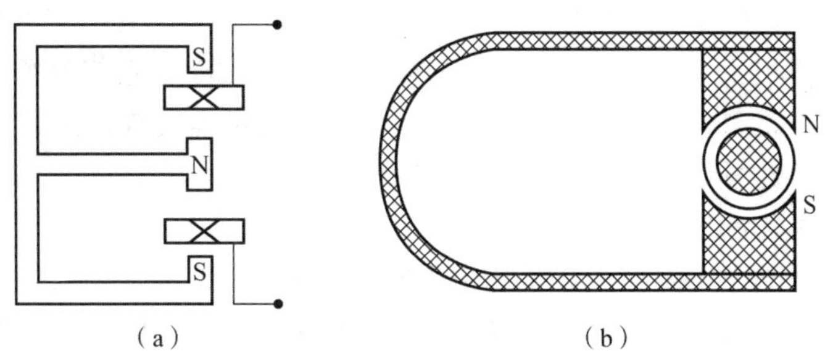

图 13－3　恒定磁阻磁电式传感器结构原理图

(a) 直线运动；(b) 旋转运动

图 13－3 (a) 为线圈作直线运动时的恒定磁阻磁电式传感器，它所产生的感应电动势 e 为

$$e=\omega_d B_d l_0 \frac{\mathrm{d}x}{\mathrm{d}t}\sin\theta=\omega_d B_d l_0 V\sin\theta \tag{13-2}$$

式中，B_d 为气隙磁场的磁感应强度，单位 T；l_0 为单匝线圈的有效长度，单位 m；ω_d 为工作气隙中线圈绕组的有效匝数；V 为线圈与磁场的相对运动速度，单位 m/s；θ 为线圈运动方向与磁场方向的夹角，单位 rad。

当 $\theta=90°$时，式 (13－2) 可写成

$$e=\omega_d B_d l_0 V \tag{13-3}$$

图 13－3 (b) 为线圈作旋转运动的恒定磁阻磁电式传感器。线圈在磁场中旋转时产生的感应电动势 e 为

$$e=\omega_d B_d A \frac{\mathrm{d}\theta}{\mathrm{d}t}\sin\theta=\omega_d B_d A\omega\sin\theta \tag{13-4}$$

式中，ω 表示角频率，$\omega=\frac{\mathrm{d}\theta}{\mathrm{d}t}$，单位 rad/s；$A$ 为单匝线圈的截面积，单位 m^2；θ 为线圈法线方向与磁场之间的夹角，单位 rad。

当 $\theta=90°$时，式 (13－4) 可写成

$$e=\omega_d B_d A\omega \tag{13-5}$$

由式 (13－2)、式 (13－4) 可见，当传感器结构一定时，B_d、A、ω_d、l_0 均为常数，因此感应电动势 e 与线圈对磁场的相对运动速度 $\mathrm{d}x/\mathrm{d}t$ (或 $\mathrm{d}\theta/\mathrm{d}t$) 成正比，所以这种传感器的基型是一种速度传感器，能直接测量出线速度或角速度。但由于速度与位移之间存在积分关系，与加速度之间存在微分关系，只要在感应电动势的测量电路中加上积分或微分环节，磁电式传感器就可以用来测量运动的位移或加速度。

图 13－3 中的两种磁电式传感器均属于恒定磁阻式结构。从图 13－3 可见，磁路系统的空气气隙不变，故气隙磁阻也固定不变。图 13－4 为二极式变磁通 (变磁阻) 磁电式传感器。它的线圈和永久磁铁均不动，当椭圆形铁芯作等速旋转时，空气气隙时而变小，时而变大，使磁路系统的磁阻产生周期性变化，引起磁通相应变化，达到产生感应电动势的目的。

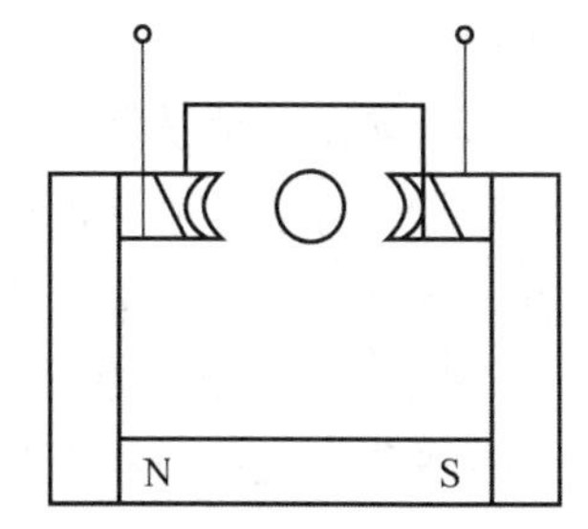

图 13－4　二极式变磁通磁电式传感器

恒定磁阻磁电式传感器的基本部件有两个：一是磁路系统，由它产生恒定的直流磁场，为了减小传感器的体积，一般都采用永久磁铁；另一个是线圈，它与磁场中的磁通链产生感应电势。如前所述，感应电动势 e 与线圈对磁场的相对运动速度成正比，故二者之间必存在相对运动。其运动部件可以是线圈，也可以是永久磁铁。前者称为动圈式，后者称为动铁式。它们共属于线圈磁铁活动型。

线圈磁铁活动型磁电式传感器具体结构可分成相对式和惯性式两大类。

图 13－5 为相对式磁电式速度传感器的结构原理图。传感器的钢制圆筒形外壳 1 和与其紧密配合的空心圆柱形高磁能磁钢 3 组成磁路。信号线圈 2 位于磁路的环形空隙中。线圈骨架由非导磁材料或非金属材料制成，为了减小骨架中产生的涡流，若采用金属骨架其上常开有纵向槽。线圈骨架与连杆 4 的一端相连，连杆穿过磁钢，另一端与测量杆 6 相连。连杆 4 的两端由一对拱形簧片 5 支撑和导向，保证线圈在运动时与气隙始终同心。测量杆 6 也由拱形簧片支撑，其一端伸出壳体外，感受被测振动。测量杆中装有限位块，以免被测振幅过大时损坏测量杆。测量时，传感器外壳由人拿住或固定在参考静止点上，测量杆压在被测振动对象上。若测量杆始终与被测振动对象保持接触，则线圈便与被测振动对象作相同的运动，由线圈切割磁力线所产生的感应电动势 e 为

$$e = -\omega_d B_d l_0 V \tag{13-6}$$

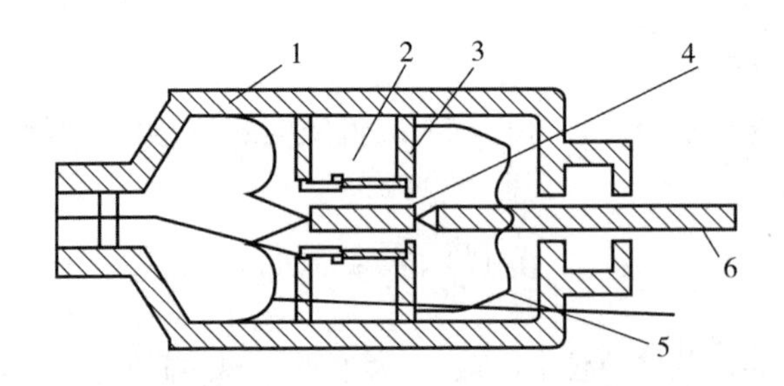

图 13－5　相对式磁电式速度传感器的结构原理图

1—外壳；2—线圈；3—磁钢；4—连杆；5—簧片；6—测量杆

对于确定结构，B_d、ω_d、l_0 均为常数，因此 e 与线圈对磁场的相对运动速度 V 成正比，传感器的灵敏度 K 为

$$K = \frac{e}{V} = \omega_d B_d l_0 \tag{13-7}$$

式中，K 的单位为 V·s/m。

二、磁电式惯性传感器的振动特性

根据惯性式测量原理构成的磁电式传感器是一种测量机械振动的拾振器。它可以直接安装在振动体上进行测量，而不需要一个静止的参考基准（如大地）。因此，在运动体（如飞机、车厢等）的振动测量中有其特殊地位。这里着重讨论这种磁电式传感器。

这种磁电式传感器由永久磁铁（磁钢）、线圈、弹簧、液体阻尼器和壳体等组成，如图 13－6 所示。

它是一个典型的二阶系统传感器。因此，可以用一个由集中质量 m、集中弹簧 k 和集中阻尼 c 组成的机械系统来表示该二阶系统，如图 13－7 所示。对照图 13－6 和图 13－7，永

久磁铁相当于二阶系统中的质量块 m，而二阶系统中的阻尼 c 大多由金属线圈骨架在磁场中运动产生电磁阻尼提供，当然也有的传感器还兼有空气阻尼器。

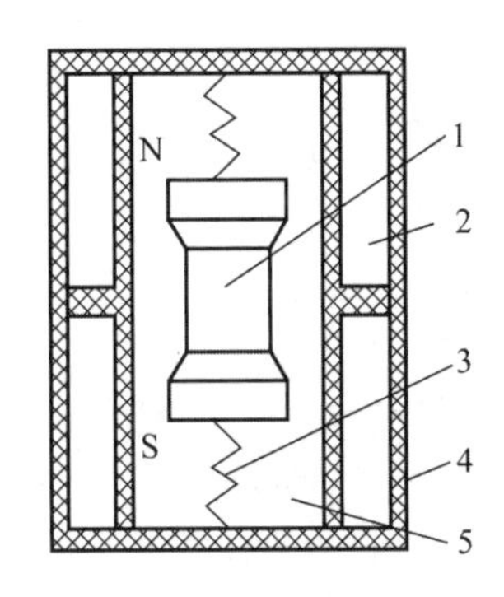

图 13－6　磁电式惯性传感器的结构示意图

1—永久磁铁；2—线圈；3—弹簧；
4—壳体；5—液体阻尼器

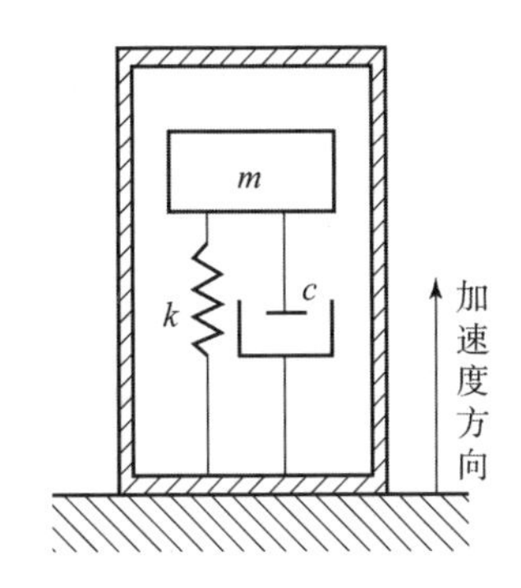

图 13－7　二阶系统

在测量振动体的机械振动时，传感器壳体刚性固定在振动体上，传感器壳体跟随振动体一起振动。假如传感器的质量 m 较大，而弹簧较软（弹簧系数 k 较小），当振动体的振动频率足够高时，可以看作质量块的振动很大，来不及跟随振动体一起振动，以致接近静止不动。这种情况下，振动能量几乎全被弹簧吸收，而弹簧的伸缩量接近振动体的振幅。

为了求得惯性传感器性能的定量指标，分析图 13－7 所示的二阶系统。

设 x_0 为振动体的绝对位移，x_m 为质量块的绝对位移，则质量块与振动体（或传感器壳体）之间的相对位移 x_i 为

$$x_i = x_m - x_0 \tag{13-8}$$

由牛顿第二定律可得到

$$m\frac{\mathrm{d}^2 x_m}{\mathrm{d}t^2} = -c\frac{\mathrm{d}x_i}{\mathrm{d}t} - kx_i \tag{13-9}$$

即

$$m\frac{\mathrm{d}^2 x_m}{\mathrm{d}t^2} = -c\frac{\mathrm{d}}{\mathrm{d}t}(x_m - x_0) - k(x_m - x_0) \tag{13-10}$$

应用微分算符 $D = \frac{\mathrm{d}}{\mathrm{d}t}$，则上式可改写为

$$(mD^2 + cD + k)x_m = (cD + k)x_0 \tag{13-11}$$

由式（13－11）可以求出相对输入 x_0 的输出 x_m，若求其传递函数，则有

$$\frac{x_m - x_0}{x_0}D = \frac{-mD^2}{mD^2 + cD + k} = \frac{-D^2}{D^2 + 2\xi\omega_0 D + \omega_0^2} \tag{13-12}$$

式中，$\xi = \frac{c}{2\sqrt{mk}}$为相对阻尼系数（或称阻尼比）；$\omega_0 = \sqrt{\frac{k}{m}}$为固有角频率。

由于测量的是动态物理量（如机械振动），因此传感器的频率响应特性是我们最关心的。若振动体作简谐振动时，亦即当输入信号 x_0 为正弦波时，只要将 $D = \mathrm{j}\omega$ 代入式（13－

12)，可得到频率传递函数的形式为

$$\frac{x_m - x_0}{x_0}(\mathrm{j}\omega) = \frac{\left(\frac{\omega}{\omega_0}\right)^2}{1 - \left(\frac{\omega}{\omega_0}\right)^2 + 2\xi\left(\frac{\omega}{\omega_0}\right)\mathrm{j}} \tag{13-13}$$

其振幅比为

$$\left|\frac{x_m - x_0}{x_0}\right| = \frac{\left(\frac{\omega}{\omega_0}\right)^2}{\sqrt{\left[1 - \left(\frac{\omega}{\omega_0}\right)^2\right]^2 + \left[2\xi\left(\frac{\omega}{\omega_0}\right)\right]^2}} \tag{13-14}$$

相位为

$$\varphi = -\arctan\frac{2\xi\left(\frac{\omega}{\omega_0}\right)}{1 - \left(\frac{\omega}{\omega_0}\right)^2} \tag{13-15}$$

将式（13－14）、式（13－15）用图表示，可得图 13－8 所示幅频特性。由图 13－8 可见，当 $\omega \gg \omega_0$ 时，则振幅比接近 1，且相位滞后 180°，也就是说，若振动体的频率比传感器的固有频率高得多时，质量块与振动体之间的相对位移 x_i 就接近于振动体的绝对位移 x_0。因此在这种情况下，传感器的质量块 m 可以看作静止的，即相当于一个静止的基准。磁电式传感器就是基于上述原理测量振动的。

仍以图 13－6 所示的磁电式惯性传感器为例。由于线圈与传感器的壳体固定在一起，而永久磁铁通过柔软的弹簧与壳体相连，因此当振动体的频率远高于传感器的固有频率时，永久磁铁就接近静止不动，而线圈则跟随振动体一起振动。这样，永久磁铁与线圈之间的相对位移十分接近振动体的绝对位移，其相对运动速度就接近振动体的绝对速度。由式（13－7）可知，线圈绕组中的感应电动势 e 为

$$e = B_d l_0 \omega_d V \tag{13-16}$$

对于结构已经确定的传感器，灵敏度 $K = B_d l_0 \omega_d$ 可看作一个常数，因此在理想情况下，传感器的输出电动势正比于振动速度（见图 13－9 中虚线），但传感器的实际输出特性并非完全线性，而是一条偏离理想直线的曲线（见图 13－9 中实线）。偏离的主要原因是当振动速度很小时（小于 $\boldsymbol{v}_A$），振动频率一定情况下，振动加速度很小，以致所产生的惯性力不足以克服传感器活动部件的静摩擦力，因此线圈与永久磁铁之间不存在相对运动，当然传感器也不会有电压信号输出。随着振动速度的增大（超过 $\boldsymbol{v}_A$ 至接近 $\boldsymbol{v}_g$），这时由于惯性力增大，克服了静摩擦力，线圈与永久磁铁之间已有相对运动，传感器也就有了输出，但由于摩擦阻尼的作用，使输出特性呈非线性。随着振动速度继续增大（超过 $\boldsymbol{v}_g$ 至接近 $\boldsymbol{v}_c$），这时与速度成正比的黏性阻尼大于摩擦阻尼，其结果使输出特性的线性度达到最佳。当振动速度超过 $\boldsymbol{v}_c$ 以后，由于惯性力太大，以致传感器的弹簧超过了它的弹性范围，这时作用在弹簧上的力与弹簧变形量不再呈线性关系，因此使输出电压出现饱和现象。

由上述分析可知，传感器的输出特性在小速度和大速度范围之内是非线性的，而在实际工作范围内，其线性度是令人满意的。

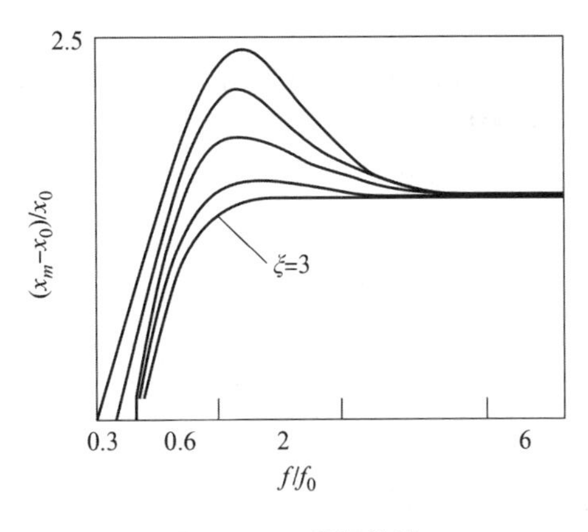

图 13-8　幅频特性

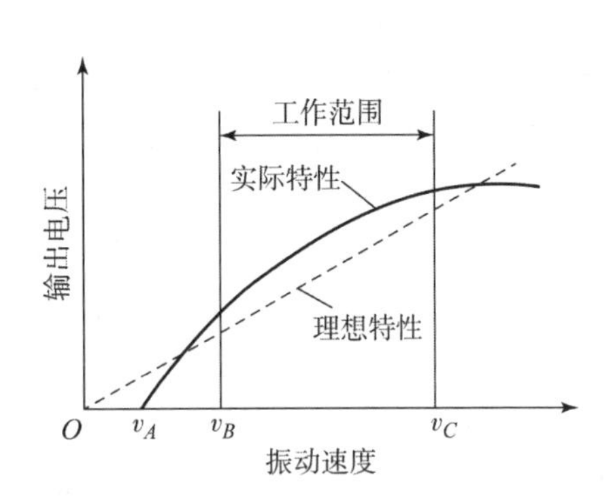

图 13-9　电动式传感器的输出

13.3　地震动信号分析

对地震动信号进行变换处理，从中提取出反映目标本质属性的特征信息，可为实现最终侦察目的——分类识别目标提供充分的依据。特征提取从数学上讲就是对原始数据进行变换，把在维数较高的测量空间中表示的模式映射到维数较低的特征空间中，最终得到能有效反映目标本质属性的特征。提取的特征应具有高度的代表性、典型性及稳定性。在信号处理中，目标信号特征分析可以在时域、频域或时频域等多方面进行。

一、信号的时域特征分析与识别

信号的过零数分析在有的文献资料中简称为过零分析。过零数分析就是对确定时间段内的时域信号将其幅值与设定阈值比较，计算信号正向越过或负向越过阈值的次数。

信号的过零数与信号的采样率有一定关系。在一定的采样率下，信号过零数与信号频谱具有密切关系。若信号是频率为 f 的正弦信号，则其过零数为

$$N = kf \tag{13-17}$$

其中，k 为比例系数。过零数与信号的频率成正比。

对于频率范围 $f_1 \sim f_2$ 的平稳高斯随机信号，单位时间内的过零点数与功率谱 $G(f)$ 的关系为

$$N = 2\sqrt{\frac{\int_{f_1}^{f_2} f^2 G(f)\,\mathrm{d}f}{\int_{f_1}^{f_2} G(f)\,\mathrm{d}f}} \tag{13-18}$$

由式（13-18）可以看出，若信号的主频段率较高，则单位时间的信号过零点数就较多。

二、信号的频域特征分析与识别

通过时域过零分析法可以将目标以较高的识别率分为人和车辆两大类。为了对两大类目标进一步分类，如将车辆进一步区分为是履带式车还是轮式车，需要寻求信号其他方面的有效特征。由于频域特征更能反映目标本质特性，因此在对信号做进一步处理时，可用傅里叶变换将采集的时域信号变换为频域中的等效形式。在频域分析中，主要研究信号频率组成、

能量或功率随频率变化的规律。

用傅里叶变换来完成信号频率特征的提取，是信号处理的一个最基本、最传统的方法，也是最重要的方法。傅里叶变换将时域采集的时间序列变换成频域中的频谱，告诉我们信号的各个组成部分。该方法目前已发展得相当成熟，有一维快速傅里叶变换和二维快速傅里叶变换，在信号处理中占据着重要的地位。

研究表明，目标运动引起的地震动信号的频谱结构与目标与传感器之间的距离密切相关。在相同距离情况下，信号的幅值与目标的质量和速度有一定关系，目标质量越大，幅值越大；速度越大，相应幅值也越大。轮式车在近距离时主频带集中在28 Hz左右的较宽的频带内，在远距离时信号谱峰突出表现在20 Hz以下的低频瑞雷波、36 Hz附近的窄带纵波和74 Hz附近的发动机振动频率处。履带式车在近距离时主要频谱成分是38 Hz附近的频带，这主要是履带拍打地面的频率成分和地震波纵波成分。当目标与传感器之间的距离超过200 m时，信号中瑞利面波相对应的18 Hz左右的低频成分相对越来越强，谱峰增多。当目标与传感器之间的距离为300 m时，谱峰分化更多，但此时低频瑞利面波成分最强，且主要频率成分向更低方向移动，这主要是由于地层介质对地震波的影响引起的。另外，对比不同质量的59式坦克（36 t）和62式坦克（24 t），在近距离时62式坦克的频带更趋向于低频。

轮式车和履带式混合目标运动引起的地震动信号的频谱比较分散，而两种履带式车混合行进的地震动信号的频谱在18 Hz和38 Hz频率附近有明显的谱峰，且距离越远，谱峰越明显。

对于平稳随机信号，信号的功率谱分析也是频域分析中常用的方法之一。目标在一定的距离范围内运动引起的地震动信号，可以近似认为是广义平稳随机信号。因此在本节中将分析地震动信号的功率谱，以期找到有效的目标分类特征。

自相关函数是随机信号的一个重要统计量，它描述的是信号 $x(n)$ 在 n_1、n_2 两个时刻的相互关系。对于广义平稳随机信号 $x(n)$，自相关函数定义为

$$r_x(m)=E\{x^*(n)x(n+m)\} \tag{13-19}$$

如果信号是各态历经的，则上式的集总平均可以由单一样本的时间平均来实现，即

$$r_x(m)=\lim_{N\to\infty}\frac{1}{2N+1}\sum_{-N}^{N}x^*(n)x(n+m) \tag{13-20}$$

功率谱定义为自相关函数的傅里叶变换，即

$$P_x(\mathrm{e}^{\mathrm{j}\omega})=\sum_{-\infty}^{\infty}r_x(m)\mathrm{e}^{-\mathrm{j}\omega m} \tag{13-21}$$

在随机信号是各态历经的假设下，功率谱为

$$P_x(\mathrm{e}^{\mathrm{j}\omega})=\lim_{M\to\infty}E\left\{\frac{1}{2M+1}\left|\sum_{-M}^{M}x(n)\mathrm{e}^{-\mathrm{j}\omega m}\right|^2\right\} \tag{13-22}$$

由 Wiener－Khintchine 定理可知，基于自相关函数 $r_x(m)$ 定义的两种功率谱是等效的。

注意，式（13－19）中的求均值运算是不能省略的，因为若省去后，由单个样本 $x(n)$ 求得的功率谱不能保证得到集总意义上的功率谱，会带来一系列的估计质量问题。

可以证明，功率谱有如下重要性质：

（1）不论 $x(n)$ 是实数还是复数，$P_x(\mathrm{e}^{\mathrm{j}\omega})$ 都是 ω 的实函数，因此功率谱失去了相位信息。

（2）$P_x(e^{j\omega})$ 对所有的 ω 都是非负的。

（3）若 $x(n)$ 是实数，由于 $r_x(m)$ 是偶对称的，那么 $P_x(e^{j\omega})$ 还是 ω 的偶函数。

（4）功率谱曲线在（$-\pi$，π）内的面积等于信号的均方值。

地面目标运动引起的地震动信号是实际物理信号，实际探测到的只是 $x(n)$ 的 N 个观察值 $x_N(0)$，$x_N(1)$，…，$x_N(N-1)$，对 $n>N$ 时的值只能假设为零。因此，求 $r_x(m)$ 估计值的一种方法是

$$\hat{r}_x(m) = \frac{1}{N}\sum_{n=0}^{N-1} x_N(n)x_N(n+m) \tag{13-23}$$

由于 $x(n)$ 只有 N 个观察值，因此对于每一个固定的延迟 m，可以利用的数据只有 $N-1-|m|$ 个，且在 $0\sim N-1$ 的范围内，所以实际计算 $\hat{r}_x(m)$ 时，式（13-23）变为

$$\hat{r}_x(m) = \frac{1}{N}\sum_{n=0}^{N-1-|m|} x(n)x(n+m) \tag{13-24}$$

通过推导可知，$\hat{r}_x(m)$ 对 $r_x(m)$ 的估计是一致估计。

功率谱估计方法有很多种，大致可分为两大类，即经典谱估计和现代谱估计。经典功率谱估计有两种基本方法，即周期图法和自相关法。现代谱估计又可分为参数模型谱估计和非参数模型谱估计两类，前者有 AR 模型、MA 模型、ARMA 模型、PRONY 指数模型等；后者有最小方差方法、多分量 MUSIC 方法等。谱估计中所用的统计量大都建立在二阶矩（如相关函数、方差、谱密度）的基础上。目前建立在高阶矩基础上的谱估计方法也有较大发展。

三、信号的时频特征分析与识别

1. 短时傅里叶变换

短时傅里叶变换为

$$F(\omega, t) = \int_R f(t)g(t-\tau)e^{-j\omega t}dt \tag{13-25}$$

式中的 $e^{-j\omega t}$ 起频限作用，$g(t)$ 起时限作用，随着 τ 的变化，g 所确定的“时间窗”在 t 轴上移动，使 $f(t)$ 逐步进入被分析状态。$F(\omega, t)$ 大致反映了在时刻 τ 时，频率为 ω 的“信号成分”的相对含量，也就是说 $f(t)$ 乘以一个相当短的时间窗 $g(t-\tau)$ 等价于取出信号 $f(t)$ 在点 $t=\tau$ 附近的一个切片，所以短时傅里叶变换是信号 $f(t)$ 在“分析时间”τ 附近的局部谱。这样，短时傅里叶变换同时反映了信号频域和时域的信息。因此，短时傅里叶变换比一般傅里叶变换能提供更多的信号信息，且比一般傅里叶变换具有更好的可分性，更适于在目标识别中表征目标的特征。

短时傅里叶变换的输出是矩阵形式。由于矩阵奇异值是矩阵所固有的特征，且矩阵奇异值具有很好的稳定性，因此可选择矩阵的奇异值作为目标信号识别的特征。下面详细讨论矩阵奇异值及其性质。

定义 1：矩阵奇异值分解（SVD）

如果 $A\in R^{m\times n}$，且 $m\geqslant n$，则存在正交矩阵 $U\in R^{m\times m}$ 和 $A\in R^{n\times n}$，使

$$U^{T}AV = \mathrm{diag}(\sigma_1, \sigma_2, \cdots, \sigma_P) \tag{13-26}$$

式中，$p=\min(m, n)$；$\sigma_1\geqslant\sigma_2\cdots\geqslant\sigma_p\geqslant 0$。

$\sigma_i(i=1, 2, \cdots, p)$ 即为矩阵 A 的奇异值，是 AA^{H} 的特征值 λ_i 的算术根，即 $\sigma_i=\sqrt{\lambda_i}$。

定理 1：奇异值的稳定性。

设 $A^{m\times m}$，$B^{m\times n}\in R^{m\times n}$（$m\geqslant n$），它们的奇异值分别为 $\sigma_1\geqslant\sigma_2\cdots\geqslant\sigma_n$，$\tau_1\geqslant\tau_2\cdots\geqslant\tau_n$，则

$$|\sigma_i-\tau_i|\leqslant|A-B|_2 \tag{13-27}$$

此定理表明：当矩阵 A 有微小振动时，它的奇异值的改变不会大于振动矩阵的 2 范数。

定理 2：奇异值的比例不变性。

设 $A^{m\times n}$的奇异值为 σ_1，σ_2，…，σ_n，$a\times A^{m\times n}$的奇异值为 σ_1^*，σ_2^*，…，σ_n^*，则

$$|(-a\times A)(a\times A)^{\mathrm{H}}-\sigma^{*2}I|=0$$

即

$$|AA^{\mathrm{H}}-\sigma^{*2}I/a^2|=0 \quad (I\text{ 为单位矩阵}) \tag{13-28}$$

此定理表明：经过归一化处理，可实现奇异值的比例不变性。

定理 3：奇异值的旋转不变性。

矩阵 A 做旋转变换，相当于 A 左乘一个酉矩阵 P，旋转后，A 变为 PA，PA 与 A 具有相同的奇异值。

从以上的定理可以看出，矩阵奇异值能有效地反映矩阵的特征。

由传感器采集的数据长度为 8 192 点，采样频率 0.4 kHz，根据所用传感器的灵敏度曲线及前面对数据的频谱分析，对数据进行短时傅里叶变换，时窗为 0.4 s，时窗折叠 40%。将短时傅里叶变换谱图的结果矩阵做奇异值提取，可得每个目标的 62 维特征。轮式车和履带式车的奇异值分布分别如图 13－10 和图 13－11 所示。

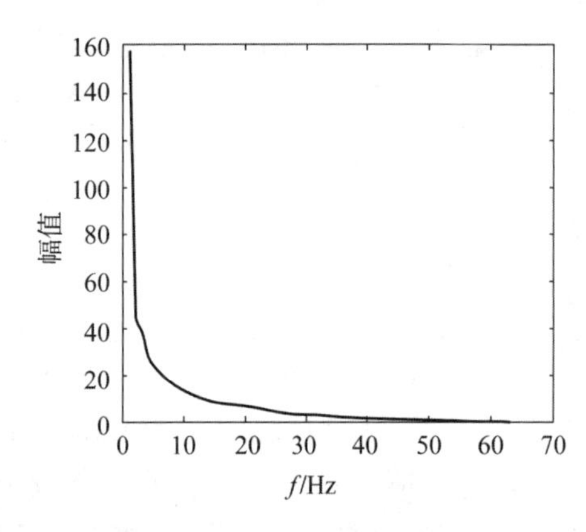

图 13－10　轮式车奇异值分布

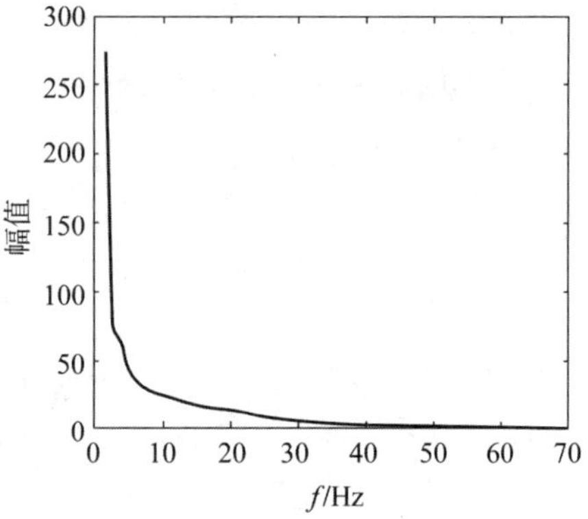

图 13－11　履带式车奇异值分布

从图 13－10 和图 13－11 可以看出，尽管轮式车和履带式车的奇异值分布曲线在形状上没有多大区分，但在时域幅值相同的情况下，它们在奇异值数值上有很大差别。将提取的奇异值特征向量进行归一化后输入 BP 神经网络，网络拓扑结构分别为 62×14×1，识别结果见表 13－1。

表 13－1　短时傅里叶变换及奇异值特征提取的识别结果

目标样本	轮式车		履带式车	
距离	近距离	远距离	近距离	远距离
训练样本数	10	10	20	20
识别样本数	17	38	66	77

续表

目标样本	轮式车		履带式车	
距离	近距离	远距离	近距离	远距离
识别结果	16	26	34	49
正确识别率/%	94.1	68.4	41.4	76.6

与前面介绍的采用快速傅里叶变换的频谱特征的目标识别相比，短时傅里叶变换后用归一化奇异值特征进行目标识别，速度较快，但它的识别率比单纯用傅里叶变换的频谱特征的识别率低，这说明短时傅里叶变换后再提取奇异值的方法对地震动信号来说并不是很好的方法。

2. 小波分析

小波变换继承和发展了 Gabor 的加窗傅里叶变换的局部化思想，弥补了其窗口不可调的缺点。小波变换的本质是多分辨率或多尺度分析。

1）小波变换及二进制小波变换

设函数 $\psi(t) \in L^2$，且其傅里叶变换 $\psi(\omega)$ 满足

$$\int_{-\infty}^{+\infty} \frac{|\psi(\omega)|^2}{|\omega|} \mathrm{d}\omega \ \infty \tag{13-29}$$

定义小波函数为

$$\psi_{a-b}(t) = \frac{1}{\sqrt{|a|}} \psi\left(\frac{t-b}{a}\right) \tag{13-30}$$

式中，a、b 为尺度因子和平移因子。

变化 a、b 即可衍生出不同的小波函数。式（13－29）是小波变换允许条件，表明 $\psi(t)$ 应具有足够的衰减性，并且均值为 0。

使用式（13－30）定义的小波函数对 $f(t)$ 做小波变换，其表达式为

$$Wf(a, b) = \frac{1}{\sqrt{|a|}} \int_{-\infty}^{+\infty} f(t) \psi_{a,b} \tag{13-31}$$

对 $\psi_{a,b}(t)$，a 的变动使函数伸缩，形成不同“级”的小波；b 的变动使函数移位，形成不同“位”的小波。如果不断变动 a、b 形成一簇小波函数，然后将 $f(t)$ 按这簇函数分解，那么根据展开的系数就可以知道 $f(t)$ 在某一局部时间内位于某局部频段的信号成分有多少，从而实现了可调窗口的信号时频局部分析。

连续小波变换具有以下性质：

（1）连续小波变换是线性变换，信号被分解成不同尺度的分量，在变换中满足能量守恒定律。

（2）连续小波变换具有冗余性。由于 a、b 连续变化，相邻窗口绝大部分内容重叠。

（3）小波基不唯一。

（4）具有良好的局域性和非正则的过零性。

对数字信号分析来说，最常用且方便有效的离散方法就是二进制离散变换。取 $a=2^j$，$b=k$，则信号 $f(t)$ 的离散二进制小波变换可表示为

$$W_{2^j} f(t) = \frac{1}{2^j} \int f(t) \psi\left(\frac{t-k}{2^j}\right) \mathrm{d}t \tag{13-32}$$

$W_{2^j}f(t)$ 的傅里叶变换为

$$\hat{W}_{2^j}f(\omega)=\hat{f}(\omega)\psi(2^j\omega) \tag{13-33}$$

理论证明，二进制小波变换具有完备性和离散性。

2）多尺度分析

多尺度分析的思想：从 $L^2(R)$ 的某个子空间出发，先建立这个子空间的基底，再利用某种简单的变换，将它扩充到 L^2 中去，也就是将函数 f 描述为一系列近似函数的极限，每一个近似都是函数 f 的平滑版本。因此，多尺度分析是指满足下述性质的一系列闭子空间 $\{V_j\}_{j\in z}$：

（1）一致单调性。$\cdots\subset V_2\subset V_1\subset V_0\subset V_{-1}\subset\cdots$。

（2）渐近完全性。$\bigcap\limits_{j\in z}V_j=\{0\}$；$\bigcap\limits_{j\in z}V_j=L^2(R)$。

（3）伸缩规则性。$f(x)=V_j\Leftrightarrow f(2^jx)\in V_0$，$j\in Z$。

（4）平移不变性。$f(x)=\in V_0\Rightarrow f(t-n)\in V_0$，$n\in Z$。

（5）Rieze 基存在性。存在函数 $\varphi\in V_0$，使得 $\{\varphi(x-k)\}k\in z$ 是 V_0 的正交基，即

$$V_0=\underset{n}{\operatorname{span}}\overline{\{\varphi(x-n)\}},\ \int_R\varphi(t-n)\varphi(t-m)\mathrm{d}x=\delta_{m,n}$$

由 Rieze 基可以构造出一组正交基，因此正交基存在性的条件可放宽 Rieze 基的存在性。

（6）有界性。存在 $0<A\leqslant B<\infty$，对所有的 $c(n)_{n\in z}\in l^2(Z)$，满足

$$A\sum_n|c_n|^2\leqslant\left\|\sum c_n\varphi_n\right\|^2\leqslant B\sum|c_n|^2$$

由此可知，多尺度分析的一系列尺度空间是由同一尺度函数在不同尺度下生成的。

定义尺度空间 $\{V_j\}_{j\in z}$ 的补空间 $\{W_j\}_{j\in z}$ 如下：

设 W_m 为 V_m 在 V_{m-1} 中的补空间，即

$$V_{m-1}=V_m\oplus W_m,\ W_m\perp V_m$$

则有

$$L^2(R)=\bigoplus_{j\in z}W_j$$

即 $\{W_j\}_{j\in z}$ 构成了 $L^2(R)$ 的一系列正交子空间，且有

$$f(x)\in W_0\Leftrightarrow f(2^{-j}x)\in W_j$$

若存在 $\{h_k\}_{k\in z}\in L^2$，使得

$$\varphi(x)=\sum_{k\in z}h_k\varphi(2x-k)$$

令

$$\varphi(x)=\sum_{k\in z}(-1)^k\bar{h}_{1-k}\,\varphi(2x-k)$$

则 $\psi(x-k)$ 构成 W_0 的 Rieze 基，$\psi_{j,k}=2^{-j/2}\psi(2^{-j}x-k)$，$k\in Z$ 膨胀成为 W_j 的 Rieze 基。$\varphi(x)$、$\psi(x)$ 分别称为尺度函数和小波函数，它们具有以下性质：

$$\langle\varphi_{j,k},\ \varphi_{j,l}\rangle=\delta_{k,l}$$
$$\langle\varphi_{j,k},\ \varphi_{l,m}\rangle=0$$
$$\langle\varphi_{j,k},\ \varphi_{l,m}\rangle=\delta_{j,l}\times\delta_{k,m}$$

其中，j、k、k、$l\in z$，$\delta_{j,k}=\begin{cases}1, & j=k\\0, & j\neq k\end{cases}$。

3）多尺度分析与正交小波变换

据多尺度分析的思想，

$$V_0 = V_1 \oplus W_1 = V_2 \oplus W_2 \oplus W_1 = W_3 \oplus W_2 \oplus W_1 = \cdots \tag{13-34}$$

对于任意函数 $f(t) \in V_0$，总可以将它分解为平滑部分 V_1 和细节部分 W_1。

设 $\{V_j\}$ 为给定的多尺度分析，φ、ψ 分别为相应的尺度函数和小波函数，由于信号总是在一定分辨率下得到的，即 $f(t) \in V_j$（j 为任意整数），为了描述方便，设 $f(t) \in V_0$，则 $f(t)$ 可分解为

$$f(t) = \sum_k c_k^0 \varphi_{0,k} = \sum_m c_m^1 \varphi_{1,m} + \sum_m d_m^1 \varphi_{1,m} = \cdots = \sum_m c_m^j \varphi_{j,m} + \sum_j \sum_m d_m^j \psi_{j,m} \tag{13-35}$$

其中，

$$c_m^j = \sum_k h(k-2m) c_m^{j-1} \tag{13-36}$$

$$d_m^j = \sum_k g(k-2m) d_m^{j-1} \tag{13-37}$$

若令 $A_j f(x) = \sum_m c_m^j \varphi_{j,m}$，$D_j f(x) = \sum_m d_m^j \psi_{j,m}$，则 $A_j f(x)$、$D_j f(x)$ 分别是信号在 2^j 分辨率下的连续逼近和细节信号。

这样，经过一系列变换后，信号就被分解成一族离散化的正交小波函数的叠加，可表示为

$$f(t) = a_0 \psi(t) + a_1 \omega(t) + a_2 \omega(2t) + \cdots + a_{2^j+k\omega}(2^j t - k) + \cdots \tag{13-38}$$

式中，$a_0 \psi(t)$ 为常数项。

j 级小波 $\omega(2^j t - k)$ 由 2^j 个小波叠加而成，每级小波实际代表着不同倍频程频段内的信号成分，所有频段正好不相交地布满整个频率轴。

信号重建时，有

$$c_m^{j-1} = \sum_k c_k^j \langle \varphi j-1, m, \varphi j, k \rangle + \sum_k d_k^j \langle \varphi j-1, m, \varphi j, k \rangle \tag{13-39}$$

进一步推导，有

$$c_m^{j-1} = \sum_k h(m-2k) c_k^j + \sum_k g(m-2k) d_k^j \tag{13-40}$$

上述信号的分解与重建过程就是著名的 Mallat 塔式算法。

4）小波变换与滤波器组

从数字滤波器的角度来看，小波分析实质上就是一个滤波器组。式（13-39）和式（13-40）所描述的系数分解过程如图 13-12 所示，其中 $h(-k)$ 和 $g(-k)$ 为滤波器系数。

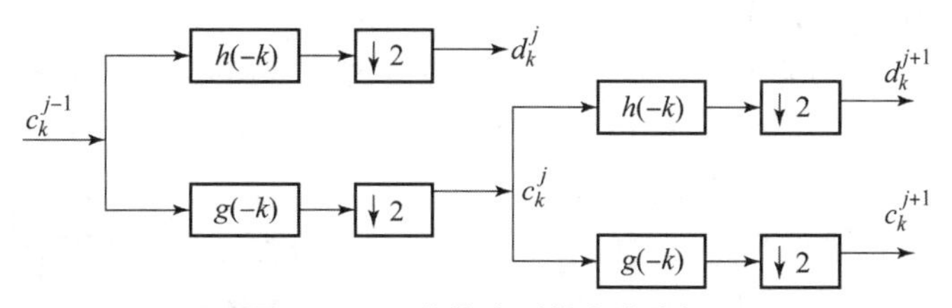

图 13-12　离散序列的小波分解

若初始输入为离散序列，每一次小波分解的过程就是对输入离散序列进行双通道滤波的过程。$h(-k)$ 和 $g(-k)$ 称为双通道滤波器组，$h(-k)$ 具有低通性质，$g(-k)$ 具有高通性质，

每一次分解把输入离散信号分解成一个低频的粗略逼近和一个高频的细节部分。由限带信号的采样定理可知，可以将采样率降低一半而不丢失任何信息，因此进行二抽取是允许的，图中符号 2 即表示二抽取。每次输出采样率减半，从而使总的输出序列长度与输入长度保持一致。由于滤波器设计是根据归一化频率进行的。前一级输出被二抽取后，虽然其归一化频带不变，但其实际频带减半。

因此，对离散序列进行小波分解后，所有尺度下的小波加最大尺度上的尺度系数后的总长等于原函数序列的长度，所不同的是，将序列投影到小波域，其各分量按频率的不同重新组合排序，而且新的序列具有集中系数的能力，便于特征提取、数据压缩及去噪声等。

5）小波包

由前面内容可知，正交小波变换的多分辨率分解只是将 V（尺度）空间进行了分解，而没有对 W（小波）空间进行进一步的分解，表现在其相平面上，随着尺度的增大相应小波基函数的时域窗口变宽而其频域窗口变窄。这样的时－频分布特性在许多情况下是非常有用的，但不能较好地满足在时－频域局部有较高分辨率的要求，而通过小波包将 W 进一步分解，可使正交小波变换中随 j 的减小而变宽的频谱窗口进一步分割变细。

令正交小波基的滤波器系数分别为 h_k 和 g_k，并将尺度函数 $\varphi(t)$ 改记为 $u_0(t)$，小波函数 $\varphi(t)$ 改记为 $u_1(t)$，于是原来关于 $\varphi(t)$ 和 $\psi(t)$ 的二尺度方程变为

$$\begin{cases} u_0(t) = \sqrt{2}\sum\limits_{k\in z} h_k u_0(2t-k) \\ u_0(t) = \sqrt{2}\sum\limits_{k\in z} g_k u_0(2t-k) \end{cases} \tag{13-41}$$

小波包是包括尺度函数 $u_0(t)$ 和小波母函数 $u_1(t)$ 在内的一个具有一定联系的函数集合，即由公式

$$\begin{cases} u_{2n}(t) = \sqrt{2}\sum\limits_{k\in z} h_k u_0(2t-k) \\ u_{2n+1}(t) = \sqrt{2}\sum\limits_{k\in z} g_k u_0(2t-k) \end{cases} \tag{13-42}$$

定义的函数的集合 $u_n(t), n\in z$。

小波包分解过程中，随着尺度的增加，所有频率窗口进一步分割细化。滤波器组每作用一次，数据减少为原来的一半。如果原始信号长度为 2^N，采样频率为 f_s，那么第 L 尺度的小波包分解将频率轴划分为 $n=2^L$ 个序列，每个序列的带宽为 $f_s/2^L$，第 n 个序列的起始频率为 $f_n=(n-1)f_s/2^L$。

由前面的分析和参考文献可知，目标运动产生的地震动信号的频率不超过 140 Hz。因此，对采样率 $f_s=0.5$ kHz 的信号，进行 1 级小波分解，然后将第 2 级分解的平滑信号再进行 4 级小波包分解，得到每个频段为 8 Hz 的信号能量分布图。研究表明，轮式车近处信号在第 3～4 频段和 7～8 频段能量最强；履带式车近处信号在第 4～5 频段能量明显比其他频段能量强很多；远处轮式车和履带式车信号的低频段能量都相对增强，轮式车信号在第 3～4 频段能量最强，而履带式车信号在第 3～4 频段和第 6～7 频段能量相当，而其他频段能量很弱。

第 14 章
高冲击过载探测原理

14.1　侵彻弹药引信概述

为实现有效毁伤硬目标的要求，世界上研制出了多型侵彻弹药，其上配备的引信为侵彻引信。侵彻引信采用的起爆模式本质上都属于触发延时起爆模式，或采用固定延时起爆模式，或采用可编程延时起爆模式，或采用具有目标特性识别能力的智能可编程起爆模式，都是为了实现侵入目标一定时间后起爆，以达到将战斗部毁伤能量向目标内充分耦合的目的。

固定延时起爆模式通常采用惯性触发元件给出触发作用过载阈值，以固定延时的电火工品或固定延时电路实现着靶后的延时起爆控制，延时时间不可改变，目标适应性差，但实现简单、可靠性较高，早期侵彻弹药引信主要采用这种方式。

可编程延时起爆模式通常采用对冲击敏感的触发元件控制触发作用过载阈值，以可装定的编程延时控制电路实现着靶后的可变延时起爆控制，可根据打击目标实际情况进行延时时间选择，目标适应性较强。进行作战规划时，需要对目标特性有一定了解以确定适当的延时时间。由于这种引信的作战运用灵活性较高，技术风险较低，是低成本侵彻引信的主要实现途径。

智能可编程起爆模式通常根据战斗部侵彻目标过程中的动态过载信号特征识别目标特性，实现对层式目标的计层打击或计空穴打击，具有高度的目标适应性，在打击楼宇、舰船等典型层式目标时具有更高的精确毁伤控制能力，是目前侵彻弹药引信重点发展的作用方式。

目前，通常采用惯性开关或惯性触发传感器为引信提供有效的着靶状态指示，而为了实现智能起爆控制，必须对如图 14 - 1 所示的侵彻加速度时间历程进行感知、处理和识别，必须采用加速度传感器进行加速度信号的获取。一般来说，硬目标侵彻加速度因弹重、弹速、目标材料、着靶姿态等因素的影响而有所区别，但通常在数千倍重力加速度以上。在大过载环境下可供使用的加速度传感器则主要包括压电式传感器和压阻式传感器，其中压阻式传感器在侵彻引信中的应用更为广泛，但在各种侵彻测试试验和传感器标定时，也经常用到压电传感器。

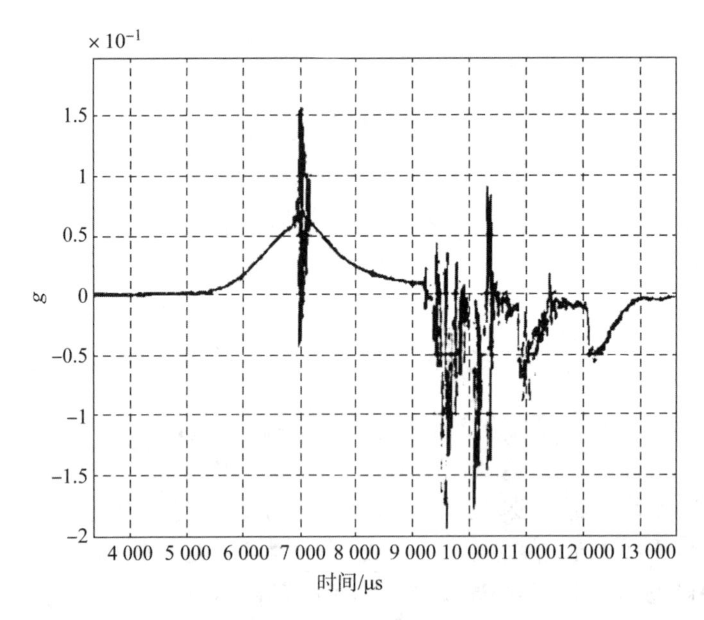

图 14－1　典型的战斗部侵彻多层硬目标过程中的加速度曲线（纵轴为火炮发射过载）

14.2　用于保险解除的传感器

引信解除保险需要感知适当的弹道环境。对于侵彻弹药来说，空中投射或发射的类型居多，本节重点介绍几种外军用于侵彻航弹的弹道环境感知传感器。

常见的用于表示航空弹药可进入不可逆发射状态的弹道环境条件包括机弹分离、发动机推力（有动力弹药）迎面气流等，多数航空弹药引信利用这些条件进行解除保险控制。

14.2.1　感受弹道风力和机弹分离的 FZU 系列引信启动器

美军为多型 FMU 系列引信配置了独立于引信体的 FZU 引信启动器，本质上是为引信提供独立的弹道环境感知能力和电源，典型产品有 FZU－32B/B、FZU－48/B。

FZU－32B/B 引信启动器（图 14－2）是一种安装在战斗部本体上的涡轮发电机。它与尾部安装的引信通过伸缩电缆连接，向引信提供解保所需的交流电源。炸弹投放时，与挂架连接的拉绳会拉开一个保护盖，在弹体表面形成进气通道，使得高速气流可以通过进气道进入涡轮。气流驱动涡轮转动，在 270 km/h 的速度时产生最小的电流，当气流速度小于 150 km/h时，涡轮不启动。交流电压在引信内部转换为直流电压，用于为引信提供逻辑电路、解除保险电路和发火电路所需的电源。

FZU－32B/B 引信启动器仅能向引信提供一种弹道环境条件，弹道上的迎面气流带动涡轮发电机产生电能，虽然其保护盖的拉开也可以反映机弹分离的状态，但无法为引信提供该状态对应的控制信号。为此，FMUL－143 引信专门设有一个与爆控拉杆相连的保险销，该保险销拔出后，可以直接释放引信中的有关机构，解除第一道保险。

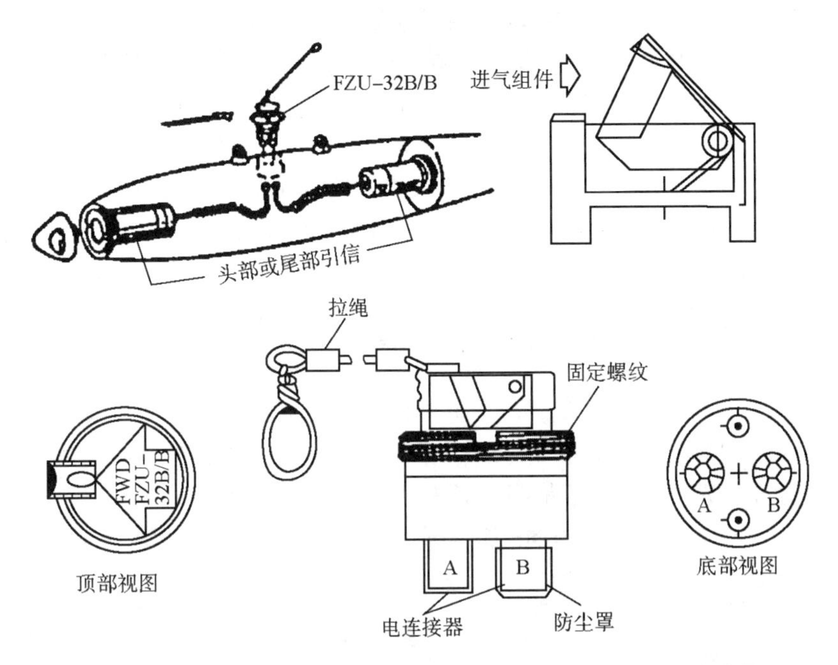

图 14－2 用于 FMUL－143 系列引信的 FZU－32B/B 引信启动器

另外，FZU－32B/B 引信启动器对弹道风力有一定的敏感性，在一定程度上也限制了它的应用。

FZU－48/B 引信启动器（图 14－3）是一个安装在战斗部侧壁内的圆柱形金属部件，由一个带有两个电连接器的主外壳和一个带有发火索的盖子组件组成。

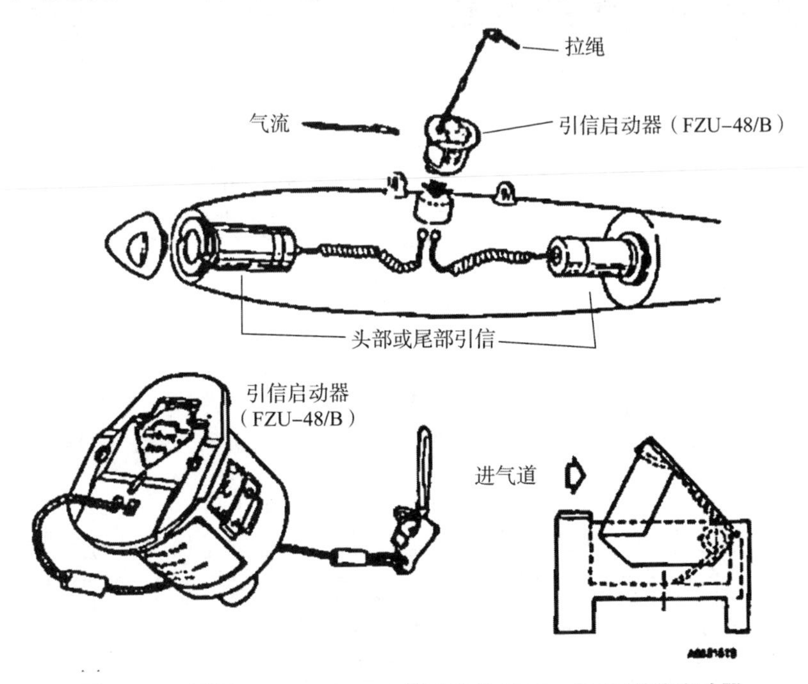

图 14－3 用于 FMU－39、152 等引信的 FZU－48/B 引信启动器

FZU－48/B 引信启动器的电连接器与战斗部内部的电缆相连。盖子组件有一箭头提示向战斗部安装时的安装方向，并有一条弹性拉绳通过旋转接头与战斗部挂架相连。一旦弹药被投放，FZU－48/B 引信启动器的涡轮保护盖将被连接在弹架上的拉绳拉出，所需拉力达到 30～100 磅时才能正常解除该保护盖在弹体表面形成进气通道，气流推动涡轮发电机工作，并向引信供电。速度大于 250 km/h 时才会有效输出供电。

与 FZU－32B/B 不同的是，FZU－48/B 在保护盖释放时，启动器也会给引信一个持续 10～150 s 的分离电信号。向引信供电时，如果没有分离信号，将导致引信闭锁。

14.2.2 感受弹道过载的 MEMS 加速度传感器

英国皇家空军 PGB 项目要求最终形成的引信产品应可以摆脱 FZU 的限制，改变引信解除保险的第二弹道环境输入，将原有的以 FZU 感受弹道气流并提供持续电源改为敏感到弹射投放后的弹道过载突变。该引信最终命名为 Aurora 引信。

Aurora 引信中内置了小量程 MEMS 加速度传感器，如图 14－4 所示。通过该传感器感受投弹时弹射挂架推动机弹分离时的横向过载。

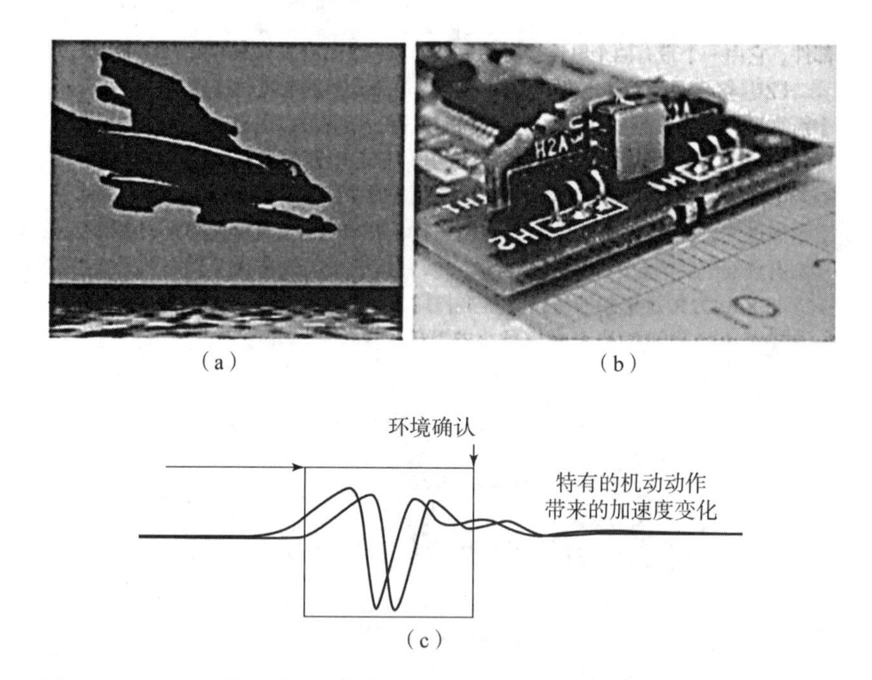

（a）　　（b）

（c）

图 14－4　Aurora 引信采用小量程 MEMS 加速度传感器感受投弹后的过载变化

（a）开始投弹；（b）引信中使用的加速度传感器；（c）投弹环境确认窗口

Thales 公司对投弹过载变化进行了大量的仿真（图 14－5），以此为基础形成了基于 MEMS 传感器和硬件识别电路的投弹过载环境感知方法，达到了预期目的。

目前，以变电容原理实现的 MEMS 加速度传感器已经非常成熟。典型型号如 Analog Device 公司的 ADXL 系列产品，量程为 1～120g，精度优于 1%，外观形态与普通表面贴装电子元器件无异，已大量应用于军用、工业、民用产品中。

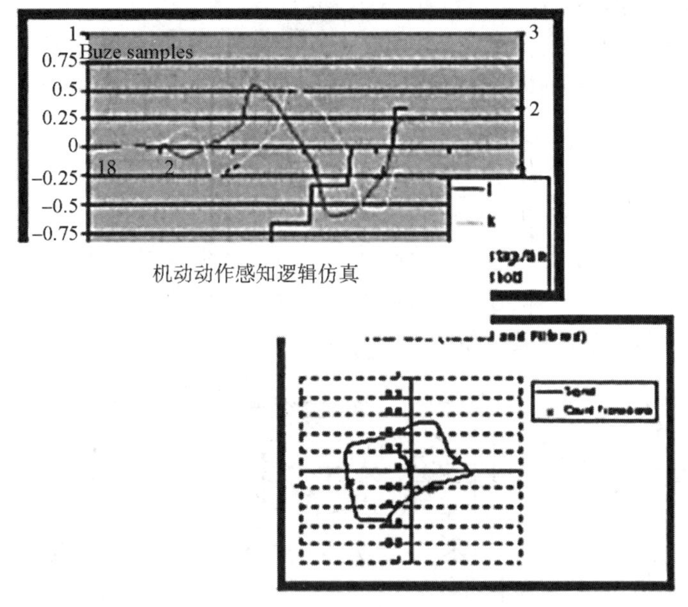

图 14－5　Aurora 引信对投弹后的过载变化进行的仿真结果

14.3　惯性开关和惯性触发传感器

惯性开关是引信中常用的一种开关形式，依靠的是战斗部或弹丸碰到目标时的减速运动或振动产生的惯性力动作，因其结构简单、价格低廉，在很多引信产品中都有使用。具体到侵彻弹药引信，触发延时型侵彻引信通常需要类似的开关器件进行着靶条件判断，智能型侵彻引信也可利用这种器件为起爆控制系统提供高级加速度信号处理算法的起始信号。

1966 年，哈里・戴蒙德实验室的 Apstein 博士发明了如图 14－6 所示的“万向”惯性着发开关。在通常情况下，弹药总是沿其飞行方向与目标相碰。因此，“万向”是指 180°半球内，开关应对任意方向的惯性力都能响应。这种开关最初用于非旋火箭弹引信 FMU－98 以及 M429，

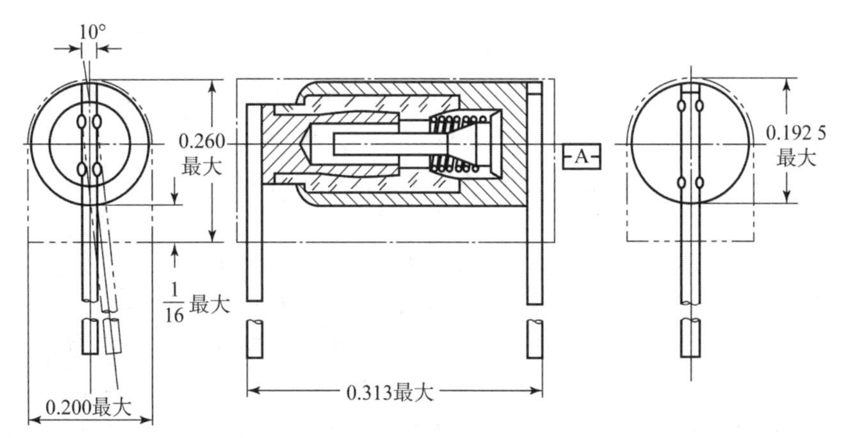

图 14－6　Apstein 博士发明的“万向”惯性着发开关

后又用于炮弹引信 M514A1 及 XM732。以上几种引信都是无线电近炸引信，这些引信中惯性冲击开关的作用是，在近炸失效但仍能保证炮弹或火箭弹与目标相碰时，可靠地闭合起爆电路，使引信爆炸。火箭弹引信开关的惯性灵敏度约为 600g；炮弹引信开关的惯性灵敏度约为 300g。

图 14－7 所示的是用于 XM732 引信的惯性着发开关。可以注意到，它比较粗短，与图 14－6 相比，惯性触杆的大端也不尽相同。这类开关不会因火箭发动机的振动而出现安全问题，其价格相当便宜。M734、M728 引信则使用了类似的但经过改进的触发开关，其结构更为简单，参见图 14－8，由于采用了锥形惯性头，其结构稳定性好、抗振能力强、可靠性更高、体积小，可沿引信纵轴或其他位置安放，接电可靠。

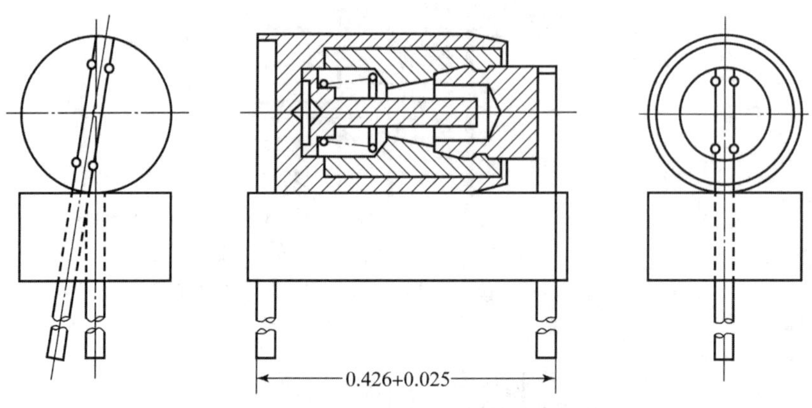

图 14－7　XM732 引信用惯性着发开关

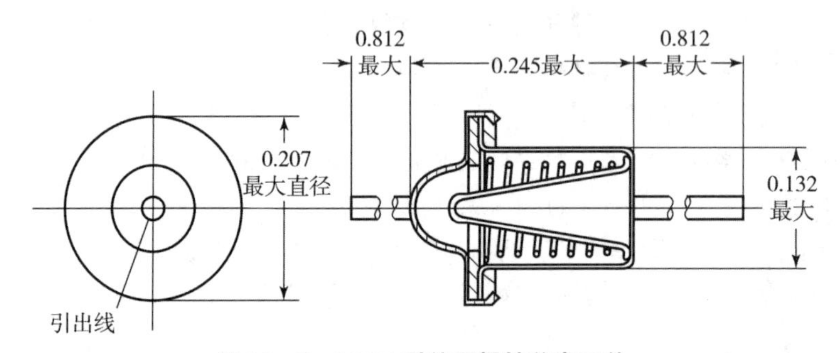

图 14－8　M734 引信用惯性着发开关

侵彻弹药引信采用这类开关进行战斗部与目标发生碰撞时刻的识别，由于战斗部质量较大，着速较低，导致其实际感受过载较炮弹引信更低，因而通常要求更高的灵敏度。以 FMU－143 系列引信为例，其触发条件为 ±160g，而法国 FMB21 引信的触发过载仅为 ±20g。

值得注意的是，在弹体与目标碰撞的过程中，惯性着发开关对着发姿态应具有较强的适应性，对“万向”惯性着发开关最不利于其触发的方向应重点予以关注。2005 年美国引信年会上，美国装备研究发展工程中心的 Marc Bobak 展示了该中心利用模拟炮发射迫弹侵彻软目标过程中惯性触发开关的动态试验结果，其所测试的对象正是图 14－9 所示的惯性着发开关。该试验中，惯性着发开关被横向安装于试验引信中，撞击目标时的加速度方向垂直于惯性开关中心轴线。

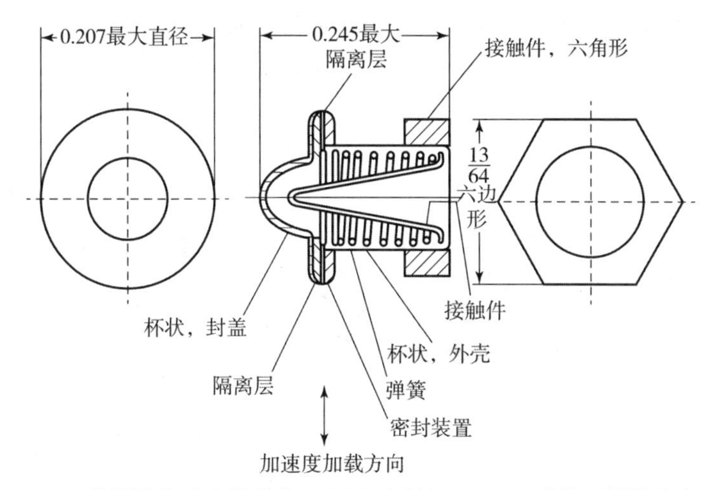

图 14－9　美国装备研究发展中心开展测试的 M732A1 引信用惯性着发开关

该试验装置采用数字化测试与存储装置对加速度传感器测得的动态加速度信号、惯性着发开关动态响应信号进行了同步记录，试验结果如图 14－10 所示。试验记录的数据显示：在横过载较高的情况下，惯性着发开关将以较高的频率重复触发；过载较低时，则单位时间内的触发次数显著降低。惯性着发开关这种动态特性在利用其响应信号进行碰撞识别时应予以重视。

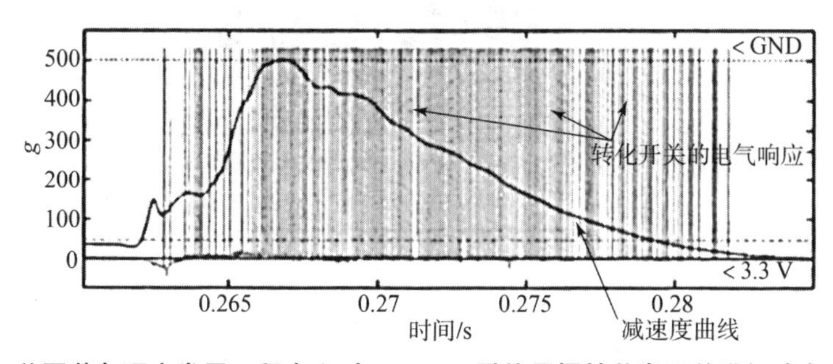

图 14－10　美国装备研究发展工程中心对 M734A1 引信用惯性着发开关进行动态试验的结果

惯性着发开关属于典型的弹簧－质量块系统，其动态特性高度依赖弹簧参数，从实际工艺控制角度来看，弹簧加工过程中的个体差异是不可避免的，因此也造成了同一设计与加工工艺下的同一批次产品实测参数浮动较大的情况。另外，由于弹簧的刚度系数、惯性子质量均不能无限制地降低，要获得具有较低的稳定作用阈值的惯性着发开关实际上并不容易，必须考虑新的设计与实现途径。随着微电子技术的发展，以 MEMS 技术为代表的微惯性器件设计与加工方式日益成熟，许多研究机构开始研发基于 MEMS 工艺的惯性开关与触发传感器。近年来，在美国引信年会上多次展示过 MEMS 惯性开关的设计和应用。

2004 年，美国海军水面作战中心（Naval Surface Warfare Center）展示了一种集成的 MEMS 冲击开关，可用作引信安保机构中的集成冲击传感器，也可单独作为冲击与碰撞检测开关。该开关不需电源驱动，当感受的冲击加速度高于预设值时即可可靠锁定在闭合状态下。

该中心采用深硅刻蚀（Deep Reactive Ion Etching，DRIE）工艺对绝缘体上的硅（Silicon on Insulator，SOI）晶圆进行加工，在形成全部结构零件形状后，对可运动件下方的氧化层进行酸性刻蚀，从而释放这些可运动件，并保留必要的大型结构件下的氧化层，使其可靠地锚定在底层基板上。图 14－11 是该开关原理示意图和工艺过程的示意图，图 14－12 为已制备完成的器件内核电镜照片。

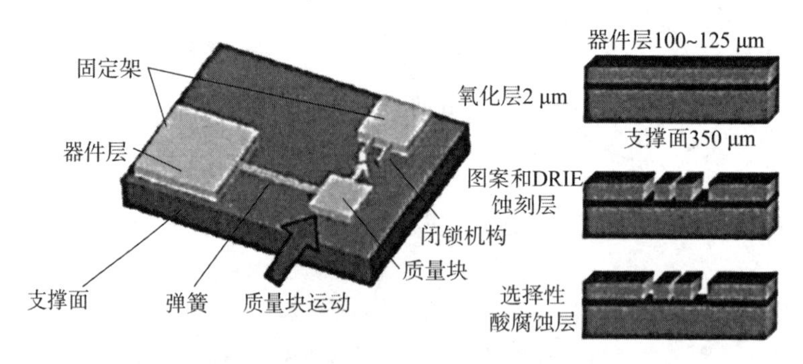

图 14－11 美国海军水面作战中心研制的一种集成 MEMS 冲击开关深硅刻蚀工艺示意图

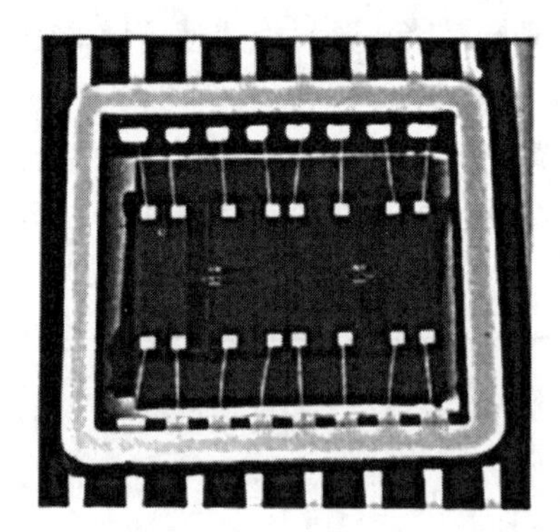

图 14－12 双冲击传感器的芯片电镜照片

美国海军水面作战中心 2004 年展示了尺寸为 5.2 mm×5.7 mm 的双传感器芯片，分别可在 360g 和 720g 下可靠闭合。2009 年该中心展示了另一种可抗 50 000g 冲击的碰撞检测开关，该结构不带锁定装置，闭合阈值为 150 g，过载消失后开关恢复断开状态（原理示意见图 14－13）。2012 年，该中心提出了低于 100g 作用阈值的碰撞开关和低于 5g 的超低阈值传感器设计方案（结构示意见图 14－14）。

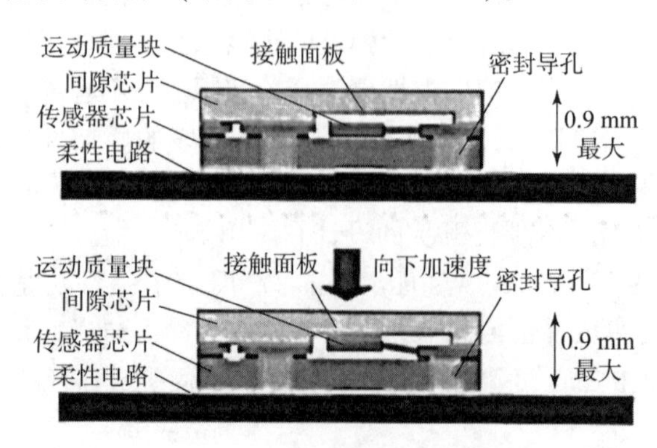

图 14－13 2009 年提出的抗高冲击 MEMS 碰撞开关

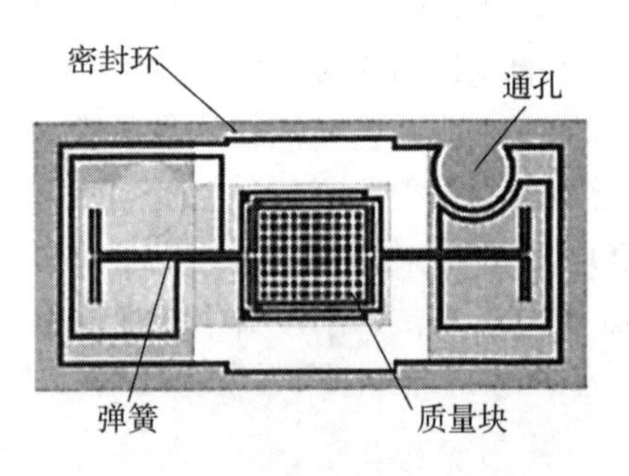

图 14－14 2012 年提出的 MEMS 碰撞开关结构示意

MEMS 惯性闭合开关元件最大的优点在于其较高的生产效率和潜在的低成本特性，且由于其尺寸微小（图 14－15），可作为标准电子元器件方便地在引信中进行应用，从而简化该类开关器件的加工、制造、运用的一系列工艺流程，甚至可以作为 MEMS 引信、全固态引信中的一个功能模块，进行全引信系统的集成。

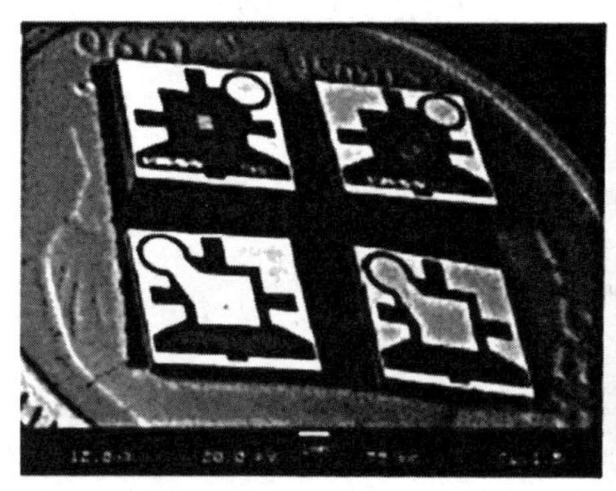

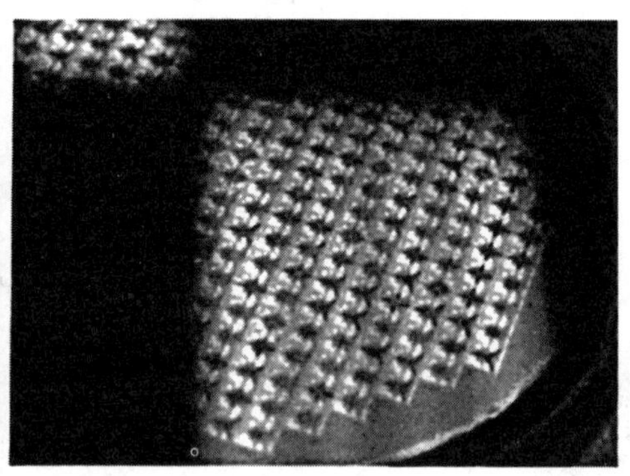

图 14－15　尺寸紧凑、可批量生产的 MEMS 磁撞开关

14.4　压电加速度传感器

压电加速度传感器（图 14－16）是基于压电效应的一种传感器，属于自发电式的机电转换传感器。其敏感元件由压电材料制成，如石英晶体、压电陶瓷和压电薄膜等。传感器内置的质量块感受加速度并对压电材料造成压力，压电材料表面产生电荷。此电荷经放大电路放大后成为正比于所受加速度的电量输出。

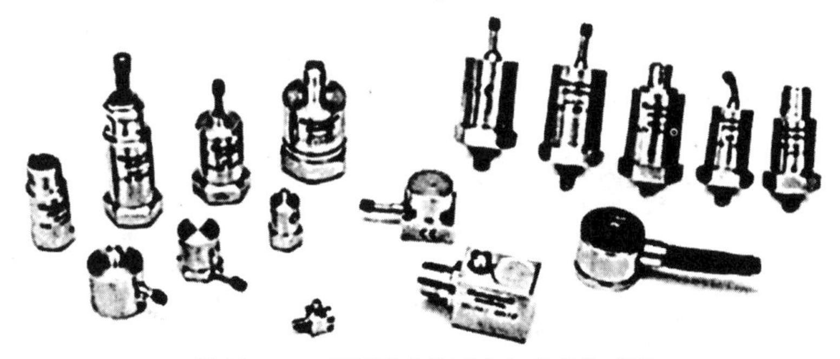

图 14－16　各种形式的压电加速度传感器

压电加速度传感器频带宽、灵敏度高、信噪比高、结构简单，至今仍广泛应用于冲击、振动测量中。在基于 MEMS 工艺的压阻式加速度传感器技术成熟前，核试验物理效应测量、侵彻力学测试等恶劣力学环境试验中主要使用这种传感器。

由于其输出阻抗较高，在实际使用中必须考虑阻抗匹配和放大方式等问题。

14.4.1　压电加速度传感器基本原理

压缩型结构和剪切型结构是压电加速度传感器最常见的结构形式，如图 14－17 所示。

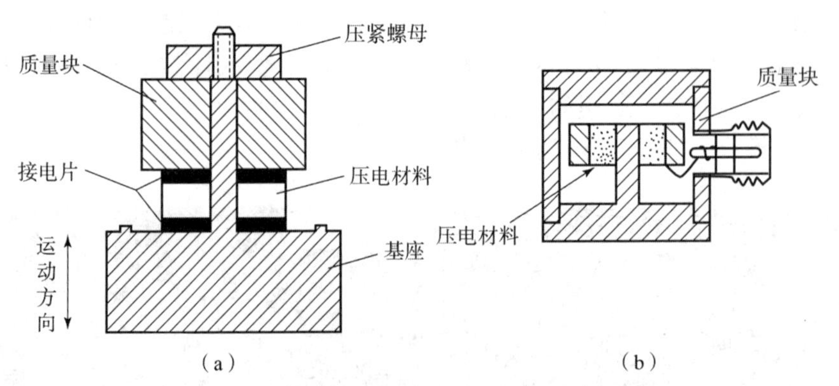

图 14-17　压缩型和剪切型压电加速度传感器典型结构

(a) 压缩型；(b) 剪切型

压缩型结构通常采用预紧结构为压电元件提供一个预压力，从而使其受到双向加速度时均可有效敏感。剪切型结构因其质量块受到双向加速度时可以对压电元件产生双向的剪切力，可以不考虑预紧。

压电加速度传感器的运动学模型可以简化为单自由度二阶力学系统，如图 14-18 所示。其质量块的运动规律为

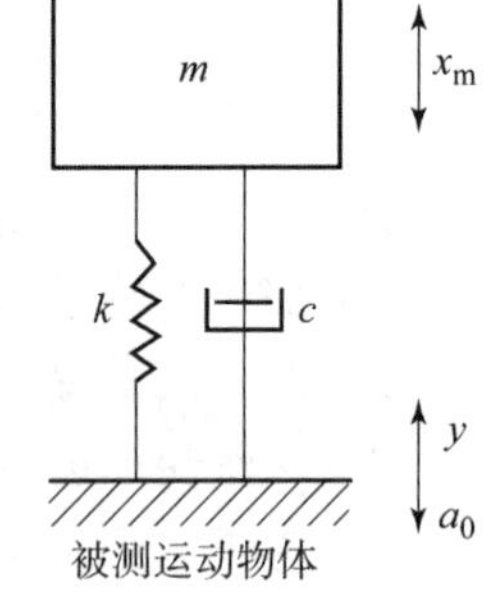

图 14-18　压电加速度传感器工作原理

$$m(\ddot{x}_m + \ddot{y}) + c\dot{x}_m + kx_m = 0 \tag{14-1}$$

式中，m 为质量块的质量；x_m 为质量块相对于传感器基座的位移；y 为传感器基座相对于大地的位移；$\ddot{y}$ 为传感器基座加速度，即被测物体的加速度；c 为阻尼系数；k 为弹性系数。

设 $y = y_0\sin\omega t$，则有

$$m\ddot{x}_m + c\dot{x}_m + kx_m = my_0\omega^2\sin\omega t \tag{14-2}$$

设

$$\xi = \frac{c}{2\sqrt{km}},\quad \omega_n^2 = \frac{k}{m}$$

式中，ξ 为无因次阻尼比；ω_n 为传感器的无阻尼谐振频率，即固有频率；ω 为物体的振动频率。

压电加速度传感器的阻尼比 ξ 非常小，一般为 0.04，可以忽略不计。在设计加速度传感器时，应尽量地提高传感器的无阻尼谐振频率，在 $\omega_n \gg \omega$ 时，即传感器的无阻尼谐振频率远大于物体的振动频率，有

$$x = \frac{\ddot{y}}{\omega_n^2} \tag{14-3}$$

也就是说，质量块的位移与被测物体加速度成正比。

压电元件在质量块的惯性力作用下，输出的电荷量为

$$Q = d_{ij}m\ddot{y} \tag{14-4}$$

对于一个已知的传感器，其 d_{ij}、m 均为常数，所以传感器输出的电荷 Q 与被测物体加速度成正比，从而达到了以压电传感器测加速度的目的。

压电加速度传感器可以看作一个电荷源或一个电压源，如图 14-19 所示。压电元件起

到一只电容 C_a 的作用，它与一只泄漏电阻极高的 R_a 并联，由于实用中 R_a 可以忽略不计，压电元件可以当作一只与 C_a 和电缆电容 C_c 并联的理想电源 Q_a，或是与 C_a 串联并由 C_c 作为负载的电压源 V_a。

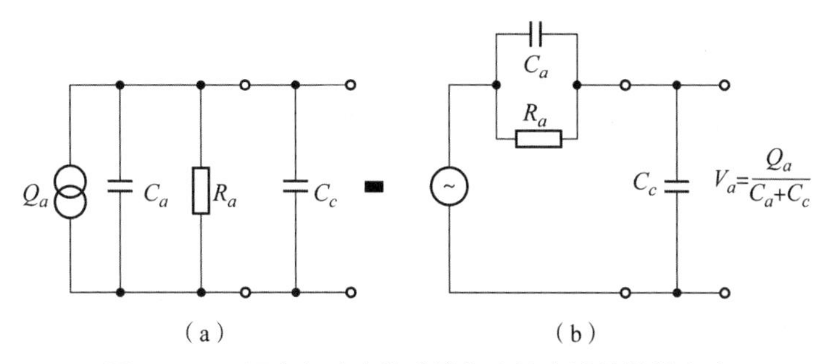

图 14－19　压电加速度传感器与连接电缆的等效电路

(a) 电荷等效；(b) 电压等效

压电加速度传感器的电荷灵敏度 S_{qa} 是以每个加速度单位的电荷（以 pC 为单位计量）来表示，电压灵敏度根据每个加速度单位的电压来表达。

当加速度传感器受到较低频率的加速度作用时，在压电元件上产生的电荷依靠压电元件的电容储存于其中，并由加速度计的高阻抗电阻 R_a 阻止电荷的泄漏。但由于加速度传感器的泄漏时间常数有限，若前置放大器的输入阻抗和下限频率的设置范围不合适，就会导致一部分电荷漏掉，造成波形上的失真（图 14－20）。

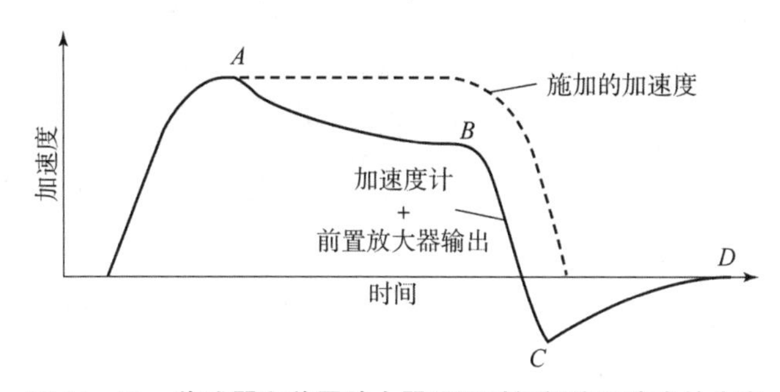

图 14－20　传感器和前置放大器泄漏对低频信号造成的失真

需要指出的是，压电加速度传感器的电荷泄漏是在超出传感器的前置放大器系统的许用频率范围时才会发生的，而零点漂移恢复的速度也取决于放大器的下限频率，因此，前置放大器的设计至关重要。

与压电加速度传感器配用的典型前置放大电路有两种：

(1) 电荷前置放大器，输出一个与输入电荷成比例的输出电压，但并不对电荷进行放大。

(2) 电压前置放大器，输出一个与输入电压成比例的输出电压。

一般而言，优先选用电荷前置放大器。其优点在于，这种前置电路可有效消除由信号电缆带来的噪声电荷的影响，系统灵敏度不受电缆长度影响，这种特性在本章后面的理论分析中会予以证明。电荷放大器采用运算放大器来实现，通过在运放的反馈回路上放置一个电容器构成积分网络对输入电荷进行积分，放大器的输出电压与输入电荷成比例，因而也与加速度传感器所感受的加速度成比例，输出信号由反馈电容的容量进行幅度控制。

与电荷前置放大器相比，电压前置放大器电路简单、元器件少、价格便宜，但其系统灵敏度受电缆长度影响，为此提出了在传感器壳体内封装电压放大器电路的方法，这样的压电传感器称为集成电路压电传感器（Integrated Circuits Piezoe - lectric，ICP），该技术由 PCB 公司首创。Endevco、奇石乐等公司在 20 世纪 70 年代陆续推出了类似产品，通过在最接近传感器的位置配置放大电路，消除了传感器至放大电路间电缆分布电容对系统灵敏度的影响，由于其电路尺寸极小，而放大后的电压量对微弱的传输导线噪声不敏感，从而令其测试应用更为方便。但为了获得较大的动态范围、良好的动态响应特性以及足够的带负载能力，其供电系统通常需要较高的供电电压（18 ~ 30 V），限制了该类传感器的应用范围，这种传感器通常用于现场测量。

14.4.2 电荷放大器的灵敏度

图 14 - 21 为压电传感器和电荷前置放大器相连的等效电路。Q_a 为压电传感器产生的电荷（与所加的加速度成比例），C_a 为加速度传感器的电容，R_a 为加速度传感器的电阻，C_c 为电缆和连接头的电容，R_c 为电缆和连接头的电阻，C_p 为前置放大器的输入电容，R_p 为前置放大器的输入电阻，C_f 为反馈电容器，R_f 为反馈电阻，A 为前置放大器增益，V_o 为前置放大器输出端电压。

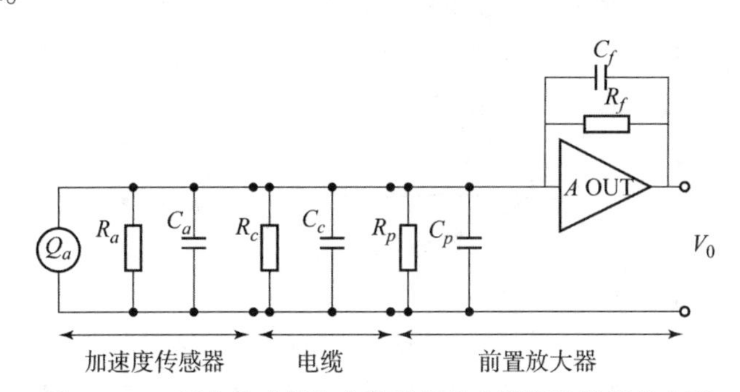

图 14 - 21　压电传感器和电荷前置放大器相连的等效电路

一般而言，加速度传感器的阻值、前置放大器输入端的阻值和反馈通道的阻值可以维持很高。因此，图 14 - 21 所示的电路可以简化为图 14 - 22，在此总的电容量和总的电流量为

$$C_t = C_a + C_c + C_p \tag{14-5}$$

式中，I 为从加速度传感器出来的总电流；I_i 为从 C_f 出来的电流；I_c 为运算放大器反馈回路上的电流。

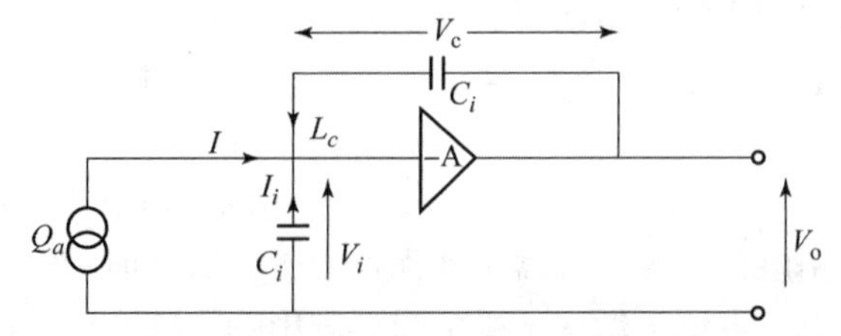

图 14 - 22　电荷放大器与压电传感器的连接电路的简化模型

输入电压 V_i 和输出电压 V_o 之间关系为

$$V_o = AV_i \tag{14-6}$$

V_c 可以表示为

$$V_c = V_o - V_i = V_o\left(1+\frac{1}{A}\right) \tag{14-7}$$

理想放大器的输入电流为零，根据基尔霍夫定律，在运放输入端，有

$$I + I_i + I_c = 0 \tag{14-8}$$

将这些电流用其物理意义重新表示，电流是电荷量对时间的微分，即

$$I = \frac{\mathrm{d}Q_a}{\mathrm{d}t} \tag{14-9}$$

$$I_c = C_t \cdot \frac{\mathrm{d}V_c}{\mathrm{d}t} = \left(1+\frac{1}{A}\right)C_f\frac{\mathrm{d}V_o}{\mathrm{d}t} \tag{14-10}$$

$$I_i = -C_t\frac{\mathrm{d}V_i}{\mathrm{d}t} = \frac{1}{A}C_t\frac{\mathrm{d}V_o}{\mathrm{d}t} \tag{14-11}$$

将（14－9）~式（14－11）重新代入基尔霍夫等式，得

$$\frac{\mathrm{d}Q_a}{\mathrm{d}t} = -\left(1+\frac{1}{A}\right)C_f\frac{\mathrm{d}V_c}{\mathrm{d}t} = -\frac{1}{A}C_t\frac{\mathrm{d}V_o}{\mathrm{d}t} \tag{14-12}$$

可解得

$$V_o = -\frac{Q_a}{\left(1+\frac{1}{A}\right)C_f + \frac{1}{A}C_t} \tag{14-13}$$

考虑到运放的增益值高达 10 万倍，式（14－13）可简化为

$$V_o = -\frac{Q_a}{C_f} \tag{14-14}$$

即电荷放大器的输出电压与输入电荷成比例，也就是输出电压与加速度传感器感受的加速度成比例。放大器的增益由反馈电容值决定，电缆分布电容对系统灵敏度基本无影响。

以上讨论的是较为简单的模式，考虑到实际电路中的电容、电阻并未大到无限或小到可以忽略的程度，有必要对此进行更进一步的分析。图 14－23 为考虑到附加电阻电容影响的模式，图中将输入端总电阻表示为 R_t，总电容量表示为 C_t。

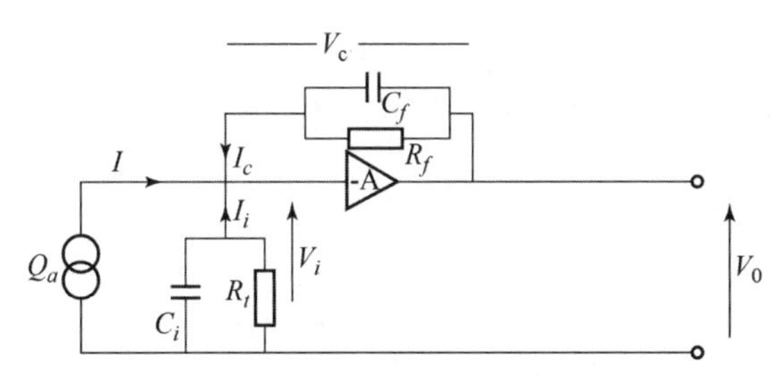

图 14－23　附加电阻电容对电荷放大器的影响

如忽略直流项和初始条件的影响，经简单推导后，得

$$V_o = -\frac{Q_a}{\left(1+\frac{1}{A}\right)\left(C_t+\frac{1}{\mathrm{j}\omega R_f}\right)+\frac{1}{A}\left(C_t+\frac{1}{\mathrm{j}\omega R_t}\right)} \tag{14-15}$$

再次假设 A 与 R_f 是很大的，则上述关系仍可简化为式（14－14）的形式，即

$$V_o = -\frac{Q_a}{C_f}$$

如果 R_f 的值是有限的，表达式中不能忽略它的影响，即

$$V_o = -\frac{Q_a}{C_f\left(1 + \frac{1}{j\omega R_f C_f}\right)} \tag{14-16}$$

根据以上分析可知：加速度传感器与前置放大器的总灵敏度可以通过改变 C_f 加以控制，与电缆分布电容基本无关；通过改变反馈回路的时间常数，电荷放大器的低频响应也是可以控制的。

14.4.3 电荷放大器的下限截止频率

电荷放大器的低频响应是由运算放大器反馈电路中设定的时间常数决定的，并不受输入端输入负载条件的影响，下限频率是通过改变反馈电阻阻值进行调节的。

所有的压电加速度传感器由于可以在受到外界激励的条件下自发产生电荷，实际上这种器件是没有直流响应的。从物理概念出发来分析，这种器件是没有电功率输入的，从而也就没有电功率输出。也就是说，作用在压电元件上的静力并不提供任何功率。

理想电容器被充电到某一电压 V_0 后，这个电压就会被储存在电容器的两个电极之间。但实际上真实电容器的绝缘电阻是有限的，其所积聚的电荷会逐渐泄漏，形成的电压会按指数规律下降，电压下降的速度由系统的时间常数 $\tau = RC$ 决定。

对于测量正弦信号，时间常数 τ 更为重要，它直接影响到系统的低频性能。在侵彻起爆控制系统中，最关心的信号频率成分正是信号的低频部分，电荷前置放大器的低频性能的优劣决定了整个系统性能的优劣。为了方便分析，将压电元件和几个 RC 网络相连，将后者作为其负载，并用单一的电阻和电容表示几个电阻和电容的组合。简化电路如图 14－24 所示。

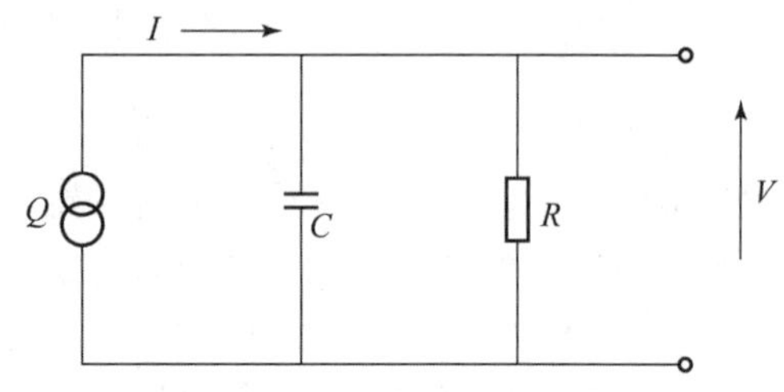

图 14－24　电荷放大器的低频特性分析时等效的电阻与电容

电容器是存储电荷的器件，从物理学原理出发，可以对用于压电元件的理想电容器电压 V、电流 I、电荷 Q 和电容量 C 的关系做出以下描述，即

$$I = \frac{V}{R} + C\frac{dV}{dt} \tag{14-17}$$

求解该微分方程，可得

$$V = \frac{Q}{C\left(1 + \frac{1}{j\omega RC}\right)} = \frac{Q}{C\left(1 + \frac{1}{j\omega\tau}\right)} \tag{14-18}$$

根据式（14－18）不难求得输出信号的模 $|V|$ 与相位 φ 的表达式为

$$\tan\varphi = \frac{1}{\omega\tau} \tag{14-19}$$

$$|V| = \frac{Q\sqrt{1+\left(\frac{1}{\omega\tau}\right)^2}}{\left(1+\left(\frac{1}{\omega\tau}\right)^2\right)C} \tag{14-20}$$

当 $\omega\tau = 1$ 时，$\tan\varphi = 1$，$\varphi = 45°$，$|V| = \frac{Q}{\sqrt{2}C}$。

如图 14－25 所示，输出电压的相位和幅值均是 $\omega\tau$ 的函数。当 $\omega\tau = 1$ 时，频率为

$$f_1 = \frac{1}{2\pi RC} = \frac{1}{2\pi\tau} \tag{14-21}$$

该频率称为下限频率（LLF），其特征是输出信号电平下降 3 dB，伴有 45°的相位变化。

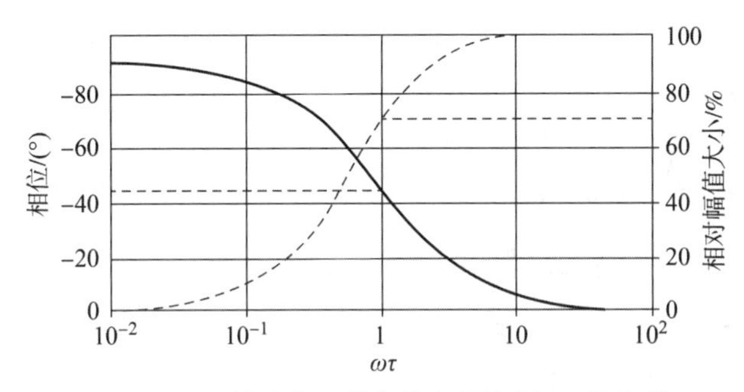

图 14－25　输出电压的相位和幅值是 $\omega\tau$ 的函数

在电荷前置放大器电路中，LLF 是由反馈电路的时间常数 $\tau_f = R_f C_f$ 决定的。由于电路的反相特性，输入信号与输出信号之间相位差是 180°，而在下限频率情况下，相位还要滞后 45°。根据前面分析可知，电阻性输入负载在阻值与 R_f/A 相差较大时是不会改变 LLF 的，这表明若 C_f 与 C_t 的量值差不多，相对于简单的 RC 网络而言，负载的影响通过运放开环增益 A 这个因子而降低了。

例如，若要求 LLF 为 50 Hz，取 C_f 为 470 pF，则 $R_f = \pi fc/2 = 5.77\ \text{M}\Omega$。在实际电路调试中，应根据实际需要调整 R_f 和 C_f，使电荷前置放大器尽可能地工作在有效的频率范围内。

14.4.4　压电加速度传感器的应用问题

在实际使用压电加速度传感器时，通常使用低噪声电缆进行信号传输。这是因为当传感器电缆承受机械振动和弯曲变形，电缆的屏蔽层和电缆介质分离时，由于摩擦将在分离部分的内表面产生电荷，这种感生电荷将叠加在压电元件输出的电荷上，形成电缆噪声。这种噪声一般低于 200 Hz。此外，电缆受到强磁场、电场的影响也会造成噪声干扰。因此，一般的屏蔽线不适宜作为压电传感器的输出线，而只能使用特制的低噪声同轴电缆，在其内绝缘层和屏蔽层间充有硅油和石墨粉，从而有效地防止由于电缆振动及弯曲造成的摩擦生电效应，减小噪声干扰。同时，从减少电缆振动和保护电缆的角度出发，对电缆采取合理的固定措施也是必不可少的。

除去以上讨论到的噪声、低频泄漏、下限频率等问题，压电加速度传感器还有一些固有特性值得关注。

1999 年美国引信年会上，曾在美国桑迪亚（Sandia）国家实验室从事测试技术研究的 Patrick L. Walter 教授介绍了压电加速度传感器在高冲击的应用情况，回顾了此前 30 余年间

进行核效应测试中在加速度传感器设计与应用领域积累的技术经验，并讨论了加速度传感器用于侵彻弹药引信中不可回避的问题。Walter 指出：

（1）侵彻环境下的待测加速度经常可以高达数万倍重力加速度。

（2）对结构的力学激励会造成极高的频率响应。

（3）压电陶瓷式的加速度传感器由于压电陶瓷材料在经历大冲击后会出现零点漂移。

（4）石英晶体式加速度传感器的石英晶体不易发生零点漂移，但其预压结构会在大冲击下引入另一种零点漂移，如图 14－26 所示。

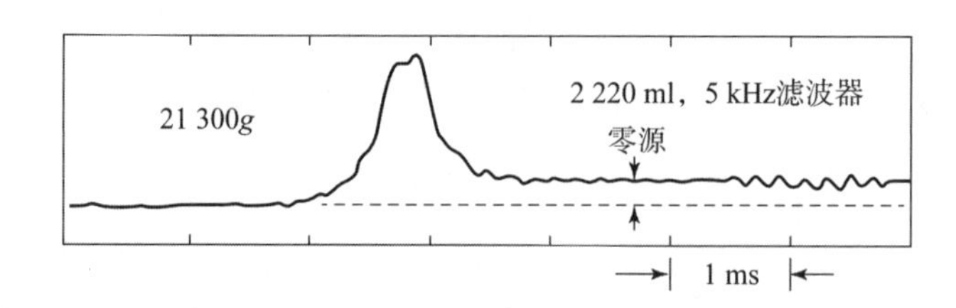

图 14－26　Walter 展示的压电陶瓷加速度传感器发生零点漂移现象

由于压电陶瓷材料不是严格意义上的弹性材料，当作用于压电元件上的力突然减小时，材料的分子畴不可能都回到受力前的状态。当力消失时，元件仍产生缓慢衰减的电荷，直至前置放大器输出回到零，其归零速率取决于放大器的下限频率。这种现象随机发生，符号也是随机的，这就是压电陶瓷式加速度传感器在经受大冲击后发生的零点漂移现象。另外，虽然石英晶体式加速度传感器在压电材料方面不存在上述问题，但由于采用压缩结构可以比剪切结构的传感器更好地适应高冲击环境（剪切型超量程将直接损坏其结构），而顶压结构在高冲击下会发生卸载甚至屈服，从而造成另一种形式的零点漂移。

在侵彻弹药引信上应用，这种零点偏移对信号值设定、信号积分处理等后续信号处理过程有较大影响，从而限制了这类传感器的应用。但在各种高冲击试验中，如对试验靶体、冲击台体感受的冲击加速度进行测量时，由于被测对象质量较大，感受冲击相对较低，通过配置性能良好的电荷放大器，或采用 ICP 型传感器，压电加速度传感器仍可提供可靠的测量能力。

14.5　压阻式传感器

当半导体材料在某一方向上承受应力时，其电阻率发生显著变化，这种现象称为半导体压阻效应。利用半导体的压阻效应制成的传感器称为压阻式传感器，可用于测量压力、加速度和载荷等参数。压阻式传感器包括可粘贴的半导体应变片和扩散型压阻传感器。本节所指的压阻式传感器特指后一种扩散型压阻传感器，这是一种利用半导体材料的基片以集成电路工艺制成的芯片式传感器。

与压电式传感器相比，压阻式传感器具有以下特点：频率响应高，适于动态测量；体积小，适于微型化，可靠性高，内部无活动部件，能适应大振动、高冲击、有腐蚀、强干扰等恶劣环境的应用需求。对于侵彻弹药引信这种特殊应用场合，压阻式加速度传感器以其独特的优点，得到了广泛的应用。

14.5.1　压阻加速度传感器基本原理

由物理学知识可知，任何材料电阻的变化率都可表示为

$$\frac{\Delta R}{R}=\frac{\Delta\rho}{\rho}+\frac{\Delta l}{l}-\frac{\Delta S}{S} \tag{14-22}$$

式中，R 为材料电阻；ρ 为材料电阻率；l 为材料长度；S 为材料截面积。

对金属而言，式（14－22）中右侧第一项较小，也就是电阻率的变化较小，而后两项较大，即几何尺寸的变化率较大，故金属电阻的变化率主要是由几何尺寸变化引起的，以金属丝、金属箔制作的应变片传感器就是基于这种原理工作的。

定义

$$\frac{\Delta\rho}{\rho}=\pi\sigma \tag{14-23}$$

式中，π 为材料压阻系数；σ 为材料承受应力。

引入横向变形的关系，则电阻变化率可进一步表示为

$$\frac{\Delta R}{R}=\pi\sigma+\frac{\Delta l}{l}+2\mu\frac{\Delta l}{l}=\pi E\varepsilon+(1+2\mu)\varepsilon=K\varepsilon \tag{14-24}$$

式中，$K=\pi E+1+2\mu$ 为材料灵敏系数。

对金属材料来说，πE 可以忽略不计，而泊松系数为 0.25～0.5，故灵敏系数为

$$K_m=1+2\mu=1\sim2$$

对硅基半导体来说，$1+2\mu$ 可以忽略不计，而压阻系数 $\pi=40\times10^{-11}\sim80\times10^{-11}\ \mathrm{m^2/N}$，弹性模量 $E=1.67\times10^{11}\ \mathrm{N/m^2}$，故

$$K_s=\pi E=50\sim100 \tag{14-25}$$

也就是说，采用硅基半导体材料制作的压阻传感器灵敏系数比金属应变片大 50～100 倍，灵敏度高是这类传感器的突出优点。同时，由于半导体材料温度系数较大，所以应在设计和应用中采取相应的温度补偿措施。

14.5.2　典型压阻加速度传感器产品

成立于 1947 年的美国 Endveco 公司，早在 1961 年就建立了固态加速度计研究室，在 1966 年推出了量程 1 000g 的基于体硅加工的压阻式加速度传感器。1974 年，Endveco 研制成功了基于硅刻蚀工艺的 MEMS 加速度传感器（图 14－27），量程达到 100 000g。1983 年，在高冲击测试领域最为著名的 7270A 加速度传感器问世，该系列传感器最大量程达到 20 000 g，频响最高可达 1.2 GHz。

7270A 压阻式加速度传感器的实物照片的基本外形尺寸见图 14－28。

根据 Endveco 公司的描述，7270A 的传感系统是由一整块硅材料刻蚀加工而成的，在同一个硅片上包括内置质量块和应变计的四臂惠斯通全桥电路及附属的调零电阻。由于采用了微型质量块，该传感系统具有很高的谐振频率，阻抗较低，抗过载能力强，零阻尼、零相移，其常温下典型特性参数如表 14－1 所示。具有更高谐振频的传感器在测量脉冲冲击时具有更强的生存能力，其较高的频响以及零阻尼特性允许传感器在测量上升快、持续时间短的动态冲击时具有更精确的响应。此外，由于 7270A 系列传感器的低频响应一直扩展到直流

范围，它们还可以用来进行长时间渐变量的测量。

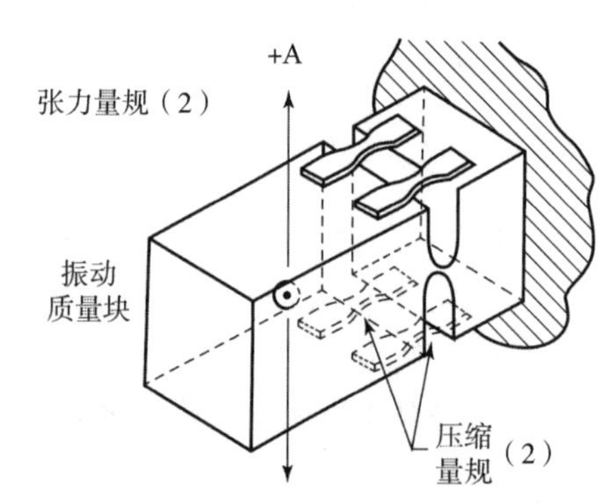

图 14－27 Endveco 公司早期研制的基于硅加工的压阻加速度传感器

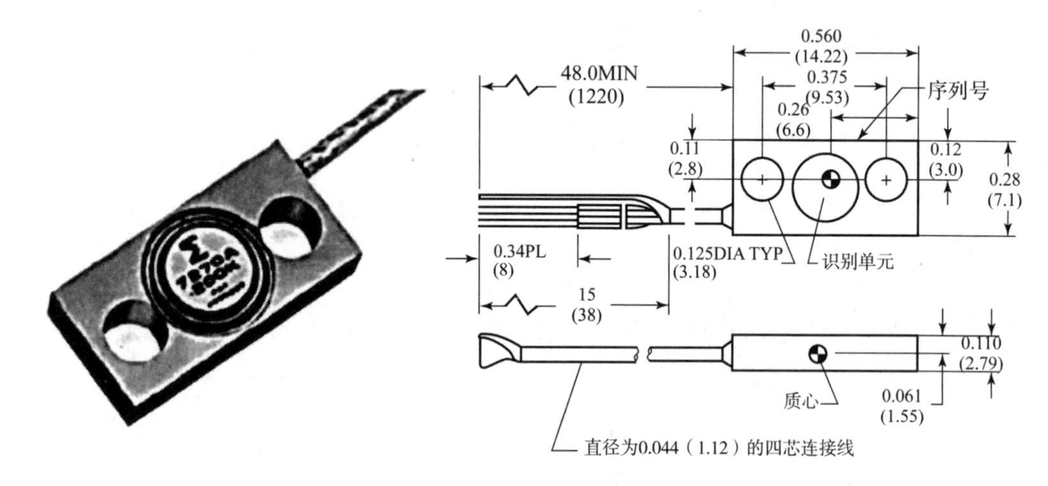

图 14－28 Endveco 公司的 7270A 压阻式加速度传感器

表 14－1 7270A 系列压阻加速度传感器常温下典型特性参数

温度	－2 K	－6 K	－20 K	－60 K	－200 K
范围/g	±2 000	±6 000	20 000	±60 000	±200 000
敏感度/(μV · g^{-1})	100±50	30＋20/－15	10±5	3＋2/－1.5	1±0.5
振幅响应/kHz（±5%） kHz（±1 dB）	0～10 0～14	0～20 0～14	0～50 0～68	0～100 0～136	0～150 0～200
固有频率/kHz (min)	90 (60)	180 (120)	350 (220)	700 (400)	1 200 (800)
非线性与滞后/%	±2，与建议范围相对应的加速度 测量的不确定性使其限制在 10 000g 以上				
横向灵敏度/%	5	5	5	5	5
零点测量输出/mV	±100	±100	±100	±100	±100

图 14－29、图 14－30 是 ARA 公司使用 7270A 传感器进行动态侵彻试验测试的装置结构。

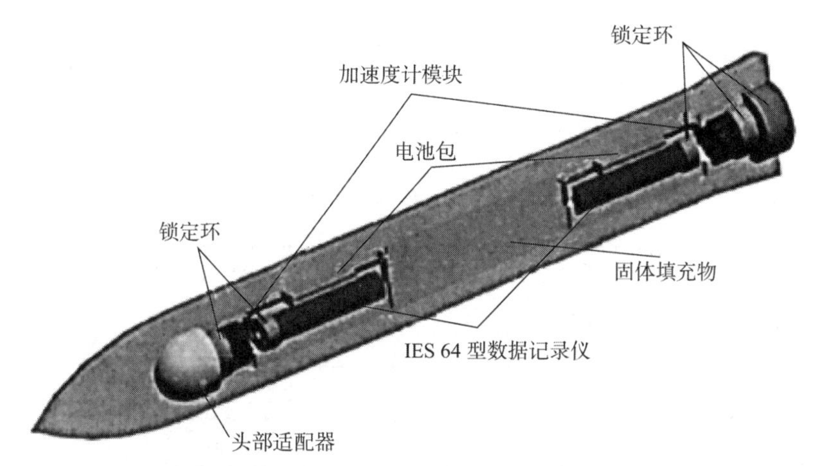

图 14－29　ARA 公司的侵彻试验弹结构

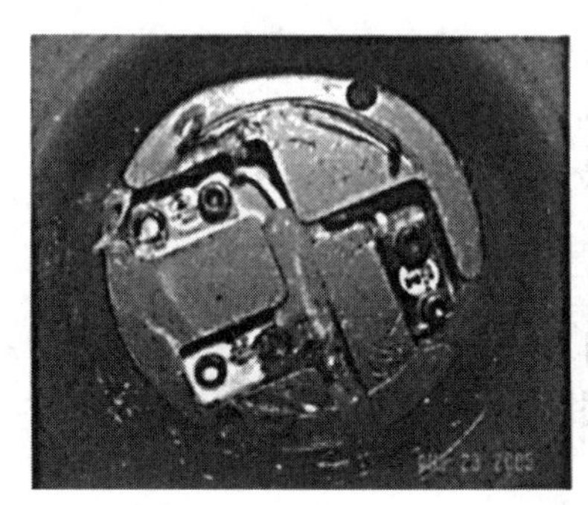

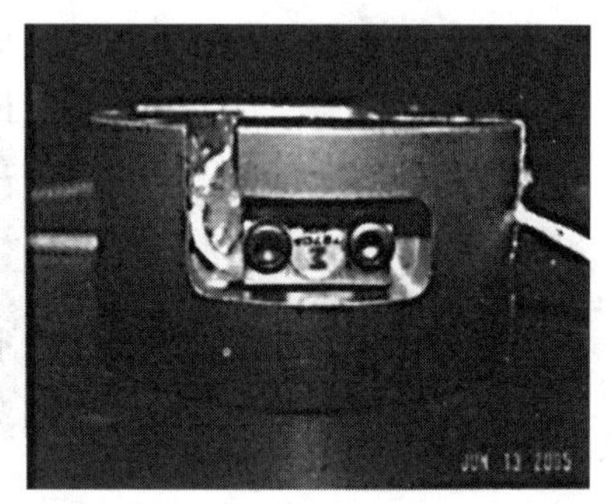

图 14－30　ARA 公司采用 Endveco 公司的 7270A 型压阻加速度传感器进行侵彻试验

14.5.3　压阻加速度传感器的应用问题

Endveco 公司在长期运用和研究 7270A 系列传感器的过程中发现，该系列传感器的零阻尼特性在某些条件下可能会给传感器本身带来不利影响。当被测对象以极高的频率对传感器进行激励时，7270A 可能会发生谐振，谐振时的放大系数也可能会导致传感器结构损坏。为此，Endveco 公司提出了改进方案，通过引入较小的阻尼系数对传感器的谐振通过气隙进行衰减和抑制，在必要的情况下甚至完全停止传感器的响应。

图 14－31 为 Endveco 公司提出的气隙阻尼结构原理。通过在质量块上下设置适当的平面气隙，当质量块感受的冲击足够大时（1.5 倍量程），质量块运动压缩气隙形成气体阻尼片，达到增大对加速度敏感结构阻尼系数的目的，当然这也会带来谐振频率的降低。传感器的上下结构约束在过载条件下（2～3 倍量程之间）将对质量块形成阻挡，防止更大变形造成的结构损伤。这种新型压阻式加速度传感器设计具有的典型特点包括：

（1）高可靠性与高生存能力，可重用次数从目前的 3 次增加至 6 次。

（2）小封装，器件封装面积仅为 25 mm^2，仅为当前的 1/4。

（3）表面贴装，可以直接安装于电路板上。

（4）低功耗，从目前的150 mW降低至4 mW。
（5）更短的热平衡时间，更低的温漂，温漂从50g降至10g。
（6）高频响，不低于100 kHz。
（7）高阻抗，从当前的650 Ω提高至6 500 Ω。
（8）微阻尼，利用气隙对提高极高频率阻尼特性，消除高振铃现象，阻尼系数为0.05。
（9）超量程保护，通过机械结构设计在过载条件下使器件停止响应。

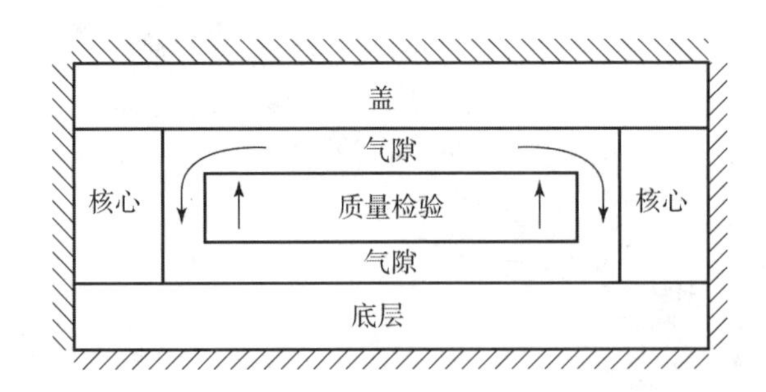

图14－31　Endveco公司研究的气阻尼结构原理

2009年，Endveco公司提出了如图14－32所示的具有阻尼结构的传感器样品设计。

图14－32　2009年Endveco公司研究的新型压阻传感器结构与应用情况

根据Endveco已经开展的试验，2009年加工的样品达到的技术状态如下：
（1）灵敏度：8.5 μV/g。
（2）静态零点电压：< ±100 mV，典型值±50 mV。
（3）输入阻抗：5.5 kΩ（±0.5 kΩ）。
（4）最大温漂：<10 g。
（5）噪声：<5 μVrms。
（6）高冲击下零点漂移：
①20 000g冲击下敏感轴漂移小于30g；
②8 000g冲击下敏感轴漂移小于40g；
③8 000g冲击下正交轴漂移小于40g。

基于该设计，2012年Endveco针对侵彻弹药引信推出了三型具有高生存能力的高冲击压阻加速度传感器，分别是：
（1）表面贴装的72LCC封装传感器；
（2）螺钉固定的7280A传感器；
（3）螺柱安装的7280AM4传感器。

图 14 - 33 分别为 72LCC、7280A 和 7280AM4 压阻加速度传感器。图 14 - 34 是 72LCC 与7270A - 60k 传感器的性能比较，可见其高频激励下的振铃响应已经被大大抑制。

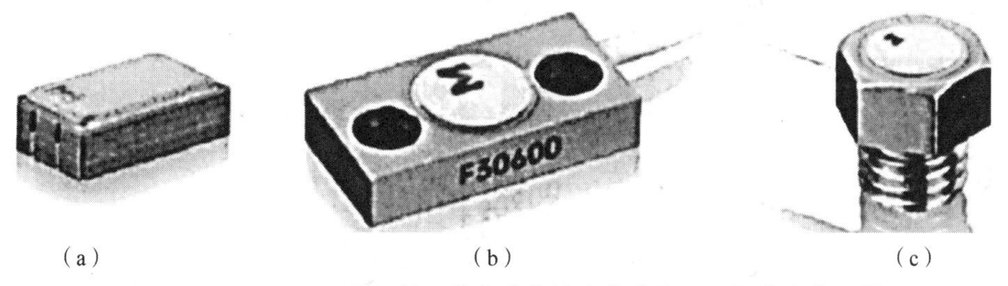

图 14 - 33　Endveco 公司的三款高生存能力高冲击压阻加速度传感器

(a) 72LCC；(b) 7280A；(c) 7280AM4

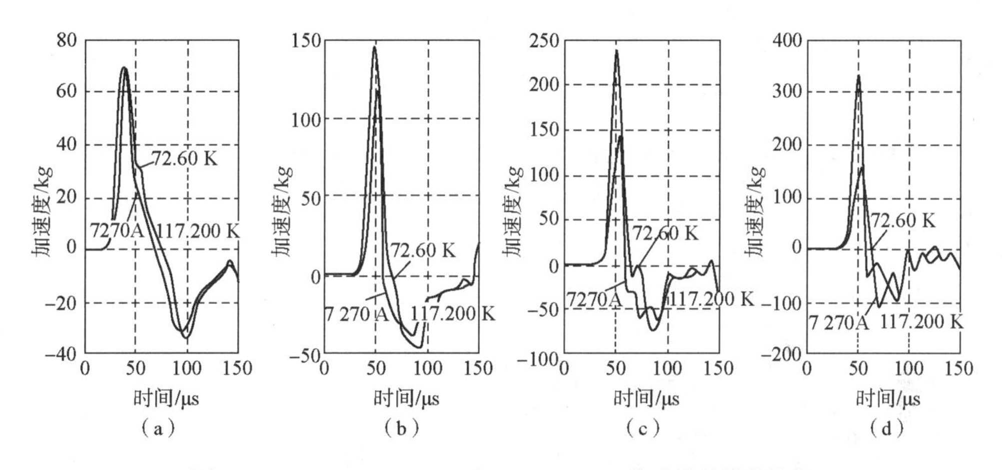

图 14 - 34　Endveco72LCC 与 7270A - 60k 传感器的性能比较

(a) 未超量程无止动作用；(b) 2.5 倍量程 1 250 000g 止动；
(c) 4 倍量程 150 000g 止动；(d) 5.5 倍量程 160 000g 止动

成立于 1967 年的美国 PCB 公司在压电传感器领域具有极强的专业能力，ICP 型压电传感器就是 PCB 公司最先推出的。近年来，该公司又陆续推出了系列化的压阻式加速度传感器产品，如图 14 - 35 所示，尤其在高冲击测试领域，以 Endveco 公司的 7270A 产品为参照，其动态性能、产品尺寸都接近或部分优于 Endveco。

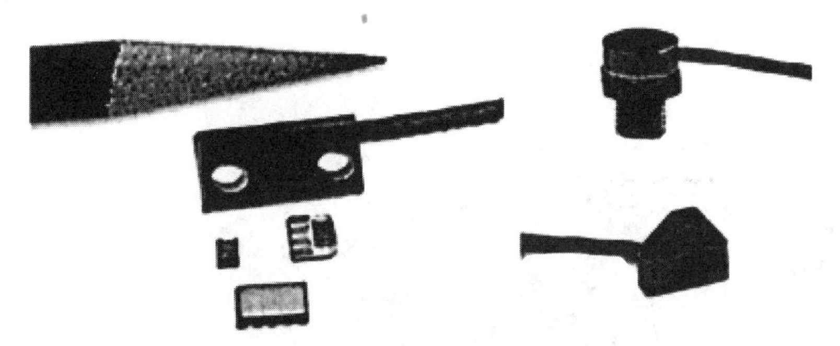

图 14 - 35　PCB 公司的各式压阻式加速传感器

图 14 - 36 显示了 PCB 公司研制的新型 MEMS 压阻式传感器和 Endveco 的 7270A 传感

器、Quartz 的传感器在同一短时脉冲激励下的动态响应输出比较情况，可见 7270A 的高频振铃现象极为显著，而 PCB 公司的传感器在主冲击结束后未对后续结构振动进行响应，显示了该传感器对极高频率响应具有良好的阻尼和衰减能力。

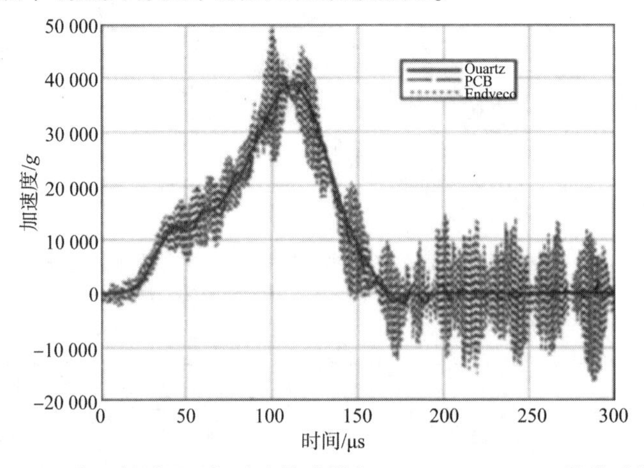

图 14－36　PCB 公司新型压阻加速度传感器与 Endveco、Quartz 的传感器性能比较

PCB 公司将该传感器安装在特定的动能侵彻试验弹中，在美国的艾格林空军基地进行了动态侵彻过程测试，试验情况如图 14－37 所示。

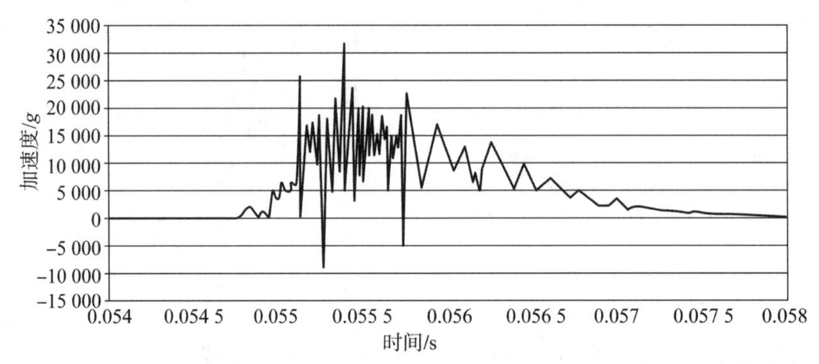

图 14－37　PCB 新型压阻加速度传感器测得的侵彻 0.6 m 混凝土目标过程中的动态加速度

目前，PCB 公司推出了多种封装的压阻式加速度传感器产品，如图 14－38 所示，包括基于单个传感器的三轴组合产品。

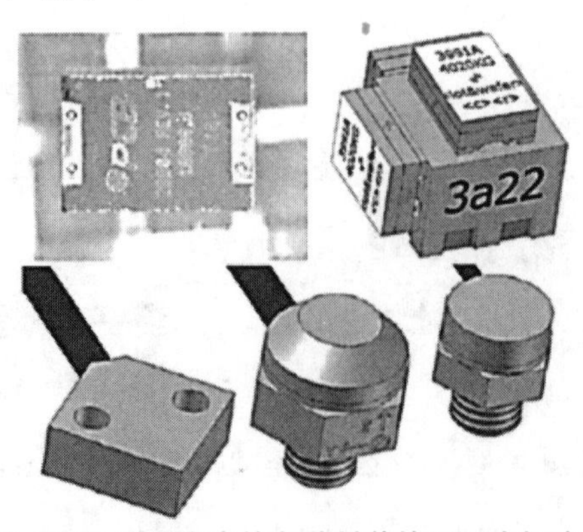

图 14－38　PCB 公司生产的多种封装的压阻式加速度传感器

2011 年，美国 DTS 公司展示了微型高 g 值侵彻加速度测试模块，其中所配装的加速度传感器即为 PCB 公司的 3501 压阻式加速度传感器，该装置利用 3 个 3501 传感器对载体的三轴加速度进行测量和记录，产品形态见图 14－39。

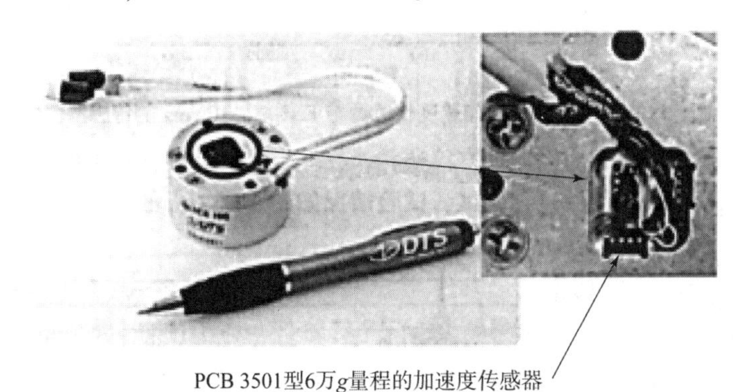

图 14－39　DTS 公司的侵彻加速度记录仪采用了 3 个 PCB3501 压阻式加速度传感器

侵彻弹药引信中应用的传感器并不局限于本章所述的这几种类型。随着新原理、新工艺的不断出现，传感器领域的发展日新月异，可供侵彻弹药引信使用的引信也将随之而更新，使引信系统更加智能化。

参考文献

[1] 张合，江小华．目标探测与识别技术［M］．北京：北京理工大学出版社，2015.

[2] 周立伟，刘玉岩．目标探测与识别［M］．北京：北京理工大学出版社，2004.

[3] 崔占忠，宋世和，徐立新．近炸引信原理［M］．3版．北京：北京理工大学出版社，2009.

[4] 张清泰．无线电引信总体设计原理［M］．北京：国防工业出版社，1985.

[5] 杨晓东，王炜．地磁导航原理［M］．北京：国防工业出版社，2009.

[6] 高昭昭，孟建，华云．毫米波辐射无源探测技术［M］．北京：国防工业出版社，2017.

[7] 许小剑．雷达目标散射特性测量与处理新技术［M］．北京：国防工业出版社，2017.

[8] 胡卫东，杜小勇，张乐锋，等．雷达目标识别理论［M］．北京：国防工业出版社，2017.

[9] 胡明春，王建明，孙俊，等．雷达目标识别原理与实验技术［M］．北京：国防工业出版社，2017.

[10] 陈慧敏，贾晓东，蔡克荣．激光引信技术［M］．北京：国防工业出版社，2016.

[11] 赵惠昌．无线电引信设计原理与方法［M］．北京：国防工业出版社，2012.

[12] 王伟策，方向，张卫平．智能封锁弹药中的智能探测技术［M］．北京：国防工业出版社，2016.

[13] 杨绍卿．灵巧弹药工程［M］．北京：国防工业出版社，2010.

[14] 王永仲．现代军用光学技术［M］．北京：科学出版社，2003.

[15] 张合，张祥金．脉冲激光近场目标探测理论与技术［M］．北京：科学出版社，2013.

[16] 王小鹏，梁燕熙，纪明．军用光电技术与系统概论［M］．北京：国防工业出版社，2011.

[17] 陈钱，钱惟贤．红外目标探测［M］．北京：电子工业出版社，2016.

[18] 杜小平，赵继广，曾朝阳，等．调频连续波激光探测技术［M］．北京：国防工业出版社，2015.

[19] 安毓英，曾晓东，冯喆珺．光电探测与信号处理［M］．北京：科学出版社，2016.

[20] 钟智勇．磁电阻传感器［M］．北京：科学出版社，2015.

[21] 张晓明．地磁导航理论与实践［M］．北京：国防工业出版社，2016.

[22] 范志锋，崔平，周晓东，等．弹药探测与制导［M］．北京：兵器工业出版社，2016.

[23] 王雪松，李盾，王伟，等．雷达技术与系统［M］．北京：电子工业出版社，2009.